微 积 分

CALCULUS

主 编　阎慧臻

副主编　赵峥嵘　刘 燕　董晓梅　毕秀国　杨开兵

大连理工大学出版社
DALIAN UNIVERSITY OF TECHNOLOGY PRESS

图书在版编目(CIP)数据

微积分 / 阎慧臻主编. — 大连：大连理工大学出版社，2014.8(2018.6 重印)
ISBN 978-7-5611-9097-5

Ⅰ. ①微… Ⅱ. ①阎… Ⅲ. ①微积分—高等学校—教材 Ⅳ. ①O172

中国版本图书馆 CIP 数据核字(2014)第 082342 号

大连理工大学出版社出版

地址：大连市软件园路 80 号　邮政编码：116023
发行：0411-84708842　邮购：0411-84708943　传真：0411-84701466
E-mail：dutp@dutp.cn　URL：http://dutp.dlut.edu.cn
丹东新东方彩色包装印刷有限公司印刷　　大连理工大学出版社发行

幅面尺寸：185mm×260mm　　印张：22.25　　字数：501 千字
2014 年 8 月第 1 版　　　　　　　　　　2018 年 6 月第 4 次印刷

责任编辑：王　伟　　　　　　　　　　责任校对：婕　琳
封面设计：季　强

ISBN 978-7-5611-9097-5　　　　　　　　定价：45.00 元

前　言

微积分是高等学校管理类、经济类各专业的重要基础课程。它不仅为各专业学生学习专业课程提供了必需的数学知识,同时培养和提高了学生分析和解决问题的能力,对训练学生严谨的逻辑思维能力至关重要。

为适应新形势下教学的需要,结合多位教师多年教学工作经验的积累,我们共同编写了《微积分》教材。本着加强基础、注重思维、培养学生分析问题和解决问题能力的原则,教材中详细介绍了函数、极限与连续,导数与微分,中值定理与导数的应用,不定积分,定积分及其应用,多元函数微积分,无穷级数,微分方程与差分方程,MATLAB 在微积分中的应用等内容。本教材符合管理类、经济类各专业数学教学基本要求,与研究生入学考试数学三的考试大纲相匹配。

本教材主要具有以下特色:

1. 通俗易懂,简约实用

教材处理上尽量适应管理类、经济类的专业教学特点,对于有关概念、理论、方法采取学生易于接受的形式叙述。在不影响微积分学科的系统性、科学性的前提下,简化和略去了某些结论冗长、繁琐的推导,而仅仅给出直观解释,突出有关理论与方法的应用。

2. 注重应用

针对管理类、经济类的专业特点,精选了一定数量的经济应用实例,将数学知识与经济问题充分融合,使学生能将所学的基础知识、基本理论应用到实际问题中,从而使学生充分感受到数学的应用价值,为后续专业学习打下良好的基础。

3. 注重数学软件在微积分中的使用

本教材注重教学内容与计算机应用相结合,在最后一章介绍了 MATLAB 在微积分中的应用,使学生了解可以借助 MATLAB 的强大功能摆脱繁琐的微积分计算,激发学生学习数学的主动性和积极性,引导学生利用现代化计算手段有效地解决经济与管理实践中的复杂计算问题。

4. 习题分为(A)、(B)两组

每节配套(A)、(B)两组习题,独立完成(A)组习题是课程的基本要求。(A)组习题注重考查学生对于基本概念、基本理论和方法的掌握,加强基本运算能力。(B)组习题是经过精选且极具启发性、针对性、灵活性和综合性的题目,是为数学基础要求较高的专业或学生准备的,其中部分题目出自历年考研试题。

本教材由大连工业大学阎慧臻主编,第1、2章由阎慧臻编写,第3章由董晓梅编写,第4章由毕秀国编写,第5章由杨开兵编写,第6、7章由赵峥嵘编写,第8、9章由刘燕编写。

由于编者水平有限,教材中难免存在不足,恳请专家、同行及读者不吝指正。

编 者

2014 年 7 月

目　录

1

第1章　函数、极限与连续

微积分的研究对象是变量. 所谓函数关系就是变量之间的依赖关系,极限方法是研究变量的一种基本方法. 本章将介绍函数、极限和函数的连续性等基本概念及它们的一些性质.

1.1　函　数

1.1.1　函数的概念

定义 1　设 x 和 y 是两个变量,D 是一个非空实数集合. 如果对于每一个 $x \in D$,变量 y 按照一定的法则 f,有唯一确定的实数与之对应,则称 y 是 x 的函数,记作 $y = f(x)$. 其中 x 称为自变量,y 称为因变量,D 称为定义域,也可记作 D_f 或 $D(f)$.

当 x 取数值 $x_0 \in D$,与 x_0 对应的 y 的数值称为函数在点 x_0 处的函数值,记为 $f(x_0)$ 或 $y \mid_{x=x_0}$. 全体函数值的集合称为函数的值域,记作 R_f 或 $f(D)$,即

$$R_f = f(D) = \{y \mid y = f(x), x \in D\}$$

函数 $f(x)$ 中的 f 表示函数的对应关系.

定义域和对应关系 f 是确定函数关系的两个要素. 如果两个函数的对应关系 f 和定义域 D 都相同,则这两个函数是相同的. 至于自变量和因变量用什么记号表示,则无关紧要.

在函数的定义中,对每个 $x \in D$,对应的函数值 y 总是唯一的,这样定义的函数也称为单值函数. 如果给定一个对应法则,按这个法则,对每一个 $x \in D$,总有确定的 y 值与之对应,但这个 y 不总是唯一的,我们称这种法则确定了一个多值函数. 对于多值函数,往往只需附加一些条件,就可以将它化为单值函数. 本书中没有特别说明的函数,都是指单值函数.

函数的表示法一般有三种:表格法、图形法和解析法(公式法). 这三种方法各有特点:表格法一目了然;图形法形象直观;解析法便于计算和推导. 在实际中可结合使用这三种方法.

函数的定义域通常按如下两种情形来确定:一种是对于有实际背景的函数,其定义域

由变量的实际意义确定;另一种是抽象地用数学解析式表示的函数,其定义域是使得该式有意义的一切实数组成的集合,称之为函数的自然定义域.由于中学数学对此已做详细讨论,不再举例说明.

下面举几个函数的例子.

【例1】 函数 $y=|x|=\begin{cases} x, & x\geqslant 0 \\ -x, & x<0 \end{cases}$ 的定义域 $D=(-\infty,+\infty)$,值域 $R_f=[0,+\infty)$,它的图形如图 1-1 所示.此函数称为绝对值函数.

【例2】 函数 $y=\operatorname{sgn}x=\begin{cases} 1, & x>0 \\ 0, & x=0 \\ -1, & x<0 \end{cases}$ 称为符号函数,它的定义域 $D=(-\infty,+\infty)$,值域 $R_f=\{-1,0,1\}$.它的图形如图 1-2 所示.

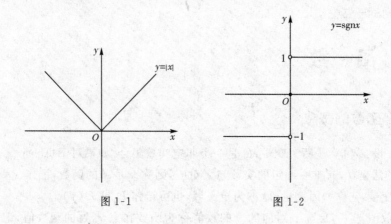

图 1-1　　　　　　　　　　　　图 1-2

对于任何实数 x,有 $x=\operatorname{sgn}x \cdot |x|$.

【例3】 设 x 为任一实数,不超过 x 的最大整数称为 x 的整数部分,记作 $[x]$.例如,$\left[\dfrac{3}{4}\right]=0,[\sqrt{3}]=1,[\pi]=3,[-2]=-2,[-3.8]=-4$.把 x 看作自变量,则函数 $y=[x]$ 的定义域 $D=(-\infty,+\infty)$,值域 R_f 为全体整数的集合 $\mathbf{Z}=\{\cdots,-n,\cdots,-2,-1,0,1,2,\cdots,n,\cdots\}$.它的图形如图 1-3 所示,此图形称为阶梯曲线.在 x 为整数值处,图形发生跳跃,跃度为 1.此函数称为取整函数.

在例1和例2中看到,有时一个函数要用几个式子表示,这种在自变量的不同变化范围中,对应法则用不同式子来表示的函数,通常称为分段函数.

【例4】 设某厂生产某种产品 1000 吨,定价为 130 元/吨.当一次售出 600 吨以内时,按原价出售;若一次成交超过 600 吨时,超过 600 吨的部分按原价的 9 折出售,试将总收入表示成销售量的函数.

解 设销售 x 吨产品的总收入为 $f(x)$,则

$$y=f(x)=\begin{cases} 130x, & 0\leqslant x\leqslant 600 \\ 130\times 600+130\times 0.9\times(x-600), & 600<x\leqslant 1000 \end{cases}$$

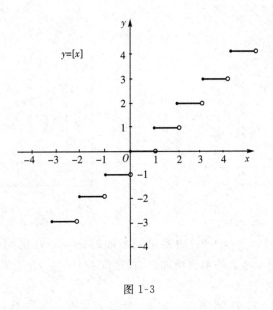

图 1-3

即
$$y = f(x) = \begin{cases} 130x, & 0 \leqslant x \leqslant 600 \\ 117x + 7800, & 600 < x \leqslant 1000 \end{cases}$$

这是一个分段函数,其定义域为 $D = [0, 1000]$.

用几个式子表示一个(不是几个!)函数,不仅与函数定义并无矛盾,而且有现实意义. 在自然科学、工程技术和经济学中,经常会遇到分段函数.

1.1.2　函数的几种特性

1. 函数的有界性

设函数 $f(x)$ 的定义域为 D,数集 $X \subset D$. 如果存在一个正数 M,使得 $|f(x)| \leqslant M$ 对任一 $x \in X$ 都成立,则称函数 $f(x)$ 在 X 上有界. 如果这样的 M 不存在,则称 $f(x)$ 在 X 上无界.

例如,函数 $y = \cos x$ 在 $(-\infty, +\infty)$ 内有界,因为对于任何实数 x,都有 $|\cos x| \leqslant 1$.

函数的有界性与函数 $f(x)$ 中自变量 x 所取的区间有关. 例如,$f(x) = \dfrac{1}{x}$,它在 $[1, +\infty)$ 上有界,在 $(0, 1)$ 内无界.

2. 函数的单调性

设函数 $f(x)$ 的定义域为 D,区间 $I \subset D$. 如果对于区间 I 上任意两点 x_1 和 x_2,当 $x_1 < x_2$ 时,恒有 $f(x_1) < f(x_2)$,则称函数 $f(x)$ 在区间 I 上是单调增加的(图 1-4);如果对于区间 I 上任意两点 x_1 和 x_2,当 $x_1 < x_2$ 时,恒有 $f(x_1) > f(x_2)$,则称函数 $f(x)$ 在区间 I 上是单调减少的(图 1-5). 单调增加和单调减少的函数统称为单调函数,使函数单调的区间称为函数的单调区间.

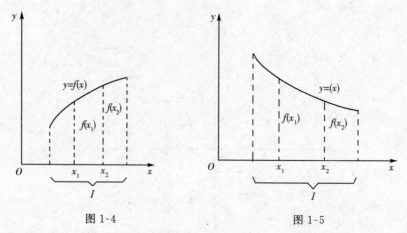

图 1-4   图 1-5

例如，$y=x^3$ 在区间 $(-\infty,+\infty)$ 内是单调增加的，$y=x^2$ 在区间 $(-\infty,+\infty)$ 不是单调函数，但在区间 $[0,+\infty)$ 上是单调增加的，在区间 $(-\infty,0)$ 上是单调减少的.

3. 函数的奇偶性

设函数 $f(x)$ 的定义域 D 关于原点对称，如果对于任一 $x\in D$，$f(-x)=f(x)$ 恒成立，则称 $f(x)$ 为偶函数. 如果对于任一 $x\in D$，$f(-x)=-f(x)$ 恒成立，则称 $f(x)$ 为奇函数. 不是偶函数也不是奇函数的函数，称为非奇非偶函数.

例如，函数 $y=\sin x$ 是奇函数，函数 $y=\cos x$ 是偶函数，函数 $y=\sin x+\cos x$ 是非奇非偶函数.

由定义显然有：偶函数的图形关于 y 轴对称（图 1-6），奇函数的图形关于原点对称（图 1-7）.

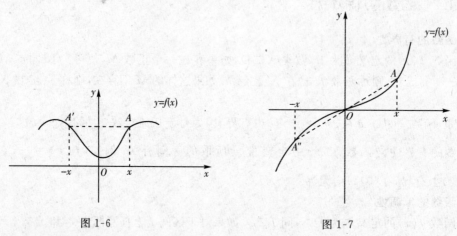

图 1-6   图 1-7

4. 函数的周期性

设函数 $f(x)$ 的定义域为 D，如果存在一个不为零的常数 l，使得对于任一 $x\in D$，有 $(x\pm l)\in D$，且 $f(x+l)=f(x)$ 恒成立，则称 $f(x)$ 为周期函数，l 称为 $f(x)$ 的周期. 通常我们说周期函数的周期是指最小正周期.

例如，函数 $\sin x,\cos x$ 都是以 2π 为周期的周期函数；函数 $\tan x$ 是以 π 为周期的周期函数.

周期函数 $f(x)$ 的图形具有周期性. 若其周期为 l,则在每个长度为 l 的区间上,函数 $f(x)$ 的图形具有相同的形状.

1.1.3　反函数与复合函数

1. 反函数

设函数 $y=f(x)$ 的定义域为 D,值域为 $f(D)$. 对任意 $y\in f(D)$,如果有一个确定的且满足 $y=f(x)$ 的 $x\in D$ 与之对应,其对应关系记为 f^{-1}. 这个定义在 $f(D)$ 上的函数 $x=f^{-1}(y)$ 称为 $y=f(x)$ 的反函数. 它的定义域是 $f(D)$,值域是 D.

习惯上用 x 表示自变量,用 y 表示因变量. 故反函数又记为:$y=f^{-1}(x)$,$x\in f(D)$.

一个函数如果有反函数,它必定是一一对应的函数关系. 由于单调函数是一一对应的,所以单调函数一定存在反函数.

相对于反函数 $y=f^{-1}(x)$ 来说,原来的函数 $y=f(x)$ 称为直接函数. 把直接函数 $y=f(x)$ 和它的反函数 $y=f^{-1}(x)$ 的图形画在同一坐标平面上,这两个函数的图形关于直线 $y=x$ 是对称的(图 1-8). 这是这两个函数的因变量与自变量互换的缘故.

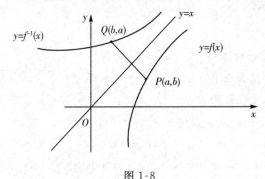

图 1-8

【例 5】　求 $y=3x-1$ 的反函数

解　由 $y=f(x)=3x-1$ 可以求出

$$x=f^{-1}(y)=\frac{y+1}{3}$$

将上式中的 x 与 y 互换,得 $y=3x-1$ 的反函数为:$y=\dfrac{x+1}{3}$.

2. 复合函数

设函数 $y=f(u)$ 的定义域为 D_f,函数 $u=\varphi(x)$ 的值域为 R_φ. 如果 D_f 与 R_φ 的交集不是空集,即 $D_f\bigcap R_\varphi\neq\varnothing$,则称函数 $y=f(\varphi(x))$ 为由函数 $y=f(u)$ 和函数 $u=\varphi(x)$ 构成的复合函数. u 称为中间变量. 复合函数 $f(\varphi(x))$ 的定义域一般为 $u=\varphi(x)$ 的定义域的一个非空子集.

函数 f 与函数 φ 构成的复合函数通常记为 $f\circ\varphi$,即 $(f\circ\varphi)=f(\varphi(x))$.

函数 f 与函数 φ 能构成复合函数的条件是:函数 f 的定义域 D_f 与函数 φ 的值域 R_φ 的交集不是空集,否则不能构成复合函数. 例如,函数 $y=\sqrt{u}$ 的定义域为 $[0,+\infty)$,函数 $u=1-x^3$ 的值域为 $(-\infty,+\infty)$,两者的交集为非空集合 $[0,+\infty)$,所以函数 $y=\sqrt{u}$ 与函

数 $u=1-x^3$ 可以复合成复合函数 $y=\sqrt{1-x^3}$，此复合函数的定义域为 $(-\infty,1]$，它是 $u=1-x^3$ 的自然定义域 $(-\infty,+\infty)$ 的一个非空子集. 但函数 $y=\arcsin u$ 与 $u=x^2+3$ 就不能复合成一个复合函数，因为 $y=\arcsin u$ 的定义域为 $[-1,1]$，$u=x^2+3$ 的值域为 $[3,+\infty)$，两者的交集为空集.

有时，也会遇到两个以上函数所构成的复合函数，只要它们顺次满足构成复合函数的条件. 例如，函数 $y=\sqrt{u}$，$u=\cot v$，$v=\dfrac{x}{2}$ 可构成复合函数 $y=\sqrt{\cot\dfrac{x}{2}}$，这里 u 及 v 都是中间变量.

【例 6】 设 $f(x)=x^2$，$g(x)=2^x$，求 $f(g(x))$，$g(f(x))$，$f(f(x))$.

解
$$f(g(x))=(g(x))^2=(2^x)^2=2^{2x}=4^x$$
$$g(f(x))=2^{f(x)}=2^{x^2}$$
$$f(f(x))=(f(x))^2=(x^2)^2=x^4$$

这里 $(f(x))^2$ 常写为 $f^2(x)$.

1.1.4 初等函数

1. 基本初等函数

以下函数称为基本初等函数：

幂函数　　$y=x^\mu$（μ 是常数）；

指数函数　　$y=a^x$（a 是常数且 $a>0$，$a\neq1$）；

对数函数　　$y=\log_a x$（a 是常数且 $a>0$，$a\neq1$）；

三角函数　　$y=\sin x$，$y=\cos x$，$y=\tan x$，$y=\cot x$，$y=\sec x$，$y=\csc x$；

反三角函数　　$y=\arcsin x$，$y=\arccos x$，$y=\arctan x$，$y=\text{arccot}\,x$.

（1）幂函数

函数 $y=x^\mu$（μ 是常数）叫做幂函数.

幂函数的定义域随 μ 的不同而不同，但不论 μ 取何值，幂函数在 $(0,+\infty)$ 内总有定义，而且图形都过 $(1,1)$ 点. 图 1-9 及图 1-10 给出了几个常见的幂函数的图形.

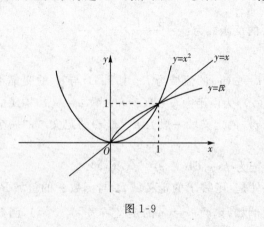

图 1-9

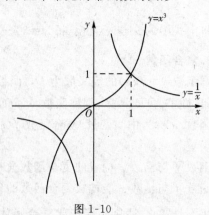

图 1-10

(2)指数函数

函数 $y=a^x(a$ 是常数且 $a>0,a\neq1)$ 叫做指数函数. 定义域为 $(-\infty,+\infty)$,值域为 $(0,+\infty)$,图形都经过 $(0,1)$ 点. 当 $a>1$ 时, $y=a^x$ 单调增加;当 $0<a<1$ 时, $y=a^x$ 单调减少. 指数函数的图形均在 x 轴的上方,如图 1-11 所示.

(3)对数函数

函数 $y=\log_a x(a$ 是常数且 $a>0,a\neq1)$ 叫做对数函数. 它是指数函数 $y=a^x$ 的反函数,其定义域为 $(0,+\infty)$,值域为 $(-\infty,+\infty)$. 图形都经过 $(1,0)$ 点. 当 $a>1$ 时, $y=\log_a x$ 单调增加. 当 $0<a<1$ 时, $y=\log_a x$ 单调减少. 对数函数的图形在 y 轴的右方,如图 1-12 所示.

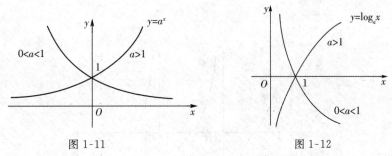

图 1-11   图 1-12

当 $a=e$ 时, $y=\log_e x$ 简记为 $\ln x$,它是常见的对数函数,称为自然对数. 其中 $e=2.71828\cdots$,为无理数.

(4)三角函数

三角函数有正弦函数 $y=\sin x$,余弦函数 $y=\cos x$,正切函数 $y=\tan x$,余切函数 $y=\cot x$,正割函数 $y=\sec x$,余割函数 $y=\csc x$. $y=\sin x$ 与 $y=\cos x$ 都是以 2π 为周期的函数,它们的定义域都是 $(-\infty,+\infty)$,值域都是闭区间 $[-1,1]$. $y=\sin x$ 是奇函数, $y=\cos x$ 是偶函数,如图 1-13 所示.

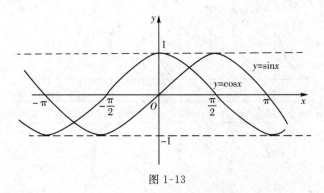

图 1-13

$y=\tan x$ 的定义域是 $x\neq k\pi+\dfrac{\pi}{2}(k$ 为整数)的全体实数, $y=\cot x$ 的定义域是 $x\neq k\pi$ (k 为整数)的全体实数,它们的值域都是 $(-\infty,+\infty)$,都以 π 为周期,都是奇函数. 图形如图 1-14 及图 1-15 所示.

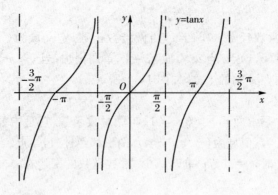

图 1-14

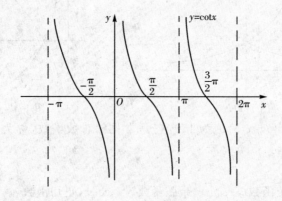

图 1-15

$y=\sec x=\dfrac{1}{\cos x}$ 的定义域是 $x\neq k\pi+\dfrac{\pi}{2}$($k$ 为整数)的全体实数,是以 2π 为周期的周期函数,如图 1-16 所示.

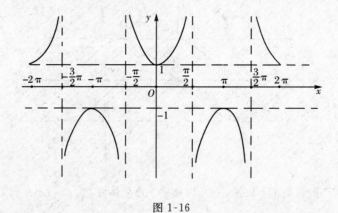

图 1-16

$y=\csc x=\dfrac{1}{\sin x}$ 的定义域是 $x\neq k\pi$(k 为整数)的全体实数,是以 2π 为周期的周期函数,如图 1-17 所示.

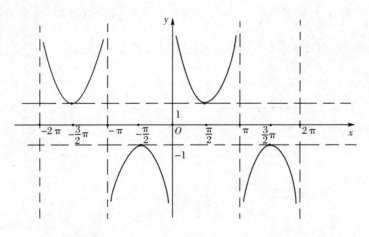

图 1-17

（5）反三角函数

由于三角函数是周期函数,对于其值域内的每个 y 值,都有无穷多个 x 值与之对应,因此必须限制其在单调区间上才能建立反三角函数.

$y=\arcsin x$ 是正弦函数 $y=\sin x$ 在区间 $\left[-\dfrac{\pi}{2},\dfrac{\pi}{2}\right]$ 上的反函数,称为反正弦函数,其定义域为 $[-1,1]$,值域为 $\left[-\dfrac{\pi}{2},\dfrac{\pi}{2}\right]$,并在定义域内单调增加,是奇函数.作图时作 $x=\sin y$ 的图形,取 $y\in\left[-\dfrac{\pi}{2},\dfrac{\pi}{2}\right]$ 的一段曲线,如图 1-18 所示.

$y=\arccos x$ 是余弦函数 $y=\cos x$ 在区间 $[0,\pi]$ 上的反函数,叫做反余弦函数,其定义域为 $[-1,1]$,值域为 $[0,\pi]$,并在定义域内单调减少.作图时作 $x=\cos y$ 的图形,取 $y\in[0,\pi]$ 的一段曲线,如图 1-19 所示.

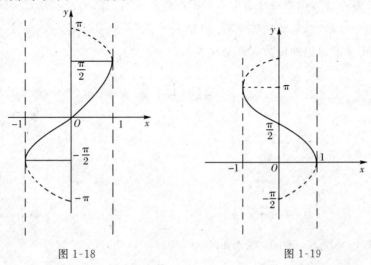

图 1-18　　　　　图 1-19

$y=\arctan x$ 是正切函数 $y=\tan x$ 在区间 $\left(-\dfrac{\pi}{2},\dfrac{\pi}{2}\right)$ 内的反函数,叫做反正切函数,其

9

定义域为$(-\infty,+\infty)$,值域为$\left(-\dfrac{\pi}{2},\dfrac{\pi}{2}\right)$,并在定义域内单调增加,是奇函数. 作图时作

$x=\tan y$的图形,取$y\in\left(-\dfrac{\pi}{2},\dfrac{\pi}{2}\right)$内的一段曲线,如图 1-20 所示.

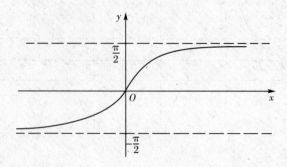

图 1-20

$y=\mathrm{arccot}x$ 是余切函数 $y=\cot x$ 在区间$(0,\pi)$内的反函数,叫做反余切函数. 其定义域为$(-\infty,+\infty)$,值域为$(0,\pi)$,并在定义域内单调减少. 作图时作 $x=\cot y$ 的图形,取$y\in(0,\pi)$内的一段曲线,如图 1-21 所示.

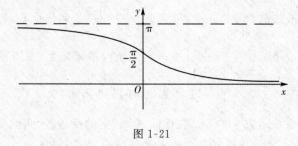

图 1-21

2. 初等函数

由常数和基本初等函数经过有限次的四则运算和有限次的函数复合步骤所构成并可用一个式子表示的函数,称为初等函数. 例如 $y=\sqrt{x^2+3}$,$y=\cos^2 x$,$y=\sin(\ln x)$等都是初等函数. 本书中所讨论的函数大都是初等函数.

习题 1.1

（A）

1. 求下列函数的定义域.

(1)$y=\sqrt{9-x^2}$ (2)$y=\dfrac{1}{1-x^2}$ (3)$y=\dfrac{1}{x}-\sqrt{1-x^2}$ (4)$y=\arcsin\dfrac{x-1}{2}$

(5)$y=\mathrm{e}^{\frac{1}{x}}$ (6)$y=\sqrt{3-x}+\arctan\dfrac{1}{x}$ (7)$y=\dfrac{\ln(3-x)}{\sqrt{|x|-1}}$ (8)$y=\sin\sqrt{x}$

2. 下列各题中,函数 $f(x)$ 和 $g(x)$ 是否相同? 为什么?

(1)$f(x)=\ln x^2,g(x)=2\ln x$ (2)$f(x)=x,g(x)=\sqrt{x^2}$

(3)$f(x)=\sqrt[3]{x^4-x^3},g(x)=x\cdot\sqrt[3]{x-1}$ (4)$f(x)=x,g(x)=\mathrm{e}^{\ln x}$

3. 确定函数 $f(x)=\begin{cases}\sqrt{1-x^2}, & |x|\leqslant 1\\ x^2-1, & 1<|x|<2\end{cases}$ 的定义域并作出函数图形.

4. 判别下列函数在指定区间内的有界性.

(1) $y=\ln x,(0,1)$ 　　　　　　　(2) $y=\dfrac{1}{x},[2,4]$

(3) $y=3^x,(-\infty,+\infty)$ 　　　　(4) $y=\dfrac{2x}{1+x^2},(-\infty,+\infty)$

5. 判别下列函数在指定区间内的单调性.

(1) $y=\dfrac{x}{1-x},(-\infty,1)$ 　　　(2) $y=2^{x-1},(-\infty,+\infty)$

(3) $y=x+\ln x,(0,+\infty)$

6. 判别下列函数中哪些是奇函数？哪些是偶函数？哪些是非奇非偶函数？

(1) $f(x)=2x^4-5x^2$ 　　　(2) $f(x)=5x^2-x^3$ 　　　(3) $f(x)=\ln\dfrac{2+x}{2-x}$

(4) $f(x)=x\sin x$ 　　　(5) $f(x)=\sin x-\cos x+3$ 　　　(6) $f(x)=\ln(x+\sqrt{1+x^2})$

7. 下列各函数中哪些是周期函数？对于周期函数,指出其周期.

(1) $y=\cos\left(3x+\dfrac{\pi}{3}\right)$ 　　　(2) $y=\cos\dfrac{1}{x}$ 　　　(3) $y=\sin^2 x$

(4) $y=\sin(x-3)$ 　　　(5) $y=x\sin x$

8. 求下列函数的反函数.

(1) $y=x^3+2$ 　　(2) $y=\dfrac{x+2}{x-2}$ 　　(3) $y=10^x+2$ 　　(4) $y=1+\ln(x+2)$

9. 在下列各题中,求由所给函数构成的复合函数,并求这个函数分别对应于给定自变量值 x_1 和 x_2 的函数值.

(1) $y=u^2,u=\sin x,x_1=\dfrac{\pi}{4},x_2=\dfrac{\pi}{2}$ 　　　(2) $y=\sin u,u=2x,x_1=\dfrac{\pi}{3},x_2=\dfrac{\pi}{2}$

(3) $y=\sqrt{u},u=1+x^2,x_1=-1,x_2=0$ 　　　(4) $y=e^u,u=x^2,x_1=-1,x_2=1$

(5) $y=u^2,u=e^x,x_1=2,x_2=3$

10. 指出下列函数的复合过程.

(1) $y=e^{\frac{1}{x}}$ 　　　　　　　(2) $y=2^{\sin^3 x}$

(3) $y=\arctan 5^{\sin x}$ 　　　　(4) $y=(1+\sqrt{x^2+2})^2$

11. 设 $f(x)$ 的定义域为 $[0,1]$,分别求下列函数的定义域.

(1) $f(x^2)$ 　　(2) $f(\sin x)$ 　　(3) $f(a^{-x})$ 　　(4) $f(\log_a x)$

12. (1) 设 $f(\sin x)=\cos 2x+1$,求 $f(\cos x)$.

(2) 设 $f\left(x+\dfrac{1}{x}\right)=x^2+\dfrac{1}{x^2}$,求 $f(x)$.

13. 下列函数中哪些是初等函数？哪些不是初等函数？

(1) $y=x^2+\tan 2x-5$ 　　　　　(2) $y=\sqrt{x}+\arcsin(2x+1)$

(3) $y=\begin{cases}-3, & x\geqslant 0\\ 5, & x<0\end{cases}$ 　　　(4) $y=\begin{cases}x+2, & -2\leqslant x\leqslant 0\\ x^2, & 0<x<2\end{cases}$

14. 收音机每台售价为 90 元,成本为 60 元.厂方为鼓励销售商大量采购,决定凡是订购量超过 100 台以上的,每多订购一台,售价就降低 1 分,但最低价为每台 75 元.

(1) 将每台的实际售价 p 表示成订购量 x 的函数；

(2)将厂方所获的利润 L 表示成订购量 x 的函数;

(3)某一销售商订购了 1 000 台,厂方可获利润多少?

(B)

1. 设 $f(x)$ 为定义在 $[-l,l]$ 内的奇函数,若 $f(x)$ 在 $[0,l]$ 内单调增加,证明 $f(x)$ 在 $[-l,0)$ 内也单调增加.

2. 设下面所考虑的函数都是定义在区间 $[-l,l]$ 上. 证明:

(1)两个偶函数的和是偶函数,两个奇函数的和是奇函数;

(2)两个偶函数的乘积是偶函数,两个奇函数的乘积是偶函数,偶函数与奇函数的乘积是奇函数.

3. 设 $f(x) = \begin{cases} 0, & x \leqslant 0 \\ x, & x > 0 \end{cases}, g(x) = \begin{cases} 0, & x \leqslant 0 \\ -x^2, & x > 0 \end{cases}$,求 $f(f(x)), g(g(x)), f(g(x)), g(f(x))$.

4. 设 $f(x) = \begin{cases} 2x-1, & 0 \leqslant x \leqslant 1 \\ 2-(x-2)^2, & 1 < x \leqslant 2 \end{cases}$,求 $f(x)$ 的反函数.

1.2 数列的极限

1.2.1 数列的概念

所谓数列,直观地说就是将一些数排成一列,这样的一列数就称为一个数列. 数列中的数可以是有限多个,也可以是无限多个. 前者称为有限数列,后者称为无限数列. 中学讨论的一般是有限数列,我们以后研究的通常是无限数列. 一般地,有下述定义:

定义 1 设 $x_n = f(n)$ 是一个以正整数集为定义域的函数,将其函数值 x_n 按自变量 n 从小到大的次序排成一列,$x_1, x_2, x_3, \cdots, x_n, \cdots$,称这列有次序的数为一个数列,记为 $\{x_n\}$ 或 $x_n = f(n)$.

数列中的每一个数,叫做数列的项. 第 n 项 x_n 叫做数列的一般项或通项. 例如,

$$\frac{1}{2}, \frac{1}{2^2}, \frac{1}{2^3}, \cdots, \frac{1}{2^n}, \cdots$$

$$1, -\frac{1}{2}, \frac{1}{3}, \cdots, (-1)^{n-1} \cdot \frac{1}{n}, \cdots$$

$$2, \frac{1}{2}, \frac{4}{3}, \cdots, \frac{n+(-1)^{n-1}}{n}, \cdots$$

$$1, 2, 3, \cdots, n, \cdots$$

$$1, -1, 1, \cdots, (-1)^{n-1}, \cdots$$

都是数列的例子,它们的通项依次为 $\frac{1}{2^n}, (-1)^{n-1} \cdot \frac{1}{n}, \frac{n+(-1)^{n-1}}{n}, n, (-1)^{n-1}$.

在几何上,数列 $\{x_n\}$ 可看作数轴上的一个动点,它依次取数轴上的点 $x_1, x_2, x_3, \cdots, x_n, \cdots$,如图 1-22 所示.

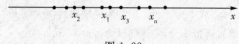

图 1-22

定义 2　若数列 $\{x_n\}$ 满足 $x_1 \leqslant x_2 \leqslant \cdots \leqslant x_n \leqslant x_{n+1} \leqslant \cdots$，则称 $\{x_n\}$ 为单调增加的；若数列 $\{x_n\}$ 满足 $x_1 \geqslant x_2 \geqslant \cdots \geqslant x_n \geqslant x_{n+1} \geqslant \cdots$，则称 $\{x_n\}$ 为单调减少的. 单调增加和单调减少的数列统称为单调数列.

例如，数列 $\{n\}$ 为单调增加数列，数列 $\left\{\dfrac{1}{2^n}\right\}$ 为单调减少数列.

定义 3　若存在正常数 M，使得对于一切 $x_n, n = 1, 2, \cdots$，都有 $|x_n| \leqslant M$，则称数列 $\{x_n\}$ 是有界的，否则称 $\{x_n\}$ 是无界的.

例如，数列 $\left\{\dfrac{1}{2^n}\right\}$，$\left\{(-1)^{n-1} \cdot \dfrac{1}{n}\right\}$，$\{(-1)^{n-1}\}$ 都是有界数列；数列 $\{n\}$，$\{2^n\}$ 都是无界数列.

注：有界数列的等价定义：若存在常数 a, b，对所有的 $n (n = 1, 2, \cdots)$，都有 $a \leqslant x_n \leqslant b$，则称数列 $\{x_n\}$ 为有界数列，其中 a 称为数列 $\{x_n\}$ 的下界，b 称为数列 $\{x_n\}$ 的上界.

1.2.2　数列极限的定义

对数列 $\{x_n\}$，通常要研究它的变化趋势，即要讨论当 n 无限增大时，x_n 是否能与某个常数 a 无限接近. 例如，对于数列 $\left\{\dfrac{1}{2^n}\right\}$，通过观察知，当 n 无限增大时，$\dfrac{1}{2^n}$ 与常数 0 无限接近，称 0 为数列 $\left\{\dfrac{1}{2^n}\right\}$ 的极限.

一般地，设 $\{x_n\}$ 为一数列，如果当 n 无限增大（记为 $n \to \infty$）时，x_n 与某一常数 a 无限接近，则称 a 为数列 $\{x_n\}$ 的极限，记为 $\lim\limits_{n \to \infty} x_n = a$ 或 $x_n \to a (n \to \infty)$.

上述定义可称为数列极限的定性定义. 此定义只给出了数列极限的定性描述，没有给出数列极限的定量分析，很难用此定义进行严格的数学论证. 因此，有必要给出数列极限的精确、量化的定义.

考察数列 $\left\{\dfrac{1}{n}\right\}$，该数列的通项是 $x_n = \dfrac{1}{n}$. 当 n 无限增大时，x_n 无限接近于 0，即 x_n 与 0 之间的距离 $|x_n - 0| = \left|\dfrac{1}{n} - 0\right| = \dfrac{1}{n}$ 随着 n 的无限增大可以任意小，可以小于任意给定的无论多么小的正数.

例如，给定正数 $\varepsilon_1 = \dfrac{1}{100}$，要使 $|x_n - 0| < \varepsilon_1$，即 $\dfrac{1}{n} < \dfrac{1}{100}$，则 $n > 100$. 这就是说该数列从第 101 项 x_{101} 起，后面的一切项 $x_{101}, x_{102}, \cdots, x_n, \cdots$ 都能使不等式 $|x_n - 0| < \varepsilon_1$ 成立.

同样，给定正数 $\varepsilon_2 = \dfrac{1}{1000}$，要使 $|x_n - 0| < \varepsilon_2$，即 $\dfrac{1}{n} < \dfrac{1}{1000}$，则 $n > 1000$. 这就是说该数列从第 1001 项 x_{1001} 起，后面的一切项 $x_{1001}, x_{1002}, \cdots, x_n, \cdots$ 都能使不等式 $|x_n - 0| < \varepsilon_2$ 成立.

一般地，无论给定的正数 ε 多么小，总存在一个正整数 N，使得对于 $n > N$ 的一切 x_n，不等式 $|x_n - 0| < \varepsilon$ 都成立. 这就是数列 $x_n = \dfrac{1}{n} (n = 1, 2, \cdots)$ 当 $n \to \infty$ 时极限为 0 的实质.

一般地，有如下数列极限的定义.

定义 4　设 $\{x_n\}$ 为一数列，如果存在常数 a，对于任意给定的正数 ε（不论它多么小），

总存在正整数 N, 使得当 $n>N$ 时, 不等式 $|x_n-a|<\varepsilon$ 都成立. 则称常数 a 是数列 $\{x_n\}$ 的极限, 或者称数列 $\{x_n\}$ 收敛于 a, 记为 $\lim\limits_{n\to\infty}x_n=a$ 或 $x_n\to a(n\to\infty)$.

如果这样的常数 a 不存在, 就说数列 $\{x_n\}$ 没有极限, 或者说数列 $\{x_n\}$ 是发散的, 习惯上也说 $\lim\limits_{n\to\infty}x_n$ 不存在.

为了表达方便, 用记号 "$\forall$" 表示 "对于任意给定的" 或 "对于每一个", 将 "对于任意给定的正数 ε" 写成 "$\forall\varepsilon>0$"; 用 "$\exists$" 表示 "存在", 将 "存在正整数 N" 写成 "$\exists N>0$", 于是数列极限 $\lim\limits_{n\to\infty}x_n=a$ 的定义可表达为:

$$\lim\limits_{n\to\infty}x_n=a\Leftrightarrow\forall\varepsilon>0,\exists N>0,\text{当 }n>N\text{ 时, 有 }|x_n-a|<\varepsilon\text{ 成立.}$$

数列的这种极限定义称为 $\varepsilon\text{-}N$ 定义.

在数列极限的 $\varepsilon\text{-}N$ 定义中, 正数 ε 具有两重性: 任意性与相对固定性. 只有 ε 的任意性, 才能保证 x_n 与 a 无限接近; 只有 ε 的相对固定性, 才能通过给定的 ε 找到正整数 N. N 是与 ε 有关的, 它随着 ε 的给定而选定.

数列极限 $\lim\limits_{n\to\infty}x_n=a$ 在几何上表示: 对于任意给定的一个开区间 $(a-\varepsilon,a+\varepsilon)$, 都存在正整数 N, 当 $n>N$ 时, $x_n\in(a-\varepsilon,a+\varepsilon)$, 而最多只有有限个点 $x_1,x_2,\cdots,x_N$ 在这个开区间以外. 如图 1-23 所示.

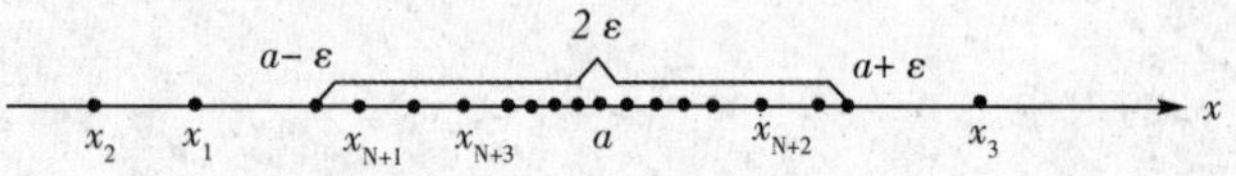

图 1-23

用定义验证数列 $\{x_n\}$ 的极限是 a, 关键在于设法由任意给定的 $\varepsilon>0$, 求出一个相应的正整数 N, 使得当 $n>N$ 时, 不等式 $|x_n-a|<\varepsilon$ 成立.

【例 1】 用数列极限的定义证明 $\lim\limits_{n\to\infty}\dfrac{n-1}{n}=1$.

证明 令 $x_n=\dfrac{n-1}{n}$, $|x_n-1|=\left|\dfrac{n-1}{n}-1\right|=\dfrac{1}{n}$.

$\forall\varepsilon>0$, 要使 $|x_n-1|=\dfrac{1}{n}<\varepsilon$, 只要 $n>\dfrac{1}{\varepsilon}$.

取正整数 $N=\left[\dfrac{1}{\varepsilon}\right]$, 则当 $n>N$ 时, 恒有 $|x_n-1|<\varepsilon$.

由定义知: $\lim\limits_{n\to\infty}\dfrac{n-1}{n}=1$.

注: 对于给定的 $\varepsilon>0$, 正整数 N 不是唯一的. 假定对某个 ε, N_1 满足要求, 则大于 N_1 的任何自然数均满足要求. 例如, 在例 1 中, N 还可取为 $\left[\dfrac{1}{\varepsilon}\right]+1$, $\left[\dfrac{1}{\varepsilon}\right]+2$ 等.

【例 2】 用数列极限的定义证明 $\lim\limits_{n\to\infty}\dfrac{(-1)^n}{(n+1)^2}=0$.

证明 令 $x_n=\dfrac{(-1)^n}{(n+1)^2}$, $|x_n-0|=\left|\dfrac{(-1)^n}{(n+1)^2}-0\right|=\dfrac{1}{(n+1)^2}<\dfrac{1}{(n+1)}<\dfrac{1}{n}$.

$\forall\varepsilon>0$, 要使 $|x_n-0|<\varepsilon$, 只要 $\dfrac{1}{n}<\varepsilon$, 即 $n>\dfrac{1}{\varepsilon}$.

取正整数 $N=\left[\dfrac{1}{\varepsilon}\right]$，则当 $n>N$ 时，恒有 $|x_n-0|<\varepsilon$.

由定义知：$\lim\limits_{n\to\infty}\dfrac{(-1)^n}{(n+1)^2}=0$.

1.2.3 收敛数列的性质

定理 1（极限的唯一性） 如果数列 $\{x_n\}$ 收敛，则它的极限唯一.

证明 用反证法. 设 $\{x_n\}$ 有两个极限 a,b，且 $a<b$. 取 $\varepsilon=\dfrac{b-a}{2}$，因为 $\lim\limits_{n\to\infty}x_n=a$，由数列极限的定义，$\exists$ 正整数 N_1，当 $n>N_1$ 时，不等式

$$|x_n-a|<\frac{b-a}{2} \tag{1}$$

成立. 同理，因为 $\lim\limits_{n\to\infty}x_n=b$，故 $\exists$ 正整数 N_2，当 $n>N_2$ 时，不等式

$$|x_n-b|<\frac{b-a}{2} \tag{2}$$

成立. 取 $N=\max\{N_1,N_2\}$，则当 $n>N$ 时，式(1)及式(2)同时成立. 但由式(1)有 $x_n<\dfrac{b+a}{2}$，由式(2)有 $x_n>\dfrac{b+a}{2}$，矛盾！这个矛盾证明了本定理的结论.

定理 2（收敛数列的有界性） 如果数列 $\{x_n\}$ 收敛，则数列 $\{x_n\}$ 一定有界.

证明 设数列 $\{x_n\}$ 收敛于 a. 由数列极限的定义，对于 $\varepsilon=1$，$\exists$ 正整数 N，当 $n>N$ 时，不等式 $|x_n-a|<1$ 成立，故当 $n>N$ 时

$$|x_n|=|(x_n-a)+a|\leqslant|x_n-a|+|a|<1+|a|$$

取 $M=\max\{|x_1|,|x_2|,\cdots,|x_N|,1+|a|\}$，则数列 $\{x_n\}$ 中的一切 x_n 都满足 $|x_n|\leqslant M$，故数列 $\{x_n\}$ 有界.

注：由定理 2 知，如果数列 $\{x_n\}$ 无界，则数列 $\{x_n\}$ 一定发散. 但是，定理 2 的逆定理不成立，即有界数列不一定收敛. 所以数列有界是数列收敛的必要条件，但不是充分条件. 例如，数列 $1,-1,1,\cdots,(-1)^{n-1},\cdots$ 有界，但此数列是发散的.

定理 3（收敛数列的保号性） 如果 $\lim\limits_{n\to\infty}x_n=a$，且 $a>0$（或 $a<0$），则存在正整数 N，当 $n>N$ 时，有 $x_n>0$（或 $x_n<0$）.

证明 就 $a>0$ 的情形证明. 由数列极限的定义，对 $\varepsilon=\dfrac{a}{2}>0$，$\exists$ 正整数 N，当 $n>N$ 时，有 $|x_n-a|<\dfrac{a}{2}$，从而 $x_n>a-\dfrac{a}{2}=\dfrac{a}{2}>0$.

推论 如果数列 $\{x_n\}$ 从某项起有 $x_n\geqslant0$（或 $x_n\leqslant0$），且 $\lim\limits_{n\to\infty}x_n=a$，则 $a\geqslant0$（或 $a\leqslant0$）.

证明 用反证法. 设数列 $\{x_n\}$ 从第 N_1 项起，即当 $n>N_1$ 时，有 $x_n\geqslant0$. 若 $\lim\limits_{n\to\infty}x_n=a<0$，则由定理 3 知，$\exists$ 正整数 N_2，当 $n>N_2$ 时，有 $x_n<0$. 取 $N=\max\{N_1,N_2\}$，当 $n>N$ 时，按假设有 $x_n\geqslant0$，按定理 3 有 $x_n<0$，矛盾！故必有 $a\geqslant0$.

数列 $\{x_n\}$ 从某项起有 $x_n\leqslant0$ 的情形，可类似证明.

注:在此推论中即使 $x_n>0$(或 $x_n<0$),也只能得到 $a\geqslant0$(或 $a\leqslant0$)的结论,例如,$x_n=\frac{1}{n}>0$,但 $\lim\limits_{n\to\infty}\frac{1}{n}=0$.

习题 1.2

(A)

1. 观察下列数列的变化趋势,判别哪些数列有极限,如有极限,写出它们的极限.

(1)$x_n=(-1)^n\cdot n$ (2)$x_n=\frac{1}{2n}$ (3)$x_n=3n-2$ (4)$x_n=\frac{n-1}{n+1}$

(5)$x_n=\sin\frac{1}{n}$ (6)$x_n=\ln\frac{2}{n}$ (7)$x_n=3+\frac{1}{n^3}$ (8)$x_n=\cos\frac{n\pi}{2}$

2. 对于数列 $\{x_n\}=\left\{\frac{n}{n+1}\right\}$($n=1,2,\cdots$),给定(1)$\varepsilon=0.1$,(2)$\varepsilon=0.01$,(3)$\varepsilon=0.001$ 时,分别取怎样的 N,才能使当 $n>N$ 时,不等式 $|x_n-1|<\varepsilon$ 成立.并利用极限定义证明此数列的极限为1.

3. 用极限定义考察下列结论是否正确,为什么?

(1)设数列 $\{x_n\}$,当 n 越来越大时,$|x_n-a|$ 越来越小,则 $\lim\limits_{n\to\infty}x_n=a$;

(2)设数列 $\{x_n\}$,当 n 越来越大时,$|x_n-a|$ 越来越接近于零,则 $\lim\limits_{n\to\infty}x_n=a$;

(3)设数列 $\{x_n\}$,若 $\forall\varepsilon>0$,$\exists$ 正整数 N,当 $n>N$ 时,有无穷多个 x_n 满足 $|x_n-a|<\varepsilon$,则 $\lim\limits_{n\to\infty}x_n=a$;

(4)设数列 $\{x_n\}$,若 $\forall\varepsilon>0$,$\{x_n\}$ 中仅有有限个 x_n 不满足 $|x_n-a|<\varepsilon$,则 $\lim\limits_{n\to\infty}x_n=a$.

4. 用极限性质判别下列结论是否正确,为什么?

(1)若数列 $\{x_n\}$ 收敛,则 $\lim\limits_{n\to\infty}x_n=\lim\limits_{n\to\infty}x_{n+k}$($k$ 为正整数);

(2)有界数列 $\{x_n\}$ 必收敛;

(3)无界数列 $\{x_n\}$ 必发散;

(4)发散数列 $\{x_n\}$ 必无界.

5. 利用数列极限的定义证明下列极限.

(1)$\lim\limits_{n\to\infty}\frac{1}{n^2}=0$ (2)$\lim\limits_{n\to\infty}\frac{n+1}{3n+1}=\frac{1}{3}$

(3)$\lim\limits_{n\to\infty}\left(1-\frac{1}{2^n}\right)=1$ (4)$\lim\limits_{n\to\infty}\frac{\sin n}{n}=0$

(B)

1. 若 $\lim\limits_{n\to\infty}u_n=a$,证明 $\lim\limits_{n\to\infty}|u_n|=|a|$.并举例说明:如果数列 $\{|x_n|\}$ 有极限,但数列 $\{x_n\}$ 未必有极限.

2. 设数列 $\{x_n\}$ 有界,又 $\lim\limits_{n\to\infty}y_n=0$,证明 $\lim\limits_{n\to\infty}x_n y_n=0$.

3. 对于数列 $\{x_n\}$,若 $x_{2k-1}\to a(k\to\infty)$,$x_{2k}\to a(k\to\infty)$,证明:$x_n\to a(n\to\infty)$.

1.3   函数的极限

因为数列 $\{x_n\}$ 可看作自变量为正整数 n 的函数:$x_n=f(n)$,所以数列的极限是函数的极限的一种特殊类型,即当自变量 n 取正整数而无限增大(即 $n\to\infty$)时,函数 $x_n=f(n)$ 的极限.下面介绍自变量的变化过程为其他情形时函数 $f(x)$ 的极限,主要研究两种情形:

（1）自变量 x 任意地接近于有限值 x_0 或者趋近于有限值 x_0（记作 $x \to x_0$）时，对应的函数值 $f(x)$ 的变化情形；

（2）自变量 x 的绝对值 $|x|$ 无限增大即趋于无穷大（记作 $x \to \infty$）时，对应的函数值 $f(x)$ 的变化情形．

1.3.1　$x \to x_0$ 时函数 $f(x)$ 的极限

为了研究 x 趋近于 x_0 时函数的极限，先介绍邻域的概念．

1. 邻域

设 $\delta > 0$，称开区间 $(a - \delta, a + \delta)$ 为点 a 的 δ 邻域，记作 $U(a, \delta)$．即 $U(a, \delta) = \{x \mid a - \delta < x < a + \delta\}$，点 a 称为邻域的中心，δ 称为邻域的半径（图 1-24）．

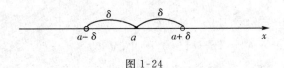

图 1-24

由于 $a - \delta < x < a + \delta$ 相当于 $|x - a| < \delta$，因此，$U(a, \delta) = \{x \mid |x - a| < \delta\}$．

因为 $|x - a|$ 表示点 x 与点 a 间的距离，所以 $U(a, \delta)$ 表示与点 a 距离小于 δ 的一切点 x 的全体．有时用到的邻域需要把邻域中心去掉．点 a 的 δ 邻域去掉中心 a 后，称为点 a 的去心 δ 邻域，记作 $\mathring{U}(a, \delta)$．即 $\mathring{U}(a, \delta) = \{x \mid 0 < |x - a| < \delta\}$．

这里 $0 < |x - a|$ 就表示 $x \neq a$．

为了方便，有时把开区间 $(a - \delta, a)$ 称为 a 的左 δ 邻域，把开区间 $(a, a + \delta)$ 称为 a 的右 δ 邻域．

2. $x \to x_0$ 时函数极限的定义

设函数 $f(x)$ 在点 x_0 的某个去心邻域内有定义，如果在 $x \to x_0$ 的过程中，对应的函数值 $f(x)$ 无限接近于常数 A，则称 A 是函数 $f(x)$ 当 $x \to x_0$ 时的极限．

$x \to x_0$ 表示 x 充分接近于 x_0，但 $x \neq x_0$，可用不等式 $0 < |x - x_0| < \delta$ 表示，其中 δ 是某个正数．从几何上看，适合不等式 $0 < |x - x_0| < \delta$ 的 x 的全体，就是 x_0 的去心 δ 邻域，而半径 δ 则体现了 x 接近 x_0 的程度，δ 越小，x 越接近于 x_0．在 $x \to x_0$ 的过程中，对应的函数值 $f(x)$ 无限接近于常数 A，就是 $|f(x) - A|$ 能任意小，可用不等式 $|f(x) - A| < \varepsilon$ 来表示，其中 ε 是任意给定的要多小有多小的正数．

通过以上分析，我们给出 $x \to x_0$ 时函数的极限的定义如下：

定义 1　设函数 $f(x)$ 在点 x_0 的某一去心邻域内有定义，如果存在常数 A，对于任意给定的正数 ε（不论它多么小），总存在正数 δ，使得当 x 满足不等式 $0 < |x - x_0| < \delta$ 时，对应的函数值 $f(x)$ 都满足不等式 $|f(x) - A| < \varepsilon$，则常数 A 就叫做函数 $f(x)$ 当 $x \to x_0$ 时的极限，记作 $\lim\limits_{x \to x_0} f(x) = A$ 或 $f(x) \to A (x \to x_0)$．

如果这样的常数 A 不存在，则称 $x \to x_0$ 时，函数 $f(x)$ 没有极限，习惯上表达成 $\lim\limits_{x \to x_0} f(x)$ 不存在．

定义 1 可以简单地表述为: $\lim\limits_{x \to x_0} f(x) = A \Leftrightarrow \forall \varepsilon > 0, \exists \delta > 0$, 当 $0 < |x - x_0| < \delta$ 时, 有 $|f(x) - A| < \varepsilon$. 定义 1 又称为"$\varepsilon \delta$"定义.

注: (1)定义中的 ε 刻画了 $f(x)$ 与常数 A 的接近程度. ε 是任意给定的, δ 一般是随 ε 而确定的.

(2)定义中 $0 < |x - x_0|$ 表示 $x \neq x_0$, 所以 $x \to x_0$ 时 $f(x)$ 有没有极限, 与 $f(x)$ 在点 x_0 是否有定义并无关系.

$\lim\limits_{x \to x_0} f(x) = A$ 在几何上表示: 对于任意给定的两条平行直线 $y = A - \varepsilon, y = A + \varepsilon$, 总能找到一个正数 δ, 当 x 在 x_0 的去心 δ 邻域内取值时, 对应的曲线 $y = f(x)$ 全部位于两条平行直线 $y = A - \varepsilon, y = A + \varepsilon$ 之间. 如图 1-25 所示.

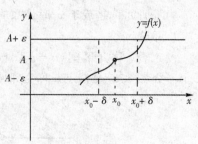

图 1-25

【例 1】 证明 $\lim\limits_{x \to x_0} c = c$, 其中 c 为一常数.

证明 由于 $|f(x) - A| = |c - c| = 0$, 因此, $\forall \varepsilon > 0$, 可任取 $\delta > 0$, 当 $0 < |x - x_0| < \delta$ 时, 有 $|f(x) - A| = |c - c| = 0 < \varepsilon$. 所以 $\lim\limits_{x \to x_0} c = c$.

【例 2】 证明 $\lim\limits_{x \to x_0} x = x_0$.

证明 由于 $|f(x) - A| = |x - x_0|$, 因此, $\forall \varepsilon > 0$, 取 $\delta = \varepsilon$, 当 $0 < |x - x_0| < \delta$ 时, 有 $|f(x) - A| = |x - x_0| < \varepsilon$. 所以 $\lim\limits_{x \to x_0} x = x_0$.

【例 3】 证明 $\lim\limits_{x \to 3} (3x - 1) = 8$.

证明 由于 $|f(x) - A| = |(3x - 1) - 8| = 3|x - 3|$, 为了使 $|f(x) - A| < \varepsilon$, 只要 $|x - 3| < \dfrac{\varepsilon}{3}$. 因此, $\forall \varepsilon > 0$, 取 $\delta = \dfrac{\varepsilon}{3}$, 当 $0 < |x - 3| < \delta$ 时, 有 $|f(x) - A| = 3|x - 3| < \varepsilon$. 所以 $\lim\limits_{x \to 3} (3x - 1) = 8$.

【例 4】 证明 $\lim\limits_{x \to 1} \dfrac{x^2 - 1}{x - 1} = 2$.

证明 由于 $|f(x) - A| = \left| \dfrac{x^2 - 1}{x - 1} - 2 \right| = |x - 1|$, 因此, $\forall \varepsilon > 0$, 取 $\delta = \varepsilon$, 当 $0 < |x - 1| < \delta$ 时, 有 $|f(x) - A| = \left| \dfrac{x^2 - 1}{x - 1} - 2 \right| < \varepsilon$. 所以 $\lim\limits_{x \to 1} \dfrac{x^2 - 1}{x - 1} = 2$.

注: 虽然 $f(x) = \dfrac{x^2 - 1}{x - 1}$ 在 $x = 1$ 处无定义, 但它在 $x = 1$ 处的极限存在.

3. 左极限与右极限

上述 $x \to x_0$ 时, 函数 $f(x)$ 的极限概念中, x 既从 x_0 的左侧也从 x_0 的右侧趋于 x_0. 但有时只能或只需考虑 x 仅从 x_0 的左侧趋于 x_0 (记作 $x \to x_0^-$) 或 x 仅从 x_0 的右侧趋于 x_0 (记作 $x \to x_0^+$) 时, $f(x)$ 的变化趋势. 于是, 就要引进左极限与右极限的概念.

如果当 x 从 x_0 的左侧 $(x < x_0)$ 趋近于 x_0 时, 函数 $f(x)$ 以 A 为极限, 则称 A 为 $x \to x_0$

时 $f(x)$ 的左极限,记作 $\lim\limits_{x \to x_0^-} f(x) = A$ 或 $f(x_0^-) = A$.

如果当 x 从 x_0 的右侧 $(x > x_0)$ 趋近于 x_0 时,函数 $f(x)$ 以 A 为极限,则称 A 为 $x \to x_0$ 时 $f(x)$ 的右极限,记作 $\lim\limits_{x \to x_0^+} f(x) = A$ 或 $f(x_0^+) = A$.

左极限与右极限统称为单侧极限. 如果用 "ε-δ" 定义描述单侧极限,则左、右极限的定义是:

$$\lim\limits_{x \to x_0^-} f(x) = A \Leftrightarrow \forall \varepsilon > 0, \exists \delta > 0, \text{当} \ 0 < x_0 - x < \delta \ \text{时,有} \ |f(x) - A| < \varepsilon \ \text{成立}.$$

$$\lim\limits_{x \to x_0^+} f(x) = A \Leftrightarrow \forall \varepsilon > 0, \exists \delta > 0, \text{当} \ 0 < x - x_0 < \delta \ \text{时,有} \ |f(x) - A| < \varepsilon \ \text{成立}.$$

根据左、右极限的定义,可得到如下结论:

当 $x \to x_0$ 时,函数 $f(x)$ 的极限存在的充分必要条件是左、右极限都存在并且相等,即

$$\lim\limits_{x \to x_0} f(x) = A \Leftrightarrow \lim\limits_{x \to x_0^-} f(x) = \lim\limits_{x \to x_0^+} f(x) = A$$

因此,如果左、右极限有一个不存在或者都存在但不相等,则 $\lim\limits_{x \to x_0} f(x)$ 不存在.

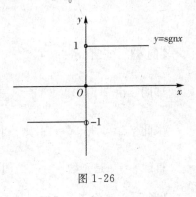

【例 5】 设 $f(x) = \operatorname{sgn} x = \begin{cases} 1, & x > 0 \\ 0, & x = 0, \text{研究当} \ x \\ -1, & x < 0 \end{cases}$

$\to 0$ 时,$f(x)$ 的极限是否存在.

解 当 $x < 0$ 时,$\lim\limits_{x \to 0^-} f(x) = \lim\limits_{x \to 0^-} (-1) = -1$.

当 $x > 0$ 时,$\lim\limits_{x \to 0^+} f(x) = \lim\limits_{x \to 0^+} 1 = 1$.

因为 $\lim\limits_{x \to 0^-} f(x)$ 与 $\lim\limits_{x \to 0^+} f(x)$ 不相等,所以 $\lim\limits_{x \to 0} f(x)$ 不存在(图 1-26).

图 1-26

1.3.2 $x \to \infty$ 时函数 $f(x)$ 的极限

设函数 $f(x)$ 当 $|x|$ 大于某一正数时有定义,如果在 $x \to \infty$ 的过程中,对应的函数值 $f(x)$ 无限接近于常数 A,则称 A 是函数 $f(x)$ 当 $x \to \infty$ 的极限.

$x \to \infty$ 表示 $|x|$ 无限增大,可用不等式 $|x| > X$ 表示,其中 X 为某一正数. $f(x)$ 无限接近于常数 A,可用不等式 $|f(x) - A| < \varepsilon$ 表示,其中 ε 是任意给定的正数. 于是,可给出 $x \to \infty$ 时 $f(x)$ 的极限为 A 的精确定义如下:

定义 2 设函数 $f(x)$ 当 $|x|$ 大于某一正数时有定义,如果存在常数 A,对于任意给定的正数 ε(不论它多么小),总存在正数 X,使得当 x 满足不等式 $|x| > X$ 时,对应的函数值 $f(x)$ 都满足不等式 $|f(x) - A| < \varepsilon$,则常数 A 就叫作函数 $f(x)$ 当 $x \to \infty$ 时的极限,记作 $\lim\limits_{x \to \infty} f(x) = A$ 或 $f(x) \to A (x \to \infty)$.

定义 2 可简单地表述为:

$$\lim\limits_{x \to \infty} f(x) = A \Leftrightarrow \forall \varepsilon > 0, \exists X > 0, \text{当} \ |x| > X \ \text{时,有} \ |f(x) - A| < \varepsilon.$$

如果 $x > 0$ 且无限增大(记作 $x \to +\infty$),那么只要将上面定义中的 $|x| > X$ 改为 $x >$

X，就可得 $\lim\limits_{x \to +\infty} f(x) = A$ 的定义．同样，如果 $x < 0$ 而 $|x|$ 无限增大（记作 $x \to -\infty$），那么只要把 $|x| > X$ 改为 $x < -X$，便得 $\lim\limits_{x \to -\infty} f(x) = A$ 的定义．

由定义不难得出如下结论：
$$\lim_{x \to \infty} f(x) = A \Leftrightarrow \lim_{x \to +\infty} f(x) = \lim_{x \to -\infty} f(x) = A$$

$\lim\limits_{x \to \infty} f(x) = A$ 在几何上表示：对于任意给定的两条平行直线 $y = A - \varepsilon$，$y = A + \varepsilon$，总能找到一个正数 X，使得当 $x < -X$ 或 $x > X$ 时，对应的曲线 $y = f(x)$ 全部位于这两条平行直线之间（图 1-27）．这时直线 $y = A$ 称为函数 $y = f(x)$ 的图形的水平渐近线．

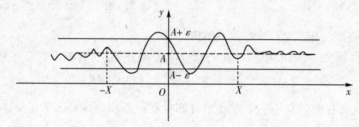

图 1-27

【例 6】 证明 $\lim\limits_{x \to \infty} \dfrac{1}{x} = 0$．

证明 由于 $|f(x) - A| = \left| \dfrac{1}{x} - 0 \right| = \dfrac{1}{|x|}$，为了使 $|f(x) - A| < \varepsilon$，只需 $|x| > \dfrac{1}{\varepsilon}$．

因此 $\forall \varepsilon > 0$，取 $X = \dfrac{1}{\varepsilon}$，则当 $|x| > X$ 时，有 $|f(x) - A| = \dfrac{1}{|x|} < \varepsilon$．所以 $\lim\limits_{x \to \infty} \dfrac{1}{x} = 0$．

直线 $y = 0$ 是函数 $y = \dfrac{1}{x}$ 的图形的水平渐近线．

【例 7】 讨论当 $x \to \infty$ 时函数 $y = \arctan x$ 的极限．

解 由图 1-20 知：$\lim\limits_{x \to +\infty} \arctan x = \dfrac{\pi}{2}$，$\lim\limits_{x \to -\infty} \arctan x = -\dfrac{\pi}{2}$．

由于 $\lim\limits_{x \to -\infty} \arctan x \neq \lim\limits_{x \to +\infty} \arctan x$，所以 $\lim\limits_{x \to \infty} \arctan x$ 不存在．

1.3.3 函数极限的性质

类似于收敛数列的性质，可给出函数极限的一些相应的性质，并且证明方法也类似，都是根据函数极限的定义即可证明．由于函数极限的定义按自变量变化过程的不同有各种形式，下面仅以"$\lim\limits_{x \to x_0} f(x)$"这种形式为代表给出关于函数极限性质的一些定理，并就其中的几个性质给出证明．至于其他形式的极限的性质及其证明，只要相应地作一些修改即可得出．

定理 1（函数极限的唯一性） 如果 $\lim\limits_{x \to x_0} f(x)$ 存在，则此极限唯一．

定理 2（函数极限的局部有界性） 如果 $\lim\limits_{x \to x_0} f(x) = A$，则存在常数 $M > 0$ 和 $\delta > 0$，使得当 $0 < |x - x_0| < \delta$ 时，有 $|f(x)| \leqslant M$．

20

证明　由于 $\lim\limits_{x\to x_0}f(x)=A$，所以取 $\varepsilon=1$，则 $\exists\delta>0$，当 $0<|x-x_0|<\delta$ 时，有 $|f(x)-A|<1$.

因而 $|f(x)|\leqslant|f(x)-A|+|A|<|A|+1$.取 $M=|A|+1$，定理 2 即得证.

注：由定理 2 可知，由 $\lim\limits_{x\to x_0}f(x)$ 存在只能得出函数 $f(x)$ 在 x_0 的某个邻域内是有界的.故定理 2 称为函数极限的局部有界性定理.

定理 3（函数极限的局部保号性）　如果 $\lim\limits_{x\to x_0}f(x)=A$，而且 $A>0$（或 $A<0$），则存在常数 $\delta>0$，使得当 $0<|x-x_0|<\delta$ 时，有 $f(x)>0$（或 $f(x)<0$）.

证明　就 $A>0$ 的情形证明.

由于 $\lim\limits_{x\to x_0}f(x)=A>0$，所以取 $\varepsilon=\dfrac{A}{2}>0$，则 $\exists\delta>0$，当 $0<|x-x_0|<\delta$ 时，有 $|f(x)-A|<\dfrac{A}{2}$，因而 $f(x)>A-\dfrac{A}{2}=\dfrac{A}{2}>0$.

类似地可以证明 $A<0$ 的情形.

由定理 3，易得以下推论：

推论　如果在 x_0 的某去心邻域内 $f(x)\geqslant0$（或 $f(x)\leqslant0$），而且 $\lim\limits_{x\to x_0}f(x)=A$，则 $A\geqslant0$（或 $A\leqslant0$）.

习题 1.3

（A）

1. 根据函数极限的定义证明：

(1) $\lim\limits_{x\to1}(2x-1)=1$　　(2) $\lim\limits_{x\to2}(3x+2)=8$　　(3) $\lim\limits_{x\to x_0}\sin x=\sin x_0$

2. 根据函数极限的定义证明：

(1) $\lim\limits_{x\to\infty}\dfrac{3x+2}{x}=3$　　(2) $\lim\limits_{x\to\infty}\dfrac{\sin x}{\sqrt{x}}=0$

3. 设 $f(x)=\begin{cases}2x-1,&x\leqslant1\\1,&x>1\end{cases}$，求 $\lim\limits_{x\to1}f(x)$.

4. 设 $f(x)=\begin{cases}3x+2,&x\leqslant2\\3,&x>2\end{cases}$，问 $\lim\limits_{x\to2}f(x)$ 是否存在？

5. 证明函数 $f(x)=|x|$ 当 $x\to0$ 时极限为零.

6. 求 $f(x)=\dfrac{x}{x}$，$\varphi(x)=\dfrac{|x|}{x}$ 当 $x\to0$ 时的左、右极限，并说明它们在 $x\to0$ 时的极限是否存在.

（B）

1. 证明 $\lim\limits_{x\to x_0}f(x)=A$ 的充分必要条件是 $\lim\limits_{x\to x_0^-}f(x)=\lim\limits_{x\to x_0^+}f(x)=A$.

2. 证明 $\lim\limits_{x\to\infty}f(x)=A$ 的充分必要条件是 $\lim\limits_{x\to-\infty}f(x)=\lim\limits_{x\to+\infty}f(x)=A$.

3. 试给出 $x\to\infty$ 时函数极限的局部保号性的定理，并加以证明.

1.4 无穷小量与无穷大量

我们常常遇到两种变量,一种是绝对值无限变小的量,另一种是绝对值无限变大的量,前者称为无穷小量,后者称为无穷大量.

1.4.1 无穷小量

1. 无穷小量的定义

定义 1 在自变量 x 的某一变化过程中,如果函数 $f(x)$ 的极限为零,则称函数 $f(x)$ 在自变量这一变化过程中为无穷小量,简称无穷小.

定义 1 中自变量的变化趋势可以是 $x \to x_0$ 或 $x \to x_0^+$ 或 $x \to x_0^-$,也可以是 $x \to \infty$ 或 $x \to +\infty$ 或 $x \to -\infty$.

特别地,以零为极限的数列 $\{x_n\}$ 称为 $n \to \infty$ 时的无穷小.

例如:$\lim\limits_{x \to 0^+} \sqrt{x} = 0$,所以 $x \to 0^+$ 时 $y = \sqrt{x}$ 是无穷小;

$\lim\limits_{x \to \infty} \dfrac{1}{x} = 0$,所以 $x \to \infty$ 时,$y = \dfrac{1}{x}$ 是无穷小;

$\lim\limits_{n \to \infty} \dfrac{(-1)^n}{(n+1)^2} = 0$,所以 $n \to \infty$ 时,$x_n = \dfrac{(-1)^n}{(n+1)^2}$ 是无穷小.

由于无穷小是用极限定义的,因此,无穷小可用极限的 ε 语言描述.

例如:$x \to x_0$ 时 $f(x)$ 为无穷小的 $\varepsilon\text{-}\delta$ 定义为:

$\lim\limits_{x \to x_0} f(x) = 0 \Leftrightarrow \forall \varepsilon > 0, \exists \delta > 0$,当 $0 < |x - x_0| < \delta$ 时,$|f(x)| < \varepsilon$.

对于其他极限过程中的无穷小,可用 $\varepsilon\text{-}\delta$ 或 $\varepsilon\text{-}N$ 语言给出类似的描述.

注:(1)由无穷小的定义可知,无穷小不是指很小的数,而是以 0 为极限的变量. 无论多么小的固定的常数都不是无穷小,而"零"是可以作为无穷小的唯一的常数.

(2)无穷小同自变量的变化过程密切联系着,谈论无穷小时必须指明自变量的变化过程. 例如,$f(x) = \dfrac{1}{x}$ 是 $x \to \infty$ 时的无穷小,但却不是 $x \to 1$ 时的无穷小.

无穷小与函数极限有着密切的关系.

定理 1 在自变量的某一变化过程中,函数 $f(x)$ 的极限为常数 A 的充要条件是 $f(x) = A + \alpha(x)$,其中 $\alpha(x)$ 为同一自变量的变化过程中的无穷小.

证明 仅对 $\lim\limits_{x \to x_0} f(x) = A$ 的情形加以证明.

必要性 设 $\lim\limits_{x \to x_0} f(x) = A$,则 $\forall \varepsilon > 0, \exists \delta > 0$,当 $0 < |x - x_0| < \delta$ 时,有 $|f(x) - A| < \varepsilon$. 令 $\alpha(x) = f(x) - A$,则 $|\alpha(x)| < \varepsilon$,即 $\alpha(x)$ 是 $x \to x_0$ 时的无穷小,且 $f(x) = A + \alpha(x)$.

充分性 设 $f(x) = A + \alpha(x)$,其中 A 是常数,$\alpha(x)$ 是 $x \to x_0$ 时的无穷小. 因此,$\forall \varepsilon > 0, \exists \delta > 0$,当 $0 < |x - x_0| < \delta$ 时,有 $|\alpha(x)| = |f(x) - A| < \varepsilon$,所以 $\lim\limits_{x \to x_0} f(x) = A$.

2. 无穷小的基本性质

性质 1 有限个无穷小的代数和仍是无穷小.

证明 考虑两个无穷小的和.

设 $\alpha(x)$，$\beta(x)$ 是当 $x \to x_0$ 时的两个无穷小. $\forall \varepsilon > 0$，因为 $\lim\limits_{x \to x_0} \alpha(x) = 0$，所以 $\exists \delta_1 > 0$，当 $0 < |x - x_0| < \delta_1$ 时，有 $|\alpha(x)| < \dfrac{\varepsilon}{2}$；

因为 $\lim\limits_{x \to x_0} \beta(x) = 0$，所以 $\exists \delta_2 > 0$，当 $0 < |x - x_0| < \delta_2$ 时，有 $|\beta(x)| < \dfrac{\varepsilon}{2}$.

取 $\delta = \min\{\delta_1, \delta_2\}$，则当 $0 < |x - x_0| < \delta$ 时，$|\alpha(x)| < \dfrac{\varepsilon}{2}$ 及 $|\beta(x)| < \dfrac{\varepsilon}{2}$ 同时成立. 从而 $|\alpha(x) + \beta(x)| \leqslant |\alpha(x)| + |\beta(x)| < \dfrac{\varepsilon}{2} + \dfrac{\varepsilon}{2} = \varepsilon$. 即 $\alpha(x) + \beta(x)$ 是当 $x \to x_0$ 时的无穷小.

性质 2 有界函数与无穷小的乘积是无穷小.

证明 设 $x \to x_0$ 时 $U(x)$ 有界，$\alpha(x)$ 为无穷小.

由于 $x \to x_0$ 时 $U(x)$ 有界，则 $\exists \delta_1 > 0$ 及 $M > 0$，当 $0 < |x - x_0| < \delta_1$ 时，$|U(x)| \leqslant M$.

$\forall \varepsilon > 0$，由于 $\lim\limits_{x \to x_0} \alpha(x) = 0$，则 $\exists \delta_2 > 0$，当 $0 < |x - x_0| < \delta_2$ 时，有 $|\alpha(x)| < \dfrac{\varepsilon}{M}$.

取 $\delta = \min\{\delta_1, \delta_2\}$，则当 $0 < |x - x_0| < \delta$ 时，$|U(x) \cdot \alpha(x)| = |U(x)| \cdot |\alpha(x)| < M \cdot \dfrac{\varepsilon}{M} = \varepsilon$.

由无穷小的定义可知，$U(x) \cdot \alpha(x)$ 是 $x \to x_0$ 时的无穷小.

推论 1 常数与无穷小的乘积是无穷小.

推论 2 有限个无穷小的乘积也是无穷小.

注：两个无穷小的商未必是无穷小. 例如，$x \to 0$ 时，$\dfrac{x}{3x} \to \dfrac{1}{3}$.

【例 1】 求极限 $\lim\limits_{x \to 0} x \cdot \sin \dfrac{1}{x}$.

解 当 $x \to 0$ 时，x 是无穷小，而 $\left| \sin \dfrac{1}{x} \right| \leqslant 1$，即 $\sin \dfrac{1}{x}$ 有界，所以 $x \cdot \sin \dfrac{1}{x}$ 是无穷小，即 $\lim\limits_{x \to 0} x \cdot \sin \dfrac{1}{x} = 0$.

1.4.2 无穷大量

在自变量 x 的某一变化过程中，对应的函数值的绝对值 $|f(x)|$ 无限增大，则称函数 $f(x)$ 在自变量 x 的这一变化过程中为无穷大量.

类似函数极限的情形，可给出无穷大量的精确定义如下（以 $x \to x_0$ 为例）：

定义 2 设函数 $f(x)$ 在 x_0 的某一去心邻域内有定义，如果对于任意给定的正数 M（不论它多么大），总存在正数 δ，当 $0 < |x - x_0| < \delta$ 时，有 $|f(x)| > M$ 成立，则称函数 $f(x)$ 为当 $x \to x_0$ 时的无穷大量，简称无穷大，记为 $\lim\limits_{x \to x_0} f(x) = \infty$ 或 $f(x) \to \infty (x \to x_0)$.

定义 2 可简记为：$\lim\limits_{x \to x_0} f(x) = \infty \Leftrightarrow \forall M > 0, \exists \delta > 0$，当 $0 < |x - x_0| < \delta$ 时，

$|f(x)|>M.$

如果 $x\to x_0$ 时函数 $f(x)>0$ 且无限增大,则称函数 $f(x)$ 为当 $x\to x_0$ 时的正无穷大量,简称正无穷大,记为 $\lim\limits_{x\to x_0}f(x)=+\infty$.

如果 $x\to x_0$ 时函数 $f(x)<0$ 且 $|f(x)|$ 无限增大,则称函数 $f(x)$ 为当 $x\to x_0$ 时的负无穷大量,简称负无穷大,记为 $\lim\limits_{x\to x_0}f(x)=-\infty$.

对于其他极限过程($x\to x_0^+$,$x\to x_0^-$,$x\to\infty$,$x\to+\infty$,$x\to-\infty$)中的无穷大的定义,可类似给出.

注:(1)无穷大不是数,不可与很大的数混为一谈.

(2)$\lim\limits_{x\to x_0}f(x)=\infty$ 仅是一个记号,它表示函数极限不存在的情形之一.但为叙述方便起见,也可将其称为"当 $x\to x_0$ 时,函数 $f(x)$ 的极限为 ∞".

(3)与无穷小类似,无穷大仍同自变量的变化过程密切联系着,谈论无穷大时必须指出自变量的变化过程.

【例 2】 用定义证明 $\lim\limits_{x\to 1}\dfrac{1}{x-1}=\infty$(图 1-28).

证明 $\forall M>0$,要使 $\left|\dfrac{1}{x-1}\right|>M$,只要

$|x-1|<\dfrac{1}{M}.$ 所以,取 $\delta=\dfrac{1}{M}$,则当 $0<$

$|x-1|<\delta=\dfrac{1}{M}$ 时,有 $\left|\dfrac{1}{x-1}\right|>M.$ 因

此,$\lim\limits_{x\to 1}\dfrac{1}{x-1}=\infty$.

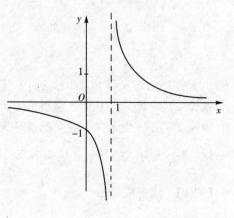

图 1-28

直线 $x=1$ 称为函数 $y=\dfrac{1}{x-1}$ 的图形的铅

直渐近线.

一般地,若 $\lim\limits_{x\to x_0}f(x)=\infty$,则直线 $x=x_0$

称为函数 $y=f(x)$ 的图形的铅直渐近线.

无穷小与无穷大之间有着十分密切的关系.

定理 2 在自变量的同一变化过程中,如果 $f(x)$ 为无穷大,则 $\dfrac{1}{f(x)}$ 为无穷小;反之,

如果 $f(x)$ 为无穷小,且 $f(x)\neq 0$,则 $\dfrac{1}{f(x)}$ 为无穷大.

证明 设 $\lim\limits_{x\to x_0}f(x)=\infty$.

$\forall\varepsilon>0$,根据无穷大的定义,对于 $M=\dfrac{1}{\varepsilon}$,$\exists\delta>0$,当 $0<|x-x_0|<\delta$ 时,有 $|f(x)|>$

$M=\dfrac{1}{\varepsilon}.$ 即 $\left|\dfrac{1}{f(x)}\right|<\varepsilon$,所以 $\dfrac{1}{f(x)}$ 为当 $x\to x_0$ 时的无穷小.

反之,设 $\lim\limits_{x\to x_0}f(x)=0$ 且 $f(x)\neq 0$.

$\forall M>0$,根据无穷小的定义,对于 $\varepsilon=\dfrac{1}{M}$,$\exists\delta>0$,当 $0<|x-x_0|<\delta$ 时,有 $|f(x)|<$ $\varepsilon=\dfrac{1}{M}$,即 $\left|\dfrac{1}{f(x)}\right|>M$,所以 $\dfrac{1}{f(x)}$ 为当 $x\to x_0$ 时的无穷大.

类似地可证明 $x\to\infty$ 时的情形.

定理2表明:在自变量的同一变化过程中,无穷大的倒数是无穷小,非零的无穷小的倒数为无穷大.

例如由例2知,$\lim\limits_{x\to1}\dfrac{1}{x-1}=\infty$,故 $\lim\limits_{x\to1}(x-1)=0$.

注:两个无穷大的代数和不一定是无穷大;无穷大与有界函数的乘积也不一定是无穷大.

习题 1.4

(A)

1. 根据定义证明:

(1)$y=x-2$ 为当 $x\to2$ 时的无穷小;

(2)$y=x\cdot\sin\dfrac{1}{x}$ 为当 $x\to0$ 时的无穷小.

2. 指出下列各题中哪些是无穷小? 哪些是无穷大?

(1)$2x^3$,当 $x\to0$ 时

(2)$x\cos\dfrac{1}{x}$,当 $x\to0$ 时

(3)e^x,当 $x\to-\infty$ 时

(4)e^x,当 $x\to+\infty$ 时

(5)$\tan x$,当 $x\to\dfrac{\pi}{2}$ 时

(6)$\ln x$,当 $x\to0^+$ 时

3. 利用无穷小的性质计算下列极限:

(1)$\lim\limits_{x\to0}x^2\cos\dfrac{1}{x}$

(2)$\lim\limits_{x\to\infty}\dfrac{\arctan x}{x}$

4. 利用无穷小与函数极限的关系,求下列极限:

(1)$\lim\limits_{x\to\infty}\dfrac{4x+1}{x}$

(2)$\lim\limits_{x\to0}\dfrac{1-x^2}{1-x}$

5. 判断下列命题是否正确:

(1)无穷小与无穷小的商一定是无穷小;

(2)有界函数与无穷小之积为无穷小;

(3)有界函数与无穷大之和为无穷大;

(4)有界函数与无穷大之积为无穷大;

(5)有限个无穷小之和为无穷小;

(6)有限个无穷大之和为无穷大;

(7)有限个无穷大之积为无穷大;

(8)非零常数与无穷大之积为无穷大;

(9)有限个正无穷大之和为正无穷大,有限个负无穷大之和为负无穷大;

(10)无穷大的倒数都是无穷小;

(11)无穷小的倒数都是无穷大;

(12)无穷小与无穷大之积为无穷大.

(B)

1. 函数 $y=x\cos x$ 在 $(-\infty,+\infty)$ 内是否有界？这个函数是否为 $x\to+\infty$ 时的无穷大？为什么？

2. 证明：函数 $y=\dfrac{1}{x}\sin\dfrac{1}{x}$ 在区间 $(0,1]$ 上无界，但这个函数不是 $x\to0^+$ 时的无穷大.

1.5 极限运算法则

本节讨论极限的运算法则.在下面的讨论中,记号"lim"下面没有标明自变量的变化过程.实际上,下面的定理对自变量的任一变化过程都成立.

1.5.1 极限的四则运算法则

定理 1 设在自变量 x 的同一变化过程中有 $\lim f(x)=A$，$\lim g(x)=B$，则

(1) $\lim[f(x)\pm g(x)]=\lim f(x)\pm\lim g(x)=A\pm B$；

(2) $\lim[f(x)\cdot g(x)]=\lim f(x)\cdot\lim g(x)=A\cdot B$；

(3) 若 $B\neq0$，则 $\lim\dfrac{f(x)}{g(x)}=\dfrac{\lim f(x)}{\lim g(x)}=\dfrac{A}{B}$.

证明 我们仅证明(2),将(1)、(3)的证明留给读者.

因为 $\lim f(x)=A$，$\lim g(x)=B$，由 1.4 节定理 1,有: $f(x)=A+\alpha(x)$，$g(x)=B+\beta(x)$，其中 $\lim\alpha(x)=0$，$\lim\beta(x)=0$. 所以

$$f(x)\cdot g(x)=[A+\alpha(x)]\cdot[B+\beta(x)]=AB+[A\cdot\beta(x)+B\cdot\alpha(x)+\alpha(x)\cdot\beta(x)]$$

由无穷小的基本性质知,$A\cdot\beta(x)$、$B\cdot\alpha(x)$、$\alpha(x)\cdot\beta(x)$ 均为无穷小,因而 $A\cdot\beta(x)+B\cdot\alpha(x)+\alpha(x)\cdot\beta(x)$ 为无穷小.再由 1.4 节定理 1 得,$\lim[f(x)\cdot g(x)]=A\cdot B=\lim f(x)\cdot\lim g(x)$.

定理 1 中的(1)、(2)可推广到有限个函数的情形.

关于定理 1 中的(2),有如下推论:

推论 1 如果 $\lim f(x)$ 存在,而 c 为常数,则 $\lim[c\cdot f(x)]=c\cdot\lim f(x)$.

推论 2 如果 $\lim f(x)$ 存在,而 n 为正整数,则 $\lim[f(x)]^n=[\lim f(x)]^n$.

对于数列极限,也有类似的四则运算法则,即

定理 2 设有数列 $\{x_n\}$、$\{y_n\}$,如果 $\lim\limits_{n\to\infty}x_n=A$，$\lim\limits_{n\to\infty}y_n=B$，则

(1) $\lim\limits_{n\to\infty}(x_n\pm y_n)=\lim\limits_{n\to\infty}x_n\pm\lim\limits_{n\to\infty}y_n=A\pm B$；

(2) $\lim\limits_{n\to\infty}(x_n\cdot y_n)=\lim\limits_{n\to\infty}x_n\cdot\lim\limits_{n\to\infty}y_n=A\cdot B$；

(3) 当 $y_n\neq0(n=1,2,\cdots)$ 且 $B\neq0$ 时，$\lim\limits_{n\to\infty}\dfrac{x_n}{y_n}=\dfrac{\lim\limits_{n\to\infty}x_n}{\lim\limits_{n\to\infty}y_n}=\dfrac{A}{B}$.

证明从略.

注:运用极限的四则运算法则时应当注意每一个函数(数列)的极限必须存在,商的极限运算法则还要求分母的极限不为零.

设多项式 $f(x) = a_0 x^n + a_1 x^{n-1} + \cdots + a_n$，则

$$\lim_{x \to x_0} f(x) = \lim_{x \to x_0} (a_0 x^n + a_1 x^{n-1} + \cdots + a_n)$$

$$= a_0 (\lim_{x \to x_0} x)^n + a_1 (\lim_{x \to x_0} x)^{n-1} + \cdots + \lim_{x \to x_0} a_n$$

$$= a_0 x_0^n + a_1 x_0^{n-1} + \cdots + a_n = f(x_0)$$

对于有理分式函数 $F(x) = \dfrac{P(x)}{Q(x)}$，其中 $P(x)$、$Q(x)$ 都是多项式，当 $\lim\limits_{x \to x_0} Q(x) =$

$Q(x_0) \neq 0$ 时，有 $\lim\limits_{x \to x_0} F(x) = \lim\limits_{x \to x_0} \dfrac{P(x)}{Q(x)} = \dfrac{\lim\limits_{x \to x_0} P(x)}{\lim\limits_{x \to x_0} Q(x)} = \dfrac{P(x_0)}{Q(x_0)} = F(x_0)$.

这就是说，多项式函数当 $x \to x_0$ 时的极限值等于该函数在 $x = x_0$ 处的函数值；当分母的极限不等于零时，有理分式函数当 $x \to x_0$ 时的极限值也等于该函数在 $x = x_0$ 处的函数值. 但是必须注意，对于有理分式函数，当分母的极限等于零时，商的极限运算法则不能应用，需要特别考虑.

我们不加证明地指出：一切基本初等函数 $f(x)$ 在其定义域内的每点 x_0 处，都有 $\lim\limits_{x \to x_0} f(x) = f(x_0)$.

【例 1】 求 $\lim\limits_{x \to 1} (x^2 - 2x - 3)$.

解 $\lim\limits_{x \to 1} (x^2 - 2x - 3) = 1^2 - 2 \times 1 - 3 = -4$

【例 2】 求 $\lim\limits_{x \to 2} \dfrac{x^2 - x - 2}{x - 3}$.

解 由于分母的极限 $\lim\limits_{x \to 2} (x - 3) = -1 \neq 0$，所以

$$\lim_{x \to 2} \frac{x^2 - x - 2}{x - 3} = \frac{2^2 - 2 - 2}{2 - 3} = 0$$

【例 3】 求 $\lim\limits_{x \to 2} \dfrac{x - 3}{x^2 - x - 2}$.

解 因为分母的极限 $\lim\limits_{x \to 2} (x^2 - x - 2) = 2^2 - 2 - 2 = 0$，不能应用商的极限运算法则. 但由于 $\lim\limits_{x \to 2} \dfrac{x^2 - x - 2}{x - 3} = 0$，故由 1.4 节定理 2 得 $\lim\limits_{x \to 2} \dfrac{x - 3}{x^2 - x - 2} = \infty$.

【例 4】 求 $\lim\limits_{x \to 2} \dfrac{x^2 - 4}{x - 2}$.

解 当 $x \to 2$ 时，分子、分母的极限都为零（这种形式的极限通常称为 $\dfrac{0}{0}$ 型不定式），不能应用商的极限运算法则. 但当 $x \to 2$ 时，$x \neq 2$，即 $x - 2 \neq 0$，故可约去分子、分母的公因子 $(x - 2)$.

$$\lim_{x \to 2} \frac{x^2 - 4}{x - 2} = \lim_{x \to 2} \frac{(x-2)(x+2)}{x - 2} = \lim_{x \to 2} (x + 2) = 4$$

【例 5】 求 $\lim\limits_{x \to 1} \left(\dfrac{2}{x^2 - 1} - \dfrac{1}{x - 1} \right)$.

解 当 $x \to 1$ 时，$\dfrac{2}{x^2 - 1}$ 和 $\dfrac{1}{x - 1}$ 的极限均不存在，因此不能直接应用极限的四则运算

法则.可先将函数恒等变形,再求极限.

$$\lim_{x \to 1}\left(\frac{2}{x^2-1}-\frac{1}{x-1}\right)=\lim_{x \to 1}\frac{2-(x+1)}{(x-1)(x+1)}=\lim_{x \to 1}\frac{-(x-1)}{(x-1)(x+1)}=\lim_{x \to 1}\frac{-1}{x+1}=-\frac{1}{2}$$

【例6】 求下列极限.

(1) $\lim\limits_{x \to \infty}\dfrac{2x^3-5x^2+1}{3x^3+2x-4}$;　(2) $\lim\limits_{x \to \infty}\dfrac{x^2-2x+5}{2x^3-x^2+1}$;　(3) $\lim\limits_{x \to \infty}\dfrac{2x^3-x^2+1}{x^2-2x+5}$.

解 (1)当 $x \to \infty$ 时,分子、分母的极限都是无穷大(这种形式的极限通常称为 $\frac{\infty}{\infty}$ 型不定式),分子、分母同除以 x^3(即分子、分母的最高次幂),然后取极限.

$$\lim_{x \to \infty}\frac{2x^3-5x^2+1}{3x^3+2x-4}=\lim_{x \to \infty}\frac{2-\dfrac{5}{x}+\dfrac{1}{x^3}}{3+\dfrac{2}{x^2}-\dfrac{4}{x^3}}=\frac{2-0+0}{3+0-0}=\frac{2}{3}$$

(2)分子、分母同除以 x^3(即分子、分母的最高次幂),得

$$\lim_{x \to \infty}\frac{x^2-2x+5}{2x^3-x^2+1}=\lim_{x \to \infty}\frac{\dfrac{1}{x}-\dfrac{2}{x^2}+\dfrac{5}{x^3}}{2-\dfrac{1}{x}+\dfrac{1}{x^3}}=\frac{0-0+0}{2-0+0}=0$$

(3)由(2)知 $\lim\limits_{x \to \infty}\dfrac{x^2-2x+5}{2x^3-x^2+1}=0$,所以 $\lim\limits_{x \to \infty}\dfrac{2x^3-x^2+1}{x^2-2x+5}=\infty$.

从例6可得以下结论:即当 $a_0 \ne 0,b_0 \ne 0,m$ 和 n 为非负整数时,有

$$\lim_{x \to \infty}\frac{a_0 x^m+a_1 x^{m-1}+\cdots+a_m}{b_0 x^n+b_1 x^{n-1}+\cdots+b_n}=\begin{cases} \dfrac{a_0}{b_0}, & 当\ n=m \\[2mm] 0, & 当\ n>m \\[2mm] \infty, & 当\ n<m \end{cases}$$

【例7】 求 $\lim\limits_{n \to \infty}\dfrac{3^n+1}{5^n-1}$.

解 这是数列极限问题,容易看出,$n \to \infty$ 时,此极限是 $\frac{\infty}{\infty}$ 型不定式.类似于例6,分子、分母同除以 5^n(即分子、分母中最大的项),然后求极限,得

$$\lim_{n \to \infty}\frac{3^n+1}{5^n-1}=\lim_{n \to \infty}\frac{\left(\dfrac{3}{5}\right)^n+\dfrac{1}{5^n}}{1-\dfrac{1}{5^n}}=\frac{0+0}{1-0}=0$$

1.5.2 复合函数的极限运算法则

定理3 设函数 $u=\varphi(x)$ 当 $x \to x_0$ 时极限存在且等于 a,即 $\lim\limits_{x \to x_0}\varphi(x)=a$,但在点 x_0 的某去心邻域内 $\varphi(x) \ne a$,且 $\lim\limits_{u \to a}f(u)=A$,则

(1)当 $x \to x_0$ 时,复合函数 $f(\varphi(x))$ 的极限也存在,且 $\lim\limits_{x \to x_0}f(\varphi(x))=\lim\limits_{u \to a}f(u)=A$;

(2)特别地,当 $\lim\limits_{u \to a}f(u)=f(a)$ 时,$\lim\limits_{x \to x_0}f(\varphi(x))=\lim\limits_{u \to a}f(u)=f(a)=f(\lim\limits_{x \to x_0}\varphi(x))$.

证明从略.

把定理 3 中的 $x \to x_0$ 换成其他任何极限过程,或将 $\lim\limits_{x \to x_0} \varphi(x) = a$ 换成 $\lim\limits_{x \to x_0} \varphi(x) = \infty$ 等,可得类似的定理.

定理 3 的结论(1)表明:在定理 3 的条件下,如果作变量代换 $u = \varphi(x)$,则求复合函数的极限 $\lim\limits_{x \to x_0} f(\varphi(x))$ 就化为求 $\lim\limits_{u \to a} f(u)$,这里 $a = \lim\limits_{x \to x_0} \varphi(x)$.

定理 3 的结论(2)表明:在定理 3 的条件下,求复合函数 $f(\varphi(x))$ 的极限时,函数符号 f 与极限号 $\lim\limits_{x \to x_0}$ 可以交换次序,即 $\lim\limits_{x \to x_0} f(\varphi(x)) = f(\lim\limits_{x \to x_0} \varphi(x))$.

【例 8】 求 $\lim\limits_{x \to 0^-} e^{\frac{1}{x}}$.

解 $\lim\limits_{x \to 0^-} e^{\frac{1}{x}} \xlongequal{\text{令} u = \frac{1}{x}} \lim\limits_{u \to -\infty} e^u = 0$

【例 9】 求 $\lim\limits_{x \to 2} \sqrt{\dfrac{x^2 - 4}{x - 2}}$.

解 $\lim\limits_{x \to 2} \sqrt{\dfrac{x^2 - 4}{x - 2}} = \sqrt{\lim\limits_{x \to 2} \dfrac{x^2 - 4}{x - 2}} = \sqrt{4} = 2$

【例 10】 求 $\lim\limits_{x \to 0} \dfrac{\sqrt{x + 1} - 1}{x}$.

解 将分子有理化,得

$$\lim\limits_{x \to 0} \frac{\sqrt{x+1} - 1}{x} = \lim\limits_{x \to 0} \frac{(\sqrt{x+1} - 1)(\sqrt{x+1} + 1)}{x \cdot (\sqrt{x+1} + 1)} = \lim\limits_{x \to 0} \frac{x}{x \cdot (\sqrt{x+1} + 1)}$$

$$= \lim\limits_{x \to 0} \frac{1}{\sqrt{x+1} + 1} = \frac{1}{1 + 1} = \frac{1}{2}$$

习题 1.5

(A)

1. 求下列极限.

(1) $\lim\limits_{x \to 1} \dfrac{x^2 + 3}{x - 2}$

(2) $\lim\limits_{x \to \sqrt{5}} \dfrac{x^2 - 5}{x^2 + 1}$

(3) $\lim\limits_{x \to 3} \dfrac{x^2 - 9}{x - 3}$

(4) $\lim\limits_{x \to 1} \dfrac{2x - 3}{x^2 - 5x + 4}$

(5) $\lim\limits_{h \to 0} \dfrac{(x + h)^2 - x^2}{h}$

(6) $\lim\limits_{x \to \infty} \dfrac{2x^2 - 1}{x^2 - x + 2}$

(7) $\lim\limits_{x \to \infty} \dfrac{x^2 + 2x}{x^3 - 5x^2 + 1}$

(8) $\lim\limits_{x \to \infty} \dfrac{x^3}{2x^2 + 1}$

(9) $\lim\limits_{x \to \infty} (3x^3 - x + 5)$

(10) $\lim\limits_{x \to \infty} \left(2 + \dfrac{1}{x}\right)\left(3 - \dfrac{1}{x^2}\right)$

(11) $\lim\limits_{x \to 4} \dfrac{x^2 - 6x + 8}{x^2 - 5x + 4}$

(12) $\lim\limits_{x \to 1} \left(\dfrac{1}{1 - x} - \dfrac{3}{1 - x^3}\right)$

(13) $\lim\limits_{x \to 1} \dfrac{\sqrt{5x - 4} - \sqrt{x}}{x - 1}$

(14) $\lim\limits_{x \to 0} \dfrac{\sqrt{1 + x^2} - 1}{x}$

(15) $\lim\limits_{x \to +\infty} \left(\sqrt{x + 1} - \sqrt{x}\right)$

(16) $\lim\limits_{x \to 1} \dfrac{\sqrt[3]{x} - 1}{\sqrt{x} - 1}$

2. 求下列极限.

(1) $\lim\limits_{n \to \infty} \dfrac{2n^3 + n}{3n^3 + n^2}$

(2) $\lim\limits_{n \to \infty} \dfrac{2^{n+1} + 3^{n+1}}{2^n + 3^n}$

(3) $\lim\limits_{n \to \infty} \dfrac{1 + 2 + 3 + \cdots + (n-1)}{n^2}$

$(4) \lim_{n \to \infty} \dfrac{(n+1)(n+2)(n+3)}{3n^3}$

$(5) \lim_{n \to \infty} \dfrac{1 + \dfrac{1}{2} + \dfrac{1}{2^2} + \cdots + \dfrac{1}{2^n}}{1 + \dfrac{1}{3} + \dfrac{1}{3^2} + \cdots + \dfrac{1}{3^n}}$

$(6) \lim_{n \to \infty} \left[\dfrac{1}{1 \cdot 2} + \dfrac{1}{2 \cdot 3} + \cdots + \dfrac{1}{n \cdot (n+1)} \right]$

$(7) \lim_{n \to \infty} (\sqrt{n^2 + n} - \sqrt{n^2 + 1})$

3. 设 $\lim\limits_{x \to x_0} f(x) = A$,$\lim\limits_{x \to x_0} g(x)$ 不存在,证明 $\lim\limits_{x \to x_0} [f(x) + g(x)]$ 不存在.

4. 设 $\lim\limits_{x \to x_0} f(x)$ 和 $\lim\limits_{x \to x_0} g(x)$ 均存在,且 $f(x) \geqslant g(x)$,证明 $\lim\limits_{x \to x_0} f(x) \geqslant \lim\limits_{x \to x_0} g(x)$.

(B)

1. 若 $\lim\limits_{x \to \infty} \left(\dfrac{x^2 + 1}{x + 1} - ax - b \right) = 0$,求 a, b 的值.

2. 证明本节定理 1 中的 (1) 与 (3).

3. 证明本节的定理 3.

1.6 极限存在准则和两个重要极限

本节介绍判别极限存在的两个准则,并用这两个准则讨论两个重要极限.

1.6.1 极限存在准则

准则 I　如果数列 $\{x_n\}$、$\{y_n\}$ 及 $\{z_n\}$ 满足下列条件:

(1) $y_n \leqslant x_n \leqslant z_n \ (n = 1, 2, \cdots)$.

(2) $\lim\limits_{n \to \infty} y_n = a$,$\lim\limits_{n \to \infty} z_n = a$.

则数列 $\{x_n\}$ 的极限存在,且 $\lim\limits_{n \to \infty} x_n = a$.

证明　因 $y_n \to a$,$z_n \to a$,所以根据数列极限的定义,$\forall \varepsilon > 0$,$\exists$ 正整数 N_1,当 $n > N_1$ 时,有 $|y_n - a| < \varepsilon$. 又 $\exists$ 正整数 N_2,当 $n > N_2$ 时,有 $|z_n - a| < \varepsilon$. 取 $N = \max\{N_1, N_2\}$,则当 $n > N$ 时,有 $|y_n - a| < \varepsilon$,$|z_n - a| < \varepsilon$ 同时成立,即 $a - \varepsilon < y_n < a + \varepsilon$,$a - \varepsilon < z_n < a + \varepsilon$ 同时成立.

由条件(1),当 $n > N$ 时,有 $a - \varepsilon < y_n \leqslant x_n \leqslant z_n < a + \varepsilon$,即 $|x_n - a| < \varepsilon$ 成立. 故 $\lim\limits_{n \to \infty} x_n = a$.

上述准则可推广到函数的极限.

准则 I′　设函数 $f(x)$,$g(x)$,$h(x)$ 满足:

(1) 在 x_0 的某去心邻域内,有 $g(x) \leqslant f(x) \leqslant h(x)$;

(2) $\lim\limits_{x \to x_0} g(x) = A$,$\lim\limits_{x \to x_0} h(x) = A$.

则 $\lim\limits_{x \to x_0} f(x)$ 存在,且 $\lim\limits_{x \to x_0} f(x) = A$.

准则 I 及准则 I′称为极限的夹逼准则,准则 I′对自变量 x 的任一变化过程都成立.

【例 1】　利用夹逼准则证明:$\lim\limits_{x \to 0} \cos x = 1$.

证明　当 $0 < |x| < \dfrac{\pi}{2}$ 时,有 $0 < 1 - \cos x = 2\sin^2 \dfrac{x}{2} \leqslant 2 \cdot \left(\dfrac{x}{2} \right)^2 = \dfrac{x^2}{2}$.

又因为 $\lim\limits_{x \to 0} \dfrac{x^2}{2} = 0$,由夹逼准则知 $\lim\limits_{x \to 0} (1 - \cos x) = 0$,即 $\lim\limits_{x \to 0} \cos x = 1$.

准则Ⅱ 单调有界数列必有极限(证明从略).

在 1.2 节中曾证明:收敛的数列一定有界.但那时也曾指出,有界的数列不一定收敛.

准则Ⅱ表明:如果数列不仅有界,而且单调,则此数列的极限必定存在,即该数列一定收敛.

准则Ⅱ称为数列极限的单调有界准则.在应用中,可将准则Ⅱ叙述为:单调增加有上界的数列必有极限;单调减少有下界的数列必有极限.

【例 2】 设 $x_n = \frac{1}{2+1} + \frac{1}{2^2+1} + \cdots + \frac{1}{2^n+1}$,证明 $\lim\limits_{n\to\infty} x_n$ 存在.

证明 因为 $x_{n+1} - x_n = \frac{1}{2^{n+1}+1} > 0$,故数列 $\{x_n\}$ 单调增加.又

$$0 < x_n = \frac{1}{2+1} + \frac{1}{2^2+1} + \cdots + \frac{1}{2^n+1} < \frac{1}{2} + \frac{1}{2^2} + \cdots + \frac{1}{2^n} = \frac{1}{2} \cdot \frac{1-\left(\frac{1}{2}\right)^n}{1-\frac{1}{2}} = 1 - \left(\frac{1}{2}\right)^n < 1.$$

所以数列 $\{x_n\}$ 有界.由准则Ⅱ知,$\lim\limits_{n\to\infty} x_n$ 存在.

1.6.2 两个重要极限

1. $\lim\limits_{x\to 0} \frac{\sin x}{x} = 1.$

证明 作一单位圆,在第一象限中取此单位圆圆周上两点 A、B(图 1-29).设 $\angle AOB = x$ (以弧度为单位),$0 < x < \frac{\pi}{2}$,则显然有:$\triangle AOB$ 的面积 < 扇形 AOB 的面积 < $\triangle AOD$ 的面积.

而 $BC = \sin x$,$AD = \tan x$,所以 $\triangle AOB$ 的面积 $= \frac{1}{2} OA \cdot BC = \frac{1}{2} \sin x$,扇形 AOB 的面积 $= \frac{1}{2} \cdot OA^2 \cdot x = \frac{1}{2} x$,$\triangle AOD$ 的面积 $= \frac{1}{2} OA \cdot AD = \frac{1}{2} \tan x$.从而有 $\frac{1}{2} \sin x < \frac{1}{2} x < \frac{1}{2} \tan x$,即 $\sin x < x < \tan x$.不等式各端都除以 $\sin x$,就有 $1 < \frac{x}{\sin x} < \frac{1}{\cos x}$ 或 $\cos x < \frac{\sin x}{x} < 1$.

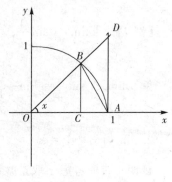

图 1-29

因为 $\frac{\sin x}{x}$ 和 $\cos x$ 都是偶函数,故上式当 $-\frac{\pi}{2} < x < 0$ 也成立,即当 $0 < |x| < \frac{\pi}{2}$ 时,有 $\cos x < \frac{\sin x}{x} < 1$.

由于 $\lim\limits_{x\to 0} \cos x = 1$,$\lim\limits_{x\to 0} 1 = 1$,则由夹逼准则,可得

$$\lim_{x\to 0} \frac{\sin x}{x} = 1 \qquad\qquad (1)$$

注:(1)公式(1)可做如下推广:

31

$$\lim_{x \to 0} \frac{x}{\sin x} = 1, \quad \lim_{\varphi(x) \to 0} \frac{\sin \varphi(x)}{\varphi(x)} = 1, \quad \lim_{\varphi(x) \to 0} \frac{\varphi(x)}{\sin \varphi(x)} = 1$$

(2)公式(1)仅当 x 用弧度表示时才成立.

【例3】 求 $\lim\limits_{x \to 0} \dfrac{\tan x}{x}$.

解 $\lim\limits_{x \to 0} \dfrac{\tan x}{x} = \lim\limits_{x \to 0} \left(\dfrac{\sin x}{x} \cdot \dfrac{1}{\cos x} \right) = \lim\limits_{x \to 0} \dfrac{\sin x}{x} \cdot \lim\limits_{x \to 0} \dfrac{1}{\cos x} = 1 \times 1 = 1$

【例4】 求 $\lim\limits_{x \to 0} \dfrac{\sin 5x}{\tan 3x}$.

解 $\lim\limits_{x \to 0} \dfrac{\sin 5x}{\tan 3x} = \lim\limits_{x \to 0} \left(\dfrac{\sin 5x}{5x} \cdot \dfrac{3x}{\tan 3x} \cdot \dfrac{5}{3} \right) = \dfrac{5}{3} \cdot \lim\limits_{x \to 0} \dfrac{\sin 5x}{5x} \cdot \lim\limits_{x \to 0} \dfrac{3x}{\tan 3x}$

$$= \dfrac{5}{3} \times 1 \times 1 = \dfrac{5}{3}$$

【例5】 求 $\lim\limits_{x \to 0} \dfrac{1 - \cos x}{\dfrac{1}{2} x^2}$.

解 $\lim\limits_{x \to 0} \dfrac{1 - \cos x}{\dfrac{1}{2} x^2} = \lim\limits_{x \to 0} \dfrac{2 \sin^2 \dfrac{x}{2}}{\dfrac{1}{2} x^2} = \lim\limits_{x \to 0} \dfrac{\sin^2 \dfrac{x}{2}}{\left(\dfrac{x}{2} \right)^2} = \lim\limits_{x \to 0} \left(\dfrac{\sin \dfrac{x}{2}}{\dfrac{x}{2}} \right)^2 = 1^2 = 1$

【例6】 求 $\lim\limits_{x \to 0} \dfrac{\arcsin x}{x}$.

解 令 $t = \arcsin x$,则 $x = \sin t$,当 $x \to 0$ 时,有 $t \to 0$.

$$\lim_{x \to 0} \frac{\arcsin x}{x} = \lim_{t \to 0} \frac{t}{\sin t} = 1$$

【例7】 求 $\lim\limits_{x \to \infty} x \cdot \sin \dfrac{1}{x}$.

解 $\lim\limits_{x \to \infty} x \cdot \sin \dfrac{1}{x} = \lim\limits_{x \to \infty} \dfrac{\sin \dfrac{1}{x}}{\dfrac{1}{x}} = 1$

2. $\lim\limits_{x \to \infty} \left(1 + \dfrac{1}{x} \right)^x = e.$

证明 首先考虑 x 取正整数 n 而趋向于 $+\infty$ 的情形.

设 $x_n = \left(1 + \dfrac{1}{n} \right)^n$,我们来证数列 $\{x_n\}$ 单调增加并且有界.由牛顿二项公式,有

$$x_n = \left(1 + \frac{1}{n} \right)^n = 1 + \frac{n}{1!} \cdot \frac{1}{n} + \frac{n(n-1)}{2!} \cdot \frac{1}{n^2} + \frac{n(n-1)(n-2)}{3!} \cdot \frac{1}{n^3} + \cdots +$$

$$\frac{n(n-1) \cdots (n-n+1)}{n!} \cdot \frac{1}{n^n}$$

$$= 1 + 1 + \frac{1}{2!} \left(1 - \frac{1}{n} \right) + \frac{1}{3!} \left(1 - \frac{1}{n} \right) \left(1 - \frac{2}{n} \right) + \cdots +$$

$$\frac{1}{n!}\left(1-\frac{1}{n}\right)\left(1-\frac{2}{n}\right)\cdots\left(1-\frac{n-1}{n}\right)$$

类似地，

$$x_{n+1}=1+1+\frac{1}{2!}\left(1-\frac{1}{n+1}\right)+\frac{1}{3!}\left(1-\frac{1}{n+1}\right)\left(1-\frac{2}{n+1}\right)+\cdots+$$

$$\frac{1}{n!}\left(1-\frac{1}{n+1}\right)\left(1-\frac{2}{n+1}\right)\cdots\left(1-\frac{n-1}{n+1}\right)+$$

$$\frac{1}{(n+1)!}\left(1-\frac{1}{n+1}\right)\left(1-\frac{2}{n+1}\right)\cdots\left(1-\frac{n}{n+1}\right)$$

比较 x_n、x_{n+1} 的展开式，可以看到除前两项外，x_n 的每一项都小于 x_{n+1} 的对应项，并且 x_{n+1} 还多了最后一项，其值大于 0. 因此，$x_n < x_{n+1}$，即数列 $\{x_n\}$ 是单调增加的.

另外，将 x_n 的展开式中各项括号内的数用较大的数 1 代替，得

$$x_n<1+1+\frac{1}{2!}+\frac{1}{3!}+\cdots+\frac{1}{n!}<1+1+\frac{1}{2}+\frac{1}{2^2}+\cdots+\frac{1}{2^{n-1}}=1+\frac{1-\frac{1}{2^n}}{1-\frac{1}{2}}=3-\frac{1}{2^{n-1}}<3$$

即数列 $\{x_n\}$ 有界. 根据极限存在准则 II 知：$\lim\limits_{n\to\infty}x_n$ 存在. 通常用字母 e 来表示它.

即 $\lim\limits_{n\to\infty}\left(1+\frac{1}{n}\right)^n=\mathrm{e}$.

可以证明，当 x 取实数而趋于 $+\infty$ 或 $-\infty$ 时，函数 $\left(1+\frac{1}{x}\right)^x$ 的极限都存在且都等于 e，因此

$$\lim\limits_{x\to\infty}\left(1+\frac{1}{x}\right)^x=\mathrm{e} \tag{2}$$

这个数 e 是无理数，它的值是 $\mathrm{e}=2.71828\cdots$

指数函数 $y=\mathrm{e}^x$ 以及自然对数 $y=\ln x$ 中的底 e 就是这个常数.

注：(1) 在公式 (2) 中，令 $z=\frac{1}{x}$，则公式 (2) 还可写为：$\lim\limits_{z\to 0}(1+z)^{\frac{1}{z}}=\mathrm{e}$.

(2) 公式 (2) 可推广为，$\lim\limits_{\varphi(x)\to 0}(1+\varphi(x))^{\frac{1}{\varphi(x)}}=\mathrm{e}$ 或 $\lim\limits_{\varphi(x)\to\infty}\left(1+\frac{1}{\varphi(x)}\right)^{\varphi(x)}=\mathrm{e}$.

【例 8】　求 $\lim\limits_{n\to\infty}\left(1-\frac{1}{n}\right)^n$.

解　$\lim\limits_{n\to\infty}\left(1-\frac{1}{n}\right)^n=\lim\limits_{n\to\infty}\left(1+\frac{1}{-n}\right)^{(-n)\cdot(-1)}=\left[\lim\limits_{n\to\infty}\left(1+\frac{1}{-n}\right)^{-n}\right]^{-1}=\mathrm{e}^{-1}$

【例 9】　求 $\lim\limits_{x\to 0}(1+2x)^{\frac{1}{x}}$.

解　$\lim\limits_{x\to 0}(1+2x)^{\frac{1}{x}}=\lim\limits_{x\to 0}(1+2x)^{\frac{1}{2x}\cdot 2}=\left[\lim\limits_{x\to 0}(1+2x)^{\frac{1}{2x}}\right]^2=\mathrm{e}^2$

一般地，对于形如 $[f(x)]^{g(x)}$（$f(x)>0$）的函数，称为幂指函数. 在求它的极限时，如果 $\lim f(x)=A$（$A>0$），$\lim g(x)=B$，那么，可以证明

$$\lim f(x)^{g(x)}=A^B=\left[\lim f(x)\right]^{\lim g(x)}$$

【例 10】　求 $\lim\limits_{x\to\infty}\left(\frac{x+1}{x-1}\right)^x$.

解
$$\lim_{x \to \infty} \left(\frac{x+1}{x-1} \right)^x = \lim_{x \to \infty} \left(\frac{x-1+2}{x-1} \right)^x = \lim_{x \to \infty} \left(1 + \frac{2}{x-1} \right)^{\frac{x-1}{2} \cdot \frac{2x}{x-1}}$$

$$= \left[\lim_{x \to \infty} \left(1 + \frac{2}{x-1} \right)^{\frac{x-1}{2}} \right]^{\lim_{x \to \infty} \frac{2x}{x-1}} = \mathrm{e}^2$$

【例 11】 求 $\lim_{x \to 0} (1+x)^{\frac{3}{\sin x}}$.

解
$$\lim_{x \to 0} (1+x)^{\frac{3}{\sin x}} = \lim_{x \to 0} (1+x)^{\frac{1}{x} \cdot \frac{3x}{\sin x}} = \left[\lim_{x \to 0} (1+x)^{\frac{1}{x}} \right]^{\lim_{x \to 0} \frac{3x}{\sin x}} = \mathrm{e}^3$$

【例 12】 求 $\lim_{x \to 0} \frac{\ln(1+x)}{x}$.

解
$$\lim_{x \to 0} \frac{\ln(1+x)}{x} = \lim_{x \to 0} \ln(1+x)^{\frac{1}{x}} = \ln\left(\lim_{x \to 0} (1+x)^{\frac{1}{x}} \right) = \ln \mathrm{e} = 1$$

【例 13】 求 $\lim_{x \to 0} \frac{\mathrm{e}^x - 1}{x}$.

解 令 $\mathrm{e}^x - 1 = t$, 则 $x = \ln(1+t)$, 当 $x \to 0$ 时, $t \to 0$. 利用例 12 的结果, 得

$$\lim_{x \to 0} \frac{\mathrm{e}^x - 1}{x} = \lim_{t \to 0} \frac{t}{\ln(1+t)} = 1$$

1.6.3 连续复利公式

设有一笔贷款 A_0(称为本金), 年利率为 r, 则一年末的本利和为 $A_1 = A_0(1+r)$; 二年末的本利和为 $A_2 = A_1(1+r) = A_0(1+r)^2$; k 年末的本利和为 $A_k = A_0(1+r)^k$.

如果一年分 n 期利息, 年利率仍为 r, 则每期利率为 $\frac{r}{n}$, 且前一期的本利和为后一期的本金, 于是一年末的本利和为 $A_1 = A_0 \left(1 + \frac{r}{n} \right)^n$, k 年末共计复利 nk 次, 其本利和为

$$A_k = A_0 \left(1 + \frac{r}{n} \right)^{nk} \tag{3}$$

式(3)称为 k 年末本利和的离散复利公式.

如果计息期数 $n \to \infty$, 即利息随时计入本金(称为连续复利), 则 k 年末的本金和为

$$A_k = \lim_{n \to \infty} A_0 \left(1 + \frac{r}{n} \right)^{nk} = \lim_{n \to \infty} A_0 \left(1 + \frac{r}{n} \right)^{\frac{n}{r} \cdot rk} = A_0 \mathrm{e}^{rk} \tag{4}$$

式(4)称为 k 年末本利和的连续复利公式.

式(3)或式(4)中的 A_0 称为现在值或现值, A_k 称为将来值. 已知 A_0 求 A_k, 称为复利问题; 已知 A_k 求 A_0, 称为贴现问题, 这时称利率 r 为贴现率.

习题 1.6

(A)

1. 求下列极限.

(1) $\lim_{x \to 0} \frac{\sin 3x}{\sin 7x}$

(2) $\lim_{x \to 0} \frac{\tan 2x}{x}$

(3) $\lim_{x \to 0} x \cdot \cot 3x$

(4) $\lim_{x \to 0} \frac{1 - \cos 2x}{x \cdot \sin x}$

(5) $\lim_{x \to 0^+} \frac{x}{\sqrt{1 - \cos x}}$

(6) $\lim_{x \to \pi} \frac{\sin x}{x - \pi}$

(7) $\lim_{n \to \infty} n \cdot \sin \frac{\pi}{n}$

(8) $\lim_{x \to 1} (1-x) \tan \frac{\pi x}{2}$

2. 求下列极限.

$(1) \lim\limits_{x \to \infty} \left(1 + \dfrac{2}{x}\right)^x$ $\quad$ $(2) \lim\limits_{x \to 0} (1+x)^{\frac{3}{\tan x}}$ $\quad$ $(3) \lim\limits_{x \to \infty} \left(1 - \dfrac{1}{x^2}\right)^x$ $\quad$ $(4) \lim\limits_{x \to \infty} \left(\dfrac{x+1}{x-2}\right)^{3x+1}$

$(5) \lim\limits_{x \to \frac{\pi}{2}} (1 + \cos x)^{2 \sec x}$ $\quad$ $(6) \lim\limits_{x \to 0} (1 + \tan x)^{3 \cot x}$ $\quad$ $(7) \lim\limits_{x \to 0} (\cos x)^{\frac{1}{x^2}}$ $\quad$ $(8) \lim\limits_{n \to \infty} \left(\dfrac{n-1}{n+3}\right)^{2n}$

3. 某企业计划发行公司债券,规定以年利率 6.5% 的连续复利计算利息,10 年后每份债券一次偿还本息 1000 元,问发行时每份债券的价格应定为多少元?

(B)

1. 利用夹逼准则证明:

$(1) \lim\limits_{n \to \infty} n \cdot \left(\dfrac{1}{n^2+1} + \dfrac{1}{n^2+2} + \cdots + \dfrac{1}{n^2+n}\right) = 1$

$(2) \lim\limits_{n \to \infty} \sqrt[n]{1 + 2^n + 3^n} = 3$

2. 设 $x_n = \dfrac{1}{1^2+1} + \dfrac{1}{2^2+1} + \cdots + \dfrac{1}{n^2+1}$ $(n = 1, 2, \cdots)$,利用单调有界准则证明 $\lim\limits_{n \to \infty} x_n$ 存在.

3. 设 $x_1 > 0, x_{n+1} = \dfrac{1}{2}\left(x_n + \dfrac{1}{x_n}\right)$ $(n = 1, 2, \cdots)$,利用单调有界准则证明 $\lim\limits_{n \to \infty} x_n$ 存在,并求此极限.

1.7　无穷小量的比较

1.7.1　无穷小量比较的概念

我们知道,无穷小量(简称无穷小)的极限为零,但不同的无穷小趋于零的速度可能是不一样的. 例如,当 $x \to 0$ 时,$x, 2x, x^2, e^x - 1$ 都是无穷小,但从表 1-1 可以看出,它们趋于零的速度是不同的.

表 1-1

x	0.1	0.01	0.001	$\cdots$	$\to 0$
$2x$	0.2	0.02	0.002	$\cdots$	$\to 0$
x^2	0.01	0.0001	0.000001	$\cdots$	$\to 0$
$e^x - 1$	0.105	0.01005	0.0010005	$\cdots$	$\to 0$

从表 1-1 中可以看出,$x^2 \to 0$ 的速度比 $x \to 0$ 的速度快得多,它们的商的极限是 $\lim\limits_{x \to 0} \dfrac{x^2}{x} = 0$. 反过来,$x \to 0$ 的速度比 $x^2 \to 0$ 的速度慢得多,它们的商的极限是 $\lim\limits_{x \to 0} \dfrac{x}{x^2} = \infty$. $2x \to 0$ 的速度与 $x \to 0$ 的速度差不多,它们的商的极限是 $\lim\limits_{x \to 0} \dfrac{2x}{x} = 2$. 而 $(e^x - 1) \to 0$ 的速度与 $x \to 0$ 的速度几乎一样,它们的商的极限是 $\lim\limits_{x \to 0} \dfrac{e^x - 1}{x} = 1$.

两个无穷小的商的极限的不同情况,反映了无穷小趋于零的快慢不同,可通过比较两个无穷小趋于零的速度而引入无穷小的阶的定义.

定义 1　设 α 及 β 是在同一个自变量的变化过程中的无穷小,且 $\alpha \neq 0$,$\lim \dfrac{\beta}{\alpha}$ 也是在这个变化过程中的极限.

(1)如果 $\lim \dfrac{\beta}{\alpha}=0$，则称 β 是比 α 高阶的无穷小，记作 $\beta=o(\alpha)$；

(2)如果 $\lim \dfrac{\beta}{\alpha}=\infty$，则称 β 是比 α 低阶的无穷小；

(3)如果 $\lim \dfrac{\beta}{\alpha}=c\neq 0$，则称 β 与 α 是同阶无穷小；

(4)如果 $\lim \dfrac{\beta}{\alpha}=1$，则称 β 与 α 是等价无穷小，记作 $\alpha\sim\beta$；

(5)如果 $\lim \dfrac{\beta}{\alpha^k}=c\neq 0,k>0$，则称 β 是关于 α 的 k 阶无穷小.

显然，等价无穷小是同阶无穷小的特殊情形，即 $c=1$ 的情形.

根据以上定义，可知当 $x\to 0$ 时，x^2 是比 x 高阶的无穷小；x 是比 x^2 低阶的无穷小；$2x$ 是与 x 同阶的无穷小；e^x-1 是与 x 等价的无穷小.

下面举一个常用的等价无穷小的例子.

【例1】 证明：当 $x\to 0$ 时，$\sqrt[n]{1+x}-1\sim\dfrac{x}{n}$.

证明
$$\lim_{x\to 0}\frac{\sqrt[n]{1+x}-1}{\frac{1}{n}x}=\lim_{x\to 0}\frac{(\sqrt[n]{1+x})^n-1}{\frac{1}{n}x\cdot(\sqrt[n]{(1+x)^{n-1}}+\sqrt[n]{(1+x)^{n-2}}+\cdots+1)}$$
$$=\lim_{x\to 0}\frac{n}{\sqrt[n]{(1+x)^{n-1}}+\sqrt[n]{(1+x)^{n-2}}+\cdots+1}=1$$

所以
$$\sqrt[n]{1+x}-1\sim\frac{x}{n}$$

1.7.2　无穷小量的等价代换

为了简化求极限，常用到等价无穷小的代换定理.

定理1 设 $\alpha,\alpha',\beta,\beta'$ 都是在同一个自变量变化过程中的无穷小，且 $\lim\dfrac{\beta}{\alpha},\lim\dfrac{\beta'}{\alpha'}$ 等也是在这个变化中的极限. 若 $\alpha\sim\alpha',\beta\sim\beta'$，且 $\lim\dfrac{\beta'}{\alpha'}$ 存在(或为 ∞)，则 $\lim\dfrac{\beta}{\alpha}=\lim\dfrac{\beta'}{\alpha'}$.

证明 设 $\lim\dfrac{\beta'}{\alpha'}$ 存在，则 $\lim\dfrac{\beta}{\alpha}=\lim\left(\dfrac{\beta}{\beta'}\cdot\dfrac{\beta'}{\alpha'}\cdot\dfrac{\alpha'}{\alpha}\right)=\lim\dfrac{\beta}{\beta'}\cdot\lim\dfrac{\beta'}{\alpha'}\cdot\lim\dfrac{\alpha'}{\alpha}=\lim\dfrac{\beta'}{\alpha'}$.

设 $\lim\dfrac{\beta'}{\alpha'}=\infty$，则 $\lim\dfrac{\alpha'}{\beta'}=0$，于是 $\lim\dfrac{\alpha}{\beta}=\lim\dfrac{\alpha'}{\beta'}=0$，故 $\lim\dfrac{\beta}{\alpha}=\infty$.

综上所述，$\lim\dfrac{\beta}{\alpha}=\lim\dfrac{\beta'}{\alpha'}$.

定理1表明，求两个无穷小之比的极限时，分子、分母都可用等价无穷小来代换. 如果用来代换的无穷小选得适当，可以简化求极限的过程.

将常用的等价无穷小列举如下，以便记忆和应用.

当 $x\to 0$ 时，$\sin x\sim x,\tan x\sim x,\arcsin x\sim x,\arctan x\sim x,\ln(1+x)\sim x,e^x-1\sim x,1-$

$$\cos x \sim \frac{x^2}{2}, \sqrt[n]{1+x}-1 \sim \frac{x}{n}.$$

【例2】 求 $\lim\limits_{x \to 0} \dfrac{\tan 3x}{\sin 2x}$.

解 当 $x \to 0$ 时，$\tan 3x \sim 3x$，$\sin 2x \sim 2x$，所以

$$\lim\limits_{x \to 0} \frac{\tan 3x}{\sin 2x} = \lim\limits_{x \to 0} \frac{3x}{2x} = \frac{3}{2}.$$

在用定理 1 求极限时，等价代换可以对分子或分母进行，也可对分子或分母所含的某些无穷小因式进行.

【例3】 求 $\lim\limits_{x \to 0} \dfrac{\ln(1+x)}{x^3+2x}$.

解 当 $x \to 0$ 时，$\ln(1+x) \sim x$，而无穷小 x^3+2x 与它本身显然是等价的，所以

$$\lim\limits_{x \to 0} \frac{\ln(1+x)}{x^3+2x} = \lim\limits_{x \to 0} \frac{x}{x(x^2+2)} = \frac{1}{2}.$$

【例4】 求 $\lim\limits_{x \to 0} \dfrac{(\mathrm{e}^{2x}-1) \cdot \sin x}{x \cdot \arcsin x}$.

解 当 $x \to 0$ 时，$\mathrm{e}^{2x}-1 \sim 2x$，$\sin x \sim x$，$\arcsin x \sim x$，所以

$$\lim\limits_{x \to 0} \frac{(\mathrm{e}^{2x}-1) \cdot \sin x}{x \cdot \arcsin x} = \lim\limits_{x \to 0} \frac{2x \cdot x}{x \cdot x} = 2.$$

【例5】 求 $\lim\limits_{x \to 0} \dfrac{\tan x - \sin x}{x^3}$.

解 由于 $\dfrac{\tan x - \sin x}{x^3} = \dfrac{\tan x(1-\cos x)}{x^3}$，当 $x \to 0$ 时，$\tan x \sim x$，$1-\cos x \sim \dfrac{1}{2}x^2$，所以

$$\lim\limits_{x \to 0} \frac{\tan x - \sin x}{x^3} = \lim\limits_{x \to 0} \frac{\tan x(1-\cos x)}{x^3} = \lim\limits_{x \to 0} \frac{x \cdot \frac{1}{2}x^2}{x^3} = \frac{1}{2}.$$

注：在用等价无穷小代换求极限时，只能代换其中的无穷小因式，而不能代换用加减号联结的项，否则将会出现错误. 例如，在例 5 中，若由 $x \to 0$ 时，$\sin x \sim x$，$\tan x \sim x$，得出 $\lim\limits_{x \to 0} \dfrac{\tan x - \sin x}{x^3} = \lim\limits_{x \to 0} \dfrac{x-x}{x^3} = 0$ 的计算是错误的.

习题 1.7

(A)

1. 当 $x \to 0$ 时，下列函数都是无穷小，试确定哪些是 x 的高阶无穷小、同阶无穷小、等价无穷小？

(1) x^2+2x　　　　　　(2) $x+x^2\sin\dfrac{1}{x}$　　　　　　(3) $\tan^3 x$

(4) $1-\cos 2x$　　　　　　(5) $x+\sin x$　　　　　　(6) $x+x^3$

2. 当 $x \to 1$ 时，无穷小 $1-x$ 和 (1) $1-x^3$，(2) $\dfrac{1}{2}(1-x^2)$ 是否同阶？是否等价？

3. 已知当 $x \to 0$ 时，$\sqrt{1+ax^2}-1$ 与 $\tan^2 x$ 是等价无穷小，求常数 a 的值.

4. 证明：当 $x \to 0$ 时，有

(1) $\arctan x \sim x$ 　　　　　　　　　　　(2) $\sec x - 1 \sim \dfrac{x^2}{2}$

5. 利用无穷小的等价代换,求下列极限.

(1) $\lim\limits_{x \to 0} \dfrac{\sqrt{1+x^2}-1}{\sin^2 x}$ 　　　(2) $\lim\limits_{x \to 3} \dfrac{\sin(3-x)}{x^2-9}$ 　　　(3) $\lim\limits_{x \to 0} \dfrac{(1-\cos x) \cdot (e^{3x^2}-1)}{x^2 \cdot \arctan^2 x}$

(4) $\lim\limits_{x \to 0} \dfrac{(e^x-1)\ln(1+3x)}{1-\cos 2x}$ 　　　(5) $\lim\limits_{x \to 0} \dfrac{\arcsin 2x}{\sqrt[3]{1+x}-1}$ 　　　(6) $\lim\limits_{x \to 0} \dfrac{\sin x - \tan x}{(\sqrt[3]{1+x^2}-1) \cdot \tan\dfrac{x}{2}}$

(B)

1. 证明无穷小的等价关系具有下列性质:

(1) $\alpha \sim \alpha$(自反性);

(2) 若 $\alpha \sim \beta$,则 $\beta \sim \alpha$(对称性);

(3) 若 $\alpha \sim \beta$,$\beta \sim \gamma$,则 $\alpha \sim \gamma$(传递性).

2. 证明: β 与 α 是等价无穷小的充分必要条件为 $\beta = \alpha + o(\alpha)$.

3. 已知 $\lim\limits_{x \to 1} \dfrac{x^2+ax+b}{\sin(x^2-1)} = 3$,求 a、b 的值.

1.8　函数的连续性

自然界中有许多现象,如气温的变化、河水的流动、植物的生长等,都是随时间在连续不断地变化着的.这种现象反映在数学上,就是函数的连续性.它是微积分的又一重要概念.

1.8.1　函数连续性的概念

为描述函数的连续性,先引入函数的改变量(或函数的增量)的概念和记号.

1. 函数的改变量(增量)

设变量 u 从它的一个初值 u_1 变到终值 u_2,终值与初值的差 u_2-u_1 就叫做变量 u 的改变量,或称增量,记作 Δu,即 $\Delta u = u_2 - u_1$.

增量 Δu 可以是正的,也可以是负的,Δu 是一个整体不可分割的记号.

设函数 $y = f(x)$ 在 x_0 的某个邻域内有定义,当自变量 x 在这个邻域内从初值 x_0 变到终值 x 时,相应的函数值从初值 $f(x_0)$ 变到终值 $f(x)$,这时,自变量 x 的增量为 $\Delta x = x - x_0$,函数 y 的对应增量为

$$\Delta y = f(x) - f(x_0) = f(x_0 + \Delta x) - f(x_0)$$

2. 函数在一点连续的概念

由于函数 $y = f(x)$ 在点 x_0 处连续的本质特征(图 1-30)是:当自变量 x 在 x_0 处变化很微小时,对应的函数值变化也很微小.或者说,当自变量 x 在 x_0 的增量 Δx 很微小时,相应的函数增量 Δy 也很微小,即当 $\Delta x \to 0$ 时,对应的 $\Delta y \to 0$.由此便可得到

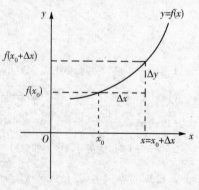

图 1-30

函数 $y=f(x)$ 在点 x_0 处连续的定义如下：

定义 1　设函数 $y=f(x)$ 在点 x_0 的某邻域内有定义，如果

$$\lim_{\Delta x \to 0} \Delta y = \lim_{\Delta x \to 0} [f(x_0 + \Delta x) - f(x_0)] = 0$$

则称函数 $y=f(x)$ 在点 x_0 处连续.

函数在点 x_0 处连续的定义还可用另一种方式来叙述.

设 $x=x_0+\Delta x$，则 $\Delta x = x - x_0$，故 $\Delta x \to 0 \Leftrightarrow x \to x_0$.

又由于 $\Delta y = f(x_0 + \Delta x) - f(x_0) = f(x) - f(x_0)$，故 $\Delta y \to 0 \Leftrightarrow f(x) \to f(x_0)$.

于是 $\lim\limits_{\Delta x \to 0} \Delta y = 0 \Leftrightarrow \lim\limits_{x \to x_0} f(x) = f(x_0)$.

因此，有函数 $y=f(x)$ 在点 x_0 处连续的等价定义：

定义 2　设函数 $y=f(x)$ 在点 x_0 的某邻域内有定义，如果 $\lim\limits_{x \to x_0} f(x) = f(x_0)$，则称函数 $y=f(x)$ 在点 x_0 处连续.

注：由 $\lim\limits_{x \to x_0} f(x) = f(x_0)$ 以及 $x_0 = \lim\limits_{x \to x_0} x$，有 $\lim\limits_{x \to x_0} f(x) = f(x_0) = f(\lim\limits_{x \to x_0} x)$，表明连续函数的函数符号与极限运算符号可以交换.

由定义 2 知，函数 $y=f(x)$ 在点 x_0 处连续必须满足三个条件：

(1) 函数 $f(x)$ 在点 x_0 及其邻域内有定义；

(2) 极限 $\lim\limits_{x \to x_0} f(x)$ 存在；

(3) 当 $x \to x_0$ 时，函数 $f(x)$ 的极限值等于 $f(x)$ 在 x_0 处的函数值.

由定义 2 知，函数 $f(x)$ 在点 x_0 的连续性定义还可用"ε-δ"语言描述如下：

$f(x)$ 在点 x_0 连续 $\Leftrightarrow \forall \varepsilon > 0, \exists \delta > 0$，当 $|x - x_0| < \delta$ 时，有 $|f(x) - f(x_0)| < \varepsilon$.

3. 左连续与右连续

由于函数的连续性是以极限来定义的，而极限可分为左、右极限，因此，连续也可分为左、右连续来讨论.

如果 $\lim\limits_{\Delta x \to 0^-} \Delta y = 0$ 或 $\lim\limits_{x \to x_0^-} f(x) = f(x_0)$，则称函数 $f(x)$ 在点 x_0 左连续；

如果 $\lim\limits_{\Delta x \to 0^+} \Delta y = 0$ 或 $\lim\limits_{x \to x_0^+} f(x) = f(x_0)$，则称函数 $f(x)$ 在点 x_0 右连续.

根据极限与左、右极限的关系，不难得到如下结论：

函数 $f(x)$ 在点 x_0 处连续的充分必要条件是 $f(x)$ 在点 x_0 处既左连续，也右连续，即

$$\lim_{x \to x_0} f(x) = f(x_0) \Leftrightarrow \lim_{x \to x_0^-} f(x) = \lim_{x \to x_0^+} f(x) = f(x_0)$$

4. 函数在区间上的连续性

如果函数 $y=f(x)$ 在区间 (a,b) 内的每一点都连续，则称 $f(x)$ 在 (a,b) 内连续.

如果函数 $f(x)$ 在 (a,b) 内连续，并且在区间的左端点 $x=a$ 处右连续，在右端点 $x=b$ 处左连续，则称函数 $f(x)$ 在闭区间 $[a,b]$ 上连续.

类似地，也可以定义函数在半闭区间或无穷区间上的连续性. 若函数 $f(x)$ 在某区间 I 上连续，则称 $f(x)$ 是区间 I 上的一个连续函数，并称区间 I 是 $f(x)$ 的连续区间.

显然，在区间 I 上的连续函数的图形是一条连续而不间断的曲线.

【例1】 问 a 为何值时,函数 $f(x) = \begin{cases} x^2+2, & x \geq 0 \\ a-3x, & x < 0 \end{cases}$ 在点 $x=0$ 处连续?

解 由于 $f(0)=2$,且 $\lim\limits_{x \to 0^+} f(x) = \lim\limits_{x \to 0^+} (x^2+2) = 2$,$\lim\limits_{x \to 0^-} f(x) = \lim\limits_{x \to 0^-} (a-3x) = a$. 所以,当 $a=2$ 时,$\lim\limits_{x \to 0^-} f(x) = \lim\limits_{x \to 0^+} f(x) = f(0)$.

故 $a=2$ 时,$f(x)$ 在点 $x=0$ 处连续.

【例2】 证明:函数 $f(x) = \sin x$ 是 $(-\infty, +\infty)$ 上的连续函数.

证明 $\forall x_0 \in (-\infty, +\infty)$,当 x_0 有增量 Δx 时,对应的函数增量为

$$\Delta y = f(x_0 + \Delta x) - f(x_0) = \sin(x_0 + \Delta x) - \sin x_0 = 2\sin\frac{\Delta x}{2}\cos\left(x_0 + \frac{\Delta x}{2}\right)$$

由于 $\lim\limits_{\Delta x \to 0} \sin\frac{\Delta x}{2} = 0$,又 $\left|2\cos\left(x_0 + \frac{\Delta x}{2}\right)\right| \leq 2$,根据有界函数与无穷小的乘积仍然是无穷小得 $\lim\limits_{\Delta x \to 0} \Delta y = 0$.

所以 $f(x) = \sin x$ 在点 x_0 处连续. 由 x_0 的任意性知 $f(x) = \sin x$ 在 $(-\infty, +\infty)$ 内处处连续,所以 $f(x) = \sin x$ 是 $(-\infty, +\infty)$ 上的连续函数.

同理可证 $f(x) = \cos x$ 是 $(-\infty, +\infty)$ 上的连续函数.

1.8.2 函数的间断点及其分类

设函数 $f(x)$ 在点 x_0 的某去心邻域内有定义,如果函数 $f(x)$ 有下列三种情形之一:

(1) $f(x)$ 在点 x_0 处没有定义;

(2) $\lim\limits_{x \to x_0} f(x)$ 不存在;

(3) $f(x)$ 在点 x_0 处有定义,且 $\lim\limits_{x \to x_0} f(x)$ 存在,但 $\lim\limits_{x \to x_0} f(x) \neq f(x_0)$.

则函数 $f(x)$ 在点 x_0 处不连续,也称函数 $f(x)$ 在点 x_0 处间断. 点 x_0 称为函数 $f(x)$ 的不连续点或间断点.

【例3】 讨论函数 $f(x) = \dfrac{\sin x}{x}$ 在 $x_0 = 0$ 处的连续性.

解 因 $f(x) = \dfrac{\sin x}{x}$ 在 $x_0 = 0$ 处无定义,故 $f(x) = \dfrac{\sin x}{x}$ 在 $x_0 = 0$ 处间断. 但是,$\lim\limits_{x \to 0} \dfrac{\sin x}{x} = 1$,如果补充定义:$f(0) = 1$,则得到函数

$$y = \begin{cases} \dfrac{\sin x}{x}, & x \neq 0 \\ 1, & x = 0 \end{cases}$$

该函数在点 $x_0 = 0$ 处连续,所以 $x_0 = 0$ 称为该函数的可去间断点.

【例4】 讨论函数 $f(x) = \begin{cases} x, & x \neq 1 \\ 2, & x = 1 \end{cases}$ 在 $x_0 = 1$ 处的连续性.

解 因为 $\lim\limits_{x \to 1} f(x) = \lim\limits_{x \to 1} x = 1$,而 $f(1) = 2$,所以 $\lim\limits_{x \to 1} f(x) \neq f(1)$,故 $x_0 = 1$ 是函数 $f(x)$ 的间断点. 如果改变函数 $f(x)$ 在 $x_0 = 1$ 处的定义,令 $f(1) = 1$,则 $f(x)$ 在 $x_0 = 1$ 处

连续,因此,$x_0=1$ 也叫做该函数的可去间断点.

一般地,如果 x_0 是函数 $f(x)$ 的间断点,而 $\lim\limits_{x \to x_0} f(x)$ 存在,则称 x_0 是函数 $f(x)$ 的可去间断点. 这时,只要补充定义 $f(x_0)$ 或重新定义 $f(x_0)$,令 $f(x_0)=\lim\limits_{x \to x_0} f(x)$,则函数 $f(x)$ 在 x_0 处连续. 由于函数 $f(x)$ 在 x_0 处的间断性通过再定义 $f(x_0)$ 就能去除,故称 x_0 是可去间断点.

【例5】 讨论函数 $f(x)=\begin{cases} x-2, & x<0 \\ 0, & x=0 \\ x+2, & x>0 \end{cases}$ 在 $x_0=0$ 处的连续性.

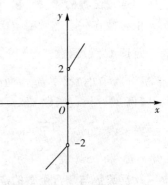

解 因为 $\lim\limits_{x \to 0^-} f(x)=\lim\limits_{x \to 0^-}(x-2)=-2$,$\lim\limits_{x \to 0^+} f(x)$ $=\lim\limits_{x \to 0^+}(x+2)=2$,所以 $\lim\limits_{x \to 0} f(x)$ 不存在.

故 $x_0=0$ 是函数 $f(x)$ 的间断点(图 1-31).

因函数 $f(x)$ 的图形在 $x_0=0$ 处产生跳跃现象,故称 $x_0=0$ 是函数 $f(x)$ 的跳跃间断点.

一般地,如果 x_0 是函数 $f(x)$ 的间断点,而函数 $f(x)$ 在 x_0 处的左、右极限都存在但不相等,则称 x_0 是函数 $f(x)$ 的跳跃间断点.

图 1-31

【例6】 讨论函数 $f(x)=\tan x$ 在 $x_0=\dfrac{\pi}{2}$ 处的连续性.

解 因为 $f(x)=\tan x$ 在 $x_0=\dfrac{\pi}{2}$ 处无定义,所以 $x_0=\dfrac{\pi}{2}$ 是 $f(x)=\tan x$ 的间断点.

因为 $\lim\limits_{x \to \frac{\pi}{2}} \tan x=\infty$,故称 $x_0=\dfrac{\pi}{2}$ 为函数 $f(x)=\tan x$ 的无穷间断点.

一般地,如果 $x \to x_0$(或者 $x \to x_0^-$,或者 $x \to x_0^+$)时,$f(x) \to \infty$(或者 $+\infty$,或者 $-\infty$),则称 x_0 为 $f(x)$ 的无穷间断点.

【例7】 讨论函数 $f(x)=\sin\dfrac{1}{x}$ 在 $x_0=0$ 处的连续性.

解 因为 $f(x)=\sin\dfrac{1}{x}$ 在 $x_0=0$ 处无定义,所以 $x_0=0$ 是 $f(x)=\sin\dfrac{1}{x}$ 的间断点.

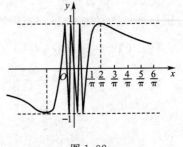

由于 $\lim\limits_{x \to 0} \sin\dfrac{1}{x}$ 不存在,且由图 1-32 可看出函数 $f(x)$ 的图形当 $x_0 \to 0$ 时,在 -1 与 1 之间来回振荡,故称 $x_0=0$ 为函数 $f(x)=\sin\dfrac{1}{x}$ 的振荡间断点.

图 1-32

一般地,在 $x \to x_0$ 的过程中,若函数值 $f(x)$ 无限地在两个不同数之间变动,则称 x_0 为 $f(x)$ 的振荡间断点.

通常将函数的可去间断点和跳跃间断点统称为函数的第一类间断点. 第一类间断点的特征是函数 $f(x)$ 在间断点 x_0 处的左、右极限都存在. 在第一类间断点中,左、右极限相等者(即极限存在),称为可去间断点;左、右极限不相等者,称为跳跃间断点.

不是第一类间断点的任何间断点,称为第二类间断点. 第二类间断点的特征是函数 $f(x)$ 在间断点 x_0 处的左、右极限至少有一个不存在. 无穷间断点和振荡间断点显然是第二类间断点.

1.8.3 连续函数的运算及初等函数的连续性

1. 连续函数的和、差、积、商的连续性

由函数在一点连续的定义和极限的四则运算法则,立即可得出下面的定理.

定理 1 设函数 $f(x)$ 和 $g(x)$ 在点 x_0 处连续,则它们的和(差) $f \pm g$、积 $f \cdot g$ 及商 $\dfrac{f}{g}$ (当 $g(x) \neq 0$ 时)都在点 x_0 处连续.

【例 8】 讨论函数 $\tan x, \cot x$ 在它们的定义域内的连续性.

解 因 $\tan x = \dfrac{\sin x}{\cos x}, \cot x = \dfrac{\cos x}{\sin x}$,而 $\sin x$ 和 $\cos x$ 都在 $(-\infty, +\infty)$ 内连续,故由定理 1 知 $\tan x$ 和 $\cot x$ 在它们的定义域内是连续的.

2. 反函数与复合函数的连续性

定理 2 如果函数 $y = f(x)$ 在某区间上单调增加(或减少)且连续,则它的反函数 $y = f^{-1}(x)$ 在相应的区间上单调增加(或减少)且连续.

从几何直观上看,$y = f^{-1}(x)$ 的图形是 $y = f(x)$ 的图形绕直线 $y = x$ 翻转 $180°$ 而成,故其单调性和连续性均保持.

【例 9】 讨论函数 $y = \arcsin x (x \in [-1, 1])$ 的连续性.

解 由于 $y = \sin x$ 在 $\left[-\dfrac{\pi}{2}, \dfrac{\pi}{2}\right]$ 上单调增加且连续,所以由定理 2 知,$y = \sin x$ 的反函数 $y = \arcsin x$ 在相应的区间 $[-1, 1]$ 上单调增加且连续.

类似地,反三角函数 $y = \arccos x, y = \arctan x, y = \text{arccot} x$ 都在其定义域内连续.

根据函数在一点连续的定义和复合函数的极限运算法则,可得以下定理:

定理 3 设函数 $u = \varphi(x)$ 在 x_0 处连续且 $u_0 = \varphi(x_0)$,函数 $y = f(u)$ 在 u_0 处连续,则复合函数 $y = f(\varphi(x))$ 在 x_0 也连续.

【例 10】 讨论函数 $y = \cos \dfrac{1}{x}$ 的连续性.

解 函数 $y = \cos \dfrac{1}{x}$ 可看作由 $y = \cos u$ 及 $u = \dfrac{1}{x}$ 复合而成.

当 $-\infty < u < +\infty$ 时,$y = \cos u$ 是连续的. 当 $-\infty < x < 0$ 和 $0 < x < +\infty$ 时,$u = \dfrac{1}{x}$ 是连续的,根据定理 3,函数 $y = \cos \dfrac{1}{x}$ 在区间 $(-\infty, 0)$ 和 $(0, +\infty)$ 内是连续的.

3. 初等函数的连续性

在 1.5 节中我们指出,基本初等函数 $f(x)$ 在其定义域内任一点 x_0 处,都有

$\lim\limits_{x\to x_0}f(x)=f(x_0)$，因此，基本初等函数在其定义域内都是连续的. 根据初等函数的定义，再由基本初等函数的连续性以及本节定理 1、3 可得下列重要结论：一切初等函数在其定义区间内都是连续的. 所谓定义区间是指包含在定义域内的区间.

这一结论提供了求初等函数极限的一个简便方法，即如果 $f(x)$ 为一初等函数，x_0 是 $f(x)$ 的定义区间内的点，则 $\lim\limits_{x\to x_0}f(x)=f(x_0)$.

【例 11】 求 $\lim\limits_{x\to 1}\dfrac{x^2+\ln(4-3x)}{\arctan x}$.

解 $\dfrac{x^2+\ln(4-3x)}{\arctan x}$ 为初等函数，1 为其定义区间内的点，所以

$$\lim\limits_{x\to 1}\frac{x^2+\ln(4-3x)}{\arctan x}=\frac{1+\ln(4-3)}{\arctan 1}=\frac{4}{\pi}$$

习题 1.8

(A)

1. 研究下列函数的连续性，并画出函数的图形.

$(1)f(x)=\begin{cases}\dfrac{1}{x}, & x>0 \\ x^2, & x\leqslant 0\end{cases}$
　　　　$(2)f(x)=\begin{cases}x, & -1\leqslant x\leqslant 1 \\ 1, & x<-1\ \text{或}\ x>1\end{cases}$

2. 确定常数 a,b，使函数 $f(x)=\begin{cases}\dfrac{\ln(1-3x)}{bx}, & x<0 \\ 2, & x=0 \\ \dfrac{\sin ax}{x}, & x>0\end{cases}$ 连续.

3. 下列函数在指出的点处间断，说明这些间断点属于哪一类. 如果是可去间断点，则补充或改变函数的定义使它连续：

$(1)y=\dfrac{x^2-1}{x^2-3x-4},x=-1,x=4;$

$(2)y=\dfrac{x}{\sin x},x=k\pi(k=0,\pm1,\pm2,\cdots);$

$(3)y=\cos^3\dfrac{1}{x},x=0;$

$(4)y=\begin{cases}3x-2, & x\leqslant 1 \\ x+3, & x>1\end{cases},x=1.$

4. 求下列函数的连续区间，并求极限.

$(1)f(x)=\dfrac{x^3+3x^2-x-3}{x^2+x-6},\lim\limits_{x\to 0}f(x),\lim\limits_{x\to 2}f(x).$

$(2)f(x)=\ln\arcsin x,\lim\limits_{x\to \frac{1}{2}}f(x).$

5. 求下列极限.

$(1)\lim\limits_{x\to 0}\sqrt{x^3-x^2+3}$
　　　　　　$(2)\lim\limits_{x\to \frac{\pi}{4}}(\sin 2x)^3$

$(3)\lim\limits_{x\to 0}\dfrac{1+e}{1+e^{\frac{1}{x+1}}}$
　　　　　　$(4)\lim\limits_{x\to 1}\dfrac{x^2-x+\ln(2-x)}{(x+1)^2}$

6. 说明函数 $f(x)$ 在点 x_0 处有定义、有极限、连续这三个概念有什么不同？又有什么联系？

(B)

1. 设 $f(x) = \begin{cases} e^{\frac{1}{x-1}}, & x > 0 \\ \ln(1+x), & -1 < x \leqslant 0 \end{cases}$，求 $f(x)$ 的间断点，并判别间断点的类型.

2. 设 $f(x) = \lim\limits_{n \to \infty} \dfrac{1+x}{1+x^{2n}}$，求 $f(x)$ 的间断点，并判断间断点的类型.

3. 证明：若函数 $f(x)$ 在点 x_0 连续且 $f(x_0) \neq 0$，则存在 x_0 的某一邻域，当 x 属于该邻域时，$f(x) \neq 0$.

1.9 闭区间上连续函数的性质

在闭区间上的连续函数有一些重要性质，其中不少性质的几何意义十分明显，但证明却并不容易，需要用到实数理论. 因此，我们将略去这些性质的严格证明，仅以定理的形式把这些定理叙述出来.

1.9.1 最值定理与有界性定理

先说明最大值和最小值的概念. 对于在区间 I 上有定义的函数 $f(x)$，如果有 $x_0 \in I$，使得对于任一 $x \in I$，都有 $f(x) \leqslant f(x_0) (f(x) \geqslant f(x_0))$，则称 $f(x_0)$ 是函数 $f(x)$ 在区间 I 上的最大值（最小值）.

定理 1（最值定理） 如果函数 $f(x)$ 在闭区间 $[a,b]$ 上连续，则 $f(x)$ 在 $[a,b]$ 上必取得最大值和最小值. 即存在 $x_1, x_2 \in [a,b]$，使得对任意 $x \in [a,b]$，均有 $m = f(x_2) \leqslant f(x) \leqslant f(x_1) = M$.

由定理 1 立即得下列定理.

定理 2（有界性定理） 如果函数 $f(x)$ 在闭区间 $[a,b]$ 上连续，则 $f(x)$ 在 $[a,b]$ 上一定有界.

注：如果函数在开区间内连续，或函数在闭区间上有间断点，那么函数在该区间上不一定有界，也不一定有最大值或最小值. 例如，函数 $y = \tan x$ 在开区间 $\left(-\dfrac{\pi}{2}, \dfrac{\pi}{2}\right)$ 内是连续的，但它在开区间 $\left(-\dfrac{\pi}{2}, \dfrac{\pi}{2}\right)$ 内是无界的，且既无最大值，又无最小值；又如，函数

$$f(x) = \begin{cases} x+1, & -1 \leqslant x < 0 \\ 0, & x = 0 \\ x-1, & 0 < x \leqslant 1 \end{cases}$$

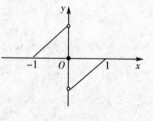

图 1-33

在闭区间 $[-1,1]$ 上有间断点 $x=0$，这个函数在 $[-1,1]$ 上虽然有界，但是既无最大值，又无最小值（图 1-33）.

1.9.2 零点定理与介值定理

如果存在 x_0 使 $f(x_0)=0$,则 x_0 称为函数 $f(x)$ 的零点.

定理3(零点定理) 设函数 $f(x)$ 在闭区间 $[a,b]$ 上连续,且 $f(a)$ 与 $f(b)$ 异号(即 $f(a)\cdot f(b)<0$),则在开区间 (a,b) 内至少有一点 ξ,使 $f(\xi)=0$.

从几何上看,定理3表示:如果连续曲线弧 $y=f(x)$ 的两个端点位于 x 轴的不同侧,那么这段曲线弧与 x 轴至少有一个交点(图1-34). $f(\xi)=0$ 表明 ξ 是方程 $f(x)=0$ 的根,因此零点定理也叫根的存在性定理. 常用此定理判断方程根的存在性.

由定理3可推得下列较一般性的介值定理.

定理4(介值定理) 设函数 $f(x)$ 在闭区间 $[a,b]$ 上连续,且在这个区间的端点取不同的函数值: $f(a)=A$ 及 $f(b)=B(A\neq B)$,则对于 A 与 B 之间的任意一个数 C,在开区间 (a,b) 内至少有一点 ξ,使得 $f(\xi)=C(a<\xi<b)$.

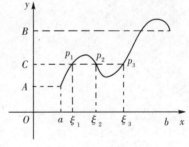

图1-34

证明 设 $\varphi(x)=f(x)-C$,则 $\varphi(x)$ 在闭区间 $[a,b]$ 上连续,且 $\varphi(a)=A-C$ 与 $\varphi(b)=B-C$ 异号,根据零点定理,在开区间 (a,b) 内至少有一点 ξ,使得 $\varphi(\xi)=0$,即 $f(\xi)=C(a<\xi<b)$.

定理4的几何意义是:连续曲线弧 $y=f(x)$ 与水平直线 $y=C$ 至少相交于一点(图1-35).

由定理4可得下面推论:

推论 如果函数 $f(x)$ 在闭区间 $[a,b]$ 上连续,且 m 和 M 分别为 $f(x)$ 在 $[a,b]$ 上的最小值和最大值,则对于任一实数 $C(m\leqslant C\leqslant M)$,至少存在一点 $\xi\in[a,b]$,使得 $f(\xi)=C$.

即闭区间上的连续函数必取得介于最小值与最大值之间的任何值.

图1-35

【**例1**】 证明方程 $x^3-5x+2=0$ 在开区间 $(0,1)$ 内至少有一个实根.

证明 设 $f(x)=x^3-5x+2$,显然 $f(x)$ 在闭区间 $[0,1]$ 上连续. 又 $f(0)=2>0$, $f(1)=-2<0$,根据零点定理,在开区间 $(0,1)$ 内至少有一点 ξ,使得 $f(\xi)=0$,即方程 $x^3-5x+2=0$ 在 $(0,1)$ 内至少有一个实根.

【**例2**】 设函数 $f(x)$ 在闭区间 $[a,b]$ 上连续, $a<x_1<x_2<\cdots<x_n<b$,证明:在 $[x_1,x_n]$ 上至少存在一点 ξ,使得 $f(\xi)=\dfrac{f(x_1)+f(x_2)+\cdots+f(x_n)}{n}$.

证明 因为 $f(x)$ 在 $[a,b]$ 上连续,所以 $f(x)$ 在 $[x_1,x_n]$ 上也连续,故 $f(x)$ 在 $[x_1,x_n]$ 有最大值 M 与最小值 m,显然有 $m\leqslant f(x_i)\leqslant M,i=1,2,\cdots,n$,从而

$$m\leqslant\frac{f(x_1)+f(x_2)+\cdots+f(x_n)}{n}\leqslant M$$

45

由介值定理的推论知至少存在一点 $\xi \in [x_1, x_n]$,使

$$f(\xi) = \frac{f(x_1) + f(x_2) + \cdots + f(x_n)}{n}$$

习题 1.9

(A)

1. 证明方程 $x^3 + 3x^2 = 1$ 在区间 $(0,1)$ 内至少有一个实根.

2. 证明方程 $x \cdot 2^x = 1$ 至少有一个小于 1 的正根.

3. 证明方程 $x = a\sin x + b$(其中 $a > 0, b > 0$)至少有一个正根,并且它不超过 $a + b$.

4. 设 $f(x)$ 在 $[a,b]$ 连续,且 $f(a) < a, f(b) > b$,则在 (a,b) 内至少有一点 ξ,使 $f(\xi) = \xi$.

(B)

1. 设多项式 $p_n(x) = x^n + a_1 x^{n-1} + \cdots + a_n$. 证明:当 n 为奇数时,方程 $p_n(x) = 0$ 至少有一实根.

2. 若 $f(x)$ 在 $(-\infty, +\infty)$ 内连续,且 $\lim\limits_{x \to \infty} f(x)$ 存在,证明:$f(x)$ 必在 $(-\infty, +\infty)$ 内有界.

3. 若 $f(x)$ 在 $[a,b]$ 上连续,且 $a < x_1 < x_2 < b$,证明:至少存在一点 $c \in (a,b)$,使得 $t_1 f(x_1) + t_2 f(x_2) = (t_1 + t_2) f(c)$ 成立,其中 $t_1 > 0, t_2 > 0$.

第 2 章   导数与微分

微分学是微积分的重要组成部分.导数与微分是微分学中的两个基本概念.本章主要讨论导数与微分的概念以及它们的计算方法.

2.1   导数的概念

2.1.1   引　例

导数是微分学中最基本的概念,它是为解决实际问题的需要而产生的.我们先讨论两个问题:速度问题和切线问题.这两个问题都与导数概念有密切的关系.

1. 变速直线运动的瞬时速度

设某物体作变速直线运动,S 表示该物体从某一时刻开始到时刻 t 所经过的路程,则 S 是时刻 t 的函数,记为 $S=S(t)$.现在我们需要求物体在 $t=t_0$ 时的瞬时速度 $v(t_0)$.

当物体从时刻 t_0 运动到时刻 $t_0+\Delta t$ 时,物体在 Δt 这段时间内所经过的路程为 $\Delta S=S(t_0+\Delta t)-S(t_0)$,则物体在 Δt 这段时间内移动的平均速度为 $\bar{v}=\dfrac{\Delta S}{\Delta t}=\dfrac{S(t_0+\Delta t)-S(t_0)}{\Delta t}$.当 Δt 很小时,平均速度 $\bar{v}$ 可看作是时刻 t_0 的瞬时速度 $v(t_0)$ 的近似值.显然,Δt 越小,近似的精确程度越高.如果当 Δt 趋于零时,平均速度的极限存在,那么,我们可以把这个极限值定义为物体在时刻 t_0 时的瞬时速度,即

$$v(t_0)=\lim_{\Delta t\to 0}\frac{\Delta S}{\Delta t}=\lim_{\Delta t\to 0}\frac{S(t_0+\Delta t)-S(t_0)}{\Delta t}$$

2. 平面曲线的切线斜率

在介绍平面曲线的切线斜率之前,首先要明确什么是平面曲线的切线.在平面解析几何中把圆的切线定义为与圆只有一个交点的直线,但是,对于一般的平面曲线来说,用"与曲线仅交于一点的直线"来作为此曲线在该点的切线是不合适的.例如,对于抛物线 $y=x^2$,在原点 O 处,x 轴与 y 轴与此曲线都只有一个交点 $(0,0)$,但显然 y 轴不能作为曲线 $y=x^2$ 在点 $(0,0)$ 处的切线.

下面给出平面曲线在一点处的切线的定义.

设有曲线 C 及 C 上一点 M(图 2-1),在点 M 外另取 C 上一点 N,作割线 MN,当点 N 沿曲线 C 趋于点 M 时,如果割线 MN 的极限位置 MT 存在,则称直线 MT 为曲线 C 在点 M 处的切线.

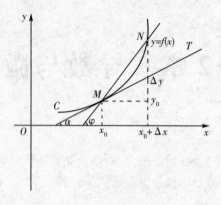

图 2-1

现在设曲线 C 在点 M 处的切线 MT 存在,我们来求此切线的斜率.设曲线 C 的方程为 $y=f(x)$,点 M 的坐标为 (x_0,y_0),点 N 的坐标为 $(x_0+\Delta x,y_0+\Delta y)$,则 $y_0=f(x_0)$,$\Delta y=f(x_0+\Delta x)-f(x_0)$.

于是割线 MN 的斜率为

$$\tan\varphi=\frac{\Delta y}{\Delta x}=\frac{f(x_0+\Delta x)-f(x_0)}{\Delta x}$$

其中 φ 为割线 MN 的倾角.当点 N 沿曲线 C 趋于点 M 时,$\Delta x\to0$,此时,割线 MN 的倾角 φ 趋向于切线 MT 的倾角 α.即切线 MT 的斜率 k 为

$$k=\tan\alpha=\lim_{\Delta x\to0}\tan\varphi=\lim_{\Delta x\to0}\frac{\Delta y}{\Delta x}=\lim_{\Delta x\to0}\frac{f(x_0+\Delta x)-f(x_0)}{\Delta x}$$

上述两个问题,一个来自物理学,一个来自几何学,尽管实际意义不同,但从数学角度来看,都可归结为当自变量的增量趋于零时函数增量与自变量增量之比的极限.由于科学技术中还有许多其他问题也可归结为这种形式的极限,因此,有必要将其抽象出来进行研究.这种形式的极限就是函数的导数.

2.1.2　导数的定义

1. 函数在一点处的导数

定义 1　设函数 $y=f(x)$ 在点 x_0 的某一邻域内有定义,当自变量 x 在 x_0 处取得增量 Δx(点 $x_0+\Delta x$ 仍在该邻域内)时,相应地函数 y 取得增量 $\Delta y=f(x_0+\Delta x)-f(x_0)$,如果极限

$$\lim_{\Delta x\to0}\frac{\Delta y}{\Delta x}=\lim_{\Delta x\to0}\frac{f(x_0+\Delta x)-f(x_0)}{\Delta x}$$

存在,则称函数 $y=f(x)$ 在点 x_0 处可导,并称这个极限值为函数 $y=f(x)$ 在点 x_0 处的导数,记为 $f'(x_0)$,即

$$f'(x_0) = \lim_{\Delta x \to 0} \frac{\Delta y}{\Delta x} = \lim_{\Delta x \to 0} \frac{f(x_0 + \Delta x) - f(x_0)}{\Delta x} \tag{1}$$

$y = f(x)$ 在点 x_0 处的导数也可记作 $y'\big|_{x=x_0}$，$\dfrac{\mathrm{d}y}{\mathrm{d}x}\big|_{x=x_0}$ 或 $\dfrac{\mathrm{d}f(x)}{\mathrm{d}x}\big|_{x=x_0}$．

函数 $f(x)$ 在点 x_0 处可导有时也说成 $f(x)$ 在点 x_0 具有导数或导数存在．如果式(1)中的极限不存在(包括 ∞)，则称函数 $y = f(x)$ 在点 x_0 处不可导或没有导数，但当式(1)中的极限为 ∞ 时，我们也常说 $y = f(x)$ 在点 x_0 处的导数为无穷大．

函数 $f(x)$ 在 x_0 处的导数定义式(式(1))也可写成不同的形式，如

$$f'(x_0) = \lim_{h \to 0} \frac{f(x_0 + h) - f(x_0)}{h} \tag{2}$$

或

$$f'(x_0) = \lim_{x \to x_0} \frac{f(x) - f(x_0)}{x - x_0} \tag{3}$$

显然，函数增量与自变量增量之比 $\dfrac{\Delta y}{\Delta x}$ 是函数在区间 $[x_0, x_0 + \Delta x]$(或 $[x_0 + \Delta x, x_0]$)上的平均变化速度，即平均变化率．而导数 $f'(x_0)$ 则为函数 $f(x)$ 在 x_0 处的变化速度，即函数在 x_0 处的变化率，它反映了因变量随自变量的变化而变化的快慢程度．

2. 左导数与右导数

由于导数是用极限定义的，相应于左极限与右极限的概念，可以定义函数在一点处的左导数与右导数的概念．

如果左极限 $\lim\limits_{\Delta x \to 0^-} \dfrac{f(x_0 + \Delta x) - f(x_0)}{\Delta x}$ 存在，则称函数 $f(x)$ 在 x_0 处左可导，且称此极限值为函数 $f(x)$ 在点 x_0 处的左导数，记作 $f'_-(x_0)$，即

$$f'_-(x_0) = \lim_{\Delta x \to 0^-} \frac{f(x_0 + \Delta x) - f(x_0)}{\Delta x}$$

如果右极限 $\lim\limits_{\Delta x \to 0^+} \dfrac{f(x_0 + \Delta x) - f(x_0)}{\Delta x}$ 存在，则称函数 $f(x)$ 在 x_0 处右可导，且称此极限值为函数 $f(x)$ 在 x_0 处的右导数，记作 $f'_+(x_0)$，即

$$f'_+(x_0) = \lim_{\Delta x \to 0^+} \frac{f(x_0 + \Delta x) - f(x_0)}{\Delta x}$$

利用极限与左、右极限的关系，立即可得导数与左、右导数的关系如下：

函数 $f(x)$ 在 x_0 处可导的充分必要条件是左导数 $f'_-(x_0)$ 与右导数 $f'_+(x_0)$ 都存在且相等．

左导数和右导数统称为单侧导数．

3. 导函数

如果函数 $y = f(x)$ 在开区间 (a, b) 内每一点均可导，则称函数 $f(x)$ 在开区间 (a, b) 内可导；如果函数 $f(x)$ 在开区间 (a, b) 内可导，且在区间的左端点 $x = a$ 处右可导，在右端点 $x = b$ 处左可导，则称函数 $f(x)$ 在闭区间 $[a, b]$ 上可导．

类似地可以定义函数 $f(x)$ 在半闭区间或无穷区间上的可导性．

如果函数 $y = f(x)$ 在某区间 I 上可导，则对于任一 $x \in I$，都对应着 $f(x)$ 的一个确定

的导数值,这样就构成了一个新的函数,这个函数叫做原来函数 $y=f(x)$ 的导函数,记作 y',$f'(x)$,$\dfrac{\mathrm{d}y}{\mathrm{d}x}$ 或 $\dfrac{\mathrm{d}f(x)}{\mathrm{d}x}$.

在式(1)或式(2)中把 x_0 换成 x,即得导函数的定义式:

$$y'=\lim_{\Delta x\to 0}\frac{f(x+\Delta x)-f(x)}{\Delta x} \text{ 或 } f'(x)=\lim_{h\to 0}\frac{f(x+h)-f(x)}{h}$$

注:(1)在以上两式中,虽然 x 可以取区间 I 内的任何值,但在取极限过程中,x 是常量,Δx 或 h 是变量.

(2)当 x 位于区间端点时,以上两式中的极限为相应的单侧极限.

显然,函数 $f(x)$ 在点 x_0 处的导数 $f'(x_0)$ 就是导函数 $f'(x)$ 在点 $x=x_0$ 处的函数值,即 $f'(x_0)=f'(x)\big|_{x=x_0}$.

今后在不致混淆的情况下,导函数 $f'(x)$ 也简称导数,而 $f'(x_0)$ 是 $f(x)$ 在点 x_0 处的导数或导数 $f'(x)$ 在 x_0 处的值.

4. 求导数举例

下面根据导数定义求一些简单函数的导数.

【**例 1**】 求函数 $f(x)=c$(c 为常数)的导数.

解
$$f'(x)=\lim_{\Delta x\to 0}\frac{f(x+\Delta x)-f(x)}{\Delta x}=\lim_{\Delta x\to 0}\frac{c-c}{\Delta x}=0$$

即 $(c)'=0$,这就是说,常数的导数等于零.

【**例 2**】 求函数 $y=f(x)=x^n$(n 为正整数)的导数.

解
$$\Delta y=(x+\Delta x)^n-x^n$$
$$=x^n+nx^{n-1}\cdot\Delta x+\frac{n(n-1)}{2!}x^{n-2}\cdot(\Delta x)^2+\cdots+(\Delta x)^n-x^n$$
$$=nx^{n-1}\Delta x+\frac{n(n-1)}{2}x^{n-2}\cdot(\Delta x)^2+\cdots+(\Delta x)^n$$
$$\frac{\Delta y}{\Delta x}=nx^{n-1}+\frac{n(n-1)}{2}x^{n-2}\cdot\Delta x+\cdots+(\Delta x)^{n-1}$$
$$f'(x)=\lim_{\Delta x\to 0}\frac{\Delta y}{\Delta x}=\lim_{\Delta x\to 0}\left[nx^{n-1}+\frac{n(n-1)}{2}x^{n-2}\cdot\Delta x+\cdots+(\Delta x)^{n-1}\right]=nx^{n-1}$$

即 $(x^n)'=nx^{n-1}$.

更一般地,对于幂函数 $y=x^\mu$(μ 为常数),有 $(x^\mu)'=\mu x^{\mu-1}$.

这就是幂函数的导数公式,该公式的证明将在以后讨论.利用该公式,可以很方便地求出幂函数的导数,例如

当 $\mu=\dfrac{1}{2}$ 时,$y=x^{\frac{1}{2}}=\sqrt{x}$($x>0$)的导数为 $(x^{\frac{1}{2}})'=\dfrac{1}{2}x^{\frac{1}{2}-1}=\dfrac{1}{2}x^{-\frac{1}{2}}$,即

$$(\sqrt{x})'=\frac{1}{2\sqrt{x}}$$

当 $\mu=-1$ 时,$y=x^{-1}=\dfrac{1}{x}$($x\neq 0$)的导数为 $(x^{-1})'=(-1)x^{-1-1}=-x^{-2}$,即

$$\left(\frac{1}{x}\right)'=-\frac{1}{x^2}$$

【例 3】　求函数 $f(x)=\sin x$ 的导数.

解　　　$f'(x)=\lim\limits_{\Delta x\to 0}\dfrac{f(x+\Delta x)-f(x)}{\Delta x}=\lim\limits_{\Delta x\to 0}\dfrac{\sin(x+\Delta x)-\sin x}{\Delta x}$

$$=\lim\limits_{\Delta x\to 0}\dfrac{2\cos\left(x+\dfrac{\Delta x}{2}\right)\sin\dfrac{\Delta x}{2}}{\Delta x}=\lim\limits_{\Delta x\to 0}\cos\left(x+\dfrac{\Delta x}{2}\right)\cdot\dfrac{\sin\dfrac{\Delta x}{2}}{\dfrac{\Delta x}{2}}=\cos x$$

即 $(\sin x)'=\cos x$.

用类似的方法可得：$(\cos x)'=-\sin x$.

【例 4】　求函数 $f(x)=a^x(a>0,a\neq 1)$ 的导数.

解　　　$f'(x)=\lim\limits_{\Delta x\to 0}\dfrac{f(x+\Delta x)-f(x)}{\Delta x}=\lim\limits_{\Delta x\to 0}\dfrac{a^{x+\Delta x}-a^x}{\Delta x}$

$$=a^x\cdot\lim\limits_{\Delta x\to 0}\dfrac{a^{\Delta x}-1}{\Delta x}=a^x\cdot\lim\limits_{\Delta x\to 0}\dfrac{e^{\Delta x\ln a}-1}{\Delta x}$$

注意到，当 $\Delta x\to 0$ 时，$e^{\Delta x\ln a}-1\sim\Delta x\ln a$，于是

$$f'(x)=a^x\cdot\lim\limits_{\Delta x\to 0}\dfrac{e^{\Delta x\ln a}-1}{\Delta x}=a^x\cdot\lim\limits_{\Delta x\to 0}\dfrac{\Delta x\ln a}{\Delta x}=a^x\ln a$$

即 $(a^x)'=a^x\ln a$.

这就是指数函数的导数公式. 特殊地，当 $a=e$ 时，有 $(e^x)'=e^x$. 即以 e 为底的指数函数的导数就是它自己，这是以 e 为底的指数函数的一个重要特征.

【例 5】　求函数 $f(x)=\log_a x(a>0,a\neq 1)$ 的导数.

解　　　$f'(x)=\lim\limits_{\Delta x\to 0}\dfrac{f(x+\Delta x)-f(x)}{\Delta x}=\lim\limits_{\Delta x\to 0}\dfrac{\log_a(x+\Delta x)-\log_a x}{\Delta x}$

$$=\lim\limits_{\Delta x\to 0}\dfrac{1}{\Delta x}\log_a\dfrac{x+\Delta x}{x}=\lim\limits_{\Delta x\to 0}\dfrac{1}{x}\cdot\dfrac{x}{\Delta x}\log_a\left(1+\dfrac{\Delta x}{x}\right)$$

$$=\dfrac{1}{x}\lim\limits_{\Delta x\to 0}\log_a\left(1+\dfrac{\Delta x}{x}\right)^{\frac{x}{\Delta x}}=\dfrac{1}{x}\log_a e=\dfrac{1}{x\ln a}$$

即 $(\log_a x)'=\dfrac{1}{x\ln a}$.

这就是对数函数的导数公式. 特殊地，当 $a=e$ 时，有 $(\ln x)'=\dfrac{1}{x}$.

【例 6】　讨论函数 $f(x)=|x|$ 在 $x=0$ 处的可导性.

解　由于 $f'(0)=\lim\limits_{\Delta x\to 0}\dfrac{f(0+\Delta x)-f(0)}{\Delta x}=\lim\limits_{\Delta x\to 0}\dfrac{|\Delta x|}{\Delta x}$，所以必须分左、右导数进行讨论.

$$f'_-(0)=\lim\limits_{\Delta x\to 0^-}\dfrac{f(0+\Delta x)-f(0)}{\Delta x}=\lim\limits_{\Delta x\to 0^-}\dfrac{|\Delta x|}{\Delta x}=\lim\limits_{\Delta x\to 0^-}\dfrac{-\Delta x}{\Delta x}=-1$$

$$f'_+(0)=\lim\limits_{\Delta x\to 0^+}\dfrac{f(0+\Delta x)-f(0)}{\Delta x}=\lim\limits_{\Delta x\to 0^+}\dfrac{|\Delta x|}{\Delta x}=\lim\limits_{\Delta x\to 0^+}\dfrac{\Delta x}{\Delta x}=1$$

由于 $f'_-(0)\neq f'_+(0)$，所以 $f(x)=|x|$ 在 $x=0$ 处不可导.

2.1.3 导数的几何意义

由前面有关曲线的切线斜率的讨论和导数的定义可知,函数 $f(x)$ 在点 x_0 处的导数 $f'(x_0)$ 的几何意义就是曲线 $y=f(x)$ 在点 $(x_0,f(x_0))$ 处的切线斜率,即 $f'(x_0)=\tan\alpha$,其中 α 是切线的倾角(图 2-1).

如果 $y=f(x)$ 在点 x_0 处的导数为无穷大,这时曲线 $y=f(x)$ 的割线以垂直于 x 轴的直线 $x=x_0$ 为极限位置,即曲线 $y=f(x)$ 在点 $M(x_0,f(x_0))$ 处具有垂直于 x 轴的切线 $x=x_0$.

根据导数的几何意义并应用直线的点斜式方程,可知曲线 $y=f(x)$ 在点 $M(x_0,y_0)$ 处的切线方程为 $y-y_0=f'(x_0)(x-x_0)$.

过切点 $M(x_0,y_0)$ 且与切线垂直的直线叫做曲线 $y=f(x)$ 在点 M 处的法线. 如果 $f'(x_0)\neq 0$,则法线的斜率为 $-\dfrac{1}{f'(x_0)}$,从而法线方程为 $y-y_0=-\dfrac{1}{f'(x_0)}(x-x_0)$.

如果 $f'(x_0)=0$,则曲线 $y=f(x)$ 在点 $M(x_0,y_0)$ 处的切线方程为 $y=y_0$,法线方程为 $x=x_0$.

【例 7】 求曲线 $y=\dfrac{1}{x}$ 在点 $\left(2,\dfrac{1}{2}\right)$ 处的切线方程和法线方程.

解 因为 $y'\big|_{x=2}=-\dfrac{1}{x^2}\bigg|_{x=2}=-\dfrac{1}{4}$,所以所求切线的斜率为 $k_1=-\dfrac{1}{4}$,法线的斜率为 $k_2=4$,故所求曲线的切线方程为 $y-\dfrac{1}{2}=-\dfrac{1}{4}(x-2)$,即 $x+4y-4=0$. 法线方程为 $y-\dfrac{1}{2}=4(x-2)$,即 $8x-2y-15=0$.

2.1.4 可导与连续的关系

定理 1 如果函数 $f(x)$ 在点 x_0 处可导,则函数 $f(x)$ 在点 x_0 处连续.

证明 因为函数 $f(x)$ 在点 x_0 处可导,则 $\lim\limits_{\Delta x\to 0}\dfrac{\Delta y}{\Delta x}=f'(x_0)$,其中 $\Delta y=f(x_0+\Delta x)-f(x_0)$,所以

$$\lim_{\Delta x\to 0}\Delta y=\lim_{\Delta x\to 0}\left(\frac{\Delta y}{\Delta x}\cdot\Delta x\right)=\lim_{\Delta x\to 0}\frac{\Delta y}{\Delta x}\cdot\lim_{\Delta x\to 0}\Delta x=0$$

即函数 $f(x)$ 在点 x_0 处连续.

该定理的逆定理不成立. 即函数 $f(x)$ 在点 x_0 处连续,但函数 $f(x)$ 在点 x_0 处不一定可导. 例如,函数 $f(x)=|x|$ 在 $x=0$ 处是连续的,但在 $x=0$ 处却不可导. 因此,函数在某点连续是函数在该点可导的必要条件,但不是充分条件.

【例 8】 讨论函数 $y=f(x)=\sqrt[3]{x}$ 在 $x=0$ 处的连续性与可导性.

解 显然 $f(x)=\sqrt[3]{x}$ 在 $x=0$ 处连续,而

$$\lim_{\Delta x\to 0}\frac{\Delta y}{\Delta x}=\lim_{\Delta x\to 0}\frac{f(0+\Delta x)-f(0)}{\Delta x}=\lim_{\Delta x\to 0}\frac{\sqrt[3]{\Delta x}-0}{\Delta x}=\lim_{\Delta x\to 0}\frac{1}{\sqrt[3]{(\Delta x)^2}}=+\infty$$

故 $f'(0)=+\infty$，即 $f(x)=\sqrt[3]{x}$ 在 $x=0$ 处不可导(导数为无穷大)，此时曲线 $y=\sqrt[3]{x}$ 在点 $(0,0)$ 处具有垂直于 x 轴的切线 $x=0$(图 2-2).

【例 9】 设 $f(x)=\begin{cases} e^x+a, & x<0 \\ x^2+bx, & x\geqslant 0 \end{cases}$，问 a,b 取何值时，函数 $f(x)$ 在 $x=0$ 处可导?

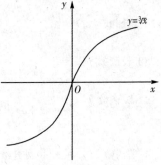

图 2-2

解 $f(x)$ 在 $x=0$ 处可导，其必要条件是 $f(x)$ 在 $x=0$ 处连续，即 $\lim\limits_{x\to 0^-} f(x)=\lim\limits_{x\to 0^+} f(x)=f(0)$. 由于 $f(0)=0$，$\lim\limits_{x\to 0^-} f(x)=\lim\limits_{x\to 0^-}(e^x+a)=a+1$，$\lim\limits_{x\to 0^+} f(x)=\lim\limits_{x\to 0^+}(x^2+bx)=0$，所以 $a+1=0$，即 $a=-1$.

又 $f'_-(0)=\lim\limits_{x\to 0^-}\dfrac{f(x)-f(0)}{x-0}=\lim\limits_{x\to 0^-}\dfrac{e^x-1-0}{x-0}$

$=\lim\limits_{x\to 0^-}\dfrac{e^x-1}{x}=\lim\limits_{x\to 0^-}\dfrac{x}{x}=1$

$f'_+(0)=\lim\limits_{x\to 0^+}\dfrac{f(x)-f(0)}{x-0}=\lim\limits_{x\to 0^+}\dfrac{x^2+bx-0}{x-0}=\lim\limits_{x\to 0^+}(x+b)=b$

因此，若要 $f(x)$ 在 $x=0$ 处可导，只有 $b=1$.

故当 $a=-1,b=1$ 时，函数 $f(x)$ 在 $x=0$ 处可导.

习题 2.1

(A)

1. 设 $f(x)$ 在 $x=x_0$ 处可导，求下列极限.

(1) $\lim\limits_{\Delta x\to 0}\dfrac{f(x_0-\Delta x)-f(x_0)}{\Delta x}$　　　　(2) $\lim\limits_{h\to 0}\dfrac{f(x_0+h)-f(x_0-2h)}{h}$

(3) $\lim\limits_{x\to x_0}\dfrac{f(x)}{x_0-x}$，其中 $f(x_0)=0$

2. 求下列函数的导数.

(1) $y=x^6$　　　　(2) $y=\dfrac{1}{\sqrt{x}}$　　　　(3) $y=\dfrac{1}{x^3}$　　　　(4) $y=\sqrt[5]{x^3}$

(5) $y=x^3\cdot\sqrt[3]{x^2}$　(6) $y=\dfrac{x^2\cdot\sqrt[3]{x^2}}{\sqrt{x^5}}$　(7) $y=\sqrt{x\sqrt{x}}$　(8) $y=\left(\dfrac{3}{4}\right)^x$

(9) $y=\log_5\sqrt{x}$

3. 用导数定义证明：$(\cos x)'=-\sin x$.

4. 如果 $f(x)$ 为偶函数，且 $f'(0)$ 存在，证明 $f'(0)=0$.

5. 求曲线 $y=\ln x$ 在点 $(1,0)$ 处的切线方程.

6. 求曲线 $y=e^x$ 在点 $(2,e^2)$ 处的切线方程和法线方程.

7. 求曲线 $y=x^{\frac{3}{2}}$ 的通过点 $(0,-4)$ 的切线方程.

8. 讨论下列函数在指定点处的连续性与可导性.

(1) $y=\begin{cases} \sin x, & x\geqslant 0 \\ x^3, & x<0 \end{cases}$ 在 $x=0$ 处　　(2) $y=\begin{cases} x^2\sin\dfrac{1}{x}, & x\neq 0 \\ 0, & x=0 \end{cases}$ 在 $x=0$ 处

$(3) y = \begin{cases} \sqrt{x}, & x \geqslant 1 \\ x^2, & x < 1 \end{cases}$ 在 $x = 1$ 处.

9. 设函数 $f(x) = \begin{cases} x^3, & x < 0 \\ x^2, & x \geqslant 0 \end{cases}$ 求 $f'(x)$.

10. 设函数 $f(x) = \begin{cases} x^2, & x \geqslant 0 \\ -x, & x < 0 \end{cases}$ 求 $f'_-(0)$ 及 $f'_+(0)$. 又 $f'(0)$ 是否存在?

11. 设函数 $f(x) = \begin{cases} e^x, & x \leqslant 0 \\ x^2 + ax + b, & x > 0 \end{cases}$ 问 a, b 取何值时,函数 $f(x)$ 在 $x = 0$ 处可导?

(B)

1. 若函数 $f(x)$ 在 $x = 0$ 处连续,且 $\lim\limits_{x \to 0} \dfrac{f(x)}{x}$ 存在,证明 $f(x)$ 在 $x = 0$ 处可导.

2. 已知 $f(x)$ 在 $x = 1$ 处连续,且 $\lim\limits_{x \to 1} \dfrac{f(x)}{x - 1} = 2$,求 $f'(1)$.

3. 设 $f(x) = (x - x_0) g(x)$,其中 $g(x)$ 在 x_0 处连续,求 $f'(x_0)$.

4. 证明:双曲线 $xy = a^2$ 上任一点处的切线与两坐标轴构成的三角形的面积都等于 $2a^2$.

2.2 求导法则

上一节我们根据导数的定义,求出了几个基本初等函数的导数,但是,对于比较复杂的函数,直接根据定义来求它们的导数往往很困难.本节我们将介绍求导数的几个基本法则和基本初等函数的求导公式,利用这些法则和公式,就可以比较方便地求出某些函数的导数.

2.2.1 函数和、差、积、商的求导法则

定理 1 如果函数 $u = u(x)$ 及 $v = v(x)$ 都在点 x 处具有导数,则它们的和、差、积、商(除分母为零的点外)都在点 x 处具有导数,且

(1) $[u(x) \pm v(x)]' = u'(x) \pm v'(x)$;

(2) $[u(x) \cdot v(x)]' = u'(x)v(x) + u(x)v'(x)$;

(3) $\left[\dfrac{u(x)}{v(x)} \right]' = \dfrac{u'(x)v(x) - u(x)v'(x)}{v^2(x)} \quad (v(x) \neq 0)$.

证明 只证明法则(2),其余留给读者.

$$[u(x) \cdot v(x)]' = \lim_{\Delta x \to 0} \frac{u(x + \Delta x)v(x + \Delta x) - u(x)v(x)}{\Delta x}$$

$$= \lim_{\Delta x \to 0} \left[\frac{u(x + \Delta x) - u(x)}{\Delta x} \cdot v(x + \Delta x) + u(x) \cdot \frac{v(x + \Delta x) - v(x)}{\Delta x} \right]$$

$$= \lim_{\Delta x \to 0} \frac{u(x + \Delta x) - u(x)}{\Delta x} \cdot \lim_{\Delta x \to 0} v(x + \Delta x) + u(x) \cdot \lim_{\Delta x \to 0} \frac{v(x + \Delta x) - v(x)}{\Delta x}$$

$$= u'(x) \cdot v(x) + u(x) \cdot v'(x)$$

其中 $\lim\limits_{\Delta x \to 0} v(x + \Delta x) = v(x)$ 是由于 $v(x)$ 在 x 处可导,所以 $v(x)$ 在 x 处必连续.

注:(1)定理 1 中的法则(1)、(2)均可推广到任意有限个可导函数的情形,例如,设

$u=u(x),v=v(x),w=w(x)$均可导,则有

$$(u+v-w)'=u'+v'-w'$$
$$(u \cdot v \cdot w)'=[(uv)w]'=(uv)'w+(uv)w'$$
$$=(u'v+uv')w+uvw'=u'vw+uv'w+uvw'$$

即

$$(u \cdot v \cdot w)'=u'vw+uv'w+uvw'$$

(2)在法则(2)中,当$v(x)=c(c$为常数)时,有$(cu)'=cu'$.

(3)在法则(3)中,当$u(x)=1$时,有$\left(\dfrac{1}{v(x)}\right)'=-\dfrac{v'(x)}{v^2(x)}(v(x) \neq 0)$.

【例1】 设$y=2x^5-4x^3+3x-8$,求y'.

解 $y'=(2x^5-4x^3+3x-8)'=(2x^5)'-(4x^3)'+(3x)'-8'$
$=2 \cdot 5x^4-4 \cdot 3x^2+3-0=10x^4-12x^2+3$

【例2】 设$f(x)=2^x+7\cos x-\sin\dfrac{\pi}{2}$,求$f'(x)$及$f'\left(\dfrac{\pi}{2}\right)$.

解 $$f'(x)=(2^x)'+(7\cos x)'-\left(\sin\dfrac{\pi}{2}\right)'=2^x\ln 2-7\sin x$$
$$f'\left(\dfrac{\pi}{2}\right)=2^{\frac{\pi}{2}}\ln 2-7$$

【例3】 设$y=e^x \cdot (\sin x+2\cos x)$,求$y'$.

解 $y'=(e^x)'(\sin x+2\cos x)+e^x \cdot (\sin x+2\cos x)'$
$=e^x(\sin x+2\cos x)+e^x(\cos x-2\sin x)=e^x(3\cos x-\sin x)$

【例4】 设$y=\tan x$,求y'.

解 $y'=\left(\dfrac{\sin x}{\cos x}\right)'=\dfrac{(\sin x)'\cos x-\sin x \cdot (\cos x)'}{\cos^2 x}=\dfrac{\cos^2 x+\sin^2 x}{\cos^2 x}=\dfrac{1}{\cos^2 x}=\sec^2 x$

即$(\tan x)'=\sec^2 x$.

用类似的方法可得:$(\cot x)'=-\csc^2 x$

【例5】 设$y=\sec x$,求y'.

解 $y'=\left(\dfrac{1}{\cos x}\right)'=-\dfrac{(\cos x)'}{\cos^2 x}=\dfrac{\sin x}{\cos^2 x}=\sec x \cdot \tan x$

即$(\sec x)'=\sec x \cdot \tan x$.

用类似的方法可得:$(\csc x)'=-\csc x \cdot \cot x$.

到目前为止,我们已经求出了除反三角函数外的所有基本初等函数的导数公式.下面给出反函数的求导法则,在此基础上,推导反三角函数的求导公式.

2.2.2 反函数的求导法则

定理2 如果函数$x=f(y)$在区间I_y内单调、可导且$f'(y) \neq 0$,则它的反函数$y=f^{-1}(x)$在对应的区间$I_x=\{x|x=f(y),y \in I_y\}$内也可导,且

$$[f^{-1}(x)]'=\dfrac{1}{f'(y)} \text{ 或} \dfrac{dy}{dx}=\dfrac{1}{\dfrac{dx}{dy}}$$

55

证明 由于 $x = f(y)$ 在 I_y 内单调、可导（从而连续），由 1.8 节定理 2 知，其反函数 $y = f^{-1}(x)$ 存在，且 $f^{-1}(x)$ 在 I_x 内也单调、连续.

任取 $x \in I_x$，给 x 以增量 $\Delta x (\Delta x \neq 0, x + \Delta x \in I_x)$，由于 $y = f^{-1}(x)$ 单调，所以

$$\Delta y = f^{-1}(x + \Delta x) - f^{-1}(x) \neq 0$$

于是有 $\dfrac{\Delta y}{\Delta x} = \dfrac{1}{\dfrac{\Delta x}{\Delta y}}$. 因为 $y = f^{-1}(x)$ 连续，故 $\lim\limits_{\Delta x \to 0} \Delta y = 0$. 从而

$$[f^{-1}(x)]' = \lim_{\Delta x \to 0} \frac{\Delta y}{\Delta x} = \lim_{\Delta y \to 0} \frac{1}{\dfrac{\Delta x}{\Delta y}} = \frac{1}{f'(y)}$$

上述结论可简单地说成：反函数的导数等于直接函数导数的倒数.

【例 6】 设 $y = \arcsin x (-1 < x < 1)$，求 y'.

解 $y = \arcsin x$ 是 $x = \sin y$ 的反函数.

由于函数 $x = \sin y$ 在 $\left(-\dfrac{\pi}{2}, \dfrac{\pi}{2}\right)$ 内单调增加、可导，且 $(\sin y)' = \cos y > 0$，因此，在对应区间 $(-1, 1)$ 内有

$$(\arcsin x)' = \frac{1}{(\sin y)'} = \frac{1}{\cos y} = \frac{1}{\sqrt{1 - \sin^2 y}} = \frac{1}{\sqrt{1 - x^2}}$$

即 $(\arcsin x)' = \dfrac{1}{\sqrt{1 - x^2}}$.

用类似的方法可得：$(\arccos x)' = -\dfrac{1}{\sqrt{1 - x^2}} \ (-1 < x < 1)$.

【例 7】 设 $y = \arctan x$，求 y'.

解 $y = \arctan x$ 是 $x = \tan y$ 的反函数.

由于函数 $x = \tan y$ 在 $\left(-\dfrac{\pi}{2}, \dfrac{\pi}{2}\right)$ 内单调增加、可导，且 $(\tan y)' = \sec^2 y > 0$，因此，在对应区间 $(-\infty, +\infty)$ 内有

$$(\arctan x)' = \frac{1}{(\tan y)'} = \frac{1}{\sec^2 y} = \frac{1}{1 + \tan^2 y} = \frac{1}{1 + x^2}$$

即 $(\arctan x)' = \dfrac{1}{1 + x^2}$.

用类似的方法可得：$(\operatorname{arccot} x)' = -\dfrac{1}{1 + x^2}$.

2.2.3 复合函数的求导法则

迄今为止，对于 $\ln \sin x$，e^{x^2}，$\tan \dfrac{1}{3 + x^2}$ 这样的函数，我们还不知道它们是否可导，如果可导，也不知道如何求它们的导数. 由于这些函数都是复合函数，因此需要讨论复合函数的求导法则.

定理 3 设函数 $u = \varphi(x)$ 在点 x 处可导，而函数 $y = f(u)$ 在对应点 $u = \varphi(x)$ 处可导，

则复合函数 $y=f(\varphi(x))$ 在点 x 处可导,且有

$$y'(x)=f'(u)\cdot\varphi'(x)\ 或\ \frac{\mathrm{d}y}{\mathrm{d}x}=\frac{\mathrm{d}y}{\mathrm{d}u}\cdot\frac{\mathrm{d}u}{\mathrm{d}x}$$

证明　设 x 有增量 Δx 时,u 的增量为 Δu,从而 y 也有增量 Δy. 当 $\Delta u\neq0$ 时,因为 $\lim\limits_{\Delta u\to0}\dfrac{\Delta y}{\Delta u}=f'(u)$,根据无穷小与函数极限的关系有 $\dfrac{\Delta y}{\Delta u}=f'(u)+\alpha$,其中 $\lim\limits_{\Delta u\to0}\alpha=0$,于是

$$\Delta y=f'(u)\cdot\Delta u+\alpha\cdot\Delta u$$

当 $\Delta u=0$ 时,由于 $\Delta y=0$,上式仍成立(这时取 $\alpha=0$),于是

$$\lim_{\Delta x\to0}\frac{\Delta y}{\Delta x}=\lim_{\Delta x\to0}\left(f'(u)\cdot\frac{\Delta u}{\Delta x}+\alpha\cdot\frac{\Delta u}{\Delta x}\right)=f'(u)\cdot\lim_{\Delta x\to0}\frac{\Delta u}{\Delta x}+\lim_{\Delta x\to0}\alpha\cdot\lim_{\Delta x\to0}\frac{\Delta u}{\Delta x}$$

由于 $u=\varphi(x)$ 在 x 处连续,所以当 $\Delta x\to0$ 时,$\Delta u\to0$,从而 $\lim\limits_{\Delta x\to0}\alpha=\lim\limits_{\Delta u\to0}\alpha=0$. 因此

$$\frac{\mathrm{d}y}{\mathrm{d}x}=\frac{\mathrm{d}y}{\mathrm{d}u}\cdot\frac{\mathrm{d}u}{\mathrm{d}x}$$

可见复合函数 y 关于自变量 x 的导数是复合函数 y 关于中间变量 u 的导数与中间变量 u 关于自变量 x 的导数的乘积,这个法则也被形象地称为链式法则.

复合函数的求导法则可以推广到多个中间变量的情形,例如,设 $y=f(u),u=\varphi(v)$,$v=\psi(x)$,且这三个函数都可导,则复合函数 $y=f\{\varphi[\psi(x)]\}$ 的导数为

$$\frac{\mathrm{d}y}{\mathrm{d}x}=\frac{\mathrm{d}y}{\mathrm{d}u}\cdot\frac{\mathrm{d}u}{\mathrm{d}v}\cdot\frac{\mathrm{d}v}{\mathrm{d}x}$$

【例 8】　设 $y=\ln\tan x$,求 $\dfrac{\mathrm{d}y}{\mathrm{d}x}$.

解　$y=\ln\tan x$ 可看作由 $y=\ln u,u=\tan x$ 复合而成,因此,

$$\frac{\mathrm{d}y}{\mathrm{d}x}=\frac{\mathrm{d}y}{\mathrm{d}u}\cdot\frac{\mathrm{d}u}{\mathrm{d}x}=\frac{1}{u}\cdot\sec^2x=\frac{1}{\tan x}\cdot\sec^2x=\frac{1}{\sin x\cdot\cos x}=\frac{2}{\sin 2x}$$

【例 9】　设 $y=\sqrt{\dfrac{1+x}{1-x}}$,求 $\dfrac{\mathrm{d}y}{\mathrm{d}x}$.

解　$y=\sqrt{\dfrac{1+x}{1-x}}$ 可看作由 $y=\sqrt{u},u=\dfrac{1+x}{1-x}$ 复合而成,因此

$$\frac{\mathrm{d}y}{\mathrm{d}x}=\frac{\mathrm{d}y}{\mathrm{d}u}\cdot\frac{\mathrm{d}u}{\mathrm{d}x}=\frac{1}{2\sqrt{u}}\cdot\frac{2}{(1-x)^2}=\frac{1}{\sqrt{(1+x)\cdot(1-x)^3}}$$

【例 10】　设 $y=\mathrm{e}^{\sin\frac{1}{x}}$,求 y'.

解　$y=\mathrm{e}^{\sin\frac{1}{x}}$ 可看作由 $y=\mathrm{e}^u,u=\sin v,v=\dfrac{1}{x}$ 复合而成,因此

$$\frac{\mathrm{d}y}{\mathrm{d}x}=\frac{\mathrm{d}y}{\mathrm{d}u}\cdot\frac{\mathrm{d}u}{\mathrm{d}v}\cdot\frac{\mathrm{d}v}{\mathrm{d}x}=\mathrm{e}^u\cdot\cos v\cdot\left(-\frac{1}{x^2}\right)=-\frac{1}{x^2}\mathrm{e}^{\sin\frac{1}{x}}\cdot\cos\frac{1}{x}$$

从以上例子可看出,求复合函数的导数时,首先要分析所给函数是由哪些简单函数复合而成,然后引入相应的中间变量,像链条一样由外层向内层分别求导数,一直求到对此复合函数的自变量的导数为止,它们的乘积就是此复合函数的导数.

复合函数求导法则熟练之后,中间变量可以不必写出来,但在求导时应把中间变量记在脑子中,心中要清楚每一步是在对谁求导数,直到求到对自变量的导数为止.

【例11】 设 $y=3^{x^2-x+1}$,求 y'.

解 $y'=(3^{x^2-x+1})'=3^{x^2-x+1}\cdot\ln3\cdot(x^2-x+1)'=(2x-1)\cdot3^{x^2-x+1}\cdot\ln3$

【例12】 设 $y=\text{lncos}(\text{e}^x)$,求 $\dfrac{\text{d}y}{\text{d}x}$.

解 $\dfrac{\text{d}y}{\text{d}x}=[\text{lncos}(\text{e}^x)]'=\dfrac{1}{\cos(\text{e}^x)}\cdot[\cos(\text{e}^x)]'=\dfrac{-\sin(\text{e}^x)}{\cos(\text{e}^x)}\cdot(\text{e}^x)'=-\text{e}^x\cdot\tan(\text{e}^x)$

【例13】 设 $y=f(x^3)$,其中 $f'(u)$ 存在,求 y'.

解 本例是关于抽象的复合函数求导.

$$y'=[f(x^3)]'=f'(x^3)\cdot(x^3)'=3x^2f'(x^3)$$

注:对于以上的函数,特别应注意导数符号的正确表示,如 $[f(x^3)]'$ 表示复合函数对自变量 x 求导;而 $f'(x^3)$ 实际上等于 $f'(u)(u=x^3)$,即对中间变量 u 求导.

【例14】 设 $y=\ln|x|$,求 y'.

解 当 $x>0$ 时,$y=\ln x$,故 $y'=\dfrac{1}{x}$.

当 $x<0$ 时,$y=\ln(-x)$,故 $y'=[\ln(-x)]'=\dfrac{1}{-x}\cdot(-x)'=\dfrac{1}{x}$

即 $(\ln|x|)'=\dfrac{1}{x}$.

【例15】 设 $x>0$,证明幂函数的导数公式:$(x^\mu)'=\mu x^{\mu-1}$(μ 为任意实数).

证明 因为 $x^\mu=\text{e}^{\mu\ln x}$,所以

$$(x^\mu)'=(\text{e}^{\mu\ln x})'=\text{e}^{\mu\ln x}\cdot(\mu\ln x)'=x^\mu\cdot\dfrac{\mu}{x}=\mu x^{\mu-1}$$

2.2.4 基本求导法则与导数公式

基本初等函数的导数公式与本节中所讨论的求导法则在初等函数的求导运算中起着重要的作用,我们必须熟练地掌握它们.为了便于查阅,现在把这些导数公式和求导法则归纳如下:

1. 常数和基本初等函数的导数公式

(1) $(c)'=0$

(2) $(x^\mu)'=\mu x^{\mu-1}$

(3) $(\sin x)'=\cos x$

(4) $(\cos x)'=-\sin x$

(5) $(\tan x)'=\sec^2 x$

(6) $(\cot x)'=-\csc^2 x$

(7) $(\sec x)'=\sec x\cdot\tan x$

(8) $(\csc x)'=-\csc x\cdot\cot x$

(9) $(a^x)'=a^x\ln a$

(10) $(\text{e}^x)'=\text{e}^x$

(11) $(\log_a x)'=\dfrac{1}{x\cdot\ln a}$

(12) $(\ln x)'=\dfrac{1}{x}$

(13) $(\arcsin x)'=\dfrac{1}{\sqrt{1-x^2}}$

(14) $(\arccos x)'=-\dfrac{1}{\sqrt{1-x^2}}$

(15) $(\arctan x)'=\dfrac{1}{1+x^2}$

(16) $(\text{arccot}\,x)'=-\dfrac{1}{1+x^2}$

2. 函数的和、差、积、商的求导法则

设 $u=u(x),v=v(x)$ 都可导,则

(1) $(u\pm v)'=u'\pm v'$

(2) $(cu)'=cu'$ (c 为常数)

(3) $(u\cdot v)'=u'v+uv'$

(4) $\left(\dfrac{u}{v}\right)'=\dfrac{u'v-uv'}{v^2}$

(5) $\left(\dfrac{1}{v}\right)'=-\dfrac{v'}{v^2}$ ($v\neq0$)

3. 复合函数的求导法则

设 $y=f(u),u=\varphi(x)$,而 $f(u)$ 及 $\varphi(x)$ 都可导,则复合函数 $y=f(\varphi(x))$ 的导数为

$$\frac{dy}{dx}=\frac{dy}{du}\cdot\frac{du}{dx}\text{或}y'(x)=f'(u)\cdot\varphi'(x)$$

4. 反函数的导数

设 $y=f^{-1}(x)$ 是 $x=f(y)$ 的反函数,且 $f'(y)\neq0$,则

$$[f^{-1}(x)]'=\frac{1}{f'(y)}$$

下面再举两个运用这些法则和导数公式的例子.

【例 16】 设 $y=\cos nx\cdot\cos^n x$ (n 为常数),求 y'.

解
$$y'=(\cos nx)'\cdot\cos^n x+\cos nx\cdot(\cos^n x)'$$
$$=-\sin nx\cdot(nx)'\cdot\cos^n x+\cos nx\cdot n\cdot\cos^{n-1}x\cdot(\cos x)'$$
$$=-n\sin nx\cdot\cos^n x-n\cos nx\cdot\cos^{n-1}x\cdot\sin x$$
$$=-n\cos^{n-1}x\cdot(\sin nx\cdot\cos x+\cos nx\cdot\sin x)$$
$$=-n\cos^{n-1}x\cdot\sin(n+1)x$$

【例 17】 设 $y=f(\arccos x)+\ln f(x^2)$,其中 $f(u)$ 可导,求 y'.

解
$$y'=[f(\arccos x)]'+[\ln f(x^2)]'$$
$$=f'(\arccos x)\cdot(\arccos x)'+\frac{1}{f(x^2)}\cdot[f(x^2)]'$$
$$=-\frac{f'(\arccos x)}{\sqrt{1-x^2}}+\frac{1}{f(x^2)}\cdot f'(x^2)\cdot(x^2)'$$
$$=\frac{2xf'(x^2)}{f(x^2)}-\frac{f'(\arccos x)}{\sqrt{1-x^2}}$$

习题 2.2

(A)

1. 求下列函数的导数.

(1) $y=5\cos x+\sin\dfrac{\pi}{6}$

(2) $y=x^7+2\sqrt{x}-3^x+\ln 5$

(3) $y=x^2\sin x$

(4) $y=\dfrac{4}{\sqrt{x}}+\dfrac{x^2}{1-x}$

(5) $y=(1-x^2)\cdot\sin x\cdot(1-\sin x)$

(6) $y=\dfrac{1}{2+x^2+x^3}$

(7) $y=\dfrac{\arcsin x}{e^x+x^2}$

(8) $y=x^2\ln x\cdot\cos x$

(9) $y=\dfrac{1+\tan x}{\tan x}-2\log_2 x+x\cdot\sqrt{x}$

(10)$y=5e^x(\sin x+\cos x)$

2. 求下列函数在给定点处的导数.

(1)$y=2\sin x-5\cos x$,求 $y'|_{x=\frac{\pi}{6}}$ 和 $y'|_{x=\frac{\pi}{3}}$.

(2)$f(x)=3x-\dfrac{2x}{2-x}$,求 $f'(0)$ 和 $f'(3)$.

(3)$\rho=\theta\sin\theta+\dfrac{1}{2}\cos\theta$,求 $\dfrac{d\rho}{d\theta}\Big|_{\theta=\frac{\pi}{4}}$.

3. 求曲线 $y=x^2+x-2$ 的切线方程,使该切线平行于直线 $x+y-3=0$.

4. 求下列函数的导数.

(1)$y=(3x+8)^6$ (2)$y=\sin(2-5x)$ (3)$y=e^{-5x^3}$

(4)$y=\arctan x^3$ (5)$y=\arccos\dfrac{1}{x}$ (6)$y=\ln(2+x^4)$

(7)$y=\tan(x^3)$ (8)$y=\sqrt{x^2+a^2}$ (9)$y=(\arcsin x)^4$

(10)$y=\log_3(x^2+1)$

5. 求下列函数的导数.

(1)$y=\arcsin(1-2x)$ (2)$y=\dfrac{1}{\sqrt{a^2+x^2}}$ (3)$y=e^{-\frac{x}{2}}\sin 3x$

(4)$y=\arctan\dfrac{1}{x}$ (5)$y=\dfrac{1+\ln x}{1-\ln x}$ (6)$y=\dfrac{\sin 3x}{x}$

(7)$y=\arccos\sqrt{x}$ (8)$y=\ln(e^x+\sqrt{1+e^{2x}})$ (9)$y=\ln(\sec x+\tan x)$

(10)$y=\ln(\csc x-\cot x)$

6. 求下列函数的导数.

(1)$y=\left(\arctan\dfrac{x}{2}\right)^2$ (2)$y=5^{\sin\frac{x}{2}}$ (3)$y=\sqrt{2+\ln^2 x}$

(4)$y=\dfrac{1}{\sqrt{x\sqrt{x\sqrt{x}}}}$ (5)$y=e^{\text{arccot}\sqrt{x}}$ (6)$y=\sin^n x\cdot\cos nx$

(7)$y=\arcsin\sqrt{\dfrac{1-x}{1+x}}$ (8)$y=\dfrac{x}{\sqrt{1-x^2}}$ (9)$y=\ln\ln\ln x$

(10)$y=\log_5(x+\sqrt{1+x^2})$

7. 设 $f(x)$ 可导,求下列函数的导数 $\dfrac{dy}{dx}$.

(1)$y=f(\sqrt{x})$ (2)$y=f(\sin^2 x)+f(\cos^2 x)$

8. 设函数 $f(x)$ 和 $g(x)$ 可导,且 $f^2(x)+g^2(x)\neq 0$,试求函数 $y=\sqrt{f^2(x)+g^2(x)}$ 的导数.

9. 求下列函数的导数.

(1)$y=e^{3x}\sin(5x+6)$ (2)$y=3^{\frac{x}{\ln x}}$ (3)$y=\sin\dfrac{1}{x}e^{\tan\frac{1}{x}}$

(4)$y=\sqrt{x+\sqrt{x+\sqrt{x}}}$ (5)$y=e^{-\sin^2\frac{1}{x}}$ (6)$y=\dfrac{\sqrt{1+x}-\sqrt{1-x}}{\sqrt{1+x}+\sqrt{1-x}}$

(7)$y=2^{x\cdot\tan 5x}$ (8)$y=x\arccos\dfrac{x}{2}+\sqrt{4-x^2}$ (9)$y=\arcsin\dfrac{2t}{1+t^2}$

(10)$y=\dfrac{1}{4}\ln\dfrac{1+x}{1-x}-\dfrac{1}{2}\arctan x$

(B)

1. 证明:

(1)可导偶(奇)函数的导函数为奇(偶)函数;

(2)可导周期函数的导函数为周期函数.

2. 求 a,b 的值,使函数 $f(x)=\begin{cases}\dfrac{1}{x}(1-\cos ax), & x<0 \\ 0, & x=0 \\ \dfrac{1}{x}\ln(b+x^2), & x>0\end{cases}$ 在 $(-\infty,+\infty)$ 内处处可导,并求 $f'(x)$.

3. 设 $f(x)=\begin{cases}x^2\sin\dfrac{1}{x}, & x\neq0 \\ 0, & x=0\end{cases}$,求 $f'(x)$ 的表达式,并判别 $f'(x)$ 在 $x=0$ 点是否连续?

2.3　高阶导数

我们知道,变速直线运动的速度 $v(t)$ 是位置函数 $S(t)$ 对时间 t 的导数,即 $v=\dfrac{\mathrm{d}S}{\mathrm{d}t}$ 或 $v=S'$. 而加速度 a 又是速度 v 对时间 t 的变化率,即 a 是速度 v 对时间 t 的导数: $a=\dfrac{\mathrm{d}v}{\mathrm{d}t}=\dfrac{\mathrm{d}}{\mathrm{d}t}\left(\dfrac{\mathrm{d}S}{\mathrm{d}t}\right)$ 或 $a=(S')'$. 这种导数的导数 $\dfrac{\mathrm{d}}{\mathrm{d}t}\left(\dfrac{\mathrm{d}S}{\mathrm{d}t}\right)$ 或 $(S')'$ 叫做 S 对 t 的二阶导数,记作 $\dfrac{\mathrm{d}^2 S}{\mathrm{d}t^2}$ 或 $S''(t)$,因此,直线运动的加速度就是位置函数 S 对时间 t 的二阶导数.

一般地,函数 $y=f(x)$ 的导数 $y'=f'(x)$ 仍然是 x 的函数,我们把 $y'=f'(x)$ 的导数叫做函数 $y=f(x)$ 的二阶导数,记作 y'',$f''(x)$,$\dfrac{\mathrm{d}^2 y}{\mathrm{d}x^2}$ 或 $\dfrac{\mathrm{d}^2 f}{\mathrm{d}x^2}$,即

$$y''=\frac{\mathrm{d}^2 y}{\mathrm{d}x^2}=\frac{\mathrm{d}^2 f}{\mathrm{d}x^2}=f''(x)=\left[f'(x)\right]'=\lim_{\Delta x\to0}\frac{f'(x+\Delta x)-f'(x)}{\Delta x}$$

相应地,把 $y=f(x)$ 的导数 $f'(x)$ 叫做函数 $y=f(x)$ 的一阶导数.

类似地,二阶导数 $f''(x)$ 的导数称为 $y=f(x)$ 的三阶导数,记作

$$y''',f'''(x),\frac{\mathrm{d}^3 y}{\mathrm{d}x^3}\text{或}\frac{\mathrm{d}^3 f}{\mathrm{d}x^3}$$

一般地, $y=f(x)$ 的 $n-1$ 阶导数的导数叫做 $y=f(x)$ 的 n 阶导数,记作

$$y^{(n)},f^{(n)}(x),\frac{\mathrm{d}^n y}{\mathrm{d}x^n}\text{或}\frac{\mathrm{d}^n f}{\mathrm{d}x^n}$$

即

$$y^{(n)}=\frac{\mathrm{d}^n y}{\mathrm{d}x^n}=\frac{\mathrm{d}^n f}{\mathrm{d}x^n}=f^{(n)}(x)=\left[f^{(n-1)}(x)\right]'=\lim_{\Delta x\to0}\frac{f^{(n-1)}(x+\Delta x)-f^{(n-1)}(x)}{\Delta x}$$

函数 $y=f(x)$ 具有 n 阶导数,通常也称函数 $f(x)$ 为 n 阶可导.如果函数 $f(x)$ 在点 x 处具有 n 阶导数,则 $f(x)$ 在点 x 处的某一邻域内必定具有低于 n 阶的各阶导数.二阶及二阶以上的导数统称为高阶导数.

由此可见,求高阶导数只需对函数 $f(x)$ 逐次求导就可以了,并不需要新的求导公式.

函数 $f(x)$ 的各阶导数在 $x=x_0$ 处的数值记为：
$$f'(x_0), f''(x_0), \cdots, f^{(n)}(x_0) \text{ 或 } y'|_{x=x_0}, y''|_{x=x_0}, \cdots, y^{(n)}|_{x=x_0}$$

【例 1】 设 $y=3x^2-7$，求 y'''.

解 $y'=6x, y''=6, y'''=0$.

【例 2】 设 $y=x\ln x$，求 y''.

解 $y'=\ln x+1, y''=\dfrac{1}{x}$.

【例 3】 证明：函数 $y=\mathrm{e}^x\sin x$ 满足关系式：$y''-2y'+2y=0$.

证明 将函数 $y=\mathrm{e}^x\sin x$ 对 x 求导，得
$$y'=\mathrm{e}^x\sin x+\mathrm{e}^x\cos x=\mathrm{e}^x(\sin x+\cos x)$$
$$y''=\mathrm{e}^x(\sin x+\cos x)+\mathrm{e}^x(\cos x-\sin x)=2\mathrm{e}^x\cos x$$

于是
$$y''-2y'+2y=2\mathrm{e}^x\cos x-2\mathrm{e}^x(\sin x+\cos x)+2\mathrm{e}^x\sin x=0$$

即 $y''-2y'+2y=0$.

【例 4】 设 $y=\mathrm{e}^x$，求 $y^{(n)}$.

解 $y'=\mathrm{e}^x, y''=\mathrm{e}^x, \cdots, y^{(n)}=\mathrm{e}^x$，即 $(\mathrm{e}^x)^{(n)}=\mathrm{e}^x$.

【例 5】 设 $y=\sin x$，求 $y^{(n)}$.

解
$$y'=(\sin x)'=\cos x=\sin\left(x+\frac{\pi}{2}\right)$$
$$y''=\left[\sin\left(x+\frac{\pi}{2}\right)\right]'=\cos\left(x+\frac{\pi}{2}\right)=\sin\left(x+2\cdot\frac{\pi}{2}\right)$$
$$y'''=\left[\sin\left(x+2\cdot\frac{\pi}{2}\right)\right]'=\cos\left(x+2\cdot\frac{\pi}{2}\right)=\sin\left(x+3\cdot\frac{\pi}{2}\right)$$
$$\vdots$$
$$y^{(n)}=(\sin x)^{(n)}=\sin\left(x+n\cdot\frac{\pi}{2}\right)$$

用类似的方法可得：$(\cos x)^{(n)}=\cos\left(x+n\cdot\frac{\pi}{2}\right)$.

【例 6】 设 $y=\ln(1+x)$，求 $y^{(n)}$.

解
$$y'=\frac{1}{1+x}, \quad y''=\frac{-1}{(1+x)^2}$$
$$y'''=\frac{1\cdot 2}{(1+x)^3}=\frac{2!}{(1+x)^3}, \quad y^{(4)}=\frac{-1\cdot 2\cdot 3}{(1+x)^4}=\frac{-3!}{(1+x)^4}$$
$$\vdots$$
$$y^{(n)}=[\ln(1+x)]^{(n)}=(-1)^{n-1}\cdot\frac{(n-1)!}{(1+x)^n}$$

通常规定 $0!=1$，所以这个公式当 $n=1$ 时也成立.

【例 7】 设 $y=x^\mu$（μ 为任意常数），求 $y^{(n)}$.

解 $y'=\mu x^{\mu-1}, \quad y''=\mu(\mu-1)x^{\mu-2}, \quad y'''=\mu(\mu-1)(\mu-2)x^{\mu-3}$
$$\vdots$$

$$y^{(n)}=(x^\mu)^{(n)}=\mu(\mu-1)(\mu-2)\cdots(\mu-n+1)x^{\mu-n}$$

当 $\mu=n$ 时，得 $(x^n)^{(n)}=n(n-1)(n-2)\cdots3\cdot2\cdot1=n!$，而 $(x^n)^{(n+1)}=0$。

习题 2.3

(A)

1. 求下列函数的二阶导数.

(1) $y=3x^2+\ln^2x$ 　　　　　(2) $y=\mathrm{e}^{2x-1}$ 　　　　　(3) $y=\ln\sqrt{1-x^2}$

(4) $y=\mathrm{e}^{-x}\sin x$ 　　　　　(5) $y=\dfrac{\ln x}{x^2}$ 　　　　　(6) $y=\cot x$

(7) $y=(2+x^2)\ln(2+x^2)$ 　　(8) $y=\ln(x+\sqrt{1+x^2})$ 　　(9) $y=\sqrt{1-x^2}\arcsin x$

(10) $y=\arctan\dfrac{1+x}{1-x}$

2. 求下列函数在指定点的高阶导数.

(1) $f(x)=\dfrac{x}{\sqrt{1+x^2}}$，求 $f''(0)$. 　　　　　(2) $f(x)=x\mathrm{e}^{x^2}$，求 $f''(1)$.

(3) $f(x)=(x+8)^6$，求 $f^{(5)}(0)$，$f^{(6)}(0)$.

3. 设 $f''(x)$ 存在，求下列函数的二阶导数.

(1) $y=f(x^2)$ 　　　　　　　　　　　　　(2) $y=\mathrm{e}^{-f(x)}$

4. 验证函数 $y=\sqrt{2x-x^2}$ 满足关系式：$y^3\cdot y''+1=0$.

5. 验证函数 $y=\dfrac{x-3}{x-4}$ 满足关系式：$2y'^2=(y-1)\cdot y''$.

6. 验证函数 $y=c_1\mathrm{e}^{\lambda x}+c_2\mathrm{e}^{-\lambda x}$（$\lambda,c_1,c_2$ 是常数）满足关系式：$y''-\lambda^2y=0$.

7. 求下列函数的 n 阶导数.

(1) $y=a^x(a>0,a\neq1)$ 　　　(2) $y=\cos^2x$ 　　　　　(3) $y=x\ln x$

(4) $y=(1+x)^m$ 　　　　　　　(5) $y=x\mathrm{e}^x$

(6) $y=x^n+a_1x^{n-1}+a_2x^{n-2}+\cdots+a_{n-1}x+a_n$（$a_1,a_2,\cdots,a_n$ 都是常数）.

(B)

1. 已知 $f(x)$ 具有任意阶导数，且 $f'(x)=[f(x)]^2$，试求 $f^{(n)}(x)(n>2)$.

2. 设 $f(x)=3x^3+x^2|x|$，试求 $f^{(n)}(0)$ 存在的最高阶数 n.

3. 试用数学归纳法证明莱布尼茨(Leibniz)公式：若 $u=u(x)$ 和 $v=v(x)$ 在点 x 处有 n 阶导数，则

$$(uv)^{(n)}=u^{(n)}v+nu^{(n-1)}v'+\frac{n(n-1)}{2!}u^{(n-2)}v''+\cdots+\frac{n(n-1)\cdots(n-k+1)}{k!}u^{(n-k)}v^{(k)}+\cdots+uv^{(n)}$$

4. 设 $y=x^2\mathrm{e}^{2x}$，利用莱布尼茨公式求 $y^{(20)}$.

2.4 隐函数及由参数方程所确定的函数的导数

2.4.1 隐函数的导数

前面我们所讨论的函数，都是一个变量明显地用另一个变量表示的形式，例如，$y=x^2+\sin x$，用 $y=f(x)$ 这种方式表示的函数称为显函数。然而，函数也可不以显函数的形

式出现,例如,方程 $x+2y^3-5=0$ 表示一个函数,因为当变量 x 在 $(-\infty,+\infty)$ 内取值时,变量 y 有唯一确定的数值与之对应,这样的函数称为隐函数.

一般地,如果变量 x 和 y 满足一个方程 $F(x,y)=0$,在一定条件下,当 x 取某区间内的任一值时,相应地总有满足这个方程的唯一的 y 值存在,则就称方程 $F(x,y)=0$ 在该区间内确定了一个隐函数 $y=y(x)$.

对于由方程 $F(x,y)=0$ 确定的隐函数 y,若能从方程中解出 y 来,得到 $y=y(x)$,此时隐函数成为显函数,这种情形称为隐函数的显化.例如,从方程 $x+2y^3-5=0$ 中解出 $y=\sqrt[3]{\dfrac{5-x}{2}}$,就把隐函数化成了显函数.但是隐函数的显化有时是很困难的,甚至是不可能的,例如方程 $x-y+\mathrm{e}^{xy}=0$ 就很难显化。因此,有必要讨论隐函数的求导方法.

还应指出,并非任何一个方程都能确定隐函数,例如,$x^2+y^2+4=0$ 显然就不能确定隐函数.

设由方程 $F(x,y)=0$ 确定 y 为 x 的隐函数 $y=y(x)$,将 $y=y(x)$ 代入方程得恒等式:$F(x,y(x))\equiv 0$.在 $F(x,y(x))=0$ 的两端关于自变量 x 求导,在此过程中,把 y 看作 x 的函数,运用复合函数的求导法则,便可解出 y 对 x 的导数 $\dfrac{\mathrm{d}y}{\mathrm{d}x}$.

【例 1】 求由方程 $y^5-x-xy=0$ 所确定的隐函数 $y(x)$ 的导数 $\dfrac{\mathrm{d}y}{\mathrm{d}x}$.

解 方程两端关于 x 求导,注意 y 是 x 的函数,得

$$5y^4\cdot\frac{\mathrm{d}y}{\mathrm{d}x}-1-y-x\cdot\frac{\mathrm{d}y}{\mathrm{d}x}=0$$

解出

$$\frac{\mathrm{d}y}{\mathrm{d}x}=\frac{y+1}{5y^4-x}\quad(5y^4-x\neq 0)$$

【例 2】 求由方程 $\sin(xy)+\ln(y-x)=x$ 所确定的隐函数 $y(x)$ 在 $x=0$ 处的导数 $\dfrac{\mathrm{d}y}{\mathrm{d}x}\Big|_{x=0}$.

解 方程两端关于 x 求导,得

$$\cos(xy)\left(y+x\cdot\frac{\mathrm{d}y}{\mathrm{d}x}\right)+\frac{\dfrac{\mathrm{d}y}{\mathrm{d}x}-1}{y-x}=1$$

当 $x=0$ 时,由原方程得 $y=1$.将 $x=0$,$y=1$ 代入上式,得 $\dfrac{\mathrm{d}y}{\mathrm{d}x}\Big|_{x=0}=1$.

【例 3】 求曲线 $x^2+xy+y^2=4$ 上点 $(2,-2)$ 处的切线方程.

解 方程两端关于 x 求导,得

$$2x+y+xy'+2y\cdot y'=0$$

解出 $y'=-\dfrac{2x+y}{x+2y}(x+2y\neq 0)$.

过点 $(2,-2)$ 的切线斜率为 $y'|_{(2,-2)}=1$,从而所求的切线方程为 $y-(-2)=x-2$,即 $y-x+4=0$.

【例 4】　设 $y=y(x)$ 由方程 $e^y=xy$ 所确定,求 y''.

解　方程两端关于 x 求导,得

$$e^y \cdot y'=y+xy' \qquad\qquad (1)$$

解得

$$y'=\frac{y}{e^y-x} \quad (e^y-x\neq 0)$$

上式两端再对 x 求导,得

$$y''=\frac{y'(e^y-x)-y\cdot(e^y\cdot y'-1)}{(e^y-x)^2}=\frac{\frac{y}{e^y-x}(e^y-x)-y\cdot\left(e^y\cdot\frac{y}{e^y-x}-1\right)}{(e^y-x)^2}$$

$$=\frac{2(e^y-x)y-y^2 e^y}{(e^y-x)^3} \quad (e^y-x\neq 0)$$

注:也可在式(1)两端再对 x 求导,求得 y''.

对于某些函数,利用普通方法求导数比较复杂,甚至难于进行.例如,由多个因式的积、商、幂构成的函数及幂指函数,对于这类函数的求导,可以先对函数式两端取自然对数,利用对数的运算性质对函数式进行化简,然后利用隐函数求导法则求导,这种方法称为对数求导法.

【例 5】　设 $y=x^{\sin x}(x>0)$,求 y'.

解　这是一个幂指函数,为了求这个函数的导数,可以先在 $y=x^{\sin x}$ 两端取对数,化为隐函数的形式:

$$\ln y=\sin x\cdot\ln x$$

上式两端关于 x 求导,得

$$\frac{1}{y}\cdot y'=\cos x\cdot\ln x+\frac{1}{x}\sin x$$

所以

$$y'=y\cdot\left(\cos x\cdot\ln x+\frac{\sin x}{x}\right)=x^{\sin x}\cdot\left(\cos x\cdot\ln x+\frac{\sin x}{x}\right)$$

对于一般形式的幂指函数 $y=u^v(u>0)$,如果 $u=u(x),v=v(x)$ 都可导,则可像例 5 那样利用对数求导法求出幂指函数的导数.

幂指函数 $y=u^v(u>0)$ 也可表示为 $y=e^{v\ln u}$,然后根据复合函数的求导法则求导.

【例 6】　求 $y=\sqrt[4]{\frac{(x-1)(x-2)}{(x-3)(x-4)}}$ 的导数 y'.

解　先在两端取对数,得

$$\ln y=\frac{1}{4}(\ln|x-1|+\ln|x-2|-\ln|x-3|-\ln|x-4|)$$

上式两端关于 x 求导,得

$$\frac{y'}{y}=\frac{1}{4}\left(\frac{1}{x-1}+\frac{1}{x-2}-\frac{1}{x-3}-\frac{1}{x-4}\right)$$

所以

$$y'=\frac{y}{4}\left(\frac{1}{x-1}+\frac{1}{x-2}-\frac{1}{x-3}-\frac{1}{x-4}\right)$$

$$= \frac{1}{4} \cdot \sqrt[4]{\frac{(x-1)(x-2)}{(x-3)(x-4)}} \cdot \left(\frac{1}{x-1} + \frac{1}{x-2} - \frac{1}{x-3} - \frac{1}{x-4} \right)$$

2.4.2 由参数方程所确定的函数的导数

在解析几何中,我们知道有些函数关系可用参数方程

$$\begin{cases} x = \varphi(t) \\ y = \psi(t) \end{cases}, \ \alpha \leqslant t \leqslant \beta \tag{2}$$

来确定,这里 t 为参变量. 例如,圆 $x^2 + y^2 = R^2$ 的参数方程是 $\begin{cases} x = R\cos t \\ y = R\sin t \end{cases} (0 \leqslant t \leqslant 2\pi)$.

在实际问题中,需要计算由参数方程(2)所确定的函数的导数,但从(2)中消去参数 t 有时会有困难,因此,需要建立一种方法,不管能否消去参数 t,都能直接由参数方程(2)求出它所确定的函数的导数.

定理1 在参数方程(2)中,如果

(1)函数 $x = \varphi(t)$,$y = \psi(t)$ 都可导,且 $\varphi'(t) \neq 0$.

(2)函数 $x = \varphi(t)$ 具有单调连续的反函数 $t = \varphi^{-1}(x)$,且此反函数能与函数 $y = \psi(t)$ 构成复合函数.

则由参数方程(2)所确定的函数 $y = y(x)$ 的导数为

$$\frac{\mathrm{d}y}{\mathrm{d}x} = \frac{\dfrac{\mathrm{d}y}{\mathrm{d}t}}{\dfrac{\mathrm{d}x}{\mathrm{d}t}} = \frac{\psi'(t)}{\varphi'(t)} \tag{3}$$

证明 由参数方程(2)所确定的函数可以看成是由函数 $y = \psi(t)$,$t = \varphi^{-1}(x)$ 复合而成的函数 $y = \psi[\varphi^{-1}(x)]$,于是由复合函数求导法则与反函数求导法则,有

$$\frac{\mathrm{d}y}{\mathrm{d}x} = \frac{\mathrm{d}y}{\mathrm{d}t} \cdot \frac{\mathrm{d}t}{\mathrm{d}x} = \frac{\mathrm{d}y}{\mathrm{d}t} \cdot \frac{1}{\dfrac{\mathrm{d}x}{\mathrm{d}t}} = \frac{\psi'(t)}{\varphi'(t)}$$

如果 $x = \varphi(t)$,$y = \psi(t)$ 还是二阶可导的,则可从式(3)求得函数的二阶导数:

$$\frac{\mathrm{d}^2 y}{\mathrm{d}x^2} = \frac{\mathrm{d}}{\mathrm{d}x}\left(\frac{\mathrm{d}y}{\mathrm{d}x}\right) = \frac{\dfrac{\mathrm{d}}{\mathrm{d}t}\left(\dfrac{\mathrm{d}y}{\mathrm{d}x}\right)}{\dfrac{\mathrm{d}x}{\mathrm{d}t}} = \frac{\dfrac{\mathrm{d}}{\mathrm{d}t}\left[\dfrac{\psi'(t)}{\varphi'(t)}\right]}{\varphi'(t)} = \frac{\psi''(t)\varphi'(t) - \psi'(t)\varphi''(t)}{[\varphi'(t)]^3}$$

【例7】 求椭圆 $\begin{cases} x = a\cos t \\ y = b\sin t \end{cases}$ 在 $t = \dfrac{\pi}{4}$ 相应点处的切线方程.

解 当 $t = \dfrac{\pi}{4}$ 时,椭圆上的相应点 M_0 的坐标是:

$$x_0 = a\cos\frac{\pi}{4} = \frac{\sqrt{2}}{2}a, \quad y_0 = b\sin\frac{\pi}{4} = \frac{\sqrt{2}}{2}b$$

曲线在点 M_0 处的切线斜率为

$$\frac{\mathrm{d}y}{\mathrm{d}x}\bigg|_{t=\frac{\pi}{4}} = \frac{(b\sin t)'}{(a\cos t)'}\bigg|_{t=\frac{\pi}{4}} = \frac{b\cos t}{-a\sin t}\bigg|_{t=\frac{\pi}{4}} = -\frac{b}{a}$$

于是,椭圆在点 M_0 处的切线方程为

$$y - \frac{\sqrt{2}}{2}b = -\frac{b}{a}\left(x - \frac{\sqrt{2}}{2}a\right)$$

即 $bx + ay - \sqrt{2}ab = 0$.

【例 8】 求 $\begin{cases} x = a(t - \sin t) \\ y = a(1 - \cos t) \end{cases}$ 所确定的函数 $y = y(x)$ 的一阶导数 $\dfrac{dy}{dx}$ 及二阶导数 $\dfrac{d^2 y}{dx^2}$.

解
$$\frac{dy}{dx} = \frac{y'(t)}{x'(t)} = \frac{[a(1 - \cos t)]'}{[a(t - \sin t)]'} = \frac{\sin t}{1 - \cos t}$$

$$\frac{d^2 y}{dx^2} = \frac{\dfrac{d}{dt}\left(\dfrac{dy}{dx}\right)}{\dfrac{dx}{dt}} = \frac{\left(\dfrac{\sin t}{1 - \cos t}\right)'}{[a(t - \sin t)]'}$$

$$= \frac{\cos t(1 - \cos t) - \sin t \cdot \sin t}{(1 - \cos t)^2} \cdot \frac{1}{a(1 - \cos t)}$$

$$= -\frac{1}{a(1 - \cos t)^2}$$

习题 2.4

(A)

1. 求由下列方程所确定的隐函数的导数.

(1) $e^y + xy - e = 0$

(2) $y^5 - x - 3x^7 = 0$

(3) $\ln(x^2 + y^2) = 2\arctan\dfrac{y}{x}$

(4) $xy^2 + e^y = \cos(x + y^2)$

(5) $y = \cos x + \dfrac{1}{2}\sin y$

(6) $y - 1 - x\sin y = 0$

2. 求由方程 $y^5 + 2y - x - 3x^7 = 0$ 所确定的隐函数在 $x = 0$ 处的导数 $\dfrac{dy}{dx}\Big|_{x=0}$.

3. 求曲线 $x^{\frac{2}{3}} + y^{\frac{2}{3}} = a^{\frac{2}{3}}$ 在点 $\left(\dfrac{\sqrt{2}}{4}a, \dfrac{\sqrt{2}}{4}a\right)$ 处的切线方程和法线方程.

4. 求由下列方程所确定的隐函数的二阶导数 $\dfrac{d^2 y}{dx^2}$.

(1) $x - y + \dfrac{1}{2}\sin y = 0$

(2) $y = \tan(x + y)$

(3) $y = 1 + xe^y$

(4) $y^2 + 2\ln y = x^4$

5. 用对数求导法求下列函数的导数.

(1) $y = (3x - 1)^{\frac{5}{3}} \cdot \sqrt{\dfrac{x-1}{x-2}}$

(2) $y = \sqrt[5]{\dfrac{x-5}{\sqrt[3]{x^2+2}}}$

(3) $y = \left(\dfrac{x}{1 + x^2}\right)^x$

(4) $y = \sin x^{\cos x}$

6. 求下列参数方程所确定的函数的导数 $\dfrac{dy}{dx}$.

(1) $\begin{cases} x = 1 - t^3 \\ y = t - t^3 \end{cases}$

(2) $\begin{cases} x = t(1 - \sin t) \\ y = t\cos t \end{cases}$

(3) $\begin{cases} x=\mathrm{e}^{\theta}\sin\theta \\ y=\mathrm{e}^{\theta}\cos\theta \end{cases}$ (4) $\begin{cases} x=\ln(1+t^2) \\ y=t-\arctan t \end{cases}$

7. 写出下列曲线在所给参数值相应的点处的切线方程和法线方程.

(1) $\begin{cases} x=\sin t \\ y=\cos 2t \end{cases}$ 在 $t=\dfrac{\pi}{4}$ 处   (2) $\begin{cases} x=2\mathrm{e}^t \\ y=\mathrm{e}^{-t} \end{cases}$ 在 $t=0$ 处

(B)

1. 求由方程 $x^y=y^x$ 所确定的隐函数的导数 $\dfrac{\mathrm{d}x}{\mathrm{d}y}$.

2. 求下列函数的导数.

(1) $y=x^{x^x}$ (2) $y=(\sin x)^{\cos x}+(\cos x)^{\sin x}$

3. 求下列参数方程所确定的函数的二阶导数 $\dfrac{\mathrm{d}^2 y}{\mathrm{d}x^2}$.

(1) $\begin{cases} x=\cos^3 t \\ y=\sin^3 t \end{cases}$ (2) $\begin{cases} x=f'(t) \\ y=tf'(t)-f(t) \end{cases}$,设 $f''(t)$ 存在且不为零.

2.5 函数的微分

微分是与导数密切相关又有本质差异的一个重要概念.导数反映函数在某一点变化的快慢程度,即变化率;而微分则主要是表述函数在某一点的增量的近似程度.本节主要介绍微分的概念、计算及简单应用.

2.5.1 微分的定义

先分析一个具体问题:一块正方形金属薄片受温度变化的影响,其边长由 x_0 变到 $x_0+\Delta x$(图 2-3),问此薄片的面积改变了多少?

设此薄片的边长为 x,面积为 A,则 A 是 x 的函数:$A=x^2$.薄片受温度变化的影响时,边长 x 在 x_0 处有增量 Δx,这时面积 A 的相应增量为

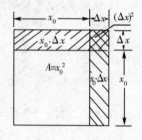

图 2-3

$$\Delta A=(x_0+\Delta x)^2-x_0^2=2x_0\cdot\Delta x+(\Delta x)^2$$

从上式可以看出,ΔA 分成两部分:第一部分 $2x_0\cdot\Delta x$ 是 Δx 的线性函数,即图 2-3 中带有斜线的两个矩形面积之和;第二部分 $(\Delta x)^2$ 在图 2-3 中是带有交叉斜线的小正方形的面积.当 $\Delta x\to 0$ 时,第二部分 $(\Delta x)^2$ 是比 Δx 高阶的无穷小,即 $(\Delta x)^2=o(\Delta x)$.

因此,当 $|\Delta x|$ 很小时,第一部分 $2x_0\cdot\Delta x$ 是面积增量 ΔA 的主要部分,可用它来作为 ΔA 的近似值,而第二部分 $(\Delta x)^2$ 在计算 ΔA 时可以忽略不计,即有 $\Delta A\approx 2x_0\cdot\Delta x$.

$2x_0\cdot\Delta x$ 称为函数 $A=x^2$ 在点 x_0 处的微分.

一般地,有下列定义:

定义 1 设函数 $y=f(x)$ 在点 x_0 的某一邻域内有定义,$x_0+\Delta x$ 在该邻域内,如果 $f(x)$ 在点 x_0 处的增量 $\Delta y=f(x_0+\Delta x)-f(x_0)$ 可表示为

$$\Delta y=A\cdot\Delta x+o(\Delta x)$$

其中 A 是不依赖于 Δx 的常数,而 $o(\Delta x)$ 是比 Δx 高阶的无穷小,则称函数 $y=f(x)$ 在点 x_0 处是可微的,而 $A \cdot \Delta x$ 叫做函数 $y=f(x)$ 在点 x_0 相应于自变量增量 Δx 的微分,记作 $\mathrm{d}y$,即 $\mathrm{d}y=A \cdot \Delta x$.

注:(1)由微分定义知,当 $A \neq 0$ 时,微分 $\mathrm{d}y=A \cdot \Delta x$ 是 Δx 的线性函数,而且当 $|\Delta x|$ 很小时,微分 $\mathrm{d}y$ 是函数增量 Δy 的主要部分.因此,在 $A \neq 0$ 的条件下,微分也称为函数增量的线性主部(当 $\Delta x \rightarrow 0$ 时).

(2)由微分的定义可知,$\Delta y-\mathrm{d}y$ 是 Δx 的高阶无穷小,即

$$\lim_{\Delta x \rightarrow 0} \frac{\Delta y-\mathrm{d}y}{\Delta x}=\lim_{\Delta x \rightarrow 0} \frac{o(\Delta x)}{\Delta x}=0$$

下面讨论函数 $y=f(x)$ 在点 x_0 处可微的条件.

定理 1　函数 $y=f(x)$ 在点 x_0 处可微的充分必要条件是 $f(x)$ 在点 x_0 可导,且有 $\mathrm{d}y=f'(x_0) \cdot \Delta x$.

证明　设 $y=f(x)$ 在点 x_0 处可微,即 $\Delta y=A \cdot \Delta x+o(\Delta x)$.于是

$$\lim_{\Delta x \rightarrow 0} \frac{\Delta y}{\Delta x}=\lim_{\Delta x \rightarrow 0}\left(A+\frac{o(\Delta x)}{\Delta x}\right)=A$$

所以 $f(x)$ 在点 x_0 可导,且有

$$A=f'(x_0), \quad \mathrm{d}y=A \cdot \Delta x=f'(x_0) \cdot \Delta x$$

反之,如果 $y=f(x)$ 在点 x_0 可导,即 $\lim\limits_{\Delta x \rightarrow 0} \dfrac{\Delta y}{\Delta x}=f'(x_0)$.

由无穷小与函数极限的关系,得 $\dfrac{\Delta y}{\Delta x}=f'(x_0)+\alpha$,其中 $\lim\limits_{\Delta x \rightarrow 0}\alpha=0$.所以

$$\Delta y=f'(x_0) \cdot \Delta x+\alpha \cdot \Delta x$$

显然,当 $\Delta x \rightarrow 0$ 时,$\alpha \cdot \Delta x=o(\Delta x)$,且 $f'(x_0)$ 与 Δx 无关,由微分定义可知,$y=f(x)$ 在点 x_0 可微,且有 $\mathrm{d}y=f'(x_0) \cdot \Delta x$.

该定理说明了函数在点 x_0 的可微性与可导性是等价的,且有关系式 $\mathrm{d}y=f'(x_0) \cdot \Delta x$.

函数 $y=f(x)$ 在任意点 x 的微分,称为函数 $y=f(x)$ 的微分,记作 $\mathrm{d}y$ 或 $\mathrm{d}f(x)$,即 $\mathrm{d}y=f'(x) \cdot \Delta x$.

我们规定,自变量的微分等于自变量的增量,即 $\mathrm{d}x=\Delta x$.

这样规定是很自然的,因为自变量 x 可以看作是一个特殊的函数 $y=x$,所以有 $\mathrm{d}y=\mathrm{d}x=(x)' \cdot \Delta x=\Delta x$,即 $\mathrm{d}x=\Delta x$.于是函数 $y=f(x)$ 的微分又可记作 $\mathrm{d}y=f'(x)\mathrm{d}x$,从而有 $\dfrac{\mathrm{d}y}{\mathrm{d}x}=f'(x)$.

这就是说,函数的微分 $\mathrm{d}y$ 与自变量的微分 $\mathrm{d}x$ 之商等于该函数的导数,因此,导数也称作微商.以前我们把导数的记号 $\dfrac{\mathrm{d}y}{\mathrm{d}x}$ 看作是一个整体记号,现在,就可以把它看成是 $\mathrm{d}y$ 与 $\mathrm{d}x$ 之商了,这正是用 $\dfrac{\mathrm{d}y}{\mathrm{d}x}$ 来作为导数记号的原因.

【**例 1**】　求函数 $y=x^3$ 在 $x=1$ 和 $x=2$ 处的微分.

解　因为 $\mathrm{d}y=(x^3)'\mathrm{d}x=3x^2\mathrm{d}x$,所以

$$\mathrm{d}y|_{x=1}=3\mathrm{d}x, \quad \mathrm{d}y|_{x=2}=12\mathrm{d}x$$

【例 2】 求函数 $y=\sqrt{x}$ 在 $x=1,\Delta x=0.002$ 处的微分.

解 因为 $\mathrm{d}y=(\sqrt{x})'\mathrm{d}x=\dfrac{1}{2\sqrt{x}}\mathrm{d}x$,所以

$$\mathrm{d}y\big|_{x=1,\Delta x=0.002}=\frac{1}{2\sqrt{1}}\times0.002=0.001$$

2.5.2 基本初等函数的微分公式与微分运算法则

从函数的微分表达式 $\mathrm{d}y=f'(x)\mathrm{d}x$ 可以看出,要计算函数的微分,只要计算函数的导数,再乘以自变量的微分,因此,可得如下的微分公式和微分运算法则.

1.基本初等函数的微分公式

由常数和基本初等函数的导数公式,可以直接写出常数和基本初等函数的微分公式. 为了便于对照,列表如下,见表 2-1.

表 2-1

导数公式	微分公式
$(c)'=0$	$\mathrm{d}(c)=0$
$(x^{\mu})'=\mu x^{\mu-1}$	$\mathrm{d}(x^{\mu})=\mu x^{\mu-1}\mathrm{d}x$
$(\sin x)'=\cos x$	$\mathrm{d}(\sin x)=\cos x\mathrm{d}x$
$(\cos x)'=-\sin x$	$\mathrm{d}(\cos x)=-\sin x\mathrm{d}x$
$(\tan x)'=\sec^2 x$	$\mathrm{d}(\tan x)=\sec^2 x\mathrm{d}x$
$(\cot x)'=-\csc^2 x$	$\mathrm{d}(\cot x)=-\csc^2 x\mathrm{d}x$
$(\sec x)'=\sec x\cdot\tan x$	$\mathrm{d}(\sec x)=\sec x\cdot\tan x\mathrm{d}x$
$(\csc x)'=-\csc x\cdot\cot x$	$\mathrm{d}(\csc x)=-\csc x\cdot\cot x\mathrm{d}x$
$(a^x)'=a^x\ln a$	$\mathrm{d}(a^x)=a^x\ln a\mathrm{d}x$
$(\mathrm{e}^x)'=\mathrm{e}^x$	$\mathrm{d}(\mathrm{e}^x)=\mathrm{e}^x\mathrm{d}x$
$(\log_a x)'=\dfrac{1}{x\ln a}$	$\mathrm{d}(\log_a x)=\dfrac{1}{x\ln a}\mathrm{d}x$
$(\ln x)'=\dfrac{1}{x}$	$\mathrm{d}(\ln x)=\dfrac{1}{x}\mathrm{d}x$
$(\arcsin x)'=\dfrac{1}{\sqrt{1-x^2}}$	$\mathrm{d}(\arcsin x)=\dfrac{1}{\sqrt{1-x^2}}\mathrm{d}x$
$(\arccos x)'=-\dfrac{1}{\sqrt{1-x^2}}$	$\mathrm{d}(\arccos x)=-\dfrac{1}{\sqrt{1-x^2}}\mathrm{d}x$
$(\arctan x)'=\dfrac{1}{1+x^2}$	$\mathrm{d}(\arctan x)=\dfrac{1}{1+x^2}\mathrm{d}x$
$(\text{arccot}x)'=-\dfrac{1}{1+x^2}$	$\mathrm{d}(\text{arccot}x)=-\dfrac{1}{1+x^2}\mathrm{d}x$

2.函数和、差、积、商的微分法则

由函数和、差、积、商的求导法则,可得出相应的微分法则. 为了便于对照,列表如下,见表 2-2.(表中 $u=u(x),v=v(x)$ 都可导)

表 2-2

函数和、差、积、商的求导法则	函数和、差、积、商的微分法则
$(u\pm v)'=u'\pm v'$	$\mathrm{d}(u\pm v)=\mathrm{d}u\pm\mathrm{d}v$
$(u\cdot v)'=u'v+uv'$	$\mathrm{d}(u\cdot v)=v\mathrm{d}u+u\mathrm{d}v$
$(cu)'=cu'$	$\mathrm{d}(cu)=c\mathrm{d}u$
$\left(\dfrac{u}{v}\right)'=\dfrac{u'v-uv'}{v^2}\quad(v\neq 0)$	$\mathrm{d}\left(\dfrac{u}{v}\right)=\dfrac{v\mathrm{d}u-u\mathrm{d}v}{v^2}\quad(v\neq 0)$
$\left(\dfrac{1}{v}\right)'=-\dfrac{v'}{v^2}\quad(v\neq 0)$	$\mathrm{d}\left(\dfrac{1}{v}\right)=-\dfrac{\mathrm{d}v}{v^2}\quad(v\neq 0)$

我们仅证明乘积的微分法则.

由函数的微分表达式,有 $\mathrm{d}(uv)=(uv)'\mathrm{d}x$.再由乘积的求导法则,有 $(uv)'=u'v+uv'$.所以

$$\mathrm{d}(uv)=(u'v+uv')\mathrm{d}x=u'v\mathrm{d}x+uv'\mathrm{d}x$$

由于 $u'\mathrm{d}x=\mathrm{d}u,v'\mathrm{d}x=\mathrm{d}v$,于是 $\mathrm{d}(uv)=u\mathrm{d}v+v\mathrm{d}u$.

其他法则都可以类似地证明.

3. 复合函数的微分法则——微分形式不变性

设 $y=f(u)$ 对 u 可导,则

(1)当 u 是自变量时,函数的微分为 $\mathrm{d}y=f'(u)\mathrm{d}u$.

(2)当 u 不是自变量,而是中间变量时,设 $u=\varphi(x)$ 为 x 的可导函数,则复合函数 $y=f[\varphi(x)]$ 的微分为

$$\mathrm{d}y=y'_x\mathrm{d}x=f'(u)\cdot\varphi'(x)\mathrm{d}x$$

由于 $\varphi'(x)\mathrm{d}x=\mathrm{d}u$,所以复合函数 $y=f[\varphi(x)]$ 的微分公式也可写成:$\mathrm{d}y=f'(u)\mathrm{d}u$.

由此可见,无论 u 是自变量还是中间变量,微分形式 $\mathrm{d}y=f'(u)\mathrm{d}u$ 保持不变,这一性质称为微分形式不变性,也可称为复合函数微分法则.

因此,复合函数的微分既可以利用链式法则求出函数的导数再乘以 $\mathrm{d}x$ 得到,也可以利用微分形式不变性直接求得.

【例3】 求函数 $y=\log_2(3x+2)$ 的微分.

解 令 $u=3x+2$,则由微分形式不变性,得

$$\mathrm{d}y=\mathrm{d}(\log_2 u)=\frac{1}{u\ln 2}\mathrm{d}u=\frac{1}{(3x+2)\ln 2}\cdot\mathrm{d}(3x+2)=\frac{1}{(3x+2)\ln 2}\cdot 3\mathrm{d}x=\frac{3}{(3x+2)\cdot\ln 2}\mathrm{d}x$$

同求复合函数的导数一样,求复合函数的微分时也可以不写出中间变量.

【例4】 设 $y=\sin(2+\mathrm{e}^{x^3})$,求 $\mathrm{d}y,y'$.

解 $\mathrm{d}y=\mathrm{d}[\sin(2+\mathrm{e}^{x^3})]=\cos(2+\mathrm{e}^{x^3})\mathrm{d}(2+\mathrm{e}^{x^3})=\cos(2+\mathrm{e}^{x^3})\cdot\mathrm{e}^{x^3}\mathrm{d}(x^3)$

$\qquad=\cos(2+\mathrm{e}^{x^3})\cdot\mathrm{e}^{x^3}\cdot 3x^2\mathrm{d}x=3x^2\mathrm{e}^{x^3}\cos(2+\mathrm{e}^{x^3})\mathrm{d}x$

故 $\qquad\qquad\qquad\qquad y'=\dfrac{\mathrm{d}y}{\mathrm{d}x}=3x^2\mathrm{e}^{x^3}\cos(2+\mathrm{e}^{x^3})$

【例5】 设 $y=\ln(x^2+1)\cdot\tan x$,求 $\mathrm{d}y$.

71

解 由乘积的微分法则,得

$$dy = d[\ln(x^2+1) \cdot \tan x] = \tan x \cdot d[\ln(x^2+1)] + \ln(x^2+1) \cdot d(\tan x)$$

$$= (\tan x) \cdot \frac{1}{x^2+1} d(x^2+1) + \ln(x^2+1) \cdot \sec^2 x dx$$

$$= (\tan x) \cdot \frac{1}{x^2+1} \cdot 2x dx + \ln(x^2+1) \cdot \sec^2 x dx$$

$$= \left[\frac{2x\tan x}{x^2+1} + \ln(x^2+1) \cdot \sec^2 x \right] dx$$

【例 6】 求由方程 $xy^2 - e^{3x} = \cos y$ 确定的隐函数 $y = y(x)$ 的微分 dy.

解 对方程两端分别求微分,得

$$d(xy^2) - d(e^{3x}) = d(\cos y)$$

即 $y^2 dx + 2xy dy - 3e^{3x} dx = -\sin y dy$. 所以

$$dy = \frac{3e^{3x} - y^2}{2xy + \sin y} dx$$

【例 7】 在下列等式左端的括号中填入适当的函数,使等式成立:

(1) $d(\quad) = x^2 dx$;

(2) $d(\quad) = \sin\omega t dt$.

解 (1)由于 $d(x^3) = 3x^2 dx$,所以 $x^2 dx = \frac{1}{3} d(x^3) = d\left(\frac{x^3}{3}\right)$,即 $d\left(\frac{x^3}{3}\right) = x^2 dx$.

一般地,有 $d\left(\frac{x^3}{3} + c\right) = x^2 dx (c$ 为任意常数).

(2)由于 $d(\cos\omega t) = -\omega\sin\omega t dt$,所以 $\sin\omega t dt = -\frac{1}{\omega} d(\cos\omega t) = d\left(-\frac{1}{\omega}\cos\omega t\right)$. 即

$$d\left(-\frac{1}{\omega}\cos\omega t\right) = \sin\omega t dt$$

一般地,有 $d\left(-\frac{1}{\omega}\cos\omega t + c\right) = \sin\omega t dt (c$ 为任意常数).

2.5.3 微分的几何意义

为了对微分有比较直观的了解,我们来说明微分的几何意义.

设函数 $y = f(x)$ 在 x_0 处可微. 在直角坐标系中,函数 $y = f(x)$ 的图形是一条曲线. 相应于 x_0,曲线上有一个确定点 $M(x_0, y_0)$,当自变量 x_0 有微小增量 Δx 时,就得到曲线上另一点 $N(x_0 + \Delta x, y_0 + \Delta y)$. 从图 2-4 可知:$MQ = \Delta x, QN = \Delta y$.

过点 M 作曲线的切线 MT,它的倾角为 α,则 $QP = MQ \cdot \tan\alpha = \Delta x \cdot f'(x_0) = dy$,即 $dy = QP$.

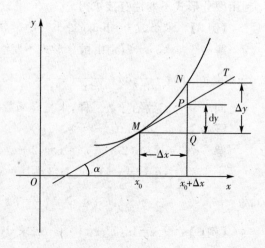

图 2-4

由此可见,对于可微函数 $y=f(x)$ 而言,当 Δy 是曲线 $y=f(x)$ 上点的纵坐标的增量时,$\mathrm{d}y$ 就是曲线的切线上点的纵坐标的相应增量. 当 $|\Delta x|$ 很小时,$|\Delta y-\mathrm{d}y|$ 比 $|\Delta x|$ 小得多,因此在点 M 的附近,我们可以用切线段 MP 来近似代替曲线段 MN. 由于切线 MT 的方程为

$$y=f(x_0)+f'(x_0)(x-x_0)$$

所以函数 $f(x)$ 在点 x_0 的附近可以近似表示为线性函数,即

$$f(x)\approx f(x_0)+f'(x_0)(x-x_0)$$

而且 $|\Delta x|$ 越小,近似精度越高. 这种思想方法通常称为非线性函数的局部线性逼近.

*2.5.4　微分在近似计算中的应用

根据前面的讨论可知,当 $f'(x_0)\neq 0$ 时,函数 $y=f(x)$ 在 x_0 处的微分 $\mathrm{d}y$ 是函数增量 Δy 的线性主部($\Delta x\to 0$),因此当 $|\Delta x|$ 足够小时,可以用微分 $\mathrm{d}y$ 近似计算增量 Δy,即 $\Delta y\approx\mathrm{d}y$. 由此近似等式可立即得到下面的近似计算公式:

$$\Delta y\approx f'(x_0)\Delta x \tag{1}$$

$$f(x_0+\Delta x)\approx f(x_0)+f'(x_0)\cdot\Delta x \tag{2}$$

$$f(x)\approx f(x_0)+f'(x_0)(x-x_0) \tag{3}$$

常用这些近似公式来求函数增量的近似值或函数值的近似值.

【例 8】　利用微分计算 $\sin 30°30'$ 的近似值.

解　令 $f(x)=\sin x$,取 $x_0=\dfrac{\pi}{6}$,$\Delta x=\dfrac{\pi}{360}$,由式(2)得

$$\sin 30°30'=\sin\left(\frac{\pi}{6}+\frac{\pi}{360}\right)\approx\sin\frac{\pi}{6}+\cos\frac{\pi}{6}\cdot\frac{\pi}{360}=\frac{1}{2}+\frac{\sqrt{3}}{2}\cdot\frac{\pi}{360}$$

$$\approx 0.5000+0.0076=0.5076$$

【例 9】　有一个内径为 1 cm 的空心球,球壳厚度为 0.01 cm,试求球壳体积的近似值.

解　半径为 r 的球体体积为 $V=f(r)=\dfrac{4}{3}\pi r^3$.

球壳体积等于内外两个球体体积之差 ΔV,由式(1)得

$$\Delta V\approx\mathrm{d}V=f'(r)\cdot\Delta r=4\pi r^2\cdot\Delta r$$

将 $r=1$,$\Delta r=0.01$ 代入上式,得

$$\Delta V\approx 4\times 3.14\times 1^2\times 0.01=0.13(\mathrm{cm}^3)$$

即球壳体积的近似值为 0.13 cm³.

在式(3)中,若令 $x_0=0$,则当 $|x|$ 很小时,可得 $f(x)\approx f(0)+f'(0)x$.

由此得到一些常用近似公式:$\sin x\approx x$;$\tan x\approx x$;$\mathrm{e}^x\approx 1+x$;$\ln(1+x)\approx x$;$\arctan x\approx x$;$\sqrt[n]{1+x}\approx 1+\dfrac{1}{n}x$.

习题 2.5

(A)

1. 在括号内填入适当的函数,使等式成立.

(1) $d(\quad) = x^3 dx$

(2) $d(\quad) = \cos 5x dx$

(3) $d(\quad) = \dfrac{1}{4x+3} dx$

(4) $d(\quad) = x \cdot 3^{x^2} dx$

(5) $d(\quad) = \dfrac{1}{x^2+1} dx$

(6) $d(\quad) = \dfrac{1}{\sqrt{a^2-x^2}} dx$

(7) $d(\quad) = e^{3x+4} dx$

(8) $d(\quad) = \dfrac{1}{x\ln x} dx$

(9) $d(\quad) = \dfrac{1}{\sqrt{x}} dx$

(10) $d(\quad) = \sec^2 2x dx$

2. 根据下面所给的值,求函数 $y = x^3 + 1$ 的 $\Delta y, dy$ 及 $\Delta y - dy$.

(1) 当 $x = 2, \Delta x = -0.1$ 时

(2) 当 $x = 2, \Delta x = 0.01$ 时

3. 求下列函数的微分 dy.

(1) $y = xe^{3x}$

(2) $y = \dfrac{1}{x^2} + \arcsin x$

(3) $y = \dfrac{x}{1-x}$

(4) $y = \ln\left(\sin\dfrac{x}{2}\right)$

(5) $y = 3^{\ln\tan x}$

(6) $y = \cos\sqrt{x}$

(7) $y = \tan^2(1+2x^2)$

(8) $y = 8x^x - 6e^{2x}$

4. 求由下列方程确定的隐函数 $y = y(x)$ 的微分 dy.

(1) $y + xe^y = 1$

(2) $x^2 + xy + y^2 = 1$

(3) $x + y = \arctan(x-y)$

(4) $e^{xy} - x^2 y^2 + \sin y^2 = 0$

(B)

*1. 利用微分求下列各数的近似值.

(1) $\sin 46°$　　　(2) $\arccos 0.4995$　　　(3) $\sqrt[3]{1.02}$　　　(4) $\ln 1.04$

*2. 一个平面圆环,其内径为 10 cm,宽为 0.1 cm,求其面积的近似值与精确值.

*3. 当 $|x|$ 很小时,证明下列近似公式:

(1) $\sin x \approx x$（x 是角的弧度值）

(2) $e^x \approx 1 + x$

(3) $\arctan x \approx x$

(4) $\sqrt[n]{1+x} \approx 1 + \dfrac{1}{n} x$

第3章 中值定理与导数的应用

在上一章中,我们从实际问题出发研究了导数的概念,并讨论了导数的计算方法. 这一章中我们将利用导数来研究函数的极限、极值、最值和曲线的凹凸性、拐点等性态,并利用这些知识来解决经济学中的一些问题. 为此先介绍三个微分中值定理,它们是导数应用的理论基础.

3.1 微分中值定理

本节中将要介绍罗尔定理、拉格朗日中值定理和柯西中值定理.

3.1.1 罗尔定理

定理 1(罗尔定理) 设函数 $f(x)$ 满足下列条件:

(1)在闭区间 $[a,b]$ 上连续;

(2)在开区间 (a,b) 内可导;

(3)在区间端点的函数值相等,即 $f(a)=f(b)$.

则在 (a,b) 内至少有一点 $\xi(a<\xi<b)$,使得 $f'(\xi)=0$(图 3-1).

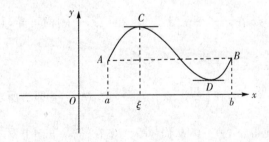

图 3-1

罗尔定理的几何意义是:若函数 $y=f(x)$ 的图形 $\overset{\frown}{AB}$ 在 $[a,b]$ 上为连续曲线弧,除端点 A、B 外处处有不垂直于 x 轴的切线,且端点纵坐标相等,那么在曲线弧 $\overset{\frown}{AB}$ 上至少有一点 $C(\xi,f(\xi))$,曲线在该点处的切线是水平的. 从图 3-1 中可以发现,C 点可能是在最高点处,也可能是在最低点处.

证明 由几何意义发现,使得 $f'(\xi)=0$ 的点 C 可能在最高点处,也可能在最低点处,而 $f(x)$ 在闭区间 $[a,b]$ 上连续,由闭区间上连续函数的性质可知,$f(x)$ 在 $[a,b]$ 必定取得最大值 M 和最小值 m,这样只有两种可能情形.

(1)$M=m$. 这时在 $[a,b]$ 上,$f(x)$ 恒为常数,即 $f(x)=M$(或 m),于是 $f'(x)=0,x\in(a,b)$,这表明 (a,b) 内的每一点都可取为 ξ,使 $f'(\xi)=0$.

(2)$M>m$. 因为 $f(a)=f(b)$,所以 M 和 m 这两个数中至少有一个不等于 $f(a)$ 或 $f(b)$,不妨设 $M\neq f(a)$,则在开区间 (a,b) 内必存在一点 ξ,使 $f(\xi)=M$. 下面证明 $f'(\xi)=0$.

因为 $f(x)$ 在 (a,b) 内可导,所以 $f'(\xi)$ 存在,且 $f'(\xi)=f'_+(\xi)=f'_-(\xi)$.

由导数定义可知:

$$f'_+(\xi)=\lim_{\Delta x\to 0^+}\frac{f(\xi+\Delta x)-f(\xi)}{\Delta x}, \quad f'_-(\xi)=\lim_{\Delta x\to 0^-}\frac{f(\xi+\Delta x)-f(\xi)}{\Delta x}$$

而 $f(\xi)$ 为最大值,从而 $f(\xi+\Delta x)-f(\xi)\leqslant 0$.

当 $\Delta x>0$ 时,$\dfrac{f(\xi+\Delta x)-f(\xi)}{\Delta x}\geqslant 0$;

当 $\Delta x<0$ 时,$\dfrac{f(\xi+\Delta x)-f(\xi)}{\Delta x}\leqslant 0$.

由极限的局部保号性可得

$$f'_+(\xi)=\lim_{\Delta x\to 0^+}\frac{f(\xi+\Delta x)-f(\xi)}{\Delta x}\geqslant 0, \quad f'_-(\xi)=\lim_{\Delta x\to 0^-}\frac{f(\xi+\Delta x)-f(\xi)}{\Delta x}\leqslant 0$$

所以 $f'_+(\xi)=f'_-(\xi)=0$,从而 $f'(\xi)=0$.

$m\neq f(a)$ 的情形同理可证.

需要说明的是,罗尔定理的三个条件是缺一不可的,如函数 $y=|x|$ 在 $[-1,1]$ 上连续,端点函数值相等,在 $(-1,1)$ 内除 $x=0$ 外均可导,但在 $(-1,1)$ 内没有任何一点的导数为 0.

【例1】 对函数 $y=\cos x$ 在区间 $\left[\dfrac{\pi}{3},\dfrac{5}{3}\pi\right]$ 上验证罗尔定理的正确性.

证明 因为 $y=\cos x$ 在 $\left[\dfrac{\pi}{3},\dfrac{5}{3}\pi\right]$ 上连续,在 $\left(\dfrac{\pi}{3},\dfrac{5}{3}\pi\right)$ 内可导,且 $y\left(\dfrac{\pi}{3}\right)=y\left(\dfrac{5}{3}\pi\right)=\dfrac{1}{2}$,所以 $y=\cos x$ 在 $\left[\dfrac{\pi}{3},\dfrac{5}{3}\pi\right]$ 上满足罗尔定理.

又 $y'=-\sin x$,令 $y'=0$,在 $\left(\dfrac{\pi}{3},\dfrac{5}{3}\pi\right)$ 上得一解 $x=\pi$,π 即为所求 ξ,由此验证确实存在 $\xi=\pi\in\left(\dfrac{\pi}{3},\dfrac{5}{3}\pi\right)$,使得 $y'(\xi)=0$,从而 $y=\cos x$ 在 $\left[\dfrac{\pi}{3},\dfrac{5}{3}\pi\right]$ 上罗尔定理是正确的.

【例2】 不用求出函数 $f(x)=x(x-1)(x-2)$ 的导数,说明方程 $f'(x)=0$ 有几个实根.

解 由 $f(0)=f(1)=f(2)=0$,且 $f(x)$ 为连续可导函数,可知 $f(x)$ 在 $[0,1]$,$[1,2]$ 上满足罗尔定理的三个条件. 根据罗尔定理,在区间 $(0,1)$ 内至少存在一点 ξ_1,在区间 $(1,2)$ 内至少存在一点 ξ_2,使得 $f'(\xi_1)=0,f'(\xi_2)=0$,所以 $f'(x)=0$ 至少有两个实根.

又因为 $f(x)$ 为三次多项式, 所以 $f'(x)$ 为二次多项式, 至多有两个实根, 从而 $f'(x)=0$ 只有两个实根.

【例 3】 函数 $f(x)$ 在 $[a,b]$ 上可导, $f(b)\neq 0, a\neq 0, \dfrac{f(a)}{f(b)}=\dfrac{b}{a}$. 证明:至少存在一点 $\xi\in(a,b)$, 使 $\xi f'(\xi)+f(\xi)=0$.

分析 欲证 $\xi f'(\xi)+f(\xi)=0$, 可将 $\xi f'(\xi)+f(\xi)$ 看作某一函数 $F(x)$ 在点 ξ 的导数, 即 $F'(\xi)=\xi f'(\xi)+f(\xi)$, 则 $F'(x)=xf'(x)+f(x)$, 所以可设 $F(x)=xf(x)$, 这个函数称为辅助函数.

证明 设辅助函数 $F(x)=xf(x)$, 因为 $f(x)$ 在 $[a,b]$ 上可导, 所以在 $[a,b]$ 上连续, 从而 $F(x)$ 在 $[a,b]$ 上连续、可导.

又 $\dfrac{f(a)}{f(b)}=\dfrac{b}{a}$, 即 $af(a)=bf(b)$.

$$F(a)=af(a)=bf(b)=F(b)$$

所以 $F(x)$ 在 $[a,b]$ 上满足罗尔定理. 根据罗尔定理, 至少存在一点 $\xi\in(a,b)$, 使得 $F'(\xi)=0$, 即 $\xi f'(\xi)+f(\xi)=0$.

3.1.2 拉格朗日中值定理

罗尔定理的第三个条件 $f(a)=f(b)$ 是比较特殊的, 很多函数无法满足这个条件, 从而影响了定理的应用, 如果取消这个条件, 而其他条件不变, 那么就得到了另外一个结论, 这就是微分学中非常重要的拉格朗日中值定理.

定理 2(拉格朗日中值定理) 设函数 $f(x)$ 满足下列条件:

(1) 在闭区间 $[a,b]$ 上连续;

(2) 在开区间 (a,b) 内可导;

则在开区间 (a,b) 内至少存在一点 ξ, 使得

$$f'(\xi)=\frac{f(b)-f(a)}{b-a}$$

或

$$f(b)-f(a)=f'(\xi)(b-a) \tag{1}$$

下面我们分析拉格朗日中值定理的几何意义.

由图 3-2 可知, $\dfrac{f(b)-f(a)}{b-a}$ 是弦 AB 的斜率, $f'(\xi)$ 是点 C 处曲线切线的斜率. 若连续曲线弧 $\overset{\frown}{AB}$ 除端点外处处有不垂直于 x 轴的切线, 那么在曲线弧上至少有一点 C, 在这点处的切线平行于弦 AB.

事实上, 若弦 AB 平行于 x 轴, 即 A、B 的纵坐标相等, 那么 $\dfrac{f(b)-f(a)}{b-a}=0$, 此时拉格朗日中值定理就成为了罗尔定理, 所以罗尔定理

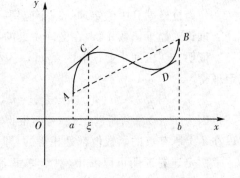

图 3-2

是拉格朗日中值定理的一个特例.既然罗尔定理是拉格朗日中值定理的一个特例,自然想到利用罗尔定理来证明拉格朗日中值定理,而罗尔定理要求端点函数值相等,$f(x)$显然不一定满足,由例3想到,能否构造一个辅助函数,既满足罗尔定理的条件,又能得到所需要的结果?由拉格朗日中值定理的结论出发,$f(b)-f(a)=f'(\xi)(b-a)$,移项得到$f'(\xi)(b-a)-[f(b)-f(a)]=0$,构造一个函数$F(x)$,它的导数$F'(x)=f'(x)(b-a)-[f(b)-f(a)]$即可,满足条件的最易想到的一个函数就是$F(x)=f(x)(b-a)-[f(b)-f(a)]x$.

证明 设辅助函数$F(x)=f(x)(b-a)-[f(b)-f(a)]x$,因为$f(x)$在闭区间$[a,b]$上连续,在开区间$(a,b)$内可导,所以$F(x)$在闭区间$[a,b]$上连续,在开区间$(a,b)$内可导,且

$$F(a)=F(b)=bf(a)-af(b)$$

所以$F(x)$在$[a,b]$上满足罗尔定理,则至少存在一点$\xi\in(a,b)$,使得$F'(\xi)=0$,即

$$f'(\xi)(b-a)-[f(b)-f(a)]=0$$

从而

$$f(b)-f(a)=f'(\xi)(b-a)$$

显然对于$b<a$,式(1)也成立,式(1)称为拉格朗日中值公式.

设x_0为区间$[a,b]$内一点,给x_0一个增量Δx,使得$x_0+\Delta x$也在$[a,b]$内,于是式(1)可以写成

$$f(x_0+\Delta x)-f(x_0)=f'(\xi)\cdot\Delta x$$

其中,ξ介于x_0与$x_0+\Delta x$之间,此时ξ也可写为$x_0+\theta\Delta x(0<\theta<1)$.即

$$f(x_0+\Delta x)-f(x_0)=f'(x_0+\theta\Delta x)\cdot\Delta x \quad (0<\theta<1) \tag{2}$$

若记$f(x_0+\Delta x)-f(x_0)=\Delta y$,则式(2)又可写为

$$\Delta y=f'(x_0+\theta\Delta x)\cdot\Delta x \quad (0<\theta<1) \tag{3}$$

由前面的学习知道,函数在x_0处的微分$dy=f'(x_0)\Delta x$,$\Delta y=dy+o(\Delta x)$,用dy去近似代替Δy是有误差的,而式(3)求出的Δy是准确的,而不是近似的,这是非常重要的,因此这个定理也叫有限增量定理,式(3)称为有限增量公式.拉格朗日中值定理建立了函数在一个区间上的增量和函数在该区间内某点处的导数之间的联系,从而使我们可以利用导数去研究函数.因此拉格朗日中值定理在微分学中占有十分重要的地位,也称为微分中值定理.

作为拉格朗日中值定理的一个应用,给出下面的推论.

推论 如果函数$f(x)$在区间I上的导数恒为零,那么$f(x)$在区间I上是常数.

证明 在区间I上任取两点x_1,x_2,不妨设$x_1<x_2$,在$[x_1,x_2]$上应用拉格朗日中值定理得

$$f(x_2)-f(x_1)=f'(\xi)(x_2-x_1) \quad (x_1<\xi<x_2)$$

因为$f'(x)=0$,所以$f'(\xi)=0$,推得$f(x_2)=f(x_1)$.由于x_1,x_2是I上任意两点,所以在I上所有点的函数值都是相等的,即$f(x)$为一常数.

由定理的证明可以看出,对于ξ,我们只要它的存在性即可,至于ξ的准确值无法求得,并不影响它的应用.

【例 4】 证明恒等式:$\arcsin x + \arccos x = \dfrac{\pi}{2}(-1 \leqslant x \leqslant 1)$.

证明 当 $x = -1$ 时,$\arcsin(-1) + \arccos(-1) = \dfrac{\pi}{2}$;

当 $x = 1$ 时,$\arcsin 1 + \arccos 1 = \dfrac{\pi}{2}$;

当 $|x| < 1$ 时,设 $f(x) = \arcsin x + \arccos x$,则

$$f'(x) = \frac{1}{\sqrt{1-x^2}} - \frac{1}{\sqrt{1-x^2}} = 0$$

所以 $f(x)$ 在 $|x| < 1$ 时恒为一常数,取 $x = 0$,

$$f(0) = \arcsin 0 + \arccos 0 = \frac{\pi}{2}$$

所以 $|x| < 1$ 时,

$$f(x) = \arcsin x + \arccos x = \frac{\pi}{2}$$

综上,当 $-1 \leqslant x \leqslant 1$ 时,$\arcsin x + \arccos x = \dfrac{\pi}{2}$.

【例 5】 当 $b > a > 0$ 时,证明:$\dfrac{b-a}{b} < \ln \dfrac{b}{a} < \dfrac{b-a}{a}$.

证明 设 $f(x) = \ln x$,显然 $f(x)$ 在 $[a,b]$ 上满足拉格朗日中值定理条件,由定理可得,至少存在一点 $\xi \in (a,b)$,使得 $f(b) - f(a) = f'(\xi)(b-a)$,即

$$\ln b - \ln a = \frac{1}{\xi}(b-a) \quad (a < \xi < b)$$

由于 $a < \xi < b$,所以 $\dfrac{1}{b} < \dfrac{1}{\xi} < \dfrac{1}{a}$. 整理得

$$\frac{b-a}{b} < \ln \frac{b}{a} < \frac{b-a}{a}$$

从本题中可以看出,由于 ξ 是介于 a,b 之间的,所以可以对 $f'(\xi)$ 进行适当的放大与缩小,从而证明不等式.

3.1.3　柯西中值定理

罗尔定理与拉格朗日中值定理给出了一个函数的函数值的增量与导数的关系,如果函数增加为两个,函数值的增量与导数的关系又如何呢?这就是下面要介绍的柯西中值定理.

定理 3(柯西中值定理)　设函数 $f(x)$ 及 $\varphi(x)$ 满足下列条件:

(1)在闭区间 $[a,b]$ 上连续;

(2)在开区间 (a,b) 内可导;

(3)对任一 $x \in (a,b)$,$\varphi'(x) \neq 0$,

则在开区间 (a,b) 内至少存在一点 ξ,使得

$$\frac{f(b) - f(a)}{\varphi(b) - \varphi(a)} = \frac{f'(\xi)}{\varphi'(\xi)} \tag{4}$$

证明 柯西中值定理的证明与拉格朗日中值定理的证明类似,仍要构造辅助函数,但需说明的是 $\varphi(b)-\varphi(a)\neq0$. 若 $\varphi(b)-\varphi(a)=0$,则 $\varphi(x)$ 在 $[a,b]$ 上满足罗尔定理,则至少存在一点 $\eta\in(a,b)$,使得 $\varphi'(\eta)=0$,这与 $\varphi'(x)\neq0$ 矛盾,所以 $\varphi(b)-\varphi(a)\neq0$.

将 $\dfrac{f(b)-f(a)}{\varphi(b)-\varphi(a)}=\dfrac{f'(\xi)}{\varphi'(\xi)}$ 移项整理,得

$$f'(\xi)-\frac{f(b)-f(a)}{\varphi(b)-\varphi(a)}\varphi'(\xi)=0$$

所以设辅助函数为

$$F(x)=f(x)-\frac{f(b)-f(a)}{\varphi(b)-\varphi(a)}\varphi(x)$$

显然 $F(x)$ 在 $[a,b]$ 上连续,在 (a,b) 内可导,

$$F(a)=F(b)=\frac{f(a)\varphi(b)-f(b)\varphi(a)}{\varphi(b)-\varphi(a)}$$

$F(x)$ 在 $[a,b]$ 上满足罗尔定理的条件,由罗尔定理可得至少存在一点 $\xi\in(a,b)$,使 $f'(\xi)=0$. 即

$$f'(\xi)-\frac{f(b)-f(a)}{\varphi(b)-\varphi(a)}\varphi'(\xi)=0$$

移项整理得

$$\frac{f(b)-f(a)}{\varphi(b)-\varphi(a)}=\frac{f'(\xi)}{\varphi'(\xi)}$$

在柯西中值定理中,若 $\varphi(x)=x$,则 $\varphi(b)-\varphi(a)=b-a$,$\varphi'(x)=1$,所以 $\varphi'(\xi)=1$,则 $\dfrac{f(b)-f(a)}{\varphi(b)-\varphi(a)}=\dfrac{f'(\xi)}{\varphi'(\xi)}$ 可写作 $\dfrac{f(b)-f(a)}{b-a}=f'(\xi)$,这就是拉格朗日中值公式,所以拉格朗日中值定理是柯西中值定理的一个特例.

习题 3.1

(A)

1. 验证拉格朗日中值定理对函数 $y=3x^2-6x+1$ 在区间 $[0,1]$ 上的正确性.

2. 若方程 $a_0x^4+a_1x^3+a_2x^2+a_3x=0(a_0\neq0)$ 有一个正根 x_0,证明:方程 $4a_0x^3+3a_1x^2+2a_2x+a_3=0$ 至少有一个小于 x_0 的正根.

3. 证明:恒等式 $\arctan x+\operatorname{arccot}x=\dfrac{\pi}{2}(x\in(-\infty,+\infty))$.

4. 证明:当 $x>0$ 时,$\dfrac{x}{1+x}<\ln(1+x)<x$.

5. 若 $b>a>0$,$n>1$,证明:$na^{n-1}(b-a)<b^n-a^n<nb^{n-1}(b-a)$.

(B)

1. 函数 $f(x)$ 在 (a,b) 内具有二阶导数,且 $f(x_1)=f(x_2)=f(x_3)$,其中 $a<x_1<x_2<x_3<b$,证明:在 (a,b) 内至少存在一点 ξ,使得 $f''(\xi)=0$.

2. 设函数 $f(x)$ 在 $[0,1]$ 上可导,且 $0<f(x)<1$,$f'(x)\neq1$,证明:在 $(0,1)$ 内有且仅有一个 c,使 $f(c)=c$.

3. 设函数 $f(x)$ 可导,证明:$f(x)$ 的两个相邻零点之间至少有 $f(x)+f'(x)$ 的一个零点.

4. 若函数 $f(x)$ 在 $(-\infty, +\infty)$ 内满足关系式 $f(x) = f'(x)$，且 $f(0) = 1$，证明：$f(x) = e^x$.

5. 设 $x_1 x_2 > 0$，证明：在 x_1 与 x_2 之间至少存在一点 ξ，使得

$$x_1 e^{x_2} - x_2 e^{x_1} = (1-\xi) e^{\xi}(x_1 - x_2)$$

6. 设 $f(x)$ 在 $[0,3]$ 上连续，在 $(0,3)$ 内可导，且 $f(0) + f(1) + f(2) = 3$，$f(3) = 1$，证明：必存在 $\xi \in (0,3)$，使 $f'(\xi) = 0$.

3.2　洛必达法则

在第 1 章中讨论了极限的计算方法，观察如下几个极限：$\lim\limits_{x \to 0} \dfrac{x^2}{x} = 0$，$\lim\limits_{x \to 0} \dfrac{\sin x}{x} = 1$，$\lim\limits_{x \to 0} \dfrac{x}{x^2} = \infty$，$\lim\limits_{x \to 0} \dfrac{x \sin \dfrac{1}{x}}{x}$ 不存在. 这些极限的共同特点是：它们都是商的极限，且分子、分母均以 0 为极限，但商的极限可能存在，也可能不存在，这类极限称为 $\dfrac{0}{0}$ 型未定式；同理，若分子、分母均以 ∞ 为极限，商的极限也可能存在，也可能不存在，这类极限称为 $\dfrac{\infty}{\infty}$ 型未定式. 对于未定式的计算，无法采用极限商的运算法则. 下面将利用柯西中值定理来推导出一种既简单又实用的求极限方法——洛必达法则.

我们先讨论 $\dfrac{0}{0}$ 型未定式.

3.2.1　$\dfrac{0}{0}$ 型未定式

1. $x \to a$ 时，$\dfrac{0}{0}$ 型未定式

定理 1　设

(1) $\lim\limits_{x \to a} f(x) = \lim\limits_{x \to a} g(x) = 0$；

(2) 在点 a 的某去心邻域内，$f'(x)$，$g'(x)$ 均存在，且 $g'(x) \neq 0$；

(3) $\lim\limits_{x \to a} \dfrac{f'(x)}{g'(x)} = A$（或 ∞），A 为常数，则

$$\lim\limits_{x \to a} \frac{f(x)}{g(x)} = \lim\limits_{x \to a} \frac{f'(x)}{g'(x)} = A（或 \infty）$$

注：当 $\lim\limits_{x \to a} \dfrac{f'(x)}{g'(x)} = \infty$ 时，$\lim\limits_{x \to a} \dfrac{f(x)}{g(x)} = \infty$.

分析　定理中出现了 $\dfrac{f'(x)}{g'(x)}$ 与 $\dfrac{f(x)}{g(x)}$，而能将这两个量联系起来的显然是柯西中值定理，但柯西中值定理是两个函数的增量与导数的关系，$\dfrac{f(x)}{g(x)}$ 中没有出现函数的增量，考虑到 $\lim\limits_{x \to a} f(x) = \lim\limits_{x \to a} g(x) = 0$，而求极限 $\lim\limits_{x \to a} \dfrac{f(x)}{g(x)}$ 时，在 $x = a$ 处函数有没有定义及定义值是多

少对极限没有影响,于是补充 $f(a)=0,g(a)=0$,则 $\dfrac{f(x)}{g(x)}=\dfrac{f(x)-f(a)}{g(x)-g(a)}$,就可以应用柯西中值定理了.

证明 假定 $f(a)=g(a)=0$,则 $f(x),g(x)$ 在以 a 和 x 为端点的闭区间上满足柯西中值定理条件,所以

$$\frac{f(x)}{g(x)}=\frac{f(x)-f(a)}{g(x)-g(a)}=\frac{f'(\xi)}{g'(\xi)} \quad (\xi \text{介于} a \text{与} x \text{之间})$$

$x\to a$ 时,对上式取极限,此时 $\xi\to a$,得

$$\lim_{x\to a}\frac{f(x)}{g(x)}=\lim_{\xi\to a}\frac{f'(\xi)}{g'(\xi)}=\lim_{x\to a}\frac{f'(x)}{g'(x)}$$

注:若 $\dfrac{f'(x)}{g'(x)}$ 仍为 $\dfrac{0}{0}$ 型未定式,且 $f'(x),g'(x)$ 仍满足定理条件,则可继续使用洛必达法则,求 $\lim\limits_{x\to a}\dfrac{f''(x)}{g''(x)}$,依此类推下去…,这种利用导数商的极限来求未定式极限的方法称为洛必达法则.

【例 1】 求 $\lim\limits_{x\to 0}\dfrac{\ln(1+x)}{x}$.

解 $\lim\limits_{x\to 0}\dfrac{\ln(1+x)}{x}=\lim\limits_{x\to 0}\dfrac{\dfrac{1}{1+x}}{1}=1$.

【例 2】 求 $\lim\limits_{x\to 2}\dfrac{(x-2)^3}{x^3-3x^2+4}$

解 $\lim\limits_{x\to 2}\dfrac{(x-2)^3}{x^3-3x^2+4}=\lim\limits_{x\to 2}\dfrac{3(x-2)^2}{3x^2-6x}=\lim\limits_{x\to 2}\dfrac{6(x-2)}{6x-6}=0$.

注:$\lim\limits_{x\to 2}\dfrac{6(x-2)}{6x-6}$ 已不是未定式,不能再使用洛必达法则,否则会得到错误结果.

【例 3】 求 $\lim\limits_{x\to 0}\dfrac{\tan x-x}{x^2\sin x}$.

解 $x\to 0$ 时,$\sin x\sim x$.

$$\lim_{x\to 0}\frac{\tan x-x}{x^2\sin x}=\lim_{x\to 0}\frac{\tan x-x}{x^3}=\lim_{x\to 0}\frac{\sec^2 x-1}{3x^2}=\lim_{x\to 0}\frac{\tan^2 x}{3x^2}$$

$x\to 0$ 时,$\tan x\sim x$.

$$\lim_{x\to 0}\frac{\tan^2 x}{3x^2}=\lim_{x\to 0}\frac{x^2}{3x^2}=\frac{1}{3}$$

所以 $\lim\limits_{x\to 0}\dfrac{\tan x-x}{x^2\sin x}=\dfrac{1}{3}$.

由例 3 可知,在应用洛必达法则求极限时,应结合等价无穷小代换、重要极限、一些特殊计算公式等简化问题.

2. $x\to\infty$ 时,$\dfrac{0}{0}$ 型未定式

与 $x\to a$ 时 $\dfrac{0}{0}$ 型未定式极为相似地有 $x\to\infty$ 时的 $\dfrac{0}{0}$ 型未定式的洛必达法则.

定理 2 设

(1) $\lim\limits_{x\to\infty} f(x) = \lim\limits_{x\to\infty} g(x) = 0$；

(2) 当 $|x| > N$ 时，$f'(x)$ 与 $g'(x)$ 都存在，且 $g'(x) \neq 0$；

(3) $\lim\limits_{x\to\infty} \dfrac{f'(x)}{g'(x)} = A$（或 ∞），

则 $\lim\limits_{x\to\infty} \dfrac{f(x)}{g(x)} = \lim\limits_{x\to\infty} \dfrac{f'(x)}{g'(x)} = A$（或 ∞）.

证明从略.

【例 4】　求 $\lim\limits_{x\to\infty} \dfrac{\sin\left(\dfrac{1}{x^2+1}\right)}{\dfrac{1}{x}}$.

解　$\lim\limits_{x\to\infty} \dfrac{\sin\left(\dfrac{1}{x^2+1}\right)}{\dfrac{1}{x}} = \lim\limits_{x\to\infty} \left[\dfrac{-\dfrac{2x}{(x^2+1)^2}}{-\dfrac{1}{x^2}} \cos\left(\dfrac{1}{x^2+1}\right) \right]$

$= \lim\limits_{x\to\infty} \dfrac{2x^3}{(x^2+1)^2} \lim\limits_{x\to\infty} \cos\left(\dfrac{1}{x^2+1}\right) = 0$.

事实上，本题应用 $x\to\infty$ 时 $\sin\left(\dfrac{1}{x^2+1}\right) \sim \dfrac{1}{x^2+1}$ 计算会更简单.

3.2.2　$\dfrac{\infty}{\infty}$ 型未定式

对于 $x\to a$，$x\to\infty$ 时，$\dfrac{\infty}{\infty}$ 型未定式的洛必达法则与 $\dfrac{0}{0}$ 型极为相似，只是在条件(1)中将

$\lim\limits_{\substack{x\to a \\ (x\to\infty)}} f(x) = \lim\limits_{\substack{x\to a \\ (x\to\infty)}} g(x) = 0$ 变为 $\lim\limits_{\substack{x\to a \\ (x\to\infty)}} f(x) = \infty$，$\lim\limits_{\substack{x\to a \\ (x\to\infty)}} g(x) = \infty$，其他条件与结论均不变.

【例 5】　求 $\lim\limits_{x\to+\infty} \dfrac{e^{3x}}{x^2}$.

解　$\lim\limits_{x\to+\infty} \dfrac{e^{3x}}{x^2} = \lim\limits_{x\to+\infty} \dfrac{3e^{3x}}{2x} = \lim\limits_{x\to+\infty} \dfrac{9e^{3x}}{2} = +\infty$

【例 6】　求 $\lim\limits_{x\to+\infty} \dfrac{\ln x}{x^n} (n>0)$.

解　$\lim\limits_{x\to+\infty} \dfrac{\ln x}{x^n} = \lim\limits_{x\to+\infty} \dfrac{\dfrac{1}{x}}{nx^{n-1}} = \lim\limits_{x\to+\infty} \dfrac{1}{nx^n} = 0$

从例 5、例 6 的结论可知，虽然 $\ln x$，x^n，e^{mx} $(n>0, m>0)$ 在 $x\to\infty$ 时均趋于无穷大，但它们趋于无穷大的速度快慢却不同，e^{mx} 最快，x^n 其次，$\ln x$ 最慢.

3.2.3　$0 \cdot \infty$、$\infty - \infty$、0^0、1^∞、∞^0 型未定式

除了 $\dfrac{0}{0}$ 与 $\dfrac{\infty}{\infty}$ 型两种未定式，还有 $0 \cdot \infty$、$\infty - \infty$、0^0、1^∞、∞^0 等型，它们的极限有可能存在，也有可能不存在，是未定的，所以也称为未定式. 这些未定式经过相应的整理，可变

微积分

形为 $\frac{0}{0}$ 或 $\frac{\infty}{\infty}$ 型未定式,或与 $\frac{0}{0}$、$\frac{\infty}{\infty}$ 型未定式有关的极限.

1. $0 \cdot \infty$ 型未定式

【例7】 求 $\lim\limits_{x \to 0^+} x\ln x$.

解 $\lim\limits_{x \to 0^+} x\ln x = \lim\limits_{x \to 0^+} \dfrac{\ln x}{\frac{1}{x}} = \lim\limits_{x \to 0^+} \dfrac{\frac{1}{x}}{-\frac{1}{x^2}} = 0$

考虑将 $x\ln x$ 变形为 $\dfrac{x}{\frac{1}{\ln x}}$ 是否可行?

2. $\infty - \infty$ 型未定式

【例8】 求 $\lim\limits_{x \to 1}\left(\dfrac{2}{x^2-1} - \dfrac{1}{x-1}\right)$.

解 $\lim\limits_{x \to 1}\left(\dfrac{2}{x^2-1} - \dfrac{1}{x-1}\right) = \lim\limits_{x \to 1}\dfrac{2-(x+1)}{x^2-1} = \lim\limits_{x \to 1}\dfrac{-1}{2x} = -\dfrac{1}{2}$

3. 0^0、1^∞、∞^0 型未定式

这三种未定式都是关于幂指函数 $u(x)^{v(x)}$ 的极限问题.

【例9】 求 $\lim\limits_{x \to 0^+} x^x$.

解 这是 0^0 型未定式. 设 $y = x^x$,取对数 $\ln y = x\ln x$,

$$\lim\limits_{x \to 0^+}\ln y = \lim\limits_{x \to 0^+} x\ln x = 0 \quad (应用例7结果)$$

而 $y = \mathrm{e}^{\ln y}$,所以

$$\lim\limits_{x \to 0^+} x^x = \lim\limits_{x \to 0^+} y = \lim\limits_{x \to 0^+} \mathrm{e}^{\ln y} = \mathrm{e}^0 = 1$$

【例10】 求 $\lim\limits_{x \to 0^+}\left(\dfrac{1}{x}\right)^{\tan x}$.

解 这是 ∞^0 型未定式.

$$\lim\limits_{x \to 0^+}\left(\dfrac{1}{x}\right)^{\tan x} = \lim\limits_{x \to 0^+}\mathrm{e}^{\tan x\ln\frac{1}{x}} = \lim\limits_{x \to 0^+}\mathrm{e}^{-\tan x\ln x} = \mathrm{e}^{-\lim\limits_{x \to 0^+}\frac{\ln x}{\cot x}}$$

其中 $\lim\limits_{x \to 0^+}\dfrac{\ln x}{\cot x}$ 为 $\dfrac{\infty}{\infty}$ 型未定式.

$$\lim\limits_{x \to 0^+}\dfrac{\ln x}{\cot x} = \lim\limits_{x \to 0^+}\dfrac{\frac{1}{x}}{-\csc^2 x} = \lim\limits_{x \to 0^+}\dfrac{-\sin^2 x}{x} = 0$$

所以 $\lim\limits_{x \to 0^+}\left(\dfrac{1}{x}\right)^{\tan x} = \mathrm{e}^{-0} = 1$.

最后需要说明的是,若 $\dfrac{f'(x)}{g'(x)}$ 的极限存在,则 $\dfrac{f(x)}{g(x)}$ 的极限等于 $\dfrac{f'(x)}{g'(x)}$ 的极限,但若 $\dfrac{f'(x)}{g'(x)}$ 的极限不存在时,$\dfrac{f(x)}{g(x)}$ 的极限也可能存在.

如 $\lim\limits_{x \to \infty}\dfrac{x+\sin x}{x} = 1$,极限存在,而且是 $\dfrac{\infty}{\infty}$ 型未定式,但 $\lim\limits_{x \to \infty}\dfrac{1+\cos x}{1}$ 不存在.

习题 3.2

(A)

1. 求下列极限.

(1) $\lim\limits_{x\to 0}\dfrac{x-\sin x}{x^3}$

(2) $\lim\limits_{x\to 0}\dfrac{2^x-3^x}{x}$

(3) $\lim\limits_{x\to 0}\dfrac{\tan x-x}{x-\sin x}$

(4) $\lim\limits_{x\to\frac{\pi}{2}}\dfrac{\ln\sin x}{(\pi-2x)^2}$

(5) $\lim\limits_{x\to 0^+}\dfrac{\ln\sin 3x}{\ln\sin 5x}$

(6) $\lim\limits_{x\to\infty}\dfrac{x^3-3x^2+4}{x^2-x}$

(7) $\lim\limits_{x\to+\infty}\dfrac{\ln\left(1+\dfrac{3}{x}\right)}{\operatorname{arccot}x}$

(8) $\lim\limits_{x\to 1}\dfrac{\sqrt{x}-1}{\sqrt[3]{x}-1}$

(9) $\lim\limits_{x\to 1}(x-1)\cot\left[(x-1)\cdot\dfrac{\pi}{2}\right]$

(10) $\lim\limits_{x\to 0}\left(\dfrac{1}{x}-\dfrac{1}{e^x-1}\right)$

(11) $\lim\limits_{x\to\infty}\left(\dfrac{x}{1+x}\right)^x$

(12) $\lim\limits_{x\to 0^+}(\tan x)^{\sin x}$

(13) $\lim\limits_{x\to 0^+}\left(\dfrac{1}{\sin x}\right)^x$

(14) $\lim\limits_{x\to 0}\left(1+\dfrac{1}{x^2}\right)^x$

(15) $\lim\limits_{x\to 0}\dfrac{e^{\sin^3 x}-1}{x(1-\cos x)}$

(16) $\lim\limits_{x\to 0^+}(\arcsin x)^{\tan x}$

2. 下列极限存在吗? 能用洛必达法则计算吗?

(1) $\lim\limits_{x\to+\infty}\dfrac{e^{-x}+e^x}{e^{-x}-e^x}$

(2) $\lim\limits_{x\to 0}\dfrac{x^2\sin\dfrac{1}{x}}{\sin x}$

3. 设 $x\to 0$ 时, $f(x)=e^x-(ax^2+bx+1)=o(x^2)$, 求常数 a,b.

(B)

1. 求下列极限.

(1) $\lim\limits_{x\to 0}\dfrac{(1+x)^{\frac{1}{x}}-e}{x}$

(2) $\lim\limits_{x\to 0}\dfrac{e^x+\ln(1-x)-1}{x-\arctan x}$

(3) $\lim\limits_{x\to+\infty}(x+\sqrt{1+x^2})^{\frac{1}{x}}$

2. 若函数 $f(x)$ 有二阶连续导数. 求极限 $\lim\limits_{h\to 0}\dfrac{f(x+h)+f(x-h)-2f(x)}{h^2}$.

3. 讨论函数 $f(x)=\begin{cases}\left[\dfrac{(1+x)^{\frac{1}{x}}}{e}\right]^{\frac{1}{x}}, & x>0 \\ e^{-\frac{1}{2}}, & x\leqslant 0\end{cases}$ 在 $x=0$ 处的连续性.

3.3 函数单调性的判别法

在第 1 章中, 介绍了函数在区间上单调的概念, 本节将利用导数来研究函数的单调问题.

首先研究函数单调与导数的关系. 观察图 3-3.

在图 3-3(a) 中, 函数 $y=f(x)$ 的图形为上升曲线, 曲线上各点的切线斜率是非负的, 即 $f'(x)\geqslant 0$; 在图 3-3(b) 中, 函数 $y=f(x)$ 的图形为下降曲线, 曲线上各点的切线斜率是非正的, 即 $f'(x)\leqslant 0$. 由此可知, 函数单调增加, $f'(x)\geqslant 0$; 函数单调减少, $f'(x)\leqslant 0$. 反过来, 由导数的符号也能决定函数的单调性, 这就是下面介绍的函数单调性的判别定理.

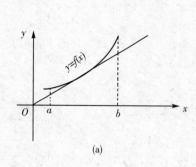 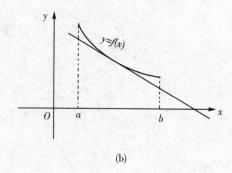

(a)   (b)

图 3-3

定理 1 设函数 $y=f(x)$ 在 $[a,b]$ 上连续,在 (a,b) 内可导.

(1)如果在 (a,b) 内 $f'(x)>0$,那么函数 $y=f(x)$ 在 $[a,b]$ 上单调增加;

(2)如果在 (a,b) 内 $f'(x)<0$,那么函数 $y=f(x)$ 在 $[a,b]$ 上单调减少.

证明 在 $[a,b]$ 上任取两点 x_1,x_2,不妨设 $x_1<x_2$,显然函数 $f(x)$ 在 $[x_1,x_2]$ 上满足拉格朗日中值定理的条件,于是至少存在一点 $\xi_1\in(x_1,x_2)$,使得

$$f(x_2)-f(x_1)=f'(\xi)\cdot(x_2-x_1) \quad (x_1<\xi<x_2)$$

由于 $x_2-x_1>0$,若 $f'(x)>0$,则 $f'(\xi)>0$,因此 $f(x_2)-f(x_1)>0$,再由 x_1,x_2 的任意性可知,$f(x)$ 在 $[a,b]$ 上单调增加.同理可证,若 $f'(x)<0$,则函数 $y=f(x)$ 在 $[a,b]$ 上单调减少.

如果将定理中的闭区间换成其他区间,包括无穷区间,结论仍成立.

【**例 1**】 判断函数 $y=x+\cos x$ 在 $\left[-\dfrac{\pi}{2},\dfrac{\pi}{2}\right]$ 上的单调性.

解 $y=x+\cos x$ 在 $\left[-\dfrac{\pi}{2},\dfrac{\pi}{2}\right]$ 上连续,且在 $\left(-\dfrac{\pi}{2},\dfrac{\pi}{2}\right)$ 内

$$y'=1-\sin x>0$$

由定理 1 可知,函数 $y=x+\cos x$ 在 $\left[-\dfrac{\pi}{2},\dfrac{\pi}{2}\right]$ 上单调增加.

【**例 2**】 判断函数 $y=e^{-x}$ 的单调性.

解 函数 $y=e^{-x}$ 在 $(-\infty,+\infty)$ 上连续,且在 $(-\infty,+\infty)$ 上,$y'=-e^{-x}<0$,所以 $y=e^{-x}$ 在 $(-\infty,+\infty)$ 上单调减少.

一般地,函数并非在整个定义域上单调增加(或减少),此时可将定义域分为若干个区间,在这些区间上,函数是单调的,这样的区间称为函数的单调区间.

【**例 3**】 讨论函数 $y=e^x-x+1$ 的单调性.

解 函数 $y=e^x-x+1$ 在 $(-\infty,+\infty)$ 上连续、可导,且有 $y'=e^x-1$.

当 $x<0$ 时,$y'<0$,所以 $y=e^x-x+1$ 在 $(-\infty,0]$ 上单调减少;

当 $x>0$ 时,$y'>0$,所以 $y=e^x-x+1$ 在 $[0,+\infty)$ 上单调增加.

【**例 4**】 讨论函数 $y=x^{\frac{2}{5}}$ 的单调性.

解 函数 $y=x^{\frac{2}{5}}$ 在 $(-\infty,+\infty)$ 上连续(图 3-4).

当 $x\neq0$ 时,$y'=\dfrac{2}{5}x^{-\frac{3}{5}}$;当 $x=0$ 时,导数不存在.

当 $x<0$ 时，$y'<0$，所以 $y=x^{\frac{2}{5}}$ 在 $(-\infty,0]$ 上单调减少；

当 $x>0$ 时，$y'>0$，所以 $y=x^{\frac{2}{5}}$ 在 $[0,+\infty)$ 上单调增加.

例 3、例 4 两题中，函数在定义区间 $(-\infty,+\infty)$ 上都不单调，在例 3 中，$x=0$ 时，$y'=0$，而 $x=0$ 是函数 $y=e^x-x+1$ 的单调减少区间与单调增加区间的分界点；在例 4 中，$x=0$ 时，y' 不存

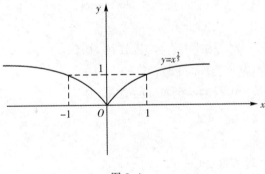

图 3-4

在，而 $x=0$ 也是函数 $y=x^{\frac{2}{5}}$ 的单调减少区间与单调增加区间的分界点.因此，对于在整个定义区间上不单调的函数，可以用导数等于零或导数不存在的点来划分定义区间，使函数在每一个子区间上单调，这个结论对于在定义区间上连续，且除去有限个导数不存在的点外，导数都存在且连续的函数都成立.

【例 5】　确定函数 $y=2x^3-6x^2-18x-7$ 的单调区间.

解　$y=2x^3-6x^2-18x-7$ 在 $(-\infty,+\infty)$ 上连续，其导数
$$y'=6x^2-12x-18=6(x+1)(x-3)$$
令 $y'=0$，即得 $x_1=-1,x_2=3$，这两个根将 $(-\infty,+\infty)$ 分成三个子区间 $(-\infty,-1]$，$[-1,3]$，$[3,+\infty)$.

当 $x<-1$ 时，$y'>0$，函数 $y=2x^3-6x^2-18x-7$ 在 $(-\infty,-1]$ 上单调增加；当 $-1<x<3$ 时，$y'<0$，函数 $y=2x^3-6x^2-18x-7$ 在 $[-1,3]$ 上单调减少；当 $x>3$ 时，$y'>0$，函数 $y=2x^3-6x^2-18x-7$ 在 $[3,+\infty)$ 上单调增加.

【例 6】　讨论函数 $y=x^5$ 的单调性.

解　函数 $y=x^5$ 在 $(-\infty,+\infty)$ 上连续，且 $y'=5x^4$.令 $y'=0$，得 $x=0$，但除了 $x=0$ 外，在其余点处，均有 $y'>0$，因此函数在 $(-\infty,0]$ 和 $[0,+\infty)$ 上都是单调增加的（图 3-5）.

一般地，如果连续函数 $f(x)$ 在某区间内的导数 $f'(x)$ 有有限个零点（或不可导点），在其余各点处均为正（或负）时，那么 $f(x)$ 在该区间上仍旧是单调增加（或减少）的.

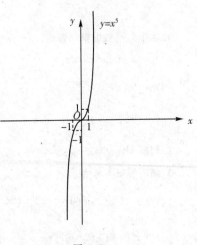

图 3-5

利用函数的单调性，还可以证明一些不等式和根的唯一性问题.

【例 7】　证明：当 $x>0$ 时，$1+\dfrac{1}{2}x>\sqrt{1+x}$.

证明　设 $f(x)=1+\dfrac{1}{2}x-\sqrt{1+x}$，则

$$f'(x) = \frac{1}{2} - \frac{1}{2\sqrt{1+x}}$$

$f(x)$在$[0,+\infty)$上连续,在$(0,+\infty)$内$f'(x)>0$,所以 $f(x)$在$[0,+\infty)$上单调增加,从而当 $x>0$ 时,$f'(x)>f(0)$.

由 $f(0)=0$,得 $f(x)>0$,即

$$1 + \frac{1}{2}x - \sqrt{1+x} > 0$$

整理可得 $1+\frac{1}{2}x > \sqrt{1+x}$.

【例8】 证明:方程 $x^3 - 3x^2 + 6x - 1 = 0$ 在区间$(0,1)$内有唯一实根.

证明 设 $f(x) = x^3 - 3x^2 + 6x - 1$.

首先证根的存在性.因为 $f(x)$在$[0,1]$上连续,且 $f(0) = -1 < 0$,$f(1) = 3 > 0$,由零点定理可得,至少存在一点 $\xi \in (0,1)$,使得$f(\xi) = 0$.所以 ξ 是 $f(x) = 0$ 的一个根.

再证唯一性.

$$f'(x) = 3x^2 - 6x + 6 = 3[(x-1)^2 + 1] > 0$$

故 $f(x)$单调增加,所以在$(0,1)$内 $f(x)$ 的零点是唯一的.

综上,方程 $x^3 - 3x^2 + 6x - 1 = 0$ 在区间$(0,1)$内有唯一实根.

习题 3.3

(A)

1. 求下列函数的单调区间.

(1)$y = x^3 - 3x^2 - 9x + 5$

(2)$y = \arctan x - x$

(3)$y = \ln(x + \sqrt{1+x^2})$

(4)$y = 3x + \frac{12}{x}(x>0)$

(5)$y = \frac{3}{5}x^{\frac{5}{3}} - \frac{3}{2}x^{\frac{2}{3}} + 1$

(6)$y = 2x^2 - \ln x$

2. 判断函数 $y = x - \sin x$ 在$[-\pi, \pi]$上的单调性.

3. 证明下列不等式.

(1)当 $x>0$ 时,$\ln(1+x) > \frac{\arctan x}{1+x}$

(2)当 $x>1$ 时,$e^x > ex$

(3)当 $x>0$ 时,$x > \sin x > x - \frac{x^2}{2}$

(4)当 $0 < x < \frac{\pi}{2}$ 时,$\tan x > x + \frac{1}{3}x^3$

4. 证明方程 $x = \tan x$ 只有一个实根.

(B)

1. 证明:当 $x>4$ 时,$2^x > x^2$.

2. 确定 $y = x + |\sin 2x|$ 的单调区间.

3. 设 $p, q \in \mathbf{Z}^+$,$p, q > 2$,试比较 p^q 与 q^p 的大小.

3.4 函数的极值及最大值、最小值问题

3.4.1 函数的极值及其求法

观察函数 $f(x)=\sin x$ $(0\leqslant x\leqslant 2\pi)$ 的图形(图 3-6).

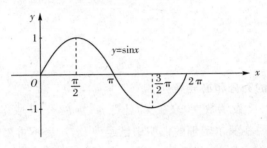

图 3-6

$x=\dfrac{\pi}{2}$ 是函数 $f(x)=\sin x$ $(0\leqslant x\leqslant 2\pi)$ 单调增加区间与单调减少区间的分界点,因此在点 $x=\dfrac{\pi}{2}$ 处,$f(x)$ 的函数值大于其邻近点处的函数值;同理 $x=\dfrac{3}{2}\pi$ 是 $f(x)=\sin x$ 单调减少与单调增加区间的分界点,因此 $f(x)$ 的函数值小于其邻近点处的函数值. $x=\dfrac{\pi}{2}$ 称为极大值点,$x=\dfrac{3}{2}\pi$ 称为极小值点,统称为极值点;它们的函数值分别称为极大值和极小值,统称为极值,下面给出一般性的定义.

1. 函数极值的定义

定义 1 设函数 $f(x)$ 在点 x_0 的某个邻域内有定义,如果存在 x_0 的某个去心邻域 $\overset{\circ}{U}(x_0)$,对任一 $x\in\overset{\circ}{U}(x_0)$,都有 $f(x)>f(x_0)(f(x)<f(x_0))$,则称函数 $f(x)$ 在点 x_0 取得极小(大)值,点 x_0 称为极小(大)值点.

极小值、极大值统称为极值,极小值点、极大值点统称为极值点.

注:(1)极值是一个局部概念,如 $f(x_0)$ 是极小值,那只是说 $f(x_0)$ 在点 x_0 的一个局部邻域内是最小的,但就整个定义域而言,未必是最小的,同理对于极大值也有类似的情况.因此,一个函数可以没有、有 1 个、也可以有几个极大值或极小值,甚至极大值可能比极小值还小(图 3-7).

(2)由定义可知,极值点必须是一个邻域内的点,所以极值点只能取自区间内部,而不能是区间的端点.

从图 3-7 中还可以发现,在函数取得极值处,若曲线有切线,那么切线是水平的,但曲线有水平切线的地方,不一定取得极值,如曲线在 $x=x_7$ 处有水平切线,但 $x=x_7$ 不是极值点.当然,在不可导点处,曲线也可能取得极值,如 $x=x_8$ 处,曲线没有切线,但在该点处函数取得极小值.于是得到函数取得极值的充分条件和必要条件.

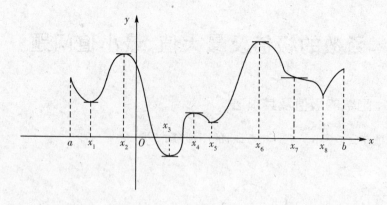

图 3-7

2.函数取得极值的充分和必要条件

定理 1(必要条件)　设函数 $f(x)$ 在 x_0 处可导,且在 x_0 处取得极值,则 $f'(x_0)=0$.

由于本定理的证明在罗尔定理的证明中已经涉及,这里不再赘述.

使导数为 0 的点称为驻点.若函数 $f(x)$ 可导,那么它的极值一定出现在驻点处.但在不可导点处,函数也可能取得极值,如函数 $f(x)=|x|$,在 $x=0$ 处不可导,但在 $x=0$ 处取得极小值.综上所述,若函数 $f(x)$ 在 x_0 处连续,且在 x_0 处取得极值,则必有 $f'(x_0)=0$ 或 $f'(x_0)$ 不存在.

下面给出判断极值存在的充分条件.

定理 2(第一充分条件)　设函数 $f(x)$ 在 x_0 处连续,且在 x_0 的一个去心邻域 $\overset{\circ}{U}(x_0,\delta)$ 内可导.

(1)若 $x\in(x_0-\delta,x_0)$ 时,$f'(x)>0$,而 $x\in(x_0,x_0+\delta)$ 时,$f'(x)<0$,则 $f(x)$ 在 x_0 处取得极大值.

(2)若 $x\in(x_0-\delta,x_0)$ 时,$f'(x)<0$,而 $x\in(x_0,x_0+\delta)$ 时,$f'(x)>0$,则 $f(x)$ 在 x_0 处取得极小值.

(3)若在 $\overset{\circ}{U}(x_0,\delta)$,$f'(x)$ 不改变符号,则 $f(x_0)$ 不是 $f(x)$ 的极值.

证明　只证(1).

由于 $x\in(x_0-\delta,x_0)$ 时,$f'(x)>0$,所以 $f(x)$ 单调增加;$x\in(x_0,x_0+\delta)$ 时,$f'(x)<0$,所以 $f(x)$ 单调减少.由于 $f(x)$ 在 x_0 处连续,故当 $x\in\overset{\circ}{U}(x_0,\delta)$ 时,总有 $f(x)<f(x_0)$,所以 $f(x_0)$ 是 $f(x)$ 的一个极大值.

同理可证(2)和(3).

综合定理 1 和定理 2,在求函数的极值时,可以先利用判断极值的必要条件求出给定函数所有可能的极值点,然后再利用第一充分条件对这些可能点加以判断.

【例 1】　求函数 $f(x)=-x^4+2x^2$ 的极值.

解　(1) $f(x)$ 在 $(-\infty,+\infty)$ 内连续、可导,且

$$f'(x)=-4x^3+4x$$

(2) $f'(x)$ 中没有不可导点.令 $f'(x)=0$,得驻点 $x=-1,0,1$.这三点把 $(-\infty,+\infty)$

分成四个子区间:$(-\infty,-1),(-1,0),(0,1),(1,+\infty)$.

(3)当 $x\in(-\infty,-1)$ 时,$f'(x)>0$,当 $x\in(-1,0)$ 时,$f'(x)<0$,所以 $x=-1$ 为极大值点;当 $x\in(0,1)$ 时,$f'(x)>0$,所以 $x=0$ 为极小值点;当 $x\in(1,+\infty)$ 时,$f'(x)<0$,所以 $x=1$ 为极大值点.

(4)极大值 $f(-1)=1,f(1)=1$,极小值 $f(0)=0$.

【例 2】　求函数 $f(x)=(x-1)x^{\frac{2}{3}}$ 的极值.

解　(1)$f(x)$ 在 $(-\infty,+\infty)$ 上连续,除 $x=0$ 外处处可导,且 $f'(x)=\dfrac{5x-2}{3\sqrt[3]{x}}$.

(2)令 $f'(x)=0$,得驻点 $x=\dfrac{2}{5}$.$x=0$ 为不可导点.$0,\dfrac{2}{5}$ 将 $(-\infty,+\infty)$ 分成三个子区间 $(-\infty,0),\left(0,\dfrac{2}{5}\right),\left(\dfrac{2}{5},+\infty\right)$.

(3)当 $x\in(-\infty,0)$ 时,$f'(x)>0$;当 $x\in\left(0,\dfrac{2}{5}\right)$ 时,$f'(x)<0$.故不可导点 $x=0$ 为极大值点.当 $x\in\left(\dfrac{2}{5},+\infty\right)$ 时,$f'(x)>0$,故 $x=\dfrac{2}{5}$ 是极小值点.

(4)极大值 $f(0)=0$,极小值 $f\left(\dfrac{2}{5}\right)=-\dfrac{3}{25}\sqrt[3]{20}$.

如果函数在驻点处的二阶导数存在且不为 0 时,可由二阶导数来判断 $f(x)$ 的极值情况.

定理 3(第二充分条件)　设函数 $f(x)$ 在 x_0 处具有二阶导数,且 $f'(x_0)=0,f''(x_0)\neq0$,则

(1)当 $f''(x_0)<0$ 时,函数 $f(x)$ 在 x_0 处取得极大值;

(2)当 $f''(x_0)>0$ 时,函数 $f(x)$ 在 x_0 处取得极小值.

证明　只证(1).

由于 $f''(x_0)<0$,由二阶导数定义及 $f'(x_0)=0$,可得

$$f''(x_0)=\lim_{\Delta x\to0}\frac{f'(x_0+\Delta x)-f'(x_0)}{\Delta x}=\lim_{\Delta x\to0}\frac{f'(x_0+\Delta x)}{\Delta x}<0$$

由极限的局部保号性可知,存在 $\overset{\circ}{U}(x_0,\delta)$,使 $\dfrac{f'(x_0+\Delta x)}{\Delta x}<0$.当 $\Delta x>0$ 时,$f'(x_0+\Delta x)<0$;当 $\Delta x<0$ 时,$f'(x_0+\Delta x)>0$.由判定极值的第一充分条件可知,$f(x_0)$ 为 $f(x)$ 的一个极大值.

同理可证(2).

注:若 $f''(x_0)=0$,那么 $f(x)$ 在 x_0 处可能有极值,也可能没有极值,仍需由第一充分条件去判断.

【例 3】　求函数 $f(x)=-\dfrac{1}{4}x^4+\dfrac{3}{2}x^2$ 的极值.

解　
$$f'(x)=-x^3+3x$$

令 $f'(x)=0$,求得驻点 $x=-\sqrt{3},0,\sqrt{3}$.
$$f''(x)=-3x^2+3$$

因 $f''(\pm\sqrt{3})=-6<0$,故 $x=\pm\sqrt{3}$ 为极大值点;$f''(0)=3>0$,故 $x=0$ 为极小值点.

极大值 $f(\pm\sqrt{3})=\dfrac{9}{4}$,极小值 $f(0)=0$.

【例 4】 求函数 $f(x)=2\sin x+\sin 2x$ 在 $[0,2\pi]$ 上的极值.

解
$$f'(x)=2\cos x+2\cos 2x=2(2\cos x-1)(\cos x+1)$$

令 $f'(x)=0$,在 $[0,2\pi]$ 上得 $x=\dfrac{\pi}{3},\pi,\dfrac{5}{3}\pi$.

$$f''(x)=-2\sin x-4\sin 2x$$

因 $f''\left(\dfrac{\pi}{3}\right)=-3\sqrt{3}<0$,故 $x=\dfrac{\pi}{3}$ 是 $f(x)$ 的极大值点;$f''\left(\dfrac{5}{3}\pi\right)=3\sqrt{3}>0$,故 $\dfrac{5}{3}\pi$ 是 $f(x)$ 的极小值点;$f''(\pi)=0$,故用第二充分条件无法判断,考察一阶导数在 $x=\pi$ 邻近值的符号:存在 $\delta>0$,当 $x\in\overset{\circ}{U}(\pi,\delta)$ 时,$f'(x)<0$,故 $x=\pi$ 不是极值点.

极大值 $f\left(\dfrac{\pi}{3}\right)=\dfrac{3}{2}\sqrt{3}$,极小值 $f\left(\dfrac{5}{3}\pi\right)=-\dfrac{3}{2}\sqrt{3}$.

3.4.2 最大值与最小值问题

前面学习的极值问题是函数在一个邻域内的最大值与最小值问题,是一个局部概念,下面要探讨的是函数在整个定义域或给定区间上的最大值与最小值问题.最大值与最小值统称为最值.

本节研究的最值问题包括以下三类:

(1)闭区间上连续函数的最值问题;

(2)任意区间(包括无穷区间)上连续函数的最值问题;

(3)最值的应用问题.

若函数 $f(x)$ 在闭区间上连续,则 $f(x)$ 在这个闭区间上一定取得最大值与最小值,并且最值一定取自函数的极值或端点处,而极值点必取自驻点或不可导点处,因此,求闭区间上连续函数 $f(x)$ 的最值问题,可采取以下步骤:

(1)求 $f'(x)$;

(2)求出闭区间内所有不可导点和驻点:$x_1,x_2,\cdots,x_n$;

(3)求出 $f(a),f(b),f(x_1),f(x_2),\cdots,f(x_n)$,比较其大小,其中最大的函数值就是最大值,最小的函数值就是最小值.

【例 5】 求 $f(x)=x-\sqrt[3]{x}$ 在 $[-1,1]$ 上的最大值与最小值.

(1)$f(x)$ 在 $[-1,1]$ 上连续,除 $x=0$ 外

$$f'(x)=1-\dfrac{1}{3\sqrt[3]{x^2}}$$

(2)令 $f'(x)=0$ 得 $x=\pm\dfrac{\sqrt{3}}{9}\in[-1,1]$,$x=0$ 为不可导点.

(3)$f(-1)=0,f(0)=0,f\left(-\dfrac{\sqrt{3}}{9}\right)=\dfrac{2}{9}\sqrt{3},f\left(\dfrac{\sqrt{3}}{9}\right)=-\dfrac{2}{9}\sqrt{3},f(1)=0.$

所以最大值为 $f\left(-\dfrac{\sqrt{3}}{9}\right)=\dfrac{2}{9}\sqrt{3}$，最小值为 $f\left(\dfrac{\sqrt{3}}{9}\right)=-\dfrac{2}{9}\sqrt{3}$.

在任意区间（包括无穷区间）上，若函数 $f(x)$ 连续，且函数 $f(x)$ 在这个区间内只有唯一一个极值点 x_0，那么 $f(x_0)$ 为极大值时，也是最大值；$f(x_0)$ 为极小值时，也是最小值（图 3-8）.

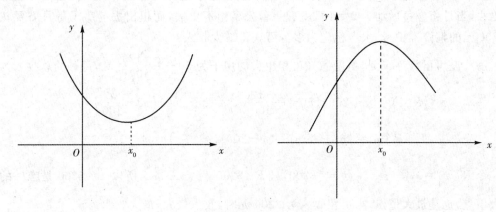

图 3-8

【例 6】　求函数 $f(x)=x^2-\dfrac{54}{x}$ 在 $x<0$ 时的最小值.

解
$$f'(x)=2x+\dfrac{54}{x^2}$$

当 $x<0$ 时，令 $f'(x)=0$，得 $x=-3$.
$$f''(x)=2-\dfrac{108}{x^3}, \quad f''(-3)=6>0$$

$x=-3$ 是 $x<0$ 时唯一的极小值点，所以 $x=-3$ 为最小值点，最小值为 $f(-3)=27$.

在生产实际中，常常会遇到怎样才能使成本最低，怎样才能使收入最大等问题，这些问题可归结为求某一函数的最大值与最小值问题. 解决这些问题，往往要先建立数学模型，即建立目标函数，然后再求函数的最值. 在求最值的过程中，可根据问题本身的实际意义，若确有最大值或最小值，且在给定的区间内部取得，驻点或不可导点唯一，那么这个唯一的驻点或不可导点就是最值点，相应的函数值就是最值. 当然，也可以利用前面介绍的二阶导数求最值的方法.

【例 7】　某车间靠墙壁要盖一间长方形小屋，现有存砖只够砌 20 米长的墙壁，求：应围成怎样的长方形才能使小屋的面积最大？

解　设小屋的长为 x 米，依题意，由于是靠墙盖，所以小屋的长只要一边就可以，宽为 $\dfrac{1}{2}(20-x)$ 米. 则面积
$$S(x)=\dfrac{1}{2}x(20-x) \quad (0<x<20)$$

$S'(x)=10-x$，令 $S'(x)=0$，得 $x=10$.

$S''(10)=-1<0$，$x=10$ 是唯一的极小值点，所以 $x=10$ 是最小值点，此时，宽为

5米.

由此,当小屋长为 10 米、宽为 5 米时,小屋面积最大,最大面积为 50 平方米.

本题也可以不求 S'',而是这样回答:由实际问题知面积最大的小屋一定存在,且在区间 $(0,20)$ 内部取得,驻点 $x=10$ 是唯一的,所以 $x=10$ 即为使得面积最大的最大值点.

【例 8】 某房地产公司有 50 套公寓要出租,当租金定为每月 1200 元时,公寓可全部租出去,当月租金每增加 100 元时,就有一套公寓租不出去,而租出去的房子每月需要花费 200 元的整修维护费,求房租定为多少可获得最大收入?

解 设房租每月 x 元,由题意知可租出去的房子为 $50-\dfrac{x-1200}{100}$ 套,每月的总收入为

$$R(x)=(x-200)\left(50-\frac{x-1200}{100}\right)=(x-200)\left(62-\frac{x}{100}\right)$$

$$R'(x)=\left(62-\frac{x}{100}\right)+(x-200)\left(-\frac{1}{100}\right)=64-\frac{x}{50}$$

令 $R'(x)=0$,得唯一驻点 $x=3200$,且 $R''(3200)=-\dfrac{1}{50}<0$,所以 $x=3200$ 是唯一的极大值点,也是最大值点.当房租收入为 3200 元时,收入最大,最大收入为

$$R(3200)=90000(元)$$

习题 3.4

(A)

1. 求下列函数的极值.

(1)$y=x^2-3x+4$ (2)$y=x^3-6x^2+4$ (3)$y=xe^{-x}$ (4)$y=2x+\sqrt{2-x}$

(5)$y=\dfrac{2x}{1+x^2}$ (6)$y=e^x+4e^{-x}$ (7)$y=1+(x+1)^{\frac{1}{5}}$ (8)$y=x+\sin x$

2. 设连续函数 $y=f(x)$ 的导数 $y'=f'(x)$ 的图形如图 3-9 所示,则下列选项中不正确的是(   ).

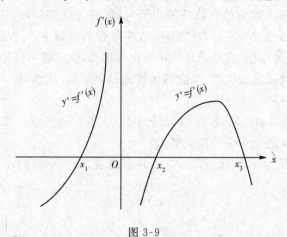

图 3-9

A. $y=f(x)$ 有 3 个极值点

B. $y=f(x)$ 有 2 个极小值点,2 个极大值点

C. $x = x_1$ 是 $f(x)$ 的极小值点

D. $x = x_3$ 是 $f(x)$ 的极大值点

3. 求下列函数在给定区间上的最大值和最小值.

(1) $y = x^3 + x^2 + 2, x \in [1,4]$

(2) $y = x + \sqrt{1-x}, x \in [-3,1]$

(3) $y = \dfrac{x}{1+x^2}, x \in [0,2]$

4. 求函数 $y = e^{x^2}$ 在 $(-\infty, +\infty)$ 上的最小值.

5. 求函数 $y = -\ln x - \dfrac{1}{x}$ 在定义域上的最大值.

6. 设排水沟的截面如图 3-10 所示,上半部分为半圆,下半部分为矩形,截面的面积为 5 m^2,求矩形的底宽为多少时,才能使截面的周长最小.

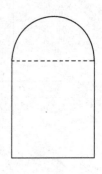

图 3-10

7. 欲做一个容积为 72 m^3 的长方体带盖箱子,箱子底长与宽的比为 2：1,求该箱子的长、宽、高各为多少时,能使箱子用料最省.

(B)

1. 试问 a 为何值时,函数 $f(x) = a\sin x + \dfrac{1}{3}\sin 3x$ 在点 $\dfrac{\pi}{3}$ 处取得极值?它是极大值还是极小值?求此极值.

2. 设 $p > 0$,证明不等式 $\dfrac{1}{2^{p-1}} \leqslant x^p + (1-x)^p \leqslant 1, x \in [0,1]$.

3. 当 $x > 0$ 时,证明:$x^\alpha \leqslant 1 - \alpha + \alpha x (0 < \alpha < 1)$.

4. 设 $\lim\limits_{x \to a} \dfrac{f(x) - f(a)}{(x-a)^2} = -1$,则(　　).

A. $f(x)$ 在 $x = a$ 处导数不存在　　　　　　　　B. $f'(a) = -1$

C. $f(a)$ 为极大值　　　　　　　　D. $f(a)$ 为极小值

3.5　曲线的凹凸性与拐点

前两节中,我们研究了曲线的单调性与极值、最值,但这些仍不能完全反映曲线的性状,观察图 3-11.图 3-11 中的两条曲线都是上升曲线,但图 3-11(a)与图 3-11(b)的弯曲方向是不一样的,图 3-11(a)是向上凸的,而图 3-11(b)是向上凹的.因此研究函数图形时,有必要研究一下它的弯曲情况,这种弯曲情况称为曲线的凹凸性.

为了给曲线的凹凸性下一个准确的定义,我们再观察图 3-11(a).曲线是向上凸的,在曲线上任取两点 x_1, x_2,连接 x_1, x_2 的弦总在曲线的下方.因此,在 (x_1, x_2) 内,曲线上任一点均在弦的相应点(具有相同横坐标)之上,为方便起见,不妨取这个点为中点,即有

$$f\left(\frac{x_1+x_2}{2}\right) > \frac{f(x_1)+f(x_2)}{2}$$

同理,对于图 3-11(b),有 $f\left(\dfrac{x_1+x_2}{2}\right) < \dfrac{f(x_1)+f(x_2)}{2}$,于是得到了凹凸性的定义.

1. 凹凸性的定义

定义 1　设函数 $f(x)$ 在区间 I 上连续,如果对 I 上任意两点 x_1, x_2,恒有

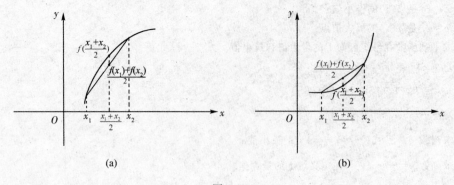

图 3-11

$$f\left(\frac{x_1+x_2}{2}\right)<\frac{f(x_1)+f(x_2)}{2}$$

那么称 $f(x)$ 在 I 上的图形是(向上)凹的(或凹弧);

如果恒有

$$f\left(\frac{x_1+x_2}{2}\right)>\frac{f(x_1)+f(x_2)}{2}$$

那么称 $f(x)$ 在 I 上的图形是(向上)凸的(或凸弧).

如何判断曲线的凹凸性呢? 观察图 3-12. 图 3-12(a)是一条凹弧,随着 x 的增大,其上每一点的斜率是逐渐增大的,即导函数 $f'(x)$ 是单调增函数,即 $f''(x)>0$;图 3-12(b)是一条凸弧,随着 x 的增大,其上每一点的斜率是逐渐减小的,即导函数 $f'(x)$ 是单调减函数,即 $f''(x)<0$.因此,对于二阶导数存在的函数,它的曲线凹凸性的判别有如下判别定理.

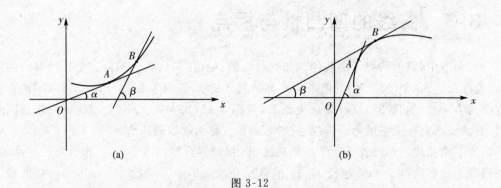

图 3-12

2. 曲线凹凸性的判别定理

定理 1 设 $f(x)$ 在 $[a,b]$ 上连续,在 (a,b) 内具有二阶导数,那么

(1)若在 (a,b) 内 $f''(x)>0$,则 $f(x)$ 在 $[a,b]$ 上的图形是凹的;

(2)若在 (a,b) 内 $f''(x)<0$,则 $f(x)$ 在 $[a,b]$ 上的图形是凸的.

证明从略.

【例 1】 判断曲线 $y=x^2$ 的凹凸性.

解 函数 $y=x^2$ 在 $(-\infty,+\infty)$ 内连续,且 $x\in(-\infty,+\infty)$ 时,有

$$y'=2x, \quad y''=2>0$$

所以曲线 $y=x^2$ 在 $(-\infty,+\infty)$ 上是凹的.

【例 2】 判断曲线 $y=\arctan x$ 的凹凸性.

解 函数 $y=\arctan x$ 在 $(-\infty,+\infty)$ 上连续,且 $x\in(-\infty,+\infty)$ 时,有

$$y'=\frac{1}{1+x^2}, \quad y''=-\frac{2x}{1+x^2}$$

当 $x<0$ 时,$y''>0$,所以曲线在 $(-\infty,0]$ 上是凹的;

当 $x>0$ 时,$y''<0$,所以曲线在 $[0,+\infty)$ 上是凸的

例 2 中,曲线在点 $(0,0)$ 的左侧是凹的,右侧是凸的,即曲线在经过点 $(0,0)$ 时,凹凸性发生了改变,我们称这样的点为拐点.

3. 拐点

定义 2 设 $f(x)$ 在区间 I 上连续,x_0 是区间 I 内部的点,如果曲线 $y=f(x)$ 在经过点 $(x_0,f(x_0))$ 时,曲线的凹凸性发生了改变,则称点 $(x_0,f(x_0))$ 为曲线 $f(x)$ 的拐点.

由例 2 可知,拐点处的二阶导数值 $f''(x)=0$.另外,二阶导数不存在的点也可能成为拐点,如 $y=\sqrt[3]{x}$,定义域为 $(-\infty,+\infty)$.$y'=\frac{1}{3}x^{-\frac{2}{3}},y''=-\frac{2}{9}x^{-\frac{5}{3}}$,在 $x=0$ 处一阶导数和二阶导数均不存在,但 $x<0$ 时,$y''>0$,曲线是凹的;$x>0$ 时,$y''<0$,曲线是凸的.所以点 $(0,0)$ 是曲线 $y=\sqrt[3]{x}$ 的拐点.综上所述,曲线的拐点一定是 $f''(x)=0$ 或 $f''(x)$ 不存在的点.

那么使得 $f''(x)=0$ 或 $f''(x)$ 不存在的点 $(x_0,f(x_0))$ 一定是拐点么?

【例 3】 求曲线 $y=x^4$ 的拐点.

解 $y=x^4$ 在 $(-\infty,+\infty)$ 上连续,

$$y'=4x^3, \quad y''=12x^2$$

令 $y''=0$,得 $x=0$.没有 y'' 不存在的点.

当 $x<0$ 时,$y''>0$;当 $x>0$ 时,$y''>0$,即在 $(-\infty,+\infty)$ 内,曲线是凹的,即没有拐点.虽然 $x=0$ 时,$f''(0)=0$,但点 $(0,0)$ 不是曲线的拐点.

例 3 说明 $f''(x)=0$ 或 $f''(x)$ 不存在只是拐点存在的必要条件,而非充分条件.

【例 4】 求曲线 $y=2x^3+3x^2+12x+14$ 的凹凸区间及拐点.

解 函数 $y=2x^3+3x^2+12x+14$ 的连续区间为 $(-\infty,+\infty)$.

$$y'=6x^2+6x+12, \quad y''=12x+6$$

令 $y''=0$,得 $x=-\frac{1}{2}$.

当 $x<-\frac{1}{2}$ 时,$y''<0$,曲线 $y=2x^3+3x^2+12x+14$ 在 $\left(-\infty,-\frac{1}{2}\right]$ 上是凸的;

当 $x > -\dfrac{1}{2}$ 时，$y'' > 0$，曲线 $y = 2x^3 + 3x^2 + 12x + 14$ 在 $\left[-\dfrac{1}{2}, +\infty\right)$ 上是凹的；

$x = -\dfrac{1}{2}$ 时，$y = \dfrac{17}{2}$，点 $\left(-\dfrac{1}{2}, \dfrac{17}{2}\right)$ 是曲线的拐点.

习题 3.5

（A）

1. 判断下列曲线的凹凸性.

(1) $y = -x^2 + 2x + 2$

(2) $y = x - \dfrac{1}{x}$ $\quad(x < 0)$

2. 求下列曲线的凹凸区间及拐点.

(1) $y = x^3 - x^2 + 2x - 1$

(2) $y = (x+2)e^{-x}$

(3) $y = \ln(x^2 + 1)$

(4) $y = x - \arctan x$

(5) $y = x^{\frac{1}{3}}$

(6) $y = \dfrac{x^2}{x-1}$

3. 求 a, b 为何值时，点 $(1,3)$ 为曲线 $y = ax^3 + bx^2$ 的拐点？

4. 求曲线 $y = ax^3 + bx^2 + cx + d$ 中的 a, b, c, d，使得 $x = -2$ 处有水平切线，点 $(1, -10)$ 为拐点，且点 $(-2, 44)$ 在曲线上.

5. 给定曲线 $l: y = f(x)$ $(x \in \mathbf{R})$，已知 $y' = f'(x)$ 的图形如图 3-13 所示，则曲线在 $(-\infty, +\infty)$ 上是（　　）

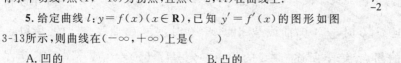

图 3-13

A. 凹的

B. 凸的

C. 单调上升的

D. 单调下降的

（B）

1. 求曲线 $y = |x^3 - 1|$ 的凹凸区间及拐点.

2. 利用曲线的凹凸性证明下列不等式.

(1) $\dfrac{1}{2}(x^n + y^n) > \left(\dfrac{x+y}{2}\right)^n$ $\quad(x > 0, y > 0, x \neq y, n > 1)$

(2) $xe^x + ye^y > (x+y)e^{\frac{x+y}{2}}$ $\quad(x > 0, y > 0, x \neq y)$

3.6　函数图形的描绘

　　利用一阶导数和二阶导数，可以判断函数的单调性和曲线的凹凸性，并能判断出极值点、拐点等，从而能比较准确地描绘出函数的图形，帮助我们更好地掌握函数的性态. 但当函数的定义区间为无穷区间或有无穷间断点时，还需对曲线向无穷远处的趋势加以了解，因此，为了更好地描绘函数图形，先介绍渐近线.

3.6.1　渐近线

　　定义 1　如果曲线 c 上的点 P 沿着曲线趋向无穷远时，P 到某条定直线 l 的距离趋于零,则称 l 为曲线 c 的渐近线.

渐近线分为水平渐近线、铅直渐近线和斜渐近线.

定义 2　若 $\lim\limits_{x \to \infty} f(x) = b$,则称直线 $y = b$ 为曲线 $y = f(x)$ 的水平渐近线.

类似地,可以定义 $x \to -\infty$,$x \to +\infty$ 时的水平渐近线.

定义 3　若 $\lim\limits_{x \to a} f(x) = \infty$,则称 $x = a$ 为曲线 $y = f(x)$ 的铅直渐近线.

类似地,可以定义 $x \to a^+$,$x \to a^-$ 时的铅直渐近线.

定义 4　若 $\lim\limits_{x \to \infty} \dfrac{f(x)}{x} = k$,且 $\lim\limits_{x \to \infty} [f(x) - kx] = b$,则称 $y = kx + b$ 为曲线 $y = f(x)$ 的斜渐近线.

类似地,可以定义 $x \to -\infty$,$x \to +\infty$ 时的斜渐近线.

【例 1】　求曲线 $y = \dfrac{x^2}{x+1}$ 的渐近线.

解　(1)因为 $\lim\limits_{x \to -1} y = \lim\limits_{x \to -1} \dfrac{x^2}{x+1} = \infty$,所以直线 $x = -1$ 为曲线的铅直渐近线.

(2)因为 $\lim\limits_{x \to \infty} y = \lim\limits_{x \to \infty} \dfrac{x^2}{x+1} = \infty$,所以曲线无水平渐近线.

(3)因为

$$\lim\limits_{x \to \infty} \frac{f(x)}{x} = \lim\limits_{x \to \infty} \frac{x^2}{x(x+1)} = 1$$

$$\lim\limits_{x \to \infty} [f(x) - kx] = \lim\limits_{x \to \infty} \left(\frac{x^2}{x+1} - x \right) = -1$$

所以 $y = x - 1$ 为曲线的一条斜渐近线.

3.6.2　函数图形的描绘

描绘函数的图形的一般步骤如下:

(1)确定函数 $y = f(x)$ 的定义域、奇偶性、周期性等.

(2)求出曲线的一阶导数 $f'(x)$ 和二阶导数 $f''(x)$ 的全部零点和不可导点,用这些点把定义域分成几个区间.

(3)讨论函数在各区间上的单调性与极值、凹凸性与拐点.

(4)求出曲线的渐近线.

(5)适当计算几个函数值,如极值、拐点的函数值,确定曲线与坐标轴的交点,再适当补充几个函数值.

(6)根据以上讨论作图.

【例 2】　描绘出函数 $y = x^3 - x^2 + 5$ 的图形.

解　(1)该函数的定义域为 $(-\infty, +\infty)$.

(2)$y' = 3x^2 - 2x = x(3x - 2)$,$y'' = 6x - 2$

令 $y' = 0$,得 $x = 0, \dfrac{2}{3}$. 令 $y'' = 0$,得 $x = \dfrac{1}{3}$.

$0, \dfrac{1}{3}, \dfrac{2}{3}$ 将 $(-\infty, +\infty)$ 分为四个区间：$(-\infty, 0]$，$\left(0, \dfrac{1}{3}\right]$，$\left(\dfrac{1}{3}, \dfrac{2}{3}\right]$，$\left(\dfrac{2}{3}, +\infty\right)$

（3）$y'(x), y''(x)$ 在各区间上的正、负情况及 y 的单调性、凹凸性列表如下：

x	$(-\infty, 0)$	0	$\left(0, \dfrac{1}{3}\right)$	$\dfrac{1}{3}$	$\left(\dfrac{1}{3}, \dfrac{2}{3}\right)$	$\dfrac{2}{3}$	$\left(\dfrac{2}{3}, +\infty\right)$
y'	$+$	0	$-$	$-$	$-$	0	$+$
y''	$-$	$-$	$-$	0	$+$	$+$	$+$
y	↗	极大值	↘	拐点	↘	极小值	↗

（4）$\lim\limits_{x \to \infty}(x^3 - x^2 + 5) = \infty$，无水平渐近线；$\lim\limits_{x \to \infty}\dfrac{x^3 - x^2 + 5}{x} = \infty$，无斜渐近线；$y = x^3 - x^2 + 5$ 在 $(-\infty, +\infty)$ 内连续，所以无铅直渐近线．

（5）$y(0) = 5$，$y\left(\dfrac{1}{3}\right) = \dfrac{133}{27}$，$y\left(\dfrac{2}{3}\right) = \dfrac{131}{27}$．

再补充几个点的函数值：$y(-1) = 3$，$y\left(-\dfrac{3}{2}\right) = -\dfrac{5}{8}$，$y(2) = 9$．

（6）画图，如图 3-14 所示．

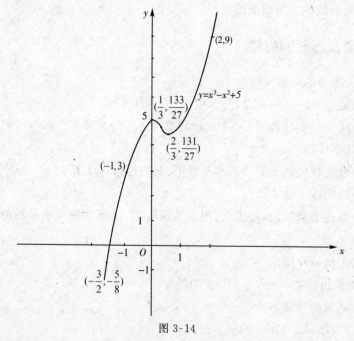

图 3-14

【例 3】 描绘出函数 $y = \mathrm{e}^{-\frac{x^2}{2}}$ 的图形．

解　(1)函数 $y=\mathrm{e}^{-\frac{x^2}{2}}$ 的定义域为 $(-\infty,+\infty)$，偶函数，图形关于 y 轴对称，故只讨论 $[0,+\infty)$ 上的图形即可.

(2)
$$y'=-x\mathrm{e}^{-\frac{x^2}{2}}, \quad y''=(x^2-1)\mathrm{e}^{-\frac{x^2}{2}}$$

令 $y'=0$，得 $x=0$；令 $y''=0$，得 $x=\pm1$.

$-1,0,1$ 将 $(-\infty,+\infty)$ 分为四个区间：$(-\infty,-1]$，$(-1,0]$，$(0,1]$，$(1,+\infty)$.

(3)列表

x	$(-\infty,-1)$	-1	$(-1,0)$	0	$(0,1)$	1	$(1,+\infty)$
y'	$+$	$+$	$+$	0	$-$	$-$	$-$
y''	$+$	0	$-$		$-$	0	$+$
y	↗	拐点	↗	极大值	↘	拐点	↘

(4) $\lim\limits_{x\to\infty}\mathrm{e}^{-\frac{x^2}{2}}=0$，所以 $y=0$ 是函数的水平渐近线，无斜渐近线与铅直渐近线.

(5) $y(-1)=\mathrm{e}^{-\frac{1}{2}}$，$y(0)=1$，
$y(1)=\mathrm{e}^{-\frac{1}{2}}$.

(6)画图，如图 3-15 所示.

【例 4】　描绘出函数 $y=\dfrac{2(x+1)}{x^2}+1$ 的图形.

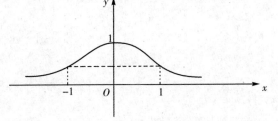

图 3-15

解　(1)函数的定义域为 $(-\infty,0)\bigcup(0,+\infty)$.

(2) $y'(x)=-\dfrac{2(x+2)}{x^3}$，$\quad y''(x)=\dfrac{4(x+3)}{x^4}$.

由 $y'=0$，得 $x=-2$；由 $y''=0$，得 $x=-3$；当 $x=0$ 时无定义.

$-3,-2,0$ 将定义域分为 $(-\infty,-3]$，$(-3,-2]$，$(-2,0)$，$(0,+\infty)$ 四个区间.

(3)列表

x	$(-\infty,-3)$	-3	$(-3,-2)$	-2	$(-2,0)$	0	$(0,+\infty)$
y'	$-$	$-$	$-$	0	$+$	不存在	$-$
y''	$-$	0	$+$	$+$	$+$	不存在	$+$
y	↘	拐点	↘	极小值	↗	间断点	↘

(4) $\lim\limits_{x\to\infty}\left[\dfrac{2(x+1)}{x^2}+1\right]=1$，$y=1$ 为函数的水平渐近线；

$\lim\limits_{x\to0}\left[\dfrac{2(x+1)}{x^2}+1\right]=\infty$，$x=0$ 为函数的铅直渐近线；

(5) $y(-3)=\dfrac{5}{9}$, $y(-2)=\dfrac{1}{2}$. 再补充 $y(-1)=1$, $y\left(-\dfrac{1}{2}\right)=5$, $y(1)=5$, $y(2)=\dfrac{5}{2}$.

(6)画图,如图 3-16 所示.

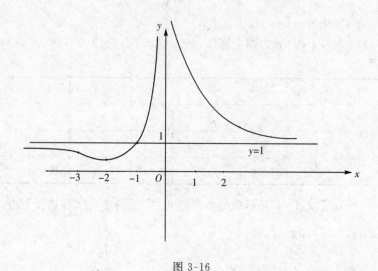

图 3-16

习题 3.6

1. 求下列函数的渐近线.

(1) $y=\dfrac{x^2+1}{x+1}$　　　　(2) $y=\dfrac{1+\mathrm{e}^{-x^2}}{1-\mathrm{e}^{-x^2}}$　　　　(3) $y=\dfrac{\ln x}{x}$

2. 描绘出下列函数的图形.

(1) $y=x^4-4x+1$　　　　(2) $y=x+\dfrac{1}{x}$　　　　(3) $y=\dfrac{4(x+1)}{x^2}$

3.7　导数与微分在经济学中的简单应用

　　导数与微分在经济学中的应用,体现在对边际、弹性、最大利润、最大收益等问题的解决上.本节将介绍经济学中常用的一些函数、边际分析及弹性分析,并求解经济学中涉及的一些最值问题.

3.7.1　经济学中的常用函数

1.需求函数与供给函数

　　某一商品的需求量是指在一定时间内,市场上某种商品的各种可能的购买量.供给量是指在一定时间内,市场上某种商品可提供出售的商品量.影响需求与供给的因素很多,但在一定时期内,除价格外,其他因素变化不大,则需求量与供给量都可看作是价格 p 的函数.记需求量为 D,供给量为 S,则 $D=D(p)$, $S=S(p)$. $D(p)$ 称为需求函数,$S(p)$ 称为供给函数.

　　一般来说,商品的需求量 D、供给量 S 与价格 p 有着紧密的联系.当价格下降时,需求量会上升,供给量会下降;当价格上升时,需求量会下降,供给量会上升.当市场上某种商品的供给量与需求量相等时,商品的供需达到平衡,此时的价格称为均衡价格,记为 p_0,(p_0, Q_0) 称为供需平衡点(图 3-17).

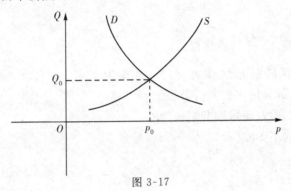

图 3-17

常用的需求函数为

线性函数 $\qquad\qquad D = -ap + b \quad (a>0, b>0)$

幂函数 $\qquad\qquad D = ap^{-b} \quad (a>0, b>0)$

指数函数 $\qquad\qquad D = ae^{-bp} \quad (a>0, b>0)$

常用的供给函数为

线性函数 $\qquad\qquad S = ap - b \quad (a>0, b>0)$

幂函数 $\qquad\qquad S = ap^{b} \quad (a>0, b>0)$

指数函数 $\qquad\qquad S = ae^{bp} \quad (a>0, b>0)$

2. 成本函数

　　总成本是生产和经营一定数量产品的总费用,通常用 C 来表示.一般用 q 来表示产量或销售量,在不计市场其他因素的前提下,C 可表示为 q 的函数,记为 $C = C(q)$.总成本包括固定成本 C_0 和可变成本 C_1,其中固定成本 C_0 为一常数,C_1 为产量或销量的函数,即 $C = C_0 + C_1(q)$,C 为 q 的单增函数.当 $q = 0$ 时,$C = C_0$.

3. 收益函数

　　总收益是生产者出售一定量的产品的总收入,用 q 表示销售产品的数量,R 表示总收益,$\overline{R}$ 表示平均收益,则

$$R = R(q), \quad \overline{R} = \frac{R(q)}{q}$$

若产品的售价为 p,则 $R(q) = pq$,$\overline{R} = p$.

4. 利润函数

　　总收益与总成本之差为总利润,用 L 表示,即

$$L(q) = R(q) - C(q)$$

$L(q)$ 称为利润函数.

5. 库存成本函数

　　生产单位在时间 T 内对物品的总需求量为 Q,均匀地分 n 次进货,每次进货量为 $q =$

$\dfrac{Q}{n}$,进货周期为 $t=\dfrac{T}{n}$. 若每件物品贮存单位时间的费用为 C_1,每次进货费用为 C_2,每次进货量相同,进货时间间隔相同,匀速消耗贮存货物,则平均库存为 $\dfrac{q}{2}$,在时间 T 内总费用为

$$E=\frac{1}{2}C_1Tq+C_2\frac{Q}{q}$$

其中 $\dfrac{1}{2}C_1Tq$ 为贮存费,$C_2\dfrac{Q}{q}$ 为进货费.

【例1】 某电视机的售价为 1800 元/台,成本为 1500 元/台.厂家为促销,规定订购量超过 100 台的超过部分按售价九折销售.

求:(1)成本函数、收益函数和利润函数.

(2)若某公司订购了 1000 台,厂家的利润是多少?

解 设购买量为 x 台.

(1)成本函数为 $\qquad C(x)=1500x.$

收益函数为 $\quad R(x)=\begin{cases}1800x, & x\leqslant100 \\ 1800\times100+(x-100)\times1800\times0.9, & x>100\end{cases}$

$\qquad\qquad\qquad =\begin{cases}1800x, & x\leqslant100 \\ 18000+1620x, & x>100\end{cases}$

利润函数为 $\quad L(x)=R(x)-C(x)=\begin{cases}300x, & x\leqslant100 \\ 120x+18000, & x>100\end{cases}$

(2)当 $x=1000$ 台时,

$$L(1000)=120\times1000+18000=138000(元)$$

3.7.2 边际分析

1.边际的概念

定义1 设 $y=f(x)$ 是一个经济函数,若 $f'(x)$ 存在,则称导数 $f'(x)$ 为 $f(x)$ 的边际函数,$f'(x_0)$ 为 x 在 x_0 处的边际函数值.

由上一章学习的导数的概念可知:

$$f'(x_0)=\lim_{\Delta x\to0}\frac{f(x_0+\Delta x)-f(x_0)}{\Delta x}$$

表示的是 $\Delta x\to0$ 时,函数 $f(x)$ 在 x_0 处的瞬时变化率.但在经济活动中,x 的变化值 Δx 往往以 1 为变化单位,因此用微分来考察一下.

设在 $x=x_0$ 处,自变量 x 的改变量为 Δx,相应的因变量 y 在 $y_0=f(x_0)$ 处的改变量为

$$\Delta y=f(x_0+\Delta x)-f(x_0)$$

而 $\qquad\qquad\qquad \Delta y\approx\mathrm{d}y=f'(x_0)\Delta x$

若 $\Delta x=1$,则 $\Delta y\approx f'(x_0)$.

这说明当 x 在 x_0 处改变一个单位时,y 近似地改变了 $f'(x_0)$ 个单位.在经济学的实际应用中,常常略去"近似"二字,即边际函数值 $f'(x_0)$ 表示自变量 x 在 x_0 处改变一个单

位时,因变量 y 改变了 $f'(x_0)$ 个单位. 例如 $y=x^2$,在 $x=3$ 处,$y'(3)=6$,表示在 $x=3$ 处,x 改变了 1 个单位,y 改变了 6 个单位.

在边际分析中,我们主要研究边际成本、边际收益、边际利润.

2. 边际成本

成本函数为 $C=C(q)$,其中 q 为变量. 成本函数 $C(q)$ 的导数 $C'(q)$ 称为边际成本.

$C'(q)$ 表示在已生产了 q 单位产品的情况下,再多生产 1 单位产品时总成本增加的量.

【例 2】 设某产品生产 q 件时的成本(单位:元)为

$$C(q)=1000+\frac{q}{900}+\frac{q^2}{1500}$$

求:(1)生产 900 件产品时的总成本.

(2)生产 900 件产品时的边际成本.

解 (1)$C(900)=1000+\frac{900}{900}+\frac{900^2}{1500}=1541$(元)

(2)$C'(q)=\frac{1}{900}+\frac{q}{750}$,$C'(900)=\frac{1}{900}+\frac{6}{5}=\frac{1081}{900}$.

在生产 900 件时,再多生产 1 件,会增加费用 $\frac{1081}{900}$ 元.

3. 边际收益

收益函数 $R(q)$ 的导数 $R'(q)$ 称为边际收益,表示在已销售了 q 单位产品的前提下,再销售 1 单位产品所增加的收益.

若价格 p 为定值,则 $R(q)=p \cdot q$. 若价格 p 为变化的,是销量 q 的函数时,即 $p=p(q)$,则收益函数 $R(q)=p(q) \cdot q$,边际收益为 $R'(q)=p(q)+q \cdot p'(q)$.

4. 边际利润

利润函数 $L(q)$ 的导数 $L'(q)$ 称为边际利润,表示在已生产了 q 单位产品的情况下,再生产 1 单位产品所增加的利润.

由于利润函数等于收益函数与成本函数之差,即

$$L(q)=R(q)-C(q)$$

则 $L'(q)=R'(q)-C'(q)$.

$L'(q)>0$ 时,$R'(q)>C'(q)$,利润增加;$L'(q)=0$ 时,$R'(q)=C'(q)$,利润不再增加;$L'(q)<0$ 时,$R'(q)<C'(q)$,利润减少.

【例 3】 某公司生产某种产品的收益函数 $R(q)$ 和成本函数 $C(q)$ 的图形如图 3-18 所示.

求:(1)公司在 $q=50$ 时应增加还是减少产量来获取更大利润?

(2)$q=80$ 的经济意义是什么?

解 (1)在 $q=50$ 时,$R'(50)>C'(50)$($R(50)$ 的斜率比 $C(50)$ 的斜率大),所以 $L'(50)>0$,应增加产量

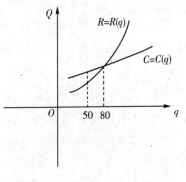

图 3-18

来获取更大利润.

(2)$q=80$ 时,$R(q)=C(q)$,收益与成本相等.但在此点处 $R'(80)>C'(80)$,再多生产一个产品时,利润仍是增加的,仍应增加产量.

3.7.3 弹性分析

1.弹性的概念

在经济分析中,对于不同的自变量取值,当自变量产生相同的改变量时,对经济生活的影响是有着很大的差别的,例如需求函数 $D=D(p)$ 一般为价格 p 的反函数,价格上升会导致需求量下降,价格下降会促使需求量上升,即起到促销的作用.在价格为 200 元和 2000 元时各降低 100 元,促销的效果是不同的.事实上价格为 200 元时降价幅度达到了 50%,而价格为 2000 元时只有 5%,因此需研究函数的相对改变量与相对变化率.

设 $y=f(x)$ 为经济函数,x 在 x_0 点的改变量为 Δx,相应地 y 在 y_0 处的改变量为 Δy,$\dfrac{\Delta x}{x_0}$ 与 $\dfrac{\Delta y}{y_0}$ 为自变量与函数在 x_0,y_0 处的相对改变量.在经济分析中常需要分析当 x 在 x_0 处改变 1 个 1% 时,y 在 y_0 处改变了多少,即 $\dfrac{\Delta x}{x_0}$ 与 $\dfrac{\Delta y}{y_0}$ 之比.

定义 2 设经济函数 $y=f(x)$ 在 x_0 可导,函数的相对改变量为 $\dfrac{\Delta y}{y_0}$,自变量的相对改变量为 $\dfrac{\Delta x}{x_0}$,$\dfrac{\Delta y/y_0}{\Delta x/x_0}$ 称为函数 $f(x)$ 从 x_0 到 $x_0+\Delta x$ 两点间的平均相对变化率,或称两点间的弹性.当 $\Delta x \to 0$ 时,$\dfrac{\Delta y/y_0}{\Delta x/x_0}$ 的极限称为 $f(x)$ 在 x_0 处的相对变化率,或称弹性,记作 $\left.\dfrac{Ey}{Ex}\right|_{x=x_0}$,或 $\dfrac{E}{Ex}f(x_0)$. 即

$$\left.\frac{Ey}{Ex}\right|_{x=x_0}=\lim_{\Delta x \to 0}\frac{\dfrac{\Delta y}{y_0}}{\dfrac{\Delta x}{x_0}}=\lim_{\Delta x \to 0}\frac{\Delta y}{\Delta x}\frac{x_0}{y_0}=\frac{f'(x_0)}{f(x_0)}x_0$$

定义 3 对任意 x,若 $f'(x)$ 存在,则 $\dfrac{Ey}{Ex}=\dfrac{f'(x)}{f(x)}x$ 为 x 的函数,称为 $f(x)$ 的弹性函数.

弹性函数反映了函数 $f(x)$ 对自变量 x 相对变动的灵敏度.

由弹性定义可知,当 $\dfrac{\Delta x}{x_0}=1\%$ 时,$\dfrac{\Delta y}{y_0} \approx \left.\dfrac{Ey}{Ex}\right|_{x=x_0}\%$,即在 x_0 处,当 x 产生 1% 的相对改变量时,$f(x)$ 近似产生 $\left.\dfrac{Ey}{Ex}\right|\%$ 的相对改变量.

讨论两点间的弹性时,需注意初始值,即弹性是有方向的.例如函数 $y=x^2$,初始值 $x_0=1$,$\Delta x=0.1$,此时 $x_0+\Delta x=1.1$,$y_0=1$,则

$$\Delta y=(x_0+\Delta x)^2-x_0{}^2=1.1^2-1^2=0.21$$

1 到 1.1 两点间的弹性为 $\dfrac{\Delta y/y_0}{\Delta x/x_0}=2.1$;若初始值为 $x_0=1.1$,$\Delta x=-0.1$,此时 $x_0+\Delta x=$

$1, y_0 = 1.21$，则

$$\Delta y = (x_0 + \Delta x)^2 - x_0^2 = 1^2 - 1.1^2 = -0.21$$

1.1 到 1 两点间的弹性为 $\dfrac{\Delta y / y_0}{\Delta x / x_0} = 1.91$.

【例 4】　设函数 $y = ax + b$，求 $\dfrac{Ey}{Ex}$ 及 $\dfrac{Ey}{Ex}\Big|_{x=2}$.

解　　　　　　　　　　　　　$y' = a$

$$\frac{Ey}{Ex} = \frac{y'}{y} x = \frac{a}{ax+b} x = \frac{ax}{ax+b}$$

$$\frac{Ey}{Ex}\Big|_{x=2} = \frac{2a}{2a+b}$$

2. 经济学中常用的弹性函数

(1) 供给的价格弹性

设 $S = S(p)$ 是市场对某一商品的供给函数，p 为商品价格，S 为供给量，则

$$\frac{ES}{Ep} = \frac{\mathrm{d}S}{\mathrm{d}p} \cdot \frac{p}{S} = \frac{S'(p)}{S} p$$

称为供给的价格弹性，简记为 E_S.

通常情况下 S 是 p 的单增函数，即 $S'(p) > 0$. 又因为 $p > 0$，$S \geqslant 0$，所以供给的价格弹性 $\dfrac{ES}{Ep} \geqslant 0$，它表示当价格从 p 处上升 1% 时，市场供给量从 $S(p)$ 处增加了 $\dfrac{ES}{Ep}$%.

(2) 需求的价格弹性

设 $D = D(p)$ 是市场对某一商品的需求函数，p 为商品价格，D 是需求量，则

$$\frac{ED}{Ep} = \frac{\mathrm{d}D}{\mathrm{d}p} \cdot \frac{p}{D} = \frac{D'(p)}{D} p$$

称为需求的价格弹性，简记为 E_D. 它反映了当价格变化一定百分比后引起的需求量变化的反应程度.

【例 5】　设某商品的需求函数为 $D = 100(2 - \sqrt{p})$，求 $p = 1$ 时的价格弹性.

解　　　　　　　　　　　$E_D = \dfrac{D'(p)}{D} p$

$$D'(p) = -50 \frac{1}{\sqrt{p}}$$

当 $p = 1$ 时，$D = 100$，$D'(1) = -50$，所以

$$E_D = \frac{-50}{100} \times 1 = -\frac{1}{2}$$

由于一般情况下，需求量会随着价格的上升而下降，因此 $D(p)$ 是一个单减函数，$D'(p) < 0$，而 $D \geqslant 0$，$p \geqslant 0$，所以 $E_D \leqslant 0$，即需求的价格弹性通常为负值. 在实际应用中，也常用 η 来表示 E_D.

在经济领域中，当 $\eta < -1$ 时，称为高弹性，此时商品需求量的变化百分数会超过价格变化的百分数；当 $-1 < \eta < 0$ 时，称为低弹性，此时商品需求量的变化百分数低于价格变化的百分数；当 $\eta = -1$ 时，称为单位弹性，即在当前价格水平下，价格变动的百分比与需

求量变化的百分比相同;当 $\eta=0$ 时,称为无弹性,即无论价格如何变化,需求量都没有变化,这种情况是没有的,但有些情况下,η 近似为 0,如消费者对一些生活必需品、食物的需求等.

下面考虑需求的价格弹性与总收益的关系.

$R=R(p)$ 为收益函数,则 $R=pD(p)$.

$$R'=D(p)+pD'(p)=D(p)\left(1+p\frac{D'(p)}{D(p)}\right)=D(p)(1+\eta)$$

(i)若 $\eta<-1$,需求变化百分数大于价格变化百分数,即小幅降(涨)价会导致大幅销量上升(下降),此时 $R'<0$,即价格上涨,总收益下降;价格下降,总收益增加.

(ii)若 $\eta>-1$,与(i)正好相反,此时 $R'>0$,即价格上涨,总收益增加;价格下降,总收益减少.

(iii)若 $\eta=-1$,需求变化百分数正好等于价格变化百分数,此时 $R'=0$,即总收益保持不变,R 达到了最大值.

总之,总收益受需求弹性的制约,其关系如图 3-19 所示.

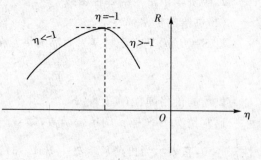

图 3-19

【例 6】 设商品的需求函数为 $D(p)=12-\dfrac{p}{2}$,求:(1)需求弹性函数;(2)在 $p=6$ 时,若价格上涨 1%,总收益增加还是减少?将变化百分之几?

解 (1)

$$D'(p)=-\frac{1}{2}$$

$$E_D=\frac{D'(p)}{D}p=-\frac{1}{2}\frac{p}{D}=\frac{p}{p-24}$$

(2)$p=6$ 时,$\eta=E_D=\dfrac{6}{6-24}=-0.33>-1$.

其经济意义是:$p=6$ 时,若价格上涨 1%,总收益将上涨 0.33%,所以总收益增加.

3.7.4　经济学中的最值问题

本节中,为了简化计算,将价格、产量、销量等自变量均记为 x.

1.最大收益问题

【例 7】 设价格函数为 $p=12e^{-\frac{x}{3}}$,其中 x 为产量.求:产量、价格为多少时,收益最大?

解 收益函数 $R(x)=xp=12xe^{-\frac{x}{3}}$,$R'(x)=(12-4x)e^{-\frac{x}{3}}$.令 $R'(x)=0$,得 $x=3$.又

$$R''(x)=\left(\frac{4}{3}x-8\right)e^{-\frac{x}{3}},\quad R''(3)=-4e^{-1}<0$$

所以 $x=3$ 为唯一极大值点,为最大值点.即产量为 3 时,收益最大,此时价格 $p=\dfrac{12}{e}$,收益

$R = \dfrac{36}{e}.$

2. 最大利润问题

【例 8】 某厂生产一款新电视机,卖出 x 台时,其收益(单位:元)为 $R(x) = (280 - 0.4x)x$,生产成本(单位:元)为 $C(x) = 5000 + 0.6x^2.$

求:(1)总利润 $L(x)$.

(2)生产多少台时,所获利润最大?并求出最大利润.

解　(1)$L(x) = R(x) - C(x) = (280 - 0.4x)x - (5000 + 0.6x^2)$
$$= -x^2 + 280x - 5000$$

(2)由题意可知,$x > 0.$ 为求最大利润,令
$$L'(x) = -2x + 280 = 0$$

得 $x = 140.$

又
$$L''(x) = -2, \quad L''(140) = -2 < 0$$
$$L(140) = 14600(元)$$

所以生产 140 台时所获利润最大,最大利润为 14600 元.

3. 平均成本最小问题

每单位产品所承担的成本费用称为平均成本函数,记为 $\overline{C}(x).\ \overline{C}(x) = \dfrac{C(x)}{x},x$ 为产品数,$x > 0.$

讨论 $\overline{C}(x)$ 的最小值问题,可令
$$\overline{C}'(x) = \frac{xC'(x) - C(x)}{x^2} = 0$$

得
$$C'(x) = \frac{C(x)}{x} = \overline{C}(x)$$

由于 $\overline{C}'(x) = 0$ 是 $\overline{C}(x)$ 取得极小值的必要条件,所以只有边际成本等于平均成本时,平均成本才有可能达到最小值.

【例 9】 一公司产品的成本函数为 $C(x) = 900 + 2x + 0.01x^2,x$ 为产品数.求:产量多大时,平均成本能达到最低?并求出最低平均成本.

解　(1)平均成本函数为
$$\overline{C}(x) = \frac{C(x)}{x} = \frac{900 + 2x + 0.01x^2}{x} = \frac{900}{x} + 2 + 0.01x$$
$$\overline{C}'(x) = -\frac{900}{x^2} + 0.01$$

令 $\overline{C}'(x) = 0$,得 $x = 300.$

$$\overline{C}''(x) = \frac{1800}{x^3}$$

$$\overline{C}''(300) = \frac{1}{15000} > 0$$

所以 $x = 300$ 为唯一极小值点,且为最小值点,最小值为 $\overline{C}(300) = 8.$ 当产量为 300 时,平均成本达到最小值 8.

4. 库存成本最小问题

【**例 10**】 某商场年销计算器 360 台,分为 x 批进货,每批进货量相同.已知每批进货成本为固定费用 10 元,每台计算器需另加 8 元,而一台未售计算器一年的库存费用为 8 元.设商品销售是均匀的,求分多少批进货时,才能使以上两种费用总和最省?

解 由题意,采购费用

$$C_1(x) = \left(10 + 8 \cdot \frac{360}{x}\right) \cdot x$$

由于销售均匀,所以库存商品数为每批商品进货数 $\frac{360}{x}$ 的一半,即 $\frac{180}{x}$,因而商品的库存费用为

$$C_2(x) = \frac{180}{x} \cdot 8$$

总费用为

$$C(x) = C_1(x) + C_2(x) = \left(10 + 8 \cdot \frac{360}{x}\right) \cdot x + \frac{180}{x} \cdot 8$$

$$= 10x + \frac{1440}{x} + 2880 \quad (x > 0)$$

$$C'(x) = 10 - \frac{1440}{x^2}$$

令 $C'(x) = 0$,得 $x = 12$(批).

$$C''(x) = \frac{2880}{x^3}, \quad C''(12) = \frac{5}{3} > 0$$

所以 $x = 12$,即分 12 批进货时,采购费用与库存费用的总和最省.

习题 3.7

(A)

1. 某公司生产某产品 2000 吨,固定成本为 5000 元,可变成本为 100 元/吨.销售方案如下:购买 500 吨以下的,按 150 元/吨销售;500 吨~1500 吨,按 9 折销售;超过 1500 吨,按 8 折销售.求成本函数、收益函数和利润函数.

2. 某商品的需求函数为 $D(p) = 100 - \frac{5}{2}p$,供给函数为 $S(p) = \frac{5}{4}(p-10)$,求均衡价格和均衡需求量.

3. 某商场每年需进货 3000 件.分批进货,每批进货量相同.每批进货需 500 元运费.每件商品供应价为 150 元/件.若商场匀速地销售该商品,每件商品的库存费用为 10 元/件.试将商场每年在该商品上的投资总额表示为每批进货量的函数.

4. 某商品的总成本为产量 x 的函数:$C(x) = 20 + 4x + \frac{1}{5}x^2$.

求:(1)产量 $x = 100$ 时的边际成本;

(2)产量 $x = 100$ 时的平均单位成本.

5. 某电冰箱厂家生产一款电冰箱,销售量 q 与单价 p 之间的关系为 $p = 200 - 0.4q - q^2$,生产 q 台冰箱的总成本为 $C(q) = 5000 + 0.6q^2$.

求:(1)总收益函数 $R(q)$ 及边际收益;

(2)总利润函数 $L(q)$ 及边际利润;

(3)q 为何值时,边际利润为 0.

6. 求函数 $y=\dfrac{e^x}{x^2}$ 的弹性函数.

7. 某商品的需求函数为 $D(p)=200-4p$,p 为价格.

求:(1)需求弹性函数;

(2)需求弹性小于 -1,大于 -1,等于 -1 的商品价格 p 的取值范围;

(3)$p=30$ 时,若价格下降 1%,总收益是增加还是减少? 将变化百分之几?

8. 某产品的单价为 $p=8-0.2q$(万元/吨),q 为销售量,总成本函数为 $C(q)=1+4q$(万元).

求:(1)单价定为多少时,总收益最大?

(2)销售量 q 为多少时,总利润最大? 此时价格为多少?

9. 某厂每批生产 q 个单位商品的成本为 $C(q)=5q+200$,将产品全部销售后得到的总销售收入为 $R(q)=10q-0.001q^2$,求每批生产多少个产品,才能使利润最大?

10. 某公司生产某种商品的固定成本为 25000 元,可变成本为 $2x+0.1x^2$,x 为产量.求产量多大时,平均成本达到最低,并求出最低平均成本.

11. 某商场每年销售 10000 件服装,库存一件服装一年的费用为 20 元.订购时,每批需付 40 元固定费用,每件衣服需另加 16 元.若每批订货数相同,商场匀速销售服装,求每年需订几次货,能使以上两项费用合起来最小? 每次批量是多少?

12. 某商店每周购进一批商品,进价为 6 元/件.如售价定为 10 元/件,可售出 120 件.当售价降低 0.5 元/件时,销量增加 20 件.求:售价 p 定为多少和每周进货多少时利润最大? 最大利润为多少?

(B)

1. 设某商品的成本函数为 $C=aq^2+bq+c$,需求函数为 $q=\dfrac{1}{e}(d-p)$,其中 p 为价格,a,b,c,d,e 为正常数,且 $d>b$.

求:(1)利润最大时的产量及最大利润;

(2)需求对价格的弹性.

第4章　不定积分

在微分学中,我们讨论了如何求一个函数的导函数问题.但在科学技术领域中,还会遇到与此相反的问题:即寻求一个可导函数,使其导数等于一个已知函数.从而产生了一元函数积分学.积分学分为不定积分和定积分两部分.本章就从导数的逆运算引出不定积分的概念,然后介绍其性质,最后着重系统介绍不定积分的方法.

4.1　不定积分的概念、性质

4.1.1　原函数

1.原函数的概念

定义1　如果在区间 I 内,可导函数 $F(x)$ 的导函数为 $f(x)$,即对任一 $x \in I$,都有 $F'(x) = f(x)$ 或 $dF(x) = f(x)dx$,那么函数 $F(x)$ 就称为 $f(x)$ 在区间 I 内的一个原函数.

例如 $(\sin x)' = \cos x$,故 $\sin x$ 是 $\cos x$ 的一个原函数.

$(\ln x)' = \dfrac{1}{x}$ $(x>0)$,故 $\ln x$ 是 $\dfrac{1}{x}$ 在区间 $(0, +\infty)$ 内的一个原函数.

定义中要求 $F(x)$ 为可导函数,函数可导要具备一定条件,那么要保证一个函数的原函数存在,需具备什么条件呢? 这个问题将在下一章中讨论,这里先介绍一个定理.

2.原函数存在定理

定理1　如果函数 $f(x)$ 在区间 I 内连续,那么在区间 I 内存在可导函数 $F(x)$,使对任一 $x \in I$,都有

$$F'(x) = f(x)$$

简言之:连续函数一定有原函数.

这是原函数存在的一个充分条件.若一个函数的原函数存在,它的原函数是否唯一? 若不唯一,同一个函数 $f(x)$ 的两个原函数之间会有什么联系呢?

3.原函数的性质

性质1　若一个函数的原函数存在,则它的原函数不唯一.

证明　若 $F(x)$ 是 $f(x)$ 在区间 I 上的原函数，即 $F'(x)=f(x)$，则对任一常数 C，都有 $[F(x)+C]'=f(x)$，即 $F(x)+C$ 也是 $f(x)$ 的原函数．所以，$f(x)$ 的原函数不唯一．

性质 2　若 $F(x),G(x)$ 都是 $f(x)$ 在区间 I 上的原函数，则存在常数 C，使得 $G(x)=F(x)+C$．也就是说，$f(x)$ 的任意两个原函数只相差一个常数．

证明　$F(x),G(x)$ 是 $f(x)$ 在区间 I 上的两个原函数，即

$$F'(x)=f(x), \quad G'(x)=f(x)$$

于是

$$\left[F(x)-G(x)\right]'=F'(x)-G'(x)=0$$

由拉格朗日中值定理的推论知导数恒为零的函数必为常数，所以

$$F(x)-G(x)=C \quad (C \text{ 为某个常数})$$

也就是说，当 C 为任意常数时，$F(x)+C$ 就表示 $f(x)$ 的所有原函数．$f(x)$ 的全体原函数组成的集合 $\{F(x)+C \mid -\infty<C<+\infty\}$ 称为 $f(x)$ 的原函数族．

4.1.2　不定积分的概念

1. 概念

定义 2　在区间 I 上，函数 $f(x)$ 的全体原函数称为 $f(x)$ 在区间 I 上的不定积分，记作

$$\int f(x)\mathrm{d}x$$

其中符号 $\int$ 称为积分号，$f(x)$ 称为被积函数，$f(x)\mathrm{d}x$ 称为被积表达式，x 称为积分变量．

由此定义及原函数的性质 2 可知，若 $F(x)$ 是 $f(x)$ 在区间 I 上的任意一个原函数，则 $f(x)$ 的不定积分可表示为

$$\int f(x)\mathrm{d}x = F(x)+C$$

2. 不定积分的几何意义

函数 $f(x)$ 的一个原函数 $y=F(x)$ 表示的曲线称为 $f(x)$ 的一条积分曲线，这条曲线上任一点 $(x,F(x))$ 处的切线斜率等于 $f(x)$．曲线 $y=F(x)$ 沿着 y 轴平行移动，得到一族平行曲线 $y=F(x)+C$，它们都是 $f(x)$ 的原函数的曲线（图 4-1）．因此，$f(x)$ 的不定积分表示一族平行的积分曲线，称为积分曲线族．

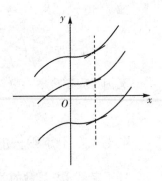

图 4-1

注意　一个函数的不定积分既不是一个数，也不是一个函数，而是一个函数族．

【例 1】　求 $\int x^5 \mathrm{d}x$．

解　由 $\left(\dfrac{x^6}{6}\right)'=x^5$，知

$$\int x^5 \mathrm{d}x = \frac{x^6}{6} + C$$

【例2】 求 $\int \frac{1}{x} \mathrm{d}x$.

解 当 $x > 0$ 时,$(\ln x)' = \frac{1}{x}$,所以

$$\int \frac{1}{x} \mathrm{d}x = \ln x + C$$

当 $x < 0$ 时,$[\ln(-x)]' = \frac{1}{x}$,所以

$$\int \frac{1}{x} \mathrm{d}x = \ln(-x) + C$$

故 $\qquad\qquad \int \frac{1}{x} \mathrm{d}x = \ln|x| + C \quad (x \neq 0)$

【例3】 设曲线通过点 $(1,2)$,且其上任一点处的切线斜率等于这点横坐标的两倍,求此曲线方程.

解 设曲线方程为 $y = f(x)$,对任一点坐标 (x,y),由题意知 $\frac{\mathrm{d}y}{\mathrm{d}x} = 2x$,即 $f(x)$ 是 $2x$ 的一个原函数.

因为 $\int 2x \mathrm{d}x = x^2 + C$,所以 $f(x) = x^2 + C$.

由曲线通过点 $(1,2)$,得 $C = 1$,所以 $y = x^2 + 1$ 就是所求曲线.其中 $x = 1, y = 2$ 又称为曲线的初始条件.

【例4】 某工厂生产某种产品,已知每月生产 q 单位产品的边际成本是 $C'(q) = 2 + \frac{7}{\sqrt[3]{q^2}}$,且固定成本是 5000 元,求总成本 C 与月生产量 q 的函数关系.

解 因为 $C'(q) = 2 + \frac{7}{\sqrt[3]{q^2}}$,所以

$$C(q) = \int \left(2 + \frac{7}{\sqrt[3]{q^2}}\right) \mathrm{d}q = 2q + 21 \cdot \sqrt[3]{q} + C_0 \quad (C_0 \text{ 为任意常数})$$

又因为固定成本为 5000 元,即 $C(0) = 5000$,代入上式得 $C_0 = 5000$.于是所求函数为

$$C(q) = 2q + 21 \cdot \sqrt[3]{q} + 5000$$

4.1.3 不定积分的性质

1. 不定积分与导数的关系

(1) 若 $f(x)$ 有原函数,则

$$\left(\int f(x) \mathrm{d}x\right)' = f(x) \text{ 或 } \mathrm{d}\left(\int f(x) \mathrm{d}x\right) = f(x) \mathrm{d}x$$

(2) 若 $F(x)$ 可导,且导函数 $F'(x)$ 连续,则

$$\int F'(x) \mathrm{d}x = F(x) + C \text{ 或} \int \mathrm{d}F(x) = F(x) + C$$

由此可见,微分运算(记号 d)与积分运算(记号 $\int$)是互逆的.例如,

$$\left(\int \sin x \mathrm{d}x\right)' = \sin x, \quad \left[\int(3x^2+x)\mathrm{d}x\right]' = 3x^2 + x$$

$$\int \mathrm{d}\sin x = \sin x + C, \quad \int \mathrm{d}(3x^2+x) = 3x^2 + x + C$$

2. 不定积分的性质

性质 1(可加性) 若 $f(x), g(x)$ 有原函数,则

$$\int[f(x) \pm g(x)]\mathrm{d}x = \int f(x)\mathrm{d}x \pm \int g(x)\mathrm{d}x$$

证明 $\left[\int f(x)\mathrm{d}x \pm \int g(x)\mathrm{d}x\right]' = \left[\int f(x)\mathrm{d}x\right]' \pm \left[\int g(x)\mathrm{d}x\right]'$

$$= f(x) \pm g(x) = \left\{\int[f(x) \pm g(x)]\mathrm{d}x\right\}'$$

即

$$\int[f(x) \pm g(x)]\mathrm{d}x = \int f(x)\mathrm{d}x \pm \int g(x)\mathrm{d}x$$

此法则可推广到 n 个(有限)函数,即 n 个函数的代数和的不定积分等于 n 个函数不定积分的代数和.

性质 2(齐次性) 若 $k \neq 0$,则 $\int kf(x)\mathrm{d}x = k\int f(x)\mathrm{d}x$.

证明 $\left[k\int f(x)\mathrm{d}x\right]' = kf(x) = \left[\int kf(x)\mathrm{d}x\right]'$

即

$$\int kf(x)\mathrm{d}x = k\int f(x)\mathrm{d}x$$

推论 $\int[k_1 f(x) \pm k_2 g(x)]\mathrm{d}x = k_1\int f(x)\mathrm{d}x \pm k_2\int g(x)\mathrm{d}x$

4.1.4 基本积分表

由于求不定积分是求微分的逆运算,因此任何一个微分公式反过来就是一个求不定积分的公式.

以下是由基本初等函数微分公式演变来的,称为基本积分表.

(1) $\int k\mathrm{d}x = kx + C(k$ 是常数$)$;

(2) $\int x^\mu \mathrm{d}x = \dfrac{1}{\mu+1}x^{\mu+1} + C(\mu \neq -1)$;

(3) $\int \dfrac{1}{x}\mathrm{d}x = \ln|x| + C$;

(4) $\int \dfrac{1}{1+x^2}\mathrm{d}x = \arctan x + C = -\operatorname{arccot} x + C$;

(5) $\int \dfrac{1}{\sqrt{1-x^2}}\mathrm{d}x = \arcsin x + C = -\arccos x + C$;

(6) $\int \cos x \mathrm{d}x = \sin x + C$;

(7) $\int \sin x \, dx = -\cos x + C$;

(8) $\int \dfrac{1}{\cos^2 x} \, dx = \int \sec^2 x \, dx = \tan x + C$;

(9) $\int \dfrac{1}{\sin^2 x} \, dx = \int \csc^2 x \, dx = -\cot x + C$;

(10) $\int \sec x \cdot \tan x \, dx = \sec x + C$;

(11) $\int \csc x \cdot \cot x \, dx = -\csc x + C$;

(12) $\int e^x \, dx = e^x + C$;

(13) $\int a^x \, dx = \dfrac{1}{\ln a} a^x + C \, (a > 0 \text{ 且 } a \neq 1)$.

以上是 13 个基本积分公式,是求不定积分的基础,必须熟记. 下面结合不定积分的性质,可以求出一些简单函数的不定积分.

【例 5】 求 $\int x^2 \sqrt{x} \, dx$.

解 $\int x^2 \sqrt{x} \, dx = \int x^{\frac{5}{2}} \, dx = \dfrac{1}{\frac{5}{2}+1} x^{\frac{5}{2}+1} + C = \dfrac{2}{7} x^{\frac{7}{2}} + C$

【例 6】 求 $\int \dfrac{1}{x \cdot \sqrt[3]{x}} \, dx$.

解 $\int \dfrac{1}{x \cdot \sqrt[3]{x}} \, dx = \int x^{-\frac{4}{3}} \, dx = \dfrac{1}{-\frac{4}{3}+1} x^{-\frac{4}{3}+1} + C = -3 x^{-\frac{1}{3}} + C$

【例 7】 求 $\int \left(3x + 5\cos x + \dfrac{2}{x^2} + \sqrt{x} + \dfrac{1}{\sqrt[3]{x}} \right) dx$.

解 原式 $= \int 3x \, dx + \int 5\cos x \, dx + \int \dfrac{2}{x^2} \, dx + \int \sqrt{x} \, dx + \int \dfrac{1}{\sqrt[3]{x}} \, dx$

$= \dfrac{3}{2} x^2 + 5\sin x - \dfrac{2}{x} + \dfrac{2}{3} x^{\frac{3}{2}} + \dfrac{3}{2} x^{\frac{2}{3}} + C$

【例 8】 求 $\int \dfrac{(x+1)^3}{x} \, dx$.

解 $\int \dfrac{(x+1)^3}{x} \, dx = \int \dfrac{x^3 + 3x^2 + 3x + 1}{x} \, dx$

$= \int \left(x^2 + 3x + 3 + \dfrac{1}{x} \right) dx$

$= \dfrac{1}{3} x^3 + \dfrac{3}{2} x^2 + 3x + \ln |x| + C$

【例 9】 求 $\int \dfrac{x^4}{1+x^2} \, dx$.

解 $\int \dfrac{x^4}{1+x^2} \, dx = \int \dfrac{x^4 - 1 + 1}{1+x^2} \, dx = \int \dfrac{(x^2-1)(x^2+1)+1}{1+x^2} \, dx$

$$= \int (x^2 - 1) dx + \int \frac{1}{1+x^2} dx$$

$$= \frac{x^3}{3} - x + \arctan x + C$$

【例 10】　求 $\int \dfrac{1}{x^2(1+x^2)} dx$.

解　$\int \dfrac{1}{x^2(1+x^2)} dx = \int \left(\dfrac{1}{x^2} - \dfrac{1}{1+x^2} \right) dx = -\dfrac{1}{x} - \arctan x + C$

$$= -\frac{1}{x} + \text{arccot} x + C$$

例 8 ~ 例 10 的被积函数在基本积分表中没有,我们可以通过简单的变形,把它们进行分项(或拆项)后,再逐项积分.

【例 11】　求 $\int (3^x + x^3 + 2^x e^x) dx$.

解　$\int (3^x + x^3 + 2^x e^x) dx = \dfrac{3^x}{\ln 3} + \dfrac{x^4}{4} + \dfrac{1}{\ln 2e} (2e)^x + C$

$$= \frac{3^x}{\ln 3} + \frac{x^4}{4} + \frac{2^x e^x}{\ln 2 + 1} + C$$

这里我们使用了关系式

$$2^x e^x = (2e)^x$$

并且把 2e 看作公式(13) 中的 a,再用这个公式.

当被积函数是三角函数时,对某些积分表中没有且又比较特别的情况,可以通过三角函数恒等变形,化为基本积分表中已有的类型,然后再积分.

【例 12】　求 $\int \sin^2 \dfrac{x}{2} dx$.

解　$\int \sin^2 \dfrac{x}{2} dx = \int \dfrac{1}{2}(1 - \cos x) dx = \dfrac{1}{2} \int dx - \dfrac{1}{2} \int \cos x dx$

$$= \frac{1}{2} x - \frac{1}{2} \sin x + C$$

【例 13】　求 $\int \dfrac{\cos 2x}{\sin^2 x \cdot \cos^2 x} dx$.

解　$\int \dfrac{\cos 2x}{\sin^2 x \cdot \cos^2 x} dx = \int \dfrac{\cos^2 x - \sin^2 x}{\sin^2 x \cdot \cos^2 x} dx = \int \left(\dfrac{1}{\sin^2 x} - \dfrac{1}{\cos^2 x} \right) dx$

$$= -\cot x - \tan x + C$$

【例 14】　求 $\int \dfrac{1}{\sin^2 \dfrac{x}{2} \cos^2 \dfrac{x}{2}} dx$.

解　$\int \dfrac{1}{\sin^2 \dfrac{x}{2} \cos^2 \dfrac{x}{2}} dx = \int \dfrac{1}{\left(\dfrac{\sin x}{2} \right)^2} dx = 4 \int \dfrac{1}{\sin^2 x} dx$

$$= -4\cot x + C$$

习题 4.1

（A）

1. 求下列不定积分.

(1) $\int 4x^2\,\mathrm{d}x$

(2) $\int x\sqrt{x}\,\mathrm{d}x$

(3) $\int \dfrac{1}{x\sqrt{x}}\,\mathrm{d}x$

(4) $\int (1+\sqrt{x})^2\,\mathrm{d}x$

(5) $\int \dfrac{(x^2+1)^2}{x^3}\,\mathrm{d}x$

(6) $\int \dfrac{x^2}{1+x^2}\,\mathrm{d}x$

(7) $\int \dfrac{3x^4+3x^2+5}{x^2+1}\,\mathrm{d}x$

(8) $\int \left(e^x-\dfrac{1}{x}\right)\mathrm{d}x$

(9) $\int 3^x e^x\,\mathrm{d}x$

(10) $\int \dfrac{3\cdot 2^x+5\cdot 3^x}{2^x}\,\mathrm{d}x$

(11) $\int \dfrac{e^{2x}-1}{e^x-1}\,\mathrm{d}x$

(12) $\int \tan^2 x\,\mathrm{d}x$

(13) $\int \cos^2 \dfrac{x}{2}\,\mathrm{d}x$

(14) $\int \dfrac{\cos 2x}{\sin x+\cos x}\,\mathrm{d}x$

2. 已知生产某产品 x 个单位时边际成本是 $C'(x)=2+0.02x$,且固定成本为 2000 元,试求成本函数.

3. 一曲线通过点 $(e^2,3)$,且在任一点处的切线斜率等于该点横坐标的倒数,求曲线的方程.

（B）

1. 利用基本积分公式求下列积分.

(1) $\int \sqrt{x\sqrt{x\sqrt{x}}}\,\mathrm{d}x$

(2) $\int \sqrt[m]{x^n}\,\mathrm{d}x$($m,n$ 为非零常数)

(3) $\int (\sqrt{x}+1)(\sqrt[3]{x}+1)\,\mathrm{d}x$

(4) $\int (2-\sec^2 x)\,\mathrm{d}x$

(5) $\int \dfrac{3}{\sqrt{4-4x^2}}\,\mathrm{d}x$

(6) $\int e^x\left(1+\dfrac{e^{-x}}{\sqrt{x}}\right)\mathrm{d}x$

(7) $\int \dfrac{1}{1+\cos 2x}\,\mathrm{d}x$

(8) $\int \cot^2 x\,\mathrm{d}x$

(9) $\int \dfrac{1+\cos^2 x}{1+\cos 2x}\,\mathrm{d}x$

(10) $\int \dfrac{x^4}{1+x^2}\,\mathrm{d}x$

2. 求曲线 $y=f(x)$,使它在点 x 处的斜率为 $3x^2$,且曲线过点 $(2,8)$.

3. 某产品的边际成本 $C'(x)=2-x$,固定成本 $C_0=100$,边际收益 $R'(x)=20-4x$(单位:万元／台). 求:(1) 总成本函数 $C(x)$;(2) 收益函数 $R(x)$;(3) 生产量为多少台时,总利润最大?

4.2 换元积分法

利用基本积分表与积分的性质,可以求一些相对简单的函数的不定积分.但当被积函数较复杂时,单纯依靠这些公式和性质就难以奏效,如求积分 $\int \sin(3x+5)\,\mathrm{d}x$,它不能直接

用公式 $\int \sin x \, \mathrm{d}x = -\cos x + C$ 进行积分,这是因为被积函数是一个复合函数.我们知道,复合函数的微分法解决了许多复杂函数的求导(求微分)问题.同样,将复合函数的微分法用于求积分,即得复合函数的积分法 —— 换元积分法.换元积分法分为两类:(1) 第一类换元积分法,又叫凑微分法;(2) 第二类换元积分法.

4.2.1　第一类换元积分法

定理 1　设 $f(u)$ 具有原函数,$u = \varphi(x)$ 可导,则有换元公式

$$\int f[\varphi(x)]\varphi'(x)\mathrm{d}x = \left[\int f(u)\mathrm{d}u\right]_{u=\varphi(x)}$$

证明　设 $f(u)$ 具有原函数 $F(u)$,即

$$F'(u) = f(u), \quad \int f(u)\mathrm{d}u = F(u) + C$$

又因为 u 是关于 x 的可导函数,$u = \varphi(x)$,所以有

$$\int f[\varphi(x)]\varphi'(x)\mathrm{d}x = \int f[\varphi(x)]\mathrm{d}\varphi(x) = \int \mathrm{d}F[\varphi(x)] = F[\varphi(x)] + C$$

又

$$\left[\int f(u)\mathrm{d}u\right]_{u=\varphi(x)} = [F(u) + C]_{u=\varphi(x)} = F[\varphi(x)] + C$$

从而推得

$$\int f[\varphi(x)]\varphi'(x)\mathrm{d}x = \left[\int f(u)\mathrm{d}u\right]_{u=\varphi(x)}$$

推论　若 $\int f(x)\mathrm{d}x = F(x) + C$ 成立,则 $\int f(u)\mathrm{d}u = F(u) + C$ 也成立,其中 u 为关于 x 的任一可导函数.

该推论表明,在基本的积分公式中,把自变量 x 换为 u 的任一可导函数后,公式仍成立,这就大大地扩大了公式的使用范围.

该方法的关键在于从被积函数 $f[\varphi(x)] \cdot \varphi'(x)$ 中成功地分出一个因子 $\varphi'(x)$ 与 $\mathrm{d}x$ 凑成微分 $\mathrm{d}\varphi(x)$,而剩下部分正好表示成 $\varphi(x)$ 的函数,然后令 $\varphi(x) = u$,就将所求的不定积分变为基本积分表中已有的形式,这就是第一类换元积分法,又称凑微分法.

第一类换元积分法的一般步骤:

(1) 凑微分法.设法将积分 $\int g(x)\mathrm{d}x$ 变形为 $\int f[\varphi(x)] \cdot \varphi'(x)\mathrm{d}x$ 的形式,从而可得

$$\int g(x)\mathrm{d}x = \int f[\varphi(x)] \cdot \varphi'(x)\mathrm{d}x = \int f[\varphi(x)]\mathrm{d}\varphi(x)$$

(2) 作变量代换.作变量代换 $u = \varphi(x)$,则 $\mathrm{d}u = \varphi'(x)\mathrm{d}x = \mathrm{d}\varphi(x)$,从而将积分变为

$$\int g(x)\mathrm{d}x = \int f[\varphi(x)] \cdot \varphi'(x)\mathrm{d}x = \int f(u)\mathrm{d}u$$

并计算该积分.

(3) 将变量回代.根据所作代换,用 $\varphi(x)$ 替换积分结果中的 u,从而求得原积分的结果,即

$$\int g(x)\mathrm{d}x = \int f(u)\mathrm{d}u = F(u)\big|_{u=\varphi(x)} + C = F[\varphi(x)] + C$$

【例 1】　求 $\int \sin(3x+2)\mathrm{d}x$.

解　$\int \sin(3x+2)\mathrm{d}x = \dfrac{1}{3}\int \sin(3x+2)\mathrm{d}(3x+2) = \dfrac{1}{3}\left[\int \sin u\,\mathrm{d}u\right]_{u=3x+2}$

$$= -\frac{1}{3}\cos u + C = -\frac{1}{3}\cos(3x+2) + C$$

【例 2】　求 $\int 2x\cos(x^2-1)\mathrm{d}x$.

解　$\int 2x\cos(x^2-1)\mathrm{d}x = \int \cos(x^2-1)\mathrm{d}(x^2-1) = \left[\int \cos u\,\mathrm{d}u\right]_{u=x^2-1}$

$$= \sin u + C = \sin(x^2-1) + C$$

一般地,对于积分 $\int f(x^k)\cdot x^{k-1}\mathrm{d}x\,(k$ 为不等于 0 的常数$)$,总可以作变换 $u = x^k$,把它化为

$$\int f(x^k)x^{k-1}\mathrm{d}x = \frac{1}{k}\int f(x^k)\mathrm{d}x^k = \frac{1}{k}\int f(u)\mathrm{d}u$$

而对于积分 $\int f(ax+b)\mathrm{d}x$,总可以作变换 $u = ax+b$,把它化为

$$\int f(ax+b)\mathrm{d}x = \frac{1}{a}\int f(ax+b)\mathrm{d}(ax+b) = \frac{1}{a}\int f(u)\mathrm{d}u$$

注:(1) 运用换元积分法,必须要熟悉基本积分公式和一些常用的微分公式,如

$$\mathrm{d}x = \frac{1}{a}\mathrm{d}(ax+b) = -\mathrm{d}(a-x) \quad (\text{其中 } a,b \text{ 为常数且 } a \text{ 不为 } 0)$$

$$x\mathrm{d}x = \frac{1}{2}\mathrm{d}(x^2+C) = \frac{1}{2a}\mathrm{d}(ax^2+b) = -\frac{1}{2}\mathrm{d}(a^2-x^2)$$

$$\frac{1}{x}\mathrm{d}x = \mathrm{d}(\ln|x|) = \ln a\,\mathrm{d}(\log_a|x|)$$

$$a^x\mathrm{d}x = \frac{1}{\ln a}\mathrm{d}(a^x)$$

$$\cos x\mathrm{d}x = \mathrm{d}(\sin x)$$

$$-\sin x\mathrm{d}x = \mathrm{d}(\cos x)$$

$$\frac{1}{\cos^2 x}\mathrm{d}x = \sec^2 x\mathrm{d}x = \mathrm{d}(\tan x)$$

$$\frac{1}{\sin^2 x}\mathrm{d}x = \csc^2 x\mathrm{d}x = -\mathrm{d}(\cot x)$$

$$\frac{1}{\sqrt{1-x^2}}\mathrm{d}x = \mathrm{d}(\arcsin x) = -\mathrm{d}(\arccos x)$$

$$\frac{1}{1+x^2}\mathrm{d}x = \mathrm{d}(\arctan x) = -\mathrm{d}(\text{arccot} x)$$

(2) 在运算熟练以后,可省略写出变量代换的过程,这样可使运算过程更简洁.

【例 3】　求 $\int \tan x\mathrm{d}x$.

解　$\displaystyle\int\tan x\mathrm{d}x=\int\frac{\sin x}{\cos x}\mathrm{d}x=-\int\frac{1}{\cos x}\mathrm{d}(\cos x)=-\ln|\cos x|+C$

同理可求得

$$\int\cot x\mathrm{d}x=\ln|\sin x|+C$$

【例 4】　求 $\displaystyle\int\frac{\sin\sqrt{x}}{\sqrt{x}}\mathrm{d}x$.

解　$\displaystyle\int\frac{\sin\sqrt{x}}{\sqrt{x}}\mathrm{d}x=2\int\sin\sqrt{x}\,\mathrm{d}\sqrt{x}=-2\cos\sqrt{x}+C$

【例 5】　求 $\displaystyle\int\frac{x\mathrm{e}^{\sqrt{1+x^2}}}{\sqrt{1+x^2}}\mathrm{d}x$.

解　$\displaystyle\int\frac{x\mathrm{e}^{\sqrt{1+x^2}}}{\sqrt{1+x^2}}\mathrm{d}x=\int\mathrm{e}^{\sqrt{1+x^2}}\mathrm{d}\sqrt{1+x^2}=\mathrm{e}^{\sqrt{1+x^2}}+C$

【例 6】　求 $\displaystyle\int\frac{1}{1+\mathrm{e}^{-x}}\mathrm{d}x$.

解　$\displaystyle\int\frac{1}{1+\mathrm{e}^{-x}}\mathrm{d}x=\int\frac{\mathrm{e}^x}{\mathrm{e}^x+1}\mathrm{d}x=\int\frac{(\mathrm{e}^x+1)'}{\mathrm{e}^x+1}\mathrm{d}x$

$$=\int\frac{1}{\mathrm{e}^x+1}\mathrm{d}(\mathrm{e}^x+1)=\ln(\mathrm{e}^x+1)+C$$

【例 7】　求 $\displaystyle\int\frac{\cos x-\sin x}{\sin x+\cos x}\mathrm{d}x$.

解　$\displaystyle\int\frac{\cos x-\sin x}{\sin x+\cos x}\mathrm{d}x=\int\frac{(\sin x+\cos x)'}{\sin x+\cos x}\mathrm{d}x=\int\frac{1}{\sin x+\cos x}\mathrm{d}(\sin x+\cos x)$

$$=\ln|\sin x+\cos x|+C$$

【例 8】　求 $\displaystyle\int\frac{1}{a^2+x^2}\mathrm{d}x\,(a>0)$.

解　$\displaystyle\int\frac{1}{a^2+x^2}\mathrm{d}x=\int\frac{1}{a^2}\cdot\frac{1}{1+\left(\frac{x}{a}\right)^2}\mathrm{d}x=\frac{1}{a}\int\frac{1}{1+\left(\frac{x}{a}\right)^2}\mathrm{d}\left(\frac{x}{a}\right)=\frac{1}{a}\arctan\frac{x}{a}+C$

【例 9】　求 $\displaystyle\int\frac{1}{x(1+2\ln x)}\mathrm{d}x$.

解　$\displaystyle\int\frac{1}{x(1+2\ln x)}\mathrm{d}x=\int\frac{\mathrm{d}(\ln x)}{1+2\ln x}=\frac{1}{2}\int\frac{\mathrm{d}(2\ln x)}{1+2\ln x}$

$$=\frac{1}{2}\int\frac{\mathrm{d}(1+2\ln x)}{1+2\ln x}=\frac{1}{2}\ln|1+2\ln x|+C$$

一般地,对积分 $\displaystyle\int f(\ln x)\frac{\mathrm{d}x}{x}$,总可以作变换 $u=\ln x$,把它化为

$$\int f(\ln x)\frac{\mathrm{d}x}{x}=\int f(\ln x)\mathrm{d}\ln x=\int f(u)\mathrm{d}u$$

一个较为复杂的积分往往需要借助两个或两个以上的积分来完成.

【例 10】　求 $\displaystyle\int\frac{1}{x^2-a^2}\mathrm{d}x\,(a>0)$.

121

解 $\displaystyle\int \frac{1}{x^2-a^2}\mathrm{d}x = \frac{1}{2a}\int \frac{x+a-(x-a)}{(x+a)(x-a)}\mathrm{d}x = \frac{1}{2a}\left(\int \frac{1}{x-a}\mathrm{d}x - \int \frac{1}{x+a}\mathrm{d}x\right)$

$\displaystyle\qquad = \frac{1}{2a}\left[\int \frac{1}{x-a}\mathrm{d}(x-a) - \int \frac{1}{x+a}\mathrm{d}(x+a)\right]$

$\displaystyle\qquad = \frac{1}{2a}(\ln|x-a| - \ln|x+a|) + C = \frac{1}{2a}\ln\left|\frac{x-a}{x+a}\right| + C$

【例 11】 求 $\displaystyle\int \sin^2 x\mathrm{d}x$.

解 $\displaystyle\int \sin^2 x\mathrm{d}x = \int \frac{1-\cos 2x}{2}\mathrm{d}x = \int \frac{1}{2}\mathrm{d}x - \int \frac{\cos 2x}{2}\mathrm{d}x$

$\displaystyle\qquad = \frac{1}{2}x - \frac{1}{4}\int \cos 2x\mathrm{d}(2x) = \frac{1}{2}x - \frac{1}{4}\sin 2x + C$

【例 12】 求 $\displaystyle\int \sin^2 x\cos^5 x\mathrm{d}x$.

解 $\displaystyle\int \sin^2 x\cos^5 x\mathrm{d}x = \int \sin^2 x\cos^4 x\mathrm{d}(\sin x) = \int \sin^2 x(1-\sin^2 x)^2\mathrm{d}(\sin x)$

$\displaystyle\qquad = \int (\sin^2 x - 2\sin^4 x + \sin^6 x)\mathrm{d}(\sin x)$

$\displaystyle\qquad = \frac{1}{3}\sin^3 x - \frac{2}{5}\sin^5 x + \frac{1}{7}\sin^7 x + C$

一般地,对于形如 $\displaystyle\int \sin^m x\cos^n x\mathrm{d}x(m,n\in \mathbf{N})$ 的积分,当 m,n 中有一个为奇数时,可考虑从奇次幂因式分出一个因子与 $\mathrm{d}x$ 凑微分,并借助公式 $\cos^2 x + \sin^2 x = 1$,再利用凑微分法求解;当 m,n 同为偶数时,利用公式

$$\cos^2 x = \frac{1}{2}(1+\cos 2x), \quad \sin^2 x = \frac{1}{2}(1-\cos 2x)$$

先降幂,再利用凑微分法求解.

上面所举的例子,使我们认识到凑微分法在求不定积分中的作用,同时也看到,求复合函数的不定积分要比求复合函数的导数困难得多,因为其中需要一定的技巧.如何选择中间变量 $u = \varphi(x)$ 没有一般途径可循,要想掌握这个方法,不仅要熟悉一些典型的例子,平时必须多做练习并加强积累才行.

最后需要指出的是:积分也存在一题多解,采用的方法不一样,其结果在形式上可能不同.

【例 13】 求积分 $\displaystyle\int \sin x\cdot \cos x\mathrm{d}x$.

解法 1 $\displaystyle\int \sin x\cdot \cos x\mathrm{d}x = \int \sin x\mathrm{d}(\sin x) = \frac{1}{2}\sin^2 x + C$

解法 2 $\displaystyle\int \sin x\cdot \cos x\mathrm{d}x = -\int \cos x\mathrm{d}(\cos x) = -\frac{1}{2}\cos^2 x + C$

解法 3 $\displaystyle\int \sin x\cdot \cos x\mathrm{d}x = \frac{1}{2}\int \sin 2x\mathrm{d}x = \frac{1}{4}\int \sin 2x\mathrm{d}(2x) = -\frac{1}{4}\cos 2x + C$

可以验证,上面三个结果都是正确的,其形式的差异只是积分常数不同罢了.

4.2.2　第二类换元积分法

假定在基本积分表中没有不定积分 $\int f(x)\mathrm{d}x$ 的计算公式,适当选择变量代换 $x = \varphi(t)$,化积分为 $\int f(x)\mathrm{d}x = \int f[\varphi(t)]\mathrm{d}\varphi(t) = \int f[\varphi(t)]\cdot\varphi'(t)\mathrm{d}t$,而 $\int f[\varphi(t)]\cdot\varphi'(t)\mathrm{d}t$ 具有原函数,即

$$\int f[\varphi(t)]\cdot\varphi'(t)\mathrm{d}t = \Phi(t) + C$$

那么把 t 回代成 $x = \varphi(t)$ 的反函数 $t = \varphi^{-1}(x)$,即得所求的不定积分:

$$\int f(x)\mathrm{d}x = \Phi[\varphi^{-1}(x)] + C$$

其中 $x = \varphi(t)$ 不但要可导,还必须是单调的,且 $\varphi'(t) \neq 0$,即反函数存在.

利用这个过程求不定积分的方法,称为第二类换元积分法.

第二类换元积分法可以确切地叙述如下:

定理 2　设 $x = \varphi(t)$ 是单调的可导函数,并且 $\varphi'(t) \neq 0$,又设 $\int f[\varphi(t)]\cdot\varphi'(t)\mathrm{d}t$ 具有原函数 $F(t)$,则有换元公式.

$$\int f(x)\mathrm{d}x = \left\{\int f[\varphi(t)]\varphi'(t)\mathrm{d}t\right\}_{t=\varphi^{-1}(x)} = F[\varphi^{-1}(x)] + C$$

其中 $t = \varphi^{-1}(x)$ 是 $x = \varphi(t)$ 的反函数.

证明　由定理假设知 $t = \varphi^{-1}(x)$,所以

$$\frac{\mathrm{d}}{\mathrm{d}x}F[\varphi^{-1}(x)] = \left[\frac{\mathrm{d}F(t)}{\mathrm{d}t}\cdot\frac{\mathrm{d}t}{\mathrm{d}x}\right]_{t=\varphi^{-1}(x)} = \left\{f[\varphi(t)]\cdot\varphi'(t)\cdot\frac{1}{\varphi'(t)}\right\}_{t=\varphi^{-1}(x)}$$
$$= f[\varphi(t)]\big|_{t=\varphi^{-1}(x)} = f(x)$$

可见 $F[\varphi^{-1}(x)]$ 是 $\int f(x)\mathrm{d}x$ 的一个原函数,所以结论成立.

第二类换元积分法是用一个新积分变量 t 的函数 $\varphi(t)$ 代换旧积分变量 x,将关于积分变量 x 的不定积分 $\int f(x)\mathrm{d}x$ 转化为关于积分变量 t 的不定积分 $\int f[\varphi(t)]\cdot\varphi'(t)\mathrm{d}t$,经过代换后,$\int f[\varphi(t)]\cdot\varphi'(t)\mathrm{d}t$ 比原积分 $\int f(x)\mathrm{d}x$ 容易积出. 在应用时,要注意适当地选择变量代换 $x = \varphi(t)$,否则会使积分更加复杂.

【例 14】　求 $\int\dfrac{1}{\sqrt{x^2+a^2}}\mathrm{d}x(a > 0)$.

解　为了去掉根号,令 $x = a\tan t$,则 $\mathrm{d}x = a\sec^2 t\,\mathrm{d}t$,于是

$$\int\frac{1}{\sqrt{x^2+a^2}}\mathrm{d}x = \int\frac{a\sec^2 t}{a\sec t}\mathrm{d}t = \int\sec t\,\mathrm{d}t = \ln|\sec t + \tan t| + C_1$$

为了把 $\sec t$ 和 $\tan t$ 换成 x 的函数,根据 $\tan t = \dfrac{x}{a}$ 作如图 4-2 所示的辅助三角形,于是有 $\sec t = \dfrac{1}{\cos t} = \dfrac{\sqrt{a^2+x^2}}{a}$,代入上式得

$$\int \frac{1}{\sqrt{x^2+a^2}} \mathrm{d}x = \ln\left(\frac{\sqrt{x^2+a^2}}{a} + \frac{x}{a}\right) + C_1$$

$$= \ln(x + \sqrt{x^2+a^2}) - \ln a + C_1$$

$$= \ln(x + \sqrt{x^2+a^2}) + C$$

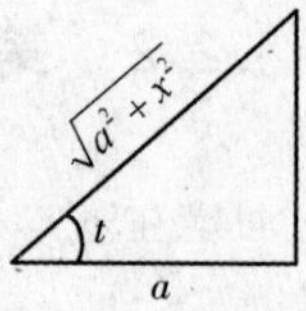

图 4-2

其中，$C = C_1 - \ln a$.

【例 15】 求 $\int \sqrt{a^2-x^2}\,\mathrm{d}x\,(a>0)$.

解 令 $x = a\sin t$，则 $\mathrm{d}x = a\cos t\mathrm{d}t$，于是

$$\int \sqrt{a^2-x^2}\,\mathrm{d}x = \int a\cos t \cdot a\cos t\mathrm{d}t = a^2\int \cos^2 t\mathrm{d}t$$

$$= a^2\int \frac{1+\cos 2t}{2}\mathrm{d}t = \frac{a^2}{2}\left(t + \frac{\sin 2t}{2}\right) + C$$

为了把变量还原为 x，根据 $\sin t = \dfrac{x}{a}$ 作如图 4-3 所示的辅助三角形，

于是有 $\cos t = \dfrac{\sqrt{a^2-x^2}}{a}$，$\sin 2t = 2\sin t\cos t = 2\cdot\dfrac{x}{a}\cdot\dfrac{\sqrt{a^2-x^2}}{a}$，$t=$

图 4-3

$\arcsin\dfrac{x}{a}$，代入上式，得

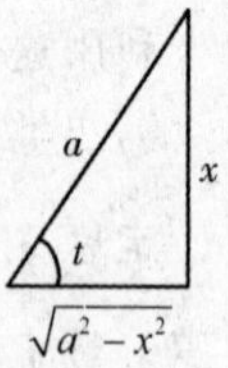

$$\int \sqrt{a^2-x^2}\,\mathrm{d}x = \frac{a^2}{2}\cdot\arcsin\frac{x}{a} + \frac{x}{2}\sqrt{a^2-x^2} + C$$

【例 16】 求 $\int \frac{1}{\sqrt{x^2-a^2}}\mathrm{d}x\,(a>0)$.

解 令 $x = a\sec t$，则 $\mathrm{d}x = a\sec t \cdot \tan t\mathrm{d}t$，于是

$$\int \frac{1}{\sqrt{x^2-a^2}}\mathrm{d}x = \int \frac{a\sec t \cdot \tan t}{a\tan t}\mathrm{d}t = \int \sec t\mathrm{d}t = \ln|\sec t + \tan t| + C_1$$

根据 $\sec t = \dfrac{x}{a}$ 作如图 4-4 所示的辅助三角形，于是有

$\tan t = \dfrac{\sqrt{x^2-a^2}}{a}$，代入上式得

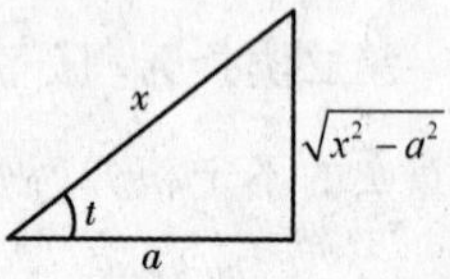

$$\int \frac{1}{\sqrt{x^2-a^2}}\mathrm{d}x = \ln\left|\frac{x}{a} + \frac{\sqrt{x^2-a^2}}{a}\right| + C_1$$

图 4-4

$$= \ln|x + \sqrt{x^2-a^2}| + C \quad (C = C_1 - \ln a)$$

【例 17】 求 $\int \frac{x+1}{x^2 \cdot \sqrt{x^2-1}}\mathrm{d}x$.

解 这类积分可用三角代换去掉根号，但用代换 $x = \dfrac{1}{t}$ 更加简便. 即

$$\int \frac{x+1}{x^2 \cdot \sqrt{x^2-1}}\mathrm{d}x \xrightarrow{x=\frac{1}{t}} \int \frac{\frac{1}{t}+1}{\frac{1}{t^2}\sqrt{\frac{1}{t^2}-1}}\mathrm{d}\frac{1}{t} = -\int \frac{1+t}{\sqrt{1-t^2}}\mathrm{d}t$$

$$=-\int \frac{1}{\sqrt{1-t^2}}\mathrm{d}t+\int \frac{1}{2}\frac{1}{\sqrt{1-t^2}}\mathrm{d}(1-t^2)$$

$$=-\arcsin t+\sqrt{1-t^2}+C$$

$$=\frac{\sqrt{x^2-1}}{|x|}-\arcsin \frac{1}{x}+C$$

【例 18】　求 $\displaystyle\int \frac{\mathrm{d}x}{x(x^n+1)}(n\in \mathbf{N}^+)$.

解　令 $x=\dfrac{1}{t}$, $\mathrm{d}x=-\dfrac{1}{t^2}\mathrm{d}t$, 于是

$$\int \frac{\mathrm{d}x}{x(x^n+1)}=\int \frac{-\dfrac{1}{t^2}\mathrm{d}t}{\dfrac{1}{t}\left(\dfrac{1}{t^n}+1\right)}=-\int \frac{t^{n-1}}{1+t^n}\mathrm{d}t=-\frac{1}{n}\int \frac{1}{1+t^n}\mathrm{d}(1+t^n)$$

$$=-\frac{1}{n}\ln|1+t^n|+C=-\frac{1}{n}\ln\left|1+\frac{1}{x^n}\right|+C$$

【例 19】　求 $\displaystyle\int \frac{\sqrt{x-1}}{x}\mathrm{d}x$.

解　令 $t=\sqrt{x-1}$, 则 $x=t^2+1$, $\mathrm{d}x=2t\mathrm{d}t$, 于是

$$\int \frac{\sqrt{x-1}}{x}\mathrm{d}x=\int \frac{t}{t^2+1}\cdot 2t\mathrm{d}t=2\int \frac{t^2}{t^2+1}\mathrm{d}t$$

$$=2\int \left(1-\frac{1}{t^2+1}\right)\mathrm{d}t=2t-2\arctan t+C$$

$$=2\sqrt{x-1}-2\arctan \sqrt{x-1}+C$$

【例 20】　求 $\displaystyle\int \frac{1}{(1+\sqrt[3]{x})\sqrt{x}}\mathrm{d}x$.

解　令 $t=\sqrt[6]{x}$, 则 $x=t^6$, $\mathrm{d}x=6t^5\mathrm{d}t$, 于是

$$\int \frac{1}{(1+\sqrt[3]{x})\sqrt{x}}\mathrm{d}x=\int \frac{6t^5}{(1+t^2)t^3}\mathrm{d}t=6\int \frac{t^2}{1+t^2}\mathrm{d}t$$

$$=6\int \left(1-\frac{1}{1+t^2}\right)\mathrm{d}t=6(t-\arctan t)+C$$

$$=6(\sqrt[6]{x}-\arctan \sqrt[6]{x})+C$$

【例 21】　求 $\displaystyle\int \frac{1}{x}\cdot \sqrt{\frac{1-x}{x}}\mathrm{d}x$.

解　令 $t=\sqrt{\dfrac{1-x}{x}}$, $t^2=\dfrac{1-x}{x}$, 则 $x=\dfrac{1}{1+t^2}$, $\mathrm{d}x=\dfrac{-2t}{(1+t^2)^2}\mathrm{d}t$, 于是

$$\int \frac{1}{x}\cdot \sqrt{\frac{1-x}{x}}\mathrm{d}x=\int (1+t^2)\cdot t\cdot \frac{-2t}{(1+t^2)^2}\mathrm{d}t=-2\int \frac{t^2}{1+t^2}\mathrm{d}t$$

$$=-2\int \left(1-\frac{1}{1+t^2}\right)\mathrm{d}t=-2t+2\arctan t+C$$

$$=-2\sqrt{\frac{1-x}{x}}+2\arctan\sqrt{\frac{1-x}{x}}+C$$

由上面例题可以归纳出三种常用的变量代换法：

1. 三角函数代换法

如果被积函数含有 $\sqrt{a^2-x^2}$，作代换 $x=a\sin t$ 或 $x=a\cos t$；如果被积函数含有 $\sqrt{x^2+a^2}$，作代换 $x=a\tan t$；如果被积函数含有 $\sqrt{x^2-a^2}$，作代换 $x=a\sec t$. 利用三角代换，可以把根式积分化为三角有理式积分，如例14、例15、例16.

2. 倒代换法$\left(即令 x=\dfrac{1}{t}\right)$

如果被积函数的分子和分母关于积分变量 x 的最高次幂分别为 m 和 n，当 $n-m>1$ 时，用倒代换法常可以消去在被积函数的分母中的变量因子 x，如例17、例18.

3. 简单无理代换法

当 n 次根式内的函数为如下形式时：$\sqrt[n]{ax+b}$ 或 $\sqrt[n]{\dfrac{ax+b}{cx+d}}\left(\dfrac{a}{c}\neq\dfrac{b}{d}\right)$，我们可直接令其为 t，再解出 x 为 t 的有理函数，即 $x=\dfrac{1}{a}(t^n-b)$ 或 $x=\dfrac{b-dt^n}{ct^n-a}$，从而化去了被积函数中的 n 次根式，如例19、例20、例21.

在本节例题中，有几个积分经常用到，它们通常也被当作公式使用. 因此，除了基本公式外，再补充下面几个积分公式（编号接基本积分公式）：

$(14)\displaystyle\int\tan x\,dx=-\ln|\cos x|+C;$

$(15)\displaystyle\int\cot x\,dx=\ln|\sin x|+C;$

$(16)\displaystyle\int\sec x\,dx=\ln|\sec x+\tan x|+C;$

$(17)\displaystyle\int\csc x\,dx=\ln|\csc x-\cot x|+C;$

$(18)\displaystyle\int\frac{dx}{\sqrt{a^2-x^2}}=\arcsin\frac{x}{a}+C;$

$(19)\displaystyle\int\frac{dx}{a^2+x^2}=\frac{1}{a}\arctan\frac{x}{a}+C;$

$(20)\displaystyle\int\frac{dx}{x^2-a^2}=\frac{1}{2a}\ln\left|\frac{x-a}{x+a}\right|+C;$

$(21)\displaystyle\int\frac{dx}{\sqrt{x^2+a^2}}=\ln(x+\sqrt{x^2+a^2})+C;$

$(22)\displaystyle\int\frac{dx}{\sqrt{x^2-a^2}}=\ln|x+\sqrt{x^2-a^2}|+C;$

$(23)\displaystyle\int\sqrt{a^2-x^2}\,dx=\frac{x}{2}\sqrt{a^2-x^2}+\frac{a^2}{2}\arcsin\frac{x}{a}+C$

【例22】 求 $\displaystyle\int\frac{1}{\sqrt{1+x+x^2}}dx.$

解 $\displaystyle\int \frac{1}{\sqrt{1+x+x^2}}\mathrm{d}x = \int \frac{1}{\sqrt{\left(x+\frac{1}{2}\right)^2+\left(\frac{\sqrt{3}}{2}\right)^2}}\mathrm{d}x$

$$= \ln(x+\frac{1}{2}+\sqrt{1+x+x^2})+C$$

本例应用了公式(21).

【例 23】 求 $\displaystyle\int \sqrt{5-4x-x^2}\,\mathrm{d}x$.

解 $\displaystyle\int \sqrt{5-4x-x^2}\,\mathrm{d}x = \int \sqrt{3^2-(x+2)^2}\,\mathrm{d}x$

$$= \frac{x+2}{2}\cdot\sqrt{5-4x-x^2}+\frac{9}{2}\cdot\arcsin\frac{x+2}{3}+C$$

本例应用了公式(23).

习题 4.2

(A)

1. 求下列不定积分(应用第一类换元积分法).

(1) $\displaystyle\int (3-2x)^3\,\mathrm{d}x$

(2) $\displaystyle\int \frac{1}{\sqrt[3]{2-3x}}\mathrm{d}x$

(3) $\displaystyle\int \frac{\sin\sqrt{t}}{\sqrt{t}}\mathrm{d}t$

(4) $\displaystyle\int \frac{1}{x\ln x\ln(\ln x)}\mathrm{d}x$

(5) $\displaystyle\int \frac{1}{\cos x\sin x}\mathrm{d}x$

(6) $\displaystyle\int \frac{1}{\mathrm{e}^x+\mathrm{e}^{-x}}\mathrm{d}x$

(7) $\displaystyle\int x\cos x^2\,\mathrm{d}x$

(8) $\displaystyle\int \frac{3x^3}{1-x^4}\mathrm{d}x$

(9) $\displaystyle\int \frac{\sin x}{\cos^3 x}\mathrm{d}x$

(10) $\displaystyle\int \frac{1-x}{\sqrt{9-4x^2}}\mathrm{d}x$

(11) $\displaystyle\int \frac{1}{2x^2-1}\mathrm{d}x$

(12) $\displaystyle\int \cos^3 x\,\mathrm{d}x$

(13) $\displaystyle\int \tan^3 x\cdot\sec x\,\mathrm{d}x$

(14) $\displaystyle\int \frac{x^3}{9+x^2}\mathrm{d}x$

(15) $\displaystyle\int \frac{10^{2\arccos x}}{\sqrt{1-x^2}}\mathrm{d}x$

(16) $\displaystyle\int \frac{\arctan\sqrt{x}}{\sqrt{x}\,(1+x)}$

2. 求下列不定积分(应用第二类换元积分法).

(1) $\displaystyle\int \frac{1}{x\,\sqrt{1+x^2}}\mathrm{d}x$

(2) $\displaystyle\int \frac{\sqrt{x+1}}{x}\mathrm{d}x$

(3) $\displaystyle\int \frac{\sqrt{x^2-4}}{x}\mathrm{d}x$

(4) $\displaystyle\int \frac{x^2}{\sqrt{a^2-x^2}}\mathrm{d}x\,(a>0)$

(5) $\displaystyle\int \frac{1}{\sqrt{(x^2+1)^3}}\mathrm{d}x$

(6) $\displaystyle\int \frac{1}{1+\sqrt{2x}}\mathrm{d}x$

(7) $\displaystyle\int \frac{1}{x+\sqrt{1-x^2}}\mathrm{d}x$

(8) $\displaystyle\int \frac{1}{1+\sqrt{1-x^2}}\mathrm{d}x$

$(9) \int \dfrac{1}{\sqrt{x} + \sqrt[4]{x}} \mathrm{d}x$

(B)

1. 求下列不定积分.

$(1) \int \dfrac{1-x}{\sqrt{9-4x^2}} \mathrm{d}x$

$(2) \int \dfrac{\sin x \cos x}{1 + \cos 2x} \mathrm{d}x$

$(3) \int \dfrac{1 + \ln x}{(x \ln x)^2} \mathrm{d}x$

$(4) \int (x-1)(x+2)^{20} \mathrm{d}x$

$(5) \int \dfrac{\sqrt{x^2-9}}{x} \mathrm{d}x$

$(6) \int \dfrac{1}{\sqrt{(x^2+a^2)^3}} \mathrm{d}x$

$(7) \int \dfrac{x^{15}}{(x^4-1)^3} \mathrm{d}x$

$(8) \int \dfrac{1}{x(x^n+1)} \mathrm{d}x$

2. 设 $f'(\sin^2 x) = \cos 2x + \tan^2 x$,求 $f(x)$.

3. 求不定积分 $I_1 = \int \dfrac{\cos x}{\sin x + \cos x} \mathrm{d}x$ 与 $I_2 = \int \dfrac{\sin x}{\sin x + \cos x} \mathrm{d}x$.

4.3 分部积分法

上一节我们将复合函数的微分法用于求积分,得到了换元积分法,大大拓展了求积分的领域.下面我们利用两个函数乘积的微分法则,推出另一种求积分的基本方法 —— 分部积分法.

设函数 $u = u(x), v = v(x)$ 具有连续导数,由函数乘积的微分公式有

$$\mathrm{d}(uv) = u\mathrm{d}v + v\mathrm{d}u$$

移项得

$$u\mathrm{d}v = \mathrm{d}(uv) - v\mathrm{d}u$$

对上式两端积分得

$$\int u\mathrm{d}v = uv - \int v\mathrm{d}u \tag{1}$$

式(1)叫做分部积分公式.

使用分部积分公式首先是把不定积分 $\int f(x)\mathrm{d}x$ 的被积表达式 $f(x)\mathrm{d}x$ 变形为 $u(x)\mathrm{d}v(x)$ 的形式,然后套用公式.这样就把求不定积分 $\int f(x)\mathrm{d}x = \int u\mathrm{d}v$ 的问题转化为求不定积分 $\int v\mathrm{d}u$ 的问题.如果 $\int v\mathrm{d}u$ 易于求出,那么分部积分公式就起到了化难为易的效果.

应用分部积分法的关键是恰当地选择 u 和 $\mathrm{d}v$. 一般地,选取 u 和 $\mathrm{d}v$ 的原则是:

(1) v 易于求出;

(2) $\int v\mathrm{d}u$ 要比 $\int u\mathrm{d}v$ 容易求出.

【例 1】 求 $\int x\mathrm{e}^x \mathrm{d}x$.

解　设 $u = x, \mathrm{d}v = \mathrm{e}^x\mathrm{d}x = \mathrm{d}\mathrm{e}^x$，则 $\mathrm{d}u = \mathrm{d}x, v = \mathrm{e}^x$，由分部积分公式，得

$$\int x\mathrm{e}^x\mathrm{d}x = \int x\mathrm{d}\mathrm{e}^x = x\mathrm{e}^x - \int \mathrm{e}^x\mathrm{d}x = x\mathrm{e}^x - \mathrm{e}^x + C$$

【**例 2**】　求 $\int x^2\ln x\mathrm{d}x$.

解　设 $u = \ln x, \mathrm{d}v = x^2\mathrm{d}x = \mathrm{d}\left(\dfrac{1}{3}x^3\right)$，则 $\mathrm{d}u = \dfrac{1}{x}\mathrm{d}x, v = \dfrac{1}{3}x^3$，由分部积分公式，

得

$$\begin{aligned}
\int x^2\ln x\mathrm{d}x &= \int \ln x\mathrm{d}\left(\frac{1}{3}x^3\right) = \frac{1}{3}x^3\ln x - \int \frac{1}{3}x^3 \cdot \mathrm{d}(\ln x) \\
&= \frac{1}{3}x^3\ln x - \int \frac{1}{3}x^3 \cdot \frac{1}{x}\mathrm{d}x = \frac{1}{3}x^3\ln x - \frac{1}{9}x^3 + C
\end{aligned}$$

解题熟练后，u 和 v 可省略不写，直接套用公式（1）计算.

【**例 3**】　求 $\int \arccos x\mathrm{d}x$.

解　
$$\begin{aligned}
\int \arccos x\mathrm{d}x &= x\arccos x - \int x\mathrm{d}(\arccos x) \\
&= x\arccos x + \int \frac{x}{\sqrt{1-x^2}}\mathrm{d}x \\
&= x\arccos x - \frac{1}{2}\int \frac{1}{\sqrt{1-x^2}}\mathrm{d}(1-x^2) \\
&= x\arccos x - \sqrt{1-x^2} + C
\end{aligned}$$

【**例 4**】　求 $\int x^2\cos x\mathrm{d}x$.

解　
$$\begin{aligned}
\int x^2\cos x\mathrm{d}x &= \int x^2\mathrm{d}(\sin x) = x^2\sin x - \int \sin x\mathrm{d}x^2 \\
&= x^2\sin x - 2\int x\sin x\mathrm{d}x = x^2\sin x + 2\int x\mathrm{d}(\cos x) \\
&= x^2\sin x + 2x\cos x - 2\int \cos x\mathrm{d}x \\
&= x^2\sin x + 2x\cos x - 2\sin x + C
\end{aligned}$$

【**例 5**】　求 $\int \mathrm{e}^x \cdot \sin x\mathrm{d}x$.

解　
$$\begin{aligned}
\int \mathrm{e}^x \cdot \sin x\mathrm{d}x &= \int \mathrm{e}^x\mathrm{d}(-\cos x) = -\mathrm{e}^x\cos x + \int \cos x\mathrm{d}\mathrm{e}^x \\
&= -\mathrm{e}^x\cos x + \int \mathrm{e}^x\cos x\mathrm{d}x = -\mathrm{e}^x\cos x + \int \mathrm{e}^x\mathrm{d}(\sin x) \\
&= -\mathrm{e}^x\cos x + \mathrm{e}^x\sin x - \int \mathrm{e}^x\sin x\mathrm{d}x
\end{aligned}$$

等式右端出现了原不定积分，于是移项，除以 2 得

$$\int \mathrm{e}^x\sin x\mathrm{d}x = \frac{\mathrm{e}^x}{2}(\sin x - \cos x) + C$$

通过上面例题可以看出，分部积分法适用于两种不同类型函数的乘积的不定积分. 当

被积函数是幂函数 x^n(n 为正整数)和正(余)弦函数的乘积,或幂函数 x^n(n 为正整数)和指数函数 e^{kx} 的乘积时,设 u 为幂函数 x^n,则每用一次分部积分公式,幂函数 x^n 的幂次就降低一次,所以,若 $n > 1$,就需要连续使用分部积分法才能求出不定积分. 当被积函数是幂函数和反三角函数或者幂函数和对数函数的乘积时,设 u 为反三角函数或对数函数. 下面给出常见的几类被积函数中 $u, \mathrm{d}v$ 的选择:

(1) $\int x^n e^{kx} \mathrm{d}x$,设 $u = x^n, \mathrm{d}v = e^{kx} \mathrm{d}x$;

(2) $\int x^n \sin(ax + b) \mathrm{d}x$,设 $u = x^n, \mathrm{d}v = \sin(ax + b) \mathrm{d}x$;

(3) $\int x^n \cos(ax + b) \mathrm{d}x$,设 $u = x^n, \mathrm{d}v = \cos(ax + b) \mathrm{d}x$;

(4) $\int x^n \ln x \mathrm{d}x$,设 $u = \ln x, \mathrm{d}v = x^n \mathrm{d}x$;

(5) $\int x^n \arcsin(ax + b) \mathrm{d}x$,设 $u = \arcsin(ax + b), \mathrm{d}v = x^n \mathrm{d}x$;

(6) $\int x^n \arctan(ax + b) \mathrm{d}x$,设 $u = \arctan(ax + b), \mathrm{d}v = x^n \mathrm{d}x$;

(7) $\int e^{kx} \sin(ax + b) \mathrm{d}x$ 和 $\int e^{kx} \cos(ax + b) \mathrm{d}x, u, \mathrm{d}v$ 随意选择.

分部积分法并不仅仅局限于求两种不同类型函数乘积的不定积分,分部积分法还可以用于求抽象函数的不定积分,建立某些不定积分的递推公式,也可以与换元积分法结合使用.

【例 6】 设 $f(x)$ 的一个原函数为 $\dfrac{\sin x}{x}$,求 $\int x f'(x) \mathrm{d}x$.

解
$$\int x f'(x) \mathrm{d}x = \int x \mathrm{d}f(x) = x f(x) - \int f(x) \mathrm{d}x$$

因为 $\dfrac{\sin x}{x}$ 为 $f(x)$ 的原函数,所以

$$f(x) = \left(\frac{\sin x}{x}\right)' = \frac{x\cos x - \sin x}{x^2}$$

$$\int f(x) \mathrm{d}x = \frac{\sin x}{x} + C'$$

于是

$$\int x f'(x) \mathrm{d}x = x f(x) - \int f(x) \mathrm{d}x = x \cdot \frac{x\cos x - \sin x}{x^2} - \frac{\sin x}{x} - C'$$

$$= \frac{x\cos x - \sin x}{x} - \frac{\sin x}{x} + C = \frac{x\cos x - 2\sin x}{x} + C \quad (C = -C')$$

【例 7】 求 $I_n = \int (\ln x)^n \mathrm{d}x$ 的递推公式(其中 n 为正整数,且 $n > 2$),并用公式计算 $\int (\ln x)^2 \mathrm{d}x$.

解
$$I_n = \int (\ln x)^n \mathrm{d}x = x (\ln x)^n - \int x \mathrm{d}(\ln x)^n$$

$$= x (\ln x)^n - \int x \cdot n (\ln x)^{n-1} \cdot \frac{1}{x} \mathrm{d}x$$

$$= x \, (\ln x)^n - n \int (\ln x)^{n-1} \mathrm{d}x$$

$$= x \, (\ln x)^n - n I_{n-1}$$

所求递推公式为

$$I_n = x \, (\ln x)^n - n I_{n-1}$$

用此公式计算

$$I_2 = \int (\ln x)^2 \mathrm{d}x = x \, (\ln x)^2 - 2 I_1 = x \, (\ln x)^2 - 2x(\ln x) + I_0$$

$$= x \, (\ln x)^2 - 2x \cdot \ln x + \int \mathrm{d}x = x \, (\ln x)^2 - 2x\ln x + x + C$$

【例 8】 求 $\int \mathrm{e}^{\sqrt{x}} \mathrm{d}x$.

解　令 $t = \sqrt{x}$，则 $x = t^2, \mathrm{d}x = 2t\mathrm{d}t$，故

$$\int \mathrm{e}^{\sqrt{x}} \mathrm{d}x = \int \mathrm{e}^t \cdot 2t\mathrm{d}t = 2\int t\mathrm{d}(\mathrm{e}^t) = 2(t\mathrm{e}^t - \int \mathrm{e}^t \mathrm{d}t)$$

$$= 2t\mathrm{e}^t - 2\mathrm{e}^t + C = 2\sqrt{x}\,\mathrm{e}^{\sqrt{x}} - 2\mathrm{e}^{\sqrt{x}} + C$$

【例 9】 求 $\int \dfrac{x\mathrm{e}^x}{(1+x)^2} \mathrm{d}x$.

解　令 $t = 1 + x$，则 $x = t - 1, \mathrm{d}x = \mathrm{d}t$，故

$$\int \frac{x\mathrm{e}^x}{(1+x)^2} \mathrm{d}x = \int \frac{(t-1)\mathrm{e}^{t-1}}{t^2} \mathrm{d}t = \frac{1}{\mathrm{e}}\left(\int \frac{1}{t}\mathrm{e}^t \mathrm{d}t - \int \frac{1}{t^2}\mathrm{e}^t \mathrm{d}t\right)$$

其中

$$\int \frac{1}{t}\mathrm{e}^t \mathrm{d}t = \int \frac{1}{t} \mathrm{d}\mathrm{e}^t = \frac{1}{t}\mathrm{e}^t - \int \mathrm{e}^t \mathrm{d}\frac{1}{t} = \frac{1}{t}\mathrm{e}^t + \int \frac{1}{t^2}\mathrm{e}^t \mathrm{d}t$$

所以

$$\int \frac{x\mathrm{e}^x}{(1+x)^2} \mathrm{d}x = \frac{1}{\mathrm{e}}\left[\frac{1}{t}\mathrm{e}^t + \int \frac{1}{t^2}\mathrm{e}^t \mathrm{d}t - \int \frac{1}{t^2}\mathrm{e}^t \mathrm{d}t\right]$$

$$= \frac{1}{t}\mathrm{e}^{t-1} + C = \frac{1}{1+x}\mathrm{e}^x + C$$

习题 4.3

(A)

1. 求下列不定积分.

(1) $\int x\sin x\mathrm{d}x$　　　(2) $\int \arcsin x\mathrm{d}x$　　　(3) $\int \ln x\mathrm{d}x$　　　(4) $\int \mathrm{e}^{-2x}\sin \dfrac{x}{2}\mathrm{d}x$

(5) $\int x^2 \arctan x\mathrm{d}x$　　(6) $\int x^2 \cos x\mathrm{d}x$　　(7) $\int \ln^2 x\mathrm{d}x$　　(8) $\int x^2 \cos^2 \dfrac{x}{2}\mathrm{d}x$

(9) $\int \sin\sqrt{x}\mathrm{d}x$　　　(10) $\int x\tan^2 x\mathrm{d}x$

2. 求 $I_n = \int \tan^n x\mathrm{d}x$ 的递推公式. (n 为正整数，且 $n > 2$)

(B)

1. 求下列不定积分.

$(1) \int x \ln(x-1) \mathrm{d}x$ $(2) \int \dfrac{x}{\sin^2 x} \mathrm{d}x$ $(3) \int x \cos^2 x \mathrm{d}x$

$(4) \int \dfrac{\arcsin x}{\sqrt{1-x}} \mathrm{d}x$ $(5) \int \dfrac{\ln^3 x}{x^2} \mathrm{d}x$ $(6) \int \cos(\ln x) \mathrm{d}x$

2. 设 $f(\ln x) = \dfrac{\ln(1+x)}{x}$，求 $\int f(x) \mathrm{d}x$.

4.4　有理函数的不定积分

两个多项式的商所表示的函数 $R(x)$ 称为有理函数，即

$$R(x) = \frac{P(x)}{Q(x)} = \frac{a_0 x^n + a_1 x^{n-1} + a_2 x^{n-2} + \cdots + a_{n-1} x + a_n}{b_0 x^m + b_1 x^{m-1} + b_2 x^{m-2} + \cdots + b_{m-1} x + b_m} \tag{1}$$

其中 n 和 m 是非负整数；$a_0, a_1, a_2, \cdots, a_n$ 及 $b_0, b_1, b_2, \cdots, b_m$ 都是实数，并且 $a_0 \neq 0, b_0 \neq 0$.

当式(1)的分子多项式的次数 n 小于分母多项式的次数 m，即 $n < m$ 时，称为有理真分式；当 $n \geqslant m$ 时，称为有理假分式.

对于任一假分式，我们总可以利用多项式的除法，将它化为一个多项式和一个真分式之和的形式，例如

$$\frac{x^4 + x + 1}{x^2 + 1} = x^2 - 1 + \frac{x + 2}{x^2 + 1}$$

下面只讨论真分式的积分问题. 理论上任何一个真分式的积分都可以化为以下 6 个基本类型的代数和.

$(1) \displaystyle\int \dfrac{\mathrm{d}x}{x+a} = \ln|x+a| + C;$

$(2) \displaystyle\int \dfrac{\mathrm{d}x}{(x+a)^n} = \dfrac{1}{(1-n)(x+a)^{n-1}} + C \ (n \geqslant 2);$

$(3) \displaystyle\int \dfrac{\mathrm{d}x}{x^2 + a^2} = \dfrac{1}{a} \arctan \dfrac{x}{a} + C;$

$(4) \displaystyle\int \dfrac{x \mathrm{d}x}{x^2 + a^2} = \dfrac{1}{2} \ln(x^2 + a^2) + C;$

$(5) \displaystyle\int \dfrac{x \mathrm{d}x}{(x^2 + a^2)^n} = \dfrac{1}{2(1-n)} \dfrac{1}{(x^2 + a^2)^{n-1}} + C \ (n \geqslant 2);$

$(6) \displaystyle\int \dfrac{\mathrm{d}x}{(x^2 + a^2)^n} \ (n \geqslant 2)$ 可用递推法求出.

有理函数化为部分分式之和的一般规律为：

(1) 若分母中含有因式 $(x-a)^k$，则分解后为

$$\frac{A_1}{(x-a)^k} + \frac{A_2}{(x-a)^{k-1}} + \cdots + \frac{A_k}{x-a}$$

其中 $A_1, A_2, \cdots, A_k$ 都是常数，特殊地，当 $k = 1$ 时，分解后为 $\dfrac{A}{x-a}$.

真分式化为部分分式之和的常用方法为待定系数法.

【例 1】　求 $\int \dfrac{3x+4}{x^2+x-6}\mathrm{d}x$.

解　令 $\dfrac{3x+4}{x^2+x-6} = \dfrac{3x+4}{(x-2)(x+3)} = \dfrac{A}{x-2} + \dfrac{B}{x+3}$

$$= \dfrac{A(x+3)+B(x-2)}{(x-2)(x+3)} = \dfrac{(A+B)x+3A-2B}{(x-2)(x+3)}$$

则 $\begin{cases} A+B=3 \\ 3A-2B=4 \end{cases}$,得 $\begin{cases} A=2 \\ B=1 \end{cases}$,所以

$$\int \dfrac{3x+4}{x^2+x-6}\mathrm{d}x = \int\left(\dfrac{2}{x-2}+\dfrac{1}{x+3}\right)\mathrm{d}x = 2\ln|x-2|+\ln|x+3|+C$$

【例 2】　求 $\int \dfrac{6x^2-11x+4}{x\,(x-1)^2}\mathrm{d}x$.

解　令 $\dfrac{6x^2-11x+4}{x\,(x-1)^2} = \dfrac{A}{x} + \dfrac{B}{x-1} + \dfrac{C}{(x-1)^2}$

$$= \dfrac{A\,(x-1)^2+Bx(x-1)+Cx}{x\,(x-1)^2}$$

$$= \dfrac{(A+B)x^2+(-2A-B+C)x+A}{x\,(x-1)^2}$$

则 $\begin{cases} A+B=6 \\ -2A-B+C=-11 \\ A=4 \end{cases}$,得 $\begin{cases} A=4 \\ B=2 \\ C=-1 \end{cases}$,所以

$$\int \dfrac{6x^2-11x+4}{x\,(x-1)^2}\mathrm{d}x = \int\left[\dfrac{4}{x}+\dfrac{2}{x-1}-\dfrac{1}{(x-1)^2}\right]\mathrm{d}x$$

$$= \ln|x|+2\ln|x-1|+\dfrac{1}{x-1}+C$$

(2) 分母中若有因式 $(x^2+px+q)^k$,其中 $p^2-4q<0$,则分解后为

$$\dfrac{M_1x+N_1}{(x^2+px+q)^k} + \dfrac{M_2x+N_2}{(x^2+px+q)^{k-1}} + \cdots + \dfrac{M_kx+N_k}{x^2+px+q}$$

其中 $M_i,N_i(i=1,2,\cdots,k)$ 都是常数.

特殊地,当 $k=1$ 时,分解后为 $\dfrac{Mx+N}{x^2+px+q}$.

【例 3】　求 $\int \dfrac{1}{x^3+1}\mathrm{d}x$.

解　令 $\dfrac{1}{x^3+1} = \dfrac{1}{(x+1)(x^2-x+1)} = \dfrac{A}{x+1} + \dfrac{Bx+C}{x^2-x+1}$

$$= \dfrac{A(x^2-x+1)+(Bx+C)(x+1)}{x^3+1}$$

$$= \dfrac{(A+B)x^2+(B+C-A)x+(A+C)}{x^3+1}$$

133

则 $\begin{cases} A+B=0 \\ B+C-A=0 \\ A+C=1 \end{cases}$, 得 $\begin{cases} A=\dfrac{1}{3} \\ B=-\dfrac{1}{3} \\ C=\dfrac{2}{3} \end{cases}$, 所以

$$\int \frac{1}{x^3+1}\mathrm{d}x = \frac{1}{3}\int \left(\frac{1}{x+1} + \frac{-x+2}{x^2-x+1} \right)\mathrm{d}x$$

$$= \frac{1}{3}\int \frac{1}{x+1}\mathrm{d}x - \frac{1}{6}\int \frac{1}{x^2-x+1}\mathrm{d}(x^2-x+1) + \frac{1}{6}\int \frac{3}{x^2-x+1}\mathrm{d}x$$

$$= \frac{1}{3}\ln|x+1| - \frac{1}{6}\ln|x^2-x+1| + \frac{1}{2}\int \frac{1}{\left(x-\frac{1}{2}\right)^2 + \frac{3}{4}}\mathrm{d}x$$

$$= \frac{1}{6}\ln \frac{(x+1)^2}{x^2-x+1} + \frac{1}{\sqrt{3}}\arctan \frac{2}{\sqrt{3}}\left(x-\frac{1}{2}\right) + C$$

【例 4】 求 $\displaystyle\int \frac{x-2}{x^2+2x+3}\mathrm{d}x$.

解 $\displaystyle\int \frac{x-2}{x^2+2x+3}\mathrm{d}x = \int \frac{(x+1)-3}{(x+1)^2+2}\mathrm{d}(x+1)$

$$\xlongequal{\diamondsuit u=x+1} \int \frac{u-3}{u^2+2}\mathrm{d}u$$

$$= \frac{1}{2}\ln|u^2+2| - \frac{3}{\sqrt{2}}\arctan \frac{u}{\sqrt{2}} + C$$

$$= \frac{1}{2}\ln(x^2+2x+3) - \frac{3}{\sqrt{2}}\arctan \frac{x+1}{\sqrt{2}} + C$$

在例 3 中我们依然采用的是待定系数法,计算比较麻烦;而例 4 采用配方法,则相对简单,因此可根据不同的题目,灵活选用不同的方法.

最后指出:任何有理函数的原函数都是初等函数,任何初等函数在其连续区间也有原函数,但未必能用初等函数来表示,如 $\displaystyle\int \frac{\sin x}{x}\mathrm{d}x, \int \mathrm{e}^{-x^2}\mathrm{d}x, \int \frac{1}{\ln x}\mathrm{d}x$ 等都不能用初等函数来表示.

习题 4.4

(A)

计算下列积分:

(1) $\displaystyle\int \frac{x+3}{x^2-5x+6}\mathrm{d}x$

(2) $\displaystyle\int \frac{\mathrm{d}x}{x(x-1)^2}$

(3) $\displaystyle\int \frac{\mathrm{d}x}{(1+2x)(1+x^2)}$

(4) $\displaystyle\int \frac{x^3-4x+10}{x^2+x-6}\mathrm{d}x$

(5) $\displaystyle\int \frac{\mathrm{d}x}{(x-1)(x-2)(x-3)}$

(6) $\displaystyle\int \frac{x^3+x^2+1}{x^2(1+x^2)}\mathrm{d}x$

(**B**)

计算下列积分：

(1) $\int \dfrac{6}{x^3+1}\mathrm{d}x$

(2) $\int \dfrac{x^2+1}{(x+1)^2(x-1)}\mathrm{d}x$

(3) $\int \dfrac{1}{x^4-1}\mathrm{d}x$

(4) $\int \dfrac{(1-x)}{(x+1)(x^2+1)}\mathrm{d}x$

第5章　定积分及其应用

在微积分学中,积分法与微分法一样是研究函数性质的重要方法和解决实际问题的有力工具.本章中,我们将从几何学、力学与经济学问题出发引入定积分的定义,然后讨论它的性质、计算方法及其应用,最后介绍反常积分.

5.1　定积分的概念与性质

5.1.1　面积、路程和收入问题

1. 曲边梯形的面积问题

由连续曲线 $y = f(x)(f(x) \geqslant 0)$ 及直线 $x = a, x = b, y = 0$ 所围成的图形称为曲边梯形(图 5-1),$y = f(x)$ 称为曲边.

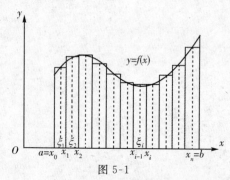

图 5-1

如果 $f(x)$ 在$[a,b]$上是一个常数,则已知曲边梯形是矩形,容易求出它的面积是 $A = f(x)(b-a)$;如果 $f(x)$ 在$[a,b]$上不是常数,虽然不能直接用矩形面积公式来计算已知曲边梯形的面积,但由于函数 $f(x)$ 在$[a,b]$上是连续的,它在$[a,b]$内很小的一段区间上变化很小,近似于不变.因此,如果把区间$[a,b]$划分为许多小区间,在每个小区间上用其中某一点处的高来近似代替同一个小区间上的小曲边梯形的高,那么这个小曲边梯形的面积就近似地等于同一个小区间相应的小矩形的面积.把所有这些小矩形的面积相加,就得到曲边梯形面积的近似值.一般地,每个小区间的长度越小,近似程度越高.当把区间$[a,b]$分得无限细小,也就是使每个小区间的长度都趋于零时,所有小矩形面积之和的极

限就认定为是曲边梯形的面积. 计算过程如下：

(1) 在 $[a,b]$ 内任意插入 $n-1$ 个分点：

$$a = x_0 < x_1 < x_2 < \cdots < x_{n-1} < x_n = b$$

将区间 $[a,b]$ 分成 n 个小区间

$$[x_0, x_1], [x_1, x_2], \cdots, [x_{n-1}, x_n]$$

每一小区间的长度记作 $\Delta x_i = x_i - x_{i-1}(i = 1, 2, \cdots, n)$；

(2) 过每一个分点作平行于 y 轴的直线，把曲边梯形分为 n 个小曲边梯形，在每个小区间 $[x_{i-1}, x_i]$ 上任取一点 $\xi_i(i = 1, 2, \cdots, n)$，作乘积

$$\Delta A_i = f(\xi_i)\Delta x_i \quad (i = 1, 2, \cdots, n)$$

近似代替第 i 个小曲边梯形的面积；

(3) 将上述乘积求和得到曲边梯形面积 A 的近似值：

$$A \approx \sum_{i=1}^{n} f(\xi_i)\Delta x_i$$

(4) 记 $\lambda = \max\limits_{1 \leqslant i \leqslant n}\{\Delta x_i\}$，当 $\lambda \to 0$ 时，取上述和式的极限，便得曲边梯形的面积：

$$A = \lim_{\lambda \to 0} \sum_{i=1}^{n} f(\xi_i)\Delta x_i$$

2. 变速直线运动的路程问题

设有一质点作直线运动，在时刻 t 的速度 $v = v(t)$ 是一已知的连续函数，计算质点从时刻 T_1 到时刻 T_2 所经过的路程 S.

如果速度是常量 C，则路程等于 $C(T_2 - T_1)$. 如果速度不是常量，而是随时间变化的变量，就不能按等速直线运动的路程公式来计算，然而质点运动的速度函数 $v = v(t)$ 是连续变化的，在很短一段时间内速度变化很小，近似于等速直线运动. 因此，如果在小段时间内，以等速运动代替变速运动，就可算出部分路程的近似值. 再求和，得到整个路程的近似值. 如果对时间间隔无限细分，那么所有部分路程的近似值之和的极限，就是所求的路程 S，计算过程如下：

(1) 在 $[T_1, T_2]$ 内任意插入 $n-1$ 个分点：

$$T_1 = t_0 < t_1 < t_2 < \cdots < t_{n-1} < t_n = T_2$$

把区间 $[T_1, T_2]$ 分成 n 个时间间隔 $[t_{i-1}, t_i](i = 1, 2, \cdots, n)$，每段时间的长为 $\Delta t_i = t_i - t_{i-1}(i = 1, 2, \cdots, n)$；

(2) 在 $[t_{i-1}, t_i]$ 内任取一个时刻 $\tau_i(i = 1, 2, \cdots, n)$，作乘积

$$\Delta S_i = v(\tau_i)\Delta t_i$$

为路程近似值；

(3) 将每段时间通过的路程相加作为变速直线运动路程的近似值

$$S \approx \sum_{i=1}^{n} v(\tau_i)\Delta t_i$$

(4) 记 $\lambda = \max\limits_{1 \leqslant i < n}\{\Delta t_i\}$，当 $\lambda \to 0$ 时，取上述和式的极限，便得变速直线运动的路程：

$$S = \lim_{\lambda \to 0} \sum_{i=1}^{n} v(\tau_i)\Delta t_i$$

3. 收入问题

设某商品的价格 P 是销售量 Q 的函数: $P = P(Q)$, 计算当销售量从 α 变动到 β 时的收入为多少?

设 Q 为连续变量, 价格随销售量的变动而变动. 仿照上面两个例子, 我们将销售量变动范围 $[\alpha, \beta]$ 分成若干个销售量段, 每个销售量段的收入近似等于销售量乘以该段内任意一个销售量时的价格, 再把所有销售量段的收入相加作为收入的近似值, 最后对 $[\alpha, \beta]$ 无限细分, 求极限即得收入的精确值. 计算过程如下:

(1) 在 $[\alpha, \beta]$ 内任意插入 $n-1$ 个分点:

$$\alpha = Q_0 < Q_1 < Q_2 < \cdots < Q_{n-1} < Q_n = \beta$$

每个销售量段 $[Q_{i-1}, Q_i](i = 1, 2, \cdots, n)$ 的销售量为

$$\Delta Q_i = Q_i - Q_{i-1} \quad (i = 1, 2, \cdots, n)$$

(2) 在 $[Q_{i-1}, Q_i]$ 中任取一点 η_i, 把 $P(\eta_i)$ 作为该段的近似价格, 收入近似为

$$\Delta R_i \approx P(\eta_i) \Delta Q_i \quad (i = 1, 2, \cdots, n)$$

(3) 把 n 段的收入相加, 得收入的近似值

$$R \approx \sum_{i=1}^{n} P(\eta_i) \Delta Q_i$$

(4) 记 $\lambda = \max_{1 \leqslant i \leqslant n} \{\Delta Q_i\}$, 所求的收入为

$$R = \lim_{\lambda \to 0} \sum_{i=1}^{n} P(\eta_i) \Delta Q_i$$

5.1.2 定积分的定义

从上面三个例子可以看到, 所要计算的量的具体意义虽然不同, 但它们都归结为具有相同结构的特定和的极限.

面积:
$$A = \lim_{\lambda \to 0} \sum_{i=1}^{n} f(\xi_i) \Delta x_i$$

路程:
$$S = \lim_{\lambda \to 0} \sum_{i=1}^{n} v(\tau_i) \Delta t_i$$

收入:
$$R = \lim_{\lambda \to 0} \sum_{i=1}^{n} P(\eta_i) \Delta Q_i$$

如果我们不考虑所用的函数记号, 就可以抽象出如下定义.

定义 1 设函数 $f(x)$ 在 $[a, b]$ 上有界, 在 $[a, b]$ 中任意插入 $n-1$ 个分点

$$a = x_0 < x_1 < x_2 < \cdots < x_{n-1} < x_n = b$$

把区间 $[a, b]$ 分成 n 个小区间

$$[x_0, x_1], [x_1, x_2], \cdots, [x_{n-1}, x_n]$$

每个小区间的长度依次为

$$\Delta x_1 = x_1 - x_0, \quad \Delta x_2 = x_2 - x_1, \quad \cdots, \quad \Delta x_n = x_n - x_{n-1}$$

在每个小区间 $[x_{i-1}, x_i]$ 上任取一点 ξ_i, 作乘积 $f(\xi_i) \Delta x_i (i = 1, 2, \cdots, n)$, 并作和式

$$\sum_{i=1}^{n} f(\xi_i) \Delta x_i$$

记 $\lambda = \max\{\Delta x_1, \Delta x_2, \cdots, \Delta x_n\}$，如果对 $[a,b]$ 的任意分法，对在小区间 $[x_{i-1}, x_i]$ 上 ξ_i 的任意取法，和 $\sum_{i=1}^{n} f(\xi_i) \Delta x_i$ 总趋于同一个数 I，那么我们就称 $f(x)$ 在 $[a,b]$ 上可积，称这个极限 I 为 $f(x)$ 在区间 $[a,b]$ 上的定积分，记作 $\int_a^b f(x) \mathrm{d}x$，即

$$\int_a^b f(x)\mathrm{d}x = I = \lim_{\lambda \to 0} \sum_{i=1}^{n} f(\xi_i) \Delta x_i$$

其中 $f(x)$ 叫做被积函数，$f(x)\mathrm{d}x$ 叫做被积表达式，x 叫做积分变量，a 叫做积分下限，b 叫做积分上限，$[a,b]$ 叫做积分区间.

根据定积分的定义，前面三个例子可以分别如下表示：

曲线 $y = f(x)(f(x) \geqslant 0)$、$x$ 轴及两条直线 $x = a, x = b$ 所围成的曲边梯形的面积为

$$A = \int_a^b f(x)\mathrm{d}x$$

质点以速度 $v = v(t)$ 作直线运动时，从时刻 $t = T_1$ 到 $t = T_2$ 通过的路程为

$$S = \int_{T_1}^{T_2} v(t)\mathrm{d}t$$

价格为 $P = P(Q)$ 的商品，销售量 Q 从 α 变动到 β 所得的收入为

$$R = \int_\alpha^\beta P(Q)\mathrm{d}Q$$

应当注意的是，当积分区间 $[a,b]$ 和被积函数都不改变时，定积分的值与选取的积分变量没有关系，即

$$\int_a^b f(x)\mathrm{d}x = \int_a^b f(t)\mathrm{d}t = \int_a^b f(u)\mathrm{d}u$$

关于定积分的可积性问题，我们不作深入讨论，只给出如下两个充分条件.

定理 1　设 $f(x)$ 在 $[a,b]$ 上连续，则 $f(x)$ 在 $[a,b]$ 上可积.

定理 2　设 $f(x)$ 在 $[a,b]$ 上有界，且只有有限个间断点，则 $f(x)$ 在 $[a,b]$ 上可积.

下面我们讨论定积分的几何意义. 由前面的面积问题我们知道，当 $f(x) \geqslant 0$ 时，定积分 $\int_a^b f(x)\mathrm{d}x$ 在几何上表示由曲线 $y = f(x)$，两条直线 $x = a, x = b$ 和 x 轴所围成的曲边梯形的面积；当 $f(x) \leqslant 0$ 时，由 $y = f(x)$，两条直线 $x = a, x = b$ 与 x 轴所围成的曲边梯形位于 x 轴的下方，定积分 $\int_a^b f(x)\mathrm{d}x$ 在几何上表示上述曲边梯形面积的负值.

如果 $f(x)$ 在 $[a,b]$ 上有时为正，有时为负，则曲线 $y = f(x)$ 有时在 x 轴上方，有时在 x 轴下方，这时定积分 $\int_a^b f(x)\mathrm{d}x$ 的几何意义为：曲线 $y = f(x)$，直线 $x = a, x = b$ 与 x 轴所围图形位于 x 轴上方的面积减去 x 轴下方的面积(图 5-2).

最后，我们举一个按定义计算定积分的例子.

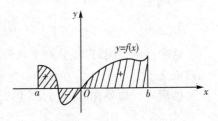

图 5-2

【例 1】 利用定义计算 $\int_0^1 x\mathrm{d}x$.

解 因为被积函数 $f(x) = x$ 在积分区间 $[0,1]$ 上连续,由定理 1 可知,它的定积分是存在的.由于积分与区间 $[0,1]$ 的分法及点 ξ_i 的取法无关,为简单起见,我们把区间 $[0,1]$ 分成 n 等份,分点为 $x_i = \dfrac{i}{n}(i = 1,2,\cdots,n)$,取 $\xi_i = x_i(i = 1,2,\cdots,n)$,作和式

$$\sum_{i=1}^{n} f(\xi_i)\Delta x_i = \sum_{i=1}^{n} \xi_i \Delta x_i = \sum_{i=1}^{n} x_i \Delta x_i$$

$$= \sum_{i=1}^{n} \frac{i}{n} \cdot \frac{1}{n} = \sum_{i=1}^{n} \frac{i}{n^2} = \frac{1}{n^2} \sum_{i=1}^{n} i$$

$$= \frac{1}{n^2} \cdot \frac{n(n+1)}{2}$$

当 $\lambda = \max\limits_{1 \leqslant i \leqslant n}\{\Delta x_i\} \to 0$,即 $n \to \infty$ 时,取上式右端的极限.由定积分的定义,即得所要计算的积分为

$$\int_0^1 x\mathrm{d}x = \lim_{\lambda \to 0} \sum_{i=1}^{n} \xi_i \Delta x_i = \lim_{n \to \infty} \frac{n(n+1)}{2n^2} = \frac{1}{2}$$

从几何上看,$\int_0^1 x\mathrm{d}x$ 实际上是高为 1,底边长为 1 的直角三角形的面积,它的结果与用初等几何中的公式计算的结果是一致的.

5.1.3 定积分的性质

下面讨论定积分的性质.为简化讨论,我们假定在性质中所出现的定积分都是存在的,并补充规定:

(1) 当 $a = b$ 时,$\int_a^b f(x)\mathrm{d}x = 0$.

(2) 当 $a > b$ 时,$\int_a^b f(x)\mathrm{d}x = -\int_b^a f(x)\mathrm{d}x$.

利用定积分的定义,可以证明如下性质和推论.

性质 1 $\quad \int_a^b [f(x) \pm g(x)]\mathrm{d}x = \int_a^b f(x)\mathrm{d}x \pm \int_a^b g(x)\mathrm{d}x$

性质 2 $\quad \int_a^b kf(x)\mathrm{d}x = k \int_a^b f(x)\mathrm{d}x \quad$($k$ 是常数)

性质 3 设 $a < c < b$,则

$$\int_a^b f(x)\mathrm{d}x = \int_a^c f(x)\mathrm{d}x + \int_c^b f(x)\mathrm{d}x$$

这个性质说明,定积分对于积分区间具有可加性.事实上,不论 a,b,c 的位置如何,上式总成立.

性质 4 如果在区间 $[a,b]$ 上 $f(x) = 1$,则

$$\int_a^b 1\mathrm{d}x = \int_a^b \mathrm{d}x = b - a$$

性质 5 如果在区间 $[a,b]$ 上 $f(x) \geqslant 0$,则

$$\int_a^b f(x)\mathrm{d}x \geqslant 0 \quad (a < b)$$

推论 1　如果在区间 $[a,b]$ 上 $f(x) \geqslant g(x)$，则

$$\int_a^b f(x)\mathrm{d}x \geqslant \int_a^b g(x)\mathrm{d}x$$

推论 2
$$\left| \int_a^b f(x)\mathrm{d}x \right| \leqslant \int_a^b |f(x)|\,\mathrm{d}x \quad (a < b)$$

性质 6　设 M 及 m 分别是函数 $f(x)$ 在区间 $[a,b]$ 上的最大值及最小值，则

$$m(b-a) \leqslant \int_a^b f(x)\mathrm{d}x \leqslant M(b-a) \quad (a < b)$$

性质 7（定积分中值定理）　如果函数 $f(x)$ 在闭区间 $[a,b]$ 上连续，则在积分区间 $[a,b]$ 上至少存在一点 ξ，使下式成立：

$$\int_a^b f(x)\mathrm{d}x = f(\xi)(b-a) \quad (a \leqslant \xi \leqslant b)$$

这个公式叫做积分中值公式.

　　证明　把性质 6 中的不等式各除以 $b-a$，得

$$m \leqslant \frac{1}{b-a}\int_a^b f(x)\mathrm{d}x \leqslant M$$

这表明，确定的数值 $\dfrac{1}{b-a}\displaystyle\int_a^b f(x)\mathrm{d}x$ 介于函数 $f(x)$ 的最小值 m 及最大值 M 之间. 根据闭区间上连续函数的介值定理，在 $[a,b]$ 上至少存在一点 ξ，使函数 $f(x)$ 在点 ξ 处的值与这个确定的数值相等，即应有

$$\frac{1}{b-a}\int_a^b f(x)\mathrm{d}x = f(\xi) \quad (a \leqslant \xi \leqslant b)$$

两端各乘以 $b-a$，即得所要证的等式.

　　这个性质从几何上可以解释为：在区间 $[a,b]$ 上至少存在一点 ξ，使得以区间 $[a,b]$ 为底边、高为 $f(\xi)$ 的矩形面积等于同一底边、以曲线 $y = f(x)$ 为曲边的曲边梯形的面积（图 5-3）.

　　按积分中值公式所得的

$$f(\xi) = \frac{1}{b-a}\int_a^b f(x)\mathrm{d}x$$

称为函数 $f(x)$ 在区间 $[a,b]$ 上的平均值.

　　应当指出，上述性质及推论还可取消积分上、下限大小的限制，即不论 $a < b$ 或 $a > b$ 都是成立的.

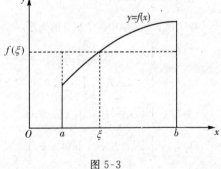

图 5-3

　　下面，我们举例说明定积分性质的应用.

　　【例 2】　估计积分值 $\displaystyle\int_1^2 \dfrac{\mathrm{d}x}{1+x^4}$ 的大小.

　　解　因为 $f(x) = \dfrac{1}{1+x^4}$ 在 $[1,2]$ 上单调减少，且有最小值 $m = \dfrac{1}{1+2^4} = \dfrac{1}{17}$，最大值

$M = \dfrac{1}{1+1^4} = \dfrac{1}{2}$，由性质 6 得

$$\frac{1}{17} \times (2-1) \leqslant \int_1^2 \frac{\mathrm{d}x}{1+x^4} \leqslant \frac{1}{2} \times (2-1)$$

即

$$\frac{1}{17} \leqslant \int_1^2 \frac{\mathrm{d}x}{1+x^4} \leqslant \frac{1}{2}$$

【例 3】 比较积分 $\int_0^1 \mathrm{e}^x \mathrm{d}x$ 和 $\int_0^1 (1+x)\mathrm{d}x$ 的大小.

解 当 $0 \leqslant x \leqslant 1$ 时，$\mathrm{e}^x \geqslant 1+x$，由性质 5 的推论 1，得

$$\int_0^1 \mathrm{e}^x \mathrm{d}x \geqslant \int_0^1 (1+x)\mathrm{d}x$$

习题 5.1

（A）

1. 利用定积分的定义计算下列积分：

(1) $\int_{-1}^2 t\mathrm{d}t$ 　　　　　(2) $\int_0^1 \mathrm{e}^x \mathrm{d}x$

2. 利用定积分的几何意义说明下列等式：

(1) $\int_0^1 2x\mathrm{d}x = 1$ 　　　　(2) $\int_0^1 \sqrt{1-x^2}\mathrm{d}x = \dfrac{\pi}{4}$

(3) $\int_{-\pi}^\pi \sin x\mathrm{d}x = 0$ 　　　(4) $\int_{-\frac{\pi}{2}}^{\frac{\pi}{2}} \cos x\mathrm{d}x = 2\int_0^{\frac{\pi}{2}} \cos x\mathrm{d}x$

3. 估计下列积分的值：

(1) $\int_1^4 (x^2+1)\mathrm{d}x$ 　　　　(2) $\int_{\frac{\pi}{4}}^{\frac{5}{4}\pi} (1+\sin^2 x)\mathrm{d}x$

(3) $\int_{\frac{1}{\sqrt{3}}}^{\sqrt{3}} \arctan x\mathrm{d}x$ 　　　(4) $\int_0^1 \mathrm{e}^{x^2}\mathrm{d}x$

(5) $\int_0^\pi \dfrac{1}{8+\sin^3 x}\mathrm{d}x$

4. 比较下列各题中两个积分的大小：

(1) $I_1 = \int_0^1 x\mathrm{d}x$, $I_2 = \int_0^1 x^3\mathrm{d}x$

(2) $I_1 = \int_1^2 x^2\mathrm{d}x$, $I_2 = \int_1^2 x^4\mathrm{d}x$

(3) $I_1 = \int_1^2 \ln x\mathrm{d}x$, $I_2 = \int_1^2 (\ln x)^2\mathrm{d}x$

(4) $I_1 = \int_0^1 x\mathrm{d}x$, $I_2 = \int_0^1 \ln(1+x)\mathrm{d}x$

(5) $I_1 = \int_1^2 \sqrt{x}\ln x\mathrm{d}x$, $I_2 = \int_1^2 x\ln x\mathrm{d}x$

(6) $I_1 = \int_0^1 \mathrm{e}^{-x}\mathrm{d}x$, $I_2 = \int_0^1 \mathrm{e}^{-x^2}\mathrm{d}x$

(B)

1. 用定积分表示下列极限：

(1) $\lim\limits_{n\to\infty}\sum\limits_{i=1}^{n}\dfrac{n}{n^2+i^2}$ 　　　　(2) $\lim\limits_{n\to\infty}\dfrac{1}{n}\sum\limits_{i=1}^{n}\sqrt{1+\dfrac{i}{n}}$

2. 设 $f(x)$ 为连续函数，且 $\lim\limits_{x\to+\infty}f(x)=1,a$ 为常数，求 $\lim\limits_{x\to+\infty}\displaystyle\int_{x}^{x+a}f(x)\mathrm{d}x$.

3. 设 $f(x)$ 及 $g(x)$ 在 $[a,b]$ 上连续 $(a<b)$，证明：

(1) 若在 $[a,b]$ 上 $f(x)\geqslant 0$，且

$$\int_a^b f(x)\mathrm{d}x=0,$$

则在 $[a,b]$ 上，$f(x)=0$；

(2) 若在 $[a,b]$ 上 $f(x)\geqslant 0$，且 $f(x)\not\equiv 0$，则

$$\int_a^b f(x)\mathrm{d}x>0$$

(3) 若在 $[a,b]$ 上 $f(x)\leqslant g(x)$，且

$$\int_a^b f(x)\mathrm{d}x=\int_a^b g(x)\mathrm{d}x$$

则在 $[a,b]$ 上，$f(x)=g(x)$.

5.2　微积分基本公式

在 5.1 节中，我们看到，直接应用定义计算定积分是件烦琐的事. 如果被积函数是较复杂的函数，计算起来困难就更大了，为此我们必须寻求计算定积分的新方法.

下面我们从实际问题中寻找解决问题的线索.

5.2.1　变速直线运动中位置函数与速度函数之间的联系

由 5.1 节可知，质点以速度 $v=v(t)$ 作直线运动时，从时刻 T_1 到 T_2 通过的路程可以用速度函数 $v(t)$ 在 $[T_1,T_2]$ 上的定积分

$$\int_{T_1}^{T_2} v(t)\mathrm{d}t$$

来表示. 又设时刻 t 时质点所在的位置为 $S(t)$，因此从时刻 T_1 到 T_2 经过的路程又可以通过位置函数 $S(t)$ 在区间 $[T_1,T_2]$ 上的增量 $S(T_2)-S(T_1)$ 来表示，故有

$$\int_{T_1}^{T_2} v(t)\mathrm{d}t=S(T_2)-S(T_1) \tag{1}$$

因为 $S'(t)=v(t)$，即位置函数 $S(t)$ 是速度函数 $v(t)$ 的原函数，所以式(1)表示速度函数 $v(t)$ 在区间 $[T_1,T_2]$ 上的定积分等于 $v(t)$ 的原函数 $S(t)$ 在区间 $[T_1,T_2]$ 上的增量.

那么由这个特殊问题得到的这种关系是否具有一般性呢？即对一般函数 $f(x)$，设 $F'(x)=f(x)$，是否也有

$$\int_a^b f(x)\mathrm{d}x=F(b)-F(a)$$

成立？事实上，若 $f(x)$ 在 $[a,b]$ 上连续，则上式总是成立的. 为证明这一公式，先引入积分

上限函数.

5.2.2　积分上限的函数及其导数

设函数 $f(x)$ 在 $[a,b]$ 上连续，x 为 $[a,b]$ 上的一点，则 $f(x)$ 在部分区间 $[a,x]$ 上的定积分

$$\int_a^x f(x)\mathrm{d}x$$

一定存在，这里 x 既表示积分上限，又表示积分变量. 因为定积分与积分变量的记法无关，所以为明确起见，我们把积分变量改用其他符号，例如用 t 表示，则上面的定积分可写成

$$\int_a^x f(t)\mathrm{d}t$$

当积分上限 x 在 $[a,b]$ 上变动时，积分值也随之变动. 当 x 取定一个值时，就有一个确定的积分值与之对应，于是我们就定义了一个函数，记作

$$\Phi(x) = \int_a^x f(t)\mathrm{d}t \quad (a \leqslant x \leqslant b)$$

$\Phi(x)$ 称为积分上限函数，这个函数具有下面定理 1 所指出的重要性质.

定理 1　如果函数 $f(x)$ 在区间 $[a,b]$ 上连续，则函数

$$\Phi(x) = \int_a^x f(t)\mathrm{d}t$$

在 $[a,b]$ 上可导，并且它的导数是

$$\Phi'(x) = \frac{\mathrm{d}}{\mathrm{d}x}\int_a^x f(t)\mathrm{d}t = f(x) \quad (a \leqslant x \leqslant b) \tag{2}$$

证明　若 $x \in (a,b)$，设 x 获得增量 Δx，而 $|\Delta x|$ 足够小，使得 $x+\Delta x \in (a,b)$，函数的增量为

$$
\begin{aligned}
\Delta\Phi &= \Phi(x+\Delta x) - \Phi(x)\\
&= \int_a^{x+\Delta x} f(t)\mathrm{d}t - \int_a^x f(t)\mathrm{d}t\\
&= \int_a^x f(t)\mathrm{d}t + \int_x^{x+\Delta x} f(t)\mathrm{d}t - \int_a^x f(t)\mathrm{d}t\\
&= \int_x^{x+\Delta x} f(t)\mathrm{d}t
\end{aligned}
$$

由积分中值定理得

$$\Delta\Phi = f(\xi)\Delta x$$

这里，ξ 在 x 与 $x+\Delta x$ 之间（图 5-4）. 由 $f(x)$ 的连续性，得

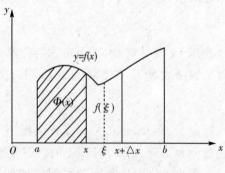

图 5-4

$$\lim_{\Delta x \to 0}\frac{\Delta\Phi}{\Delta x} = \lim_{\Delta x \to 0}f(\xi) = \lim_{\xi \to x}f(\xi) = f(x)$$

即

$$\Phi'(x) = \frac{\mathrm{d}}{\mathrm{d}x}\int_a^x f(t)\mathrm{d}t = f(x)$$

若 $x=a$，取 $\Delta x > 0$，则同理可证 $\Phi'_+(a) = f(a)$；若 $x=b$，取 $\Delta x < 0$，则同理可证 $\Phi'_-(b) = f(b)$.

根据定理 1 的公式(2)，再由原函数的定义，我们得到如下的原函数的存在定理.

定理 2　如果函数 $f(x)$ 在区间 $[a,b]$ 上连续，则函数

$$\Phi(x) = \int_a^x f(t)\mathrm{d}t \tag{3}$$

就是 $f(x)$ 在区间 $[a,b]$ 上的一个原函数.

定理 2 说明连续函数一定存在原函数，且揭示了定积分与原函数之间的联系.

5.2.3　牛顿 - 莱布尼茨公式

由定理 2 可以证明下面的定理.

定理 3　如果函数 $F(x)$ 是连续函数 $f(x)$ 在区间 $[a,b]$ 上的一个原函数，则

$$\int_a^b f(x)\mathrm{d}x = F(b) - F(a) \tag{4}$$

证明　由定理 2 知 $f(x)$ 在 $[a,b]$ 上的一个原函数是

$$\Phi(x) = \int_a^x f(t)\mathrm{d}t$$

根据原函数的性质(两个原函数之差是一个常数)，有

$$F(x) - \Phi(x) = C \quad (a \leqslant x \leqslant b)$$

即

$$\int_a^x f(t)\mathrm{d}t = F(x) - C$$

令 $x = a$，得 $C = F(a)$，上式成为

$$\int_a^x f(t)\mathrm{d}t = F(x) - F(a)$$

上式中令 $x = b$，即得

$$\int_a^b f(x)\mathrm{d}x = \int_a^b f(t)\mathrm{d}t = F(b) - F(a)$$

由 5.1.3 节补充规定可知，当 $a > b$ 时，公式(4) 也成立.

为方便起见，$F(b) - F(a)$ 也可记作 $[F(x)]_a^b$，于是式(4) 又可写成

$$\int_a^b f(x)\mathrm{d}x = [F(x)]_a^b$$

公式(4) 称为牛顿(Newton) - 莱布尼茨(Leibniz) 公式，通常也叫做微积分基本公式，它提供了计算定积分的一个有效而简便的方法.

下面举几个应用公式(4) 计算定积分的例子.

【例 1】　计算 5.1 节中的定积分 $\int_0^1 x\mathrm{d}x$.

解　由于 $\dfrac{x^2}{2}$ 是 x 的一个原函数，所以按牛顿 - 莱布尼茨公式，有

$$\int_0^1 x\mathrm{d}x = \left[\frac{x^2}{2}\right]_0^1 = \frac{1^2}{2} - \frac{0^2}{2} = \frac{1}{2}$$

【例 2】　计算 $\int_0^2 (4x^3 - 2x)\mathrm{d}x$.

解　因为 $\left(\dfrac{kx^{n+1}}{n+1}\right)' = kx^n (n \neq -1, k$ 为常数)，所以

145

$$\int_0^2 (4x^3 - 2x)\,\mathrm{d}x = \int_0^2 4x^3 \,\mathrm{d}x - \int_0^2 2x\,\mathrm{d}x = 4\left[\frac{x^4}{4}\right]_0^2 - 2\left[\frac{x^2}{2}\right]_0^2 = 12$$

【例3】 计算 $\int_{-2}^{-1} \dfrac{\mathrm{d}x}{x}$.

解 当 $x<0$ 时，$\dfrac{1}{x}$ 的原函数是 $\ln|x|$，现在积分区间是 $[-2,-1]$，所以

$$\int_{-2}^{-1} \frac{\mathrm{d}x}{x} = \left[\ln|x|\right]_{-2}^{-1} = \ln 1 - \ln 2 = -\ln 2$$

【例4】 求曲线 $y=\sin x$ 在区间 $[0,2\pi]$ 上与 x 轴所围图形的面积(图 5-5).

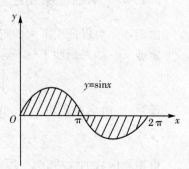

图 5-5

解 设所求面积为 S，则由定积分的几何意义知

$$S = \int_0^{2\pi} |\sin x|\,\mathrm{d}x = \int_0^{\pi} \sin x\,\mathrm{d}x - \int_{\pi}^{2\pi} \sin x\,\mathrm{d}x$$

$$= \left[-\cos x\right]_0^{\pi} - \left[-\cos x\right]_{\pi}^{2\pi}$$

$$= -(\cos\pi - \cos 0) - \left[-\cos 2\pi + \cos\pi\right]$$

$$= 4$$

下面再举一个应用公式(2)的例子.

【例5】 计算 $\lim\limits_{x\to 0} \dfrac{\int_0^{x^2} \sin t\,\mathrm{d}t}{x^4}$.

解 这是一个 $\dfrac{0}{0}$ 型未定式，我们用洛必达法则来计算. 分子中的积分上限看成 $u = x^2$，即

$$\int_0^{x^2} \sin t\,\mathrm{d}t = \int_0^u \sin t\,\mathrm{d}t \quad (u = x^2)$$

所以

$$\frac{\mathrm{d}}{\mathrm{d}x}\int_0^{x^2} \sin t\,\mathrm{d}t = \frac{\mathrm{d}}{\mathrm{d}u}\int_0^u \sin t\,\mathrm{d}t \cdot \frac{\mathrm{d}u}{\mathrm{d}x} = \sin u \cdot 2x = \sin x^2 \cdot 2x$$

从而

$$\lim_{x\to 0} \frac{\int_0^{x^2} \sin t\,\mathrm{d}t}{x^4} = \lim_{x\to 0} \frac{\sin x^2 \cdot 2x}{4x^3} = \lim_{x\to 0} \frac{\sin x^2}{2x^2} = \frac{1}{2}$$

习题 5.2

(A)

1. 计算下列各积分：

(1) $\displaystyle\int_0^1 (3x^2 - x + 1)\,\mathrm{d}x$

(2) $\displaystyle\int_{-1}^{\sqrt{3}} \frac{\mathrm{d}x}{1+x^2}$

(3) $\displaystyle\int_4^9 \sqrt{x}(1+\sqrt{x})\,\mathrm{d}x$

(4) $\displaystyle\int_1^2 \left(x+\frac{1}{x}\right)^2 \mathrm{d}x$

(5) $\displaystyle\int_0^{\frac{1}{2}} \frac{\mathrm{d}x}{\sqrt{1-x^2}}$

(6) $\displaystyle\int_0^{\sqrt{3}} \frac{\mathrm{d}x}{1+x^2}$

(7) $\int_0^1 \dfrac{\mathrm{d}x}{\sqrt{4-x^2}}$

(8) $\int_{-1}^0 \dfrac{3x^4+3x^2+2}{x^2+1}\mathrm{d}x$

(9) $\int_{-e-1}^{-2} \dfrac{\mathrm{d}x}{1+x}$

(10) $\int_0^{\frac{\pi}{4}} \tan^2\theta\mathrm{d}\theta$

(11) $\int_0^2 |x^2-x|\,\mathrm{d}x$

(12) $\int_0^2 f(x)\mathrm{d}x$,其中 $f(x) = \begin{cases} x, & x<1 \\ x^2, & x\geqslant 1 \end{cases}$

2. 计算下列各导数:

(1) $\dfrac{\mathrm{d}}{\mathrm{d}x}\int_0^{x^2} \sqrt{1+t^2}\,\mathrm{d}t$

(2) $\dfrac{\mathrm{d}}{\mathrm{d}x}\int_{\sin x}^0 \mathrm{e}^{-t^2}\,\mathrm{d}t$

(3) $\dfrac{\mathrm{d}}{\mathrm{d}x}\int_{x^2}^{x^3} \mathrm{e}^{-t^2}\,\dfrac{\mathrm{d}t}{\sqrt{1+t^2}}$

3. 求下列极限:

(1) $\lim\limits_{x\to 0} \dfrac{\int_0^{x^2} \sqrt{1+t^2}\,\mathrm{d}t}{x}$

(2) $\lim\limits_{x\to +\infty} \dfrac{\int_0^x (\arctan t)^2\,\mathrm{d}t}{\sqrt{x^2+1}}$

4. 设 $f(x) = \int_0^x \sin t\,\mathrm{d}t$,求 $f'(0), f'\left(\dfrac{\pi}{4}\right)$.

5. 求由方程 $\int_0^y \mathrm{e}^t\,\mathrm{d}t + \int_0^{x^2} \cos t\,\mathrm{d}t = 0$ 所确定的隐函数 $y = y(x)$ 的导数 $\dfrac{\mathrm{d}y}{\mathrm{d}x}$.

6. 求函数 $f(x) = \int_1^x (1-\ln\sqrt{t})\,\mathrm{d}t (x>0)$ 的单调区间.

(B)

1. 计算下列极限:

(1) $\lim\limits_{x\to a} \dfrac{x}{x-a}\int_a^x f(t)\,\mathrm{d}t$,其中 $f(t)$ 连续;

(2) $\lim\limits_{x\to\infty} \dfrac{\int_0^x f(t)\,\mathrm{d}t}{\sqrt{x^2+1}}$,其中 $f(t)$ 连续,且 $\lim\limits_{t\to +\infty} f(t) = 1$.

2. 设 $F(x)$ 在 $[a,b]$ 上连续,且 $F(x) = \int_0^x (x-t)f(t)\,\mathrm{d}t, x\in[a,b]$,求 $F''(x)$.

3. 设 $f(x)$ 在 $[a,b]$ 上连续,在 (a,b) 内可导且 $f'(x)<0$,证明函数

$$F(x) = \dfrac{1}{x-a}\int_a^x f(t)\,\mathrm{d}t$$

在 (a,b) 内的一阶导数 $F'(x)<0$.

4. 设 $f(x)$ 在 $(0,1)$ 上连续,且满足

$$f(x) = 3x^2 + 2\int_0^1 f(x)\,\mathrm{d}x$$

求 $\int_0^1 f(x)\,\mathrm{d}x$ 及 $f(x)$.

5. 设 $f(x)$ 为连续函数,$f(0)=1$,求曲线 $y = \int_0^x f(t)\,\mathrm{d}t$ 在 $(0,0)$ 点处的切线方程.

6. 设 $f(x) = \begin{cases} x^2, & x\in[0,1) \\ 2-x, & x\in[1,2] \end{cases}$,求 $\Phi(x) = \int_0^x f(t)\,\mathrm{d}t$ 在 $[0,2]$ 上的表达式,并讨论 $\Phi(x)$ 在 $[0,2]$ 内的连续性.

7. 证明下列各题:

(1) 设 $f(x)$ 在 $[a,b]$ 上连续,且 $f(x)>0$,则

$$\int_a^b f(x)\mathrm{d}x \cdot \int_a^b \frac{\mathrm{d}x}{f(x)} \geqslant (b-a)^2$$

(2) 设 $f(x)$ 为连续函数,则

$$\int_0^x f(t)(x-t)\mathrm{d}t = \int_0^x \left[\int_0^t f(u)\mathrm{d}u\right]\mathrm{d}t$$

(3) 设 $f(x)$ 在 $[a,b]$ 上连续,且 $f(x) > 0$,

$$F(x) = \int_a^x f(t)\mathrm{d}t + \int_b^x \frac{\mathrm{d}t}{f(t)}, x \in [a,b]$$

则:① $F'(x) \geqslant 2$;② 方程 $F(x) = 0$ 在 (a,b) 内有且仅有一个根.

8. 设 $f(x)$ 在 $(0,+\infty)$ 内连续且 $f(x) > 0$,证明函数

$$F(x) = \frac{\int_0^x tf(t)\mathrm{d}t}{\int_0^x f(t)\mathrm{d}t}$$

在 $(0,+\infty)$ 内为单调递增函数.

5.3　定积分的换元法和分部积分法

由上节结果可知,计算定积分 $\int_a^b f(x)\mathrm{d}x$ 的简便方法是把它转化为求 $f(x)$ 的原函数的增量. 在第 4 章中,我们知道应用换元法和分部积分法可以求出一些函数的原函数,因此,可以用换元法和分部积分法来计算定积分. 下面就来讨论定积分的这两种计算方法.

5.3.1　定积分的换元法

关于定积分的换元法,我们有如下的定理:

定理 1　设 $f(x)$ 在 $[a,b]$ 上连续,函数 $x = \varphi(t)$ 满足:

(1) $\varphi(\alpha) = a, \varphi(\beta) = b$;

(2) $\varphi(t)$ 在 $[\alpha,\beta]$ 或 $[\beta,\alpha]$ 上具有连续导数且值域为 $[a,b]$,则有

$$\int_a^b f(x)\mathrm{d}x = \int_\alpha^\beta f[\varphi(t)]\varphi'(t)\mathrm{d}t \tag{1}$$

公式(1) 称为定积分的换元公式.

证明　如果

$$\int f(x)\mathrm{d}x = F(x) + C$$

则

$$\int f[\varphi(t)]\varphi'(t)\mathrm{d}t = F[\varphi(t)] + C$$

于是

$$\int_a^b f(x)\mathrm{d}x = F(b) - F(a)$$
$$= F[\varphi(\beta)] - F[\varphi(\alpha)]$$
$$= \int_\alpha^\beta f[\varphi(t)]\varphi'(t)\mathrm{d}t$$

注:应用公式(1) 时,用 $x = \varphi(t)$ 把原来变量 x 代换成新变量 t 时,积分限也要换成新

变量 t 的积分限. 而且, 求出关于 t 的原函数 $\Phi(t)$ 后不必换成原来变量 x 的函数, 只需把新变量 t 的上、下限代入 $\Phi(t)$ 中, 然后相减即可.

【例 1】　计算 $\displaystyle\int_{-a}^{a} \frac{\mathrm{d}x}{\sqrt{(a^2+x^2)^3}}(a>0)$.

解　设 $x=a\tan t$, 则 $\mathrm{d}x=a\sec^2 t\mathrm{d}t$. 且当 $x=-a$ 时, $t=-\dfrac{\pi}{4}$; 当 $x=a$ 时, $t=\dfrac{\pi}{4}$, 于是

$$\int_{-a}^{a} \frac{\mathrm{d}x}{\sqrt{(a^2+x^2)^3}} = \int_{-\frac{\pi}{4}}^{\frac{\pi}{4}} \frac{a\sec^2 t\mathrm{d}t}{\sqrt{(a^2+a^2\tan^2 t)^3}} = \frac{1}{a^2}\int_{-\frac{\pi}{4}}^{\frac{\pi}{4}} \cos t\mathrm{d}t$$

$$= \frac{1}{a^2}\left[\sin t\right]_{-\frac{\pi}{4}}^{\frac{\pi}{4}} = \frac{\sqrt{2}}{a^2}$$

【例 2】　计算 $\displaystyle\int_{-1}^{1} \frac{x\mathrm{d}x}{\sqrt{5-4x}}$.

解　设 $\sqrt{5-4x}=t$, 则 $x=\dfrac{5-t^2}{4}$, $\mathrm{d}x=-\dfrac{t}{2}\mathrm{d}t$. 且当 $x=-1$ 时, $t=3$; 当 $x=1$ 时, $t=1$, 于是

$$\int_{-1}^{1} \frac{x\mathrm{d}x}{\sqrt{5-4x}} = \int_{3}^{1} \frac{\frac{5-t^2}{4}}{t}\cdot\left(-\frac{t}{2}\right)\mathrm{d}t$$

$$= \int_{3}^{1} \frac{t^2-5}{8}\mathrm{d}t = \frac{1}{8}\left[\frac{t^3}{3}-5t\right]_{3}^{1}$$

$$= \frac{1}{8}\times\left[\left(\frac{1}{3}-5\right)-(9-15)\right] = \frac{1}{6}$$

换元公式也可反过来使用, 即

$$\int_{a}^{b} f[\varphi(x)]\varphi'(x)\mathrm{d}x = \int_{\alpha}^{\beta} f(t)\mathrm{d}t$$

上式是把公式 (1) 中的 x 改记为 t, 而 t 改记为 x 及 $t=\varphi(x)$, 同时变换 $\alpha=\varphi(a)$, $\beta=\varphi(b)$.

【例 3】　计算 $\displaystyle\int_{0}^{\frac{\pi}{2}} \cos^2 x\sin x\mathrm{d}x$.

解　设 $t=\cos x$, 则 $\mathrm{d}t=-\sin x\mathrm{d}x$, 且当 $x=0$ 时, $t=1$; 当 $x=\dfrac{\pi}{2}$ 时, $t=0$.

$$\int_{0}^{\frac{\pi}{2}} \cos^2 x\sin x\mathrm{d}x = -\int_{1}^{0} t^2\mathrm{d}t = \int_{0}^{1} t^2\mathrm{d}t = \left[\frac{t^3}{3}\right]_{0}^{1} = \frac{1}{3}$$

在例 3 中, 如果不明显写出新变量, 则上、下限就不要变更, 这种记法的计算如下:

$$\int_{0}^{\frac{\pi}{2}} \cos^2 x\sin x\mathrm{d}x = -\int_{0}^{\frac{\pi}{2}} \cos^2 x\mathrm{d}(\cos x) = -\left[\frac{\cos^3 x}{3}\right]_{0}^{\frac{\pi}{2}} = -\left(0-\frac{1}{3}\right) = \frac{1}{3}$$

【例 4】　计算 $\displaystyle\int_{0}^{\pi} \sqrt{\sin^3 x-\sin^5 x}\mathrm{d}x$.

解　因为

$$\sqrt{\sin^3 x-\sin^5 x} = \sqrt{\sin^3 x(1-\sin^2 x)} = \sin^{\frac{3}{2}} x\cdot|\cos x|$$

在 $\left[0, \frac{\pi}{2}\right]$ 上，$|\cos x| = \cos x$；在 $\left[\frac{\pi}{2}, \pi\right]$ 上，$|\cos x| = -\cos x$，所以

$$\int_0^\pi \sqrt{\sin^3 x - \sin^5 x}\, dx = \int_0^{\frac{\pi}{2}} \sin^{\frac{3}{2}} x \cos x\, dx + \int_{\frac{\pi}{2}}^\pi \sin^{\frac{3}{2}} x (-\cos x)\, dx$$

$$= \int_0^{\frac{\pi}{2}} \sin^{\frac{3}{2}} x\, d(\sin x) - \int_{\frac{\pi}{2}}^\pi \sin^{\frac{3}{2}} x\, d(\sin x)$$

$$= \left[\frac{2}{5} \sin^{\frac{5}{2}} x\right]_0^{\frac{\pi}{2}} - \left[\frac{2}{5} \sin^{\frac{5}{2}} x\right]_{\frac{\pi}{2}}^\pi$$

$$= \frac{2}{5} - \left(-\frac{2}{5}\right) = \frac{4}{5}$$

【例 5】 证明

(1) 若 $f(x)$ 在 $[-a, a]$ 上连续且为偶函数，则

$$\int_{-a}^a f(x)\, dx = 2\int_0^a f(x)\, dx$$

(2) 若 $f(x)$ 在 $[-a, a]$ 上连续且为奇函数，则

$$\int_{-a}^a f(x)\, dx = 0$$

证明 （1）因为

$$\int_{-a}^a f(x)\, dx = \int_{-a}^0 f(x)\, dx + \int_0^a f(x)\, dx$$

对积分 $\int_{-a}^0 f(x)\, dx$ 作代换 $x = -t$，得

$$\int_{-a}^0 f(x)\, dx = \int_a^0 f(-t)(-dt) = \int_0^a f(t)\, dt = \int_0^a f(x)\, dx$$

从而

$$\int_{-a}^a f(x)\, dx = 2\int_0^a f(x)\, dx$$

(2) 设 $x = -t$，得

$$\int_{-a}^a f(x)\, dx = \int_a^{-a} f(-t)(-dt) = -\int_{-a}^a [-f(t)](-dt)$$

$$= -\int_{-a}^a f(t)\, dt = -\int_{-a}^a f(x)\, dx$$

从而
$$\int_{-a}^a f(x)\, dx = 0$$

利用例 5 的结论，可以简化或计算某些定积分. 例如，

$$\int_{-\pi}^\pi \sin^2 x\, dx = 2\int_0^\pi \sin^2 x\, dx, \qquad \int_{-1}^1 x\cos^2 x\, dx = 0$$

【例 6】 设 $f(x)$ 是以 T 为周期的连续函数，证明 $\int_a^{a+nT} f(x)\, dx = n\int_0^T f(x)\, dx (n \in$

N)，由此计算 $\int_0^{100\pi} |\sin x|\, dx$.

证明 $\quad \int_a^{a+nT} f(x)\, dx = \int_a^0 f(x)\, dx + \int_0^{nT} f(x)\, dx + \int_{nT}^{a+nT} f(x)\, dx$

设 $x = nT + t$，则 $\mathrm{d}x = \mathrm{d}t$. 且当 $x = nT$ 时，$t = 0$；当 $x = a + nT$ 时，$t = a$，于是

$$\int_{nT}^{a+nT} f(x)\mathrm{d}x = \int_0^a f(nT + t)\mathrm{d}t = -\int_a^0 f(t)\mathrm{d}t = -\int_a^0 f(x)\mathrm{d}x$$

又设 $x = u + (k-1)T(k = 2,3,\cdots,n)$，则 $\mathrm{d}x = \mathrm{d}u$. 且当 $x = (k-1)T$ 时，$u = 0$；当 $x = kT$ 时，$u = T$，于是

$$\int_0^{nT} f(x)\mathrm{d}x = \sum_{k=1}^n \int_{(k-1)T}^{kT} f(x)\mathrm{d}x = \sum_{k=1}^n \int_0^T f[u + (k-1)T]\mathrm{d}u$$

$$= \sum_{k=1}^n \int_0^T f(u)\mathrm{d}u = \sum_{k=1}^n \int_0^T f(x)\mathrm{d}x = n\int_0^T f(x)\mathrm{d}x$$

所以 $\int_a^{a+nT} f(x)\mathrm{d}x = n\int_0^T f(x)\mathrm{d}x$.

因为 $|\sin x|$ 以 π 为周期，所以

$$\int_0^{100\pi} |\sin x|\,\mathrm{d}x = 100\int_0^\pi |\sin x|\,\mathrm{d}x = 100\int_0^\pi \sin x\mathrm{d}x = 200$$

5.3.2　定积分的分部积分法

设函数 $u = u(x)$ 与 $v = v(x)$ 在 $[a,b]$ 上有连续导数，根据不定积分的分部积分法，可得

$$\int_a^b u(x)v'(x)\mathrm{d}x = \left[\int u(x)v'(x)\mathrm{d}x\right]_a^b = \left[u(x)v(x) - \int v(x)u'(x)\mathrm{d}x\right]_a^b$$

$$= [u(x)v(x)]_a^b - \int_a^b v(x)u'(x)\mathrm{d}x$$

简记为

$$\int_a^b uv'\mathrm{d}x = [uv]_a^b - \int_a^b vu'\mathrm{d}x \text{ 或} \int_a^b u\mathrm{d}v = [uv]_a^b - \int_a^b v\mathrm{d}u$$

这就是定积分的分部积分公式.

【例 7】　计算 $\int_0^1 \arctan x\mathrm{d}x$.

解　$\int_0^1 \arctan x\mathrm{d}x = [x \cdot \arctan x]_0^1 - \int_0^1 \dfrac{x}{1 + x^2}\mathrm{d}x$

$\qquad = \dfrac{\pi}{4} - \dfrac{1}{2}\int_0^1 \dfrac{\mathrm{d}x^2}{1 + x^2} = \dfrac{\pi}{4} - \dfrac{1}{2}[\ln(1 + x^2)]_0^1$

$\qquad = \dfrac{\pi}{4} - \dfrac{1}{2}\ln 2$

【例 8】　计算 $\int_0^{\pi^2} \sin\sqrt{x}\,\mathrm{d}x$.

解　先用换元法. 令 $\sqrt{x} = t$，则 $x = t^2$，$\mathrm{d}x = 2t\mathrm{d}t$，故

$$\int_0^{\pi^2} \sin\sqrt{x}\,\mathrm{d}x = 2\int_0^\pi t\sin t\mathrm{d}t = 2\int_0^\pi t\mathrm{d}(-\cos t)$$

$$= 2[-t\cos t]_0^\pi + 2\int_0^\pi \cos t\mathrm{d}t$$

$$= 2\pi + 2[\sin t]_0^\pi = 2\pi$$

【例 9】 证明定积分公式:

$$I_n = \int_0^{\frac{\pi}{2}} \sin^n x \, dx \left(= \int_0^{\frac{\pi}{2}} \cos^n x \, dx \right)$$

$$= \begin{cases} \dfrac{n-1}{n} \cdot \dfrac{n-3}{n-2} \cdot \cdots \cdot \dfrac{3}{4} \cdot \dfrac{1}{2} \cdot \dfrac{\pi}{2}, & n \text{ 为正偶数} \\[3mm] \dfrac{n-1}{n} \cdot \dfrac{n-3}{n-2} \cdot \cdots \cdot \dfrac{4}{5} \cdot \dfrac{2}{3}, & n \text{ 为大于 } 1 \text{ 的正奇数} \end{cases}$$

证明

$$I_n = \int_0^{\frac{\pi}{2}} \sin^{n-1} x \, d(-\cos x)$$

$$= \left[-\cos x \sin^{n-1} x \right]_0^{\frac{\pi}{2}} + \int_0^{\frac{\pi}{2}} \cos x \, d(\sin^{n-1} x)$$

$$= (n-1) \int_0^{\frac{\pi}{2}} \cos^2 x \sin^{n-2} x \, dx$$

$$= (n-1) \int_0^{\frac{\pi}{2}} (1 - \sin^2 x) \sin^{n-2} x \, dx$$

$$= (n-1) \int_0^{\frac{\pi}{2}} \sin^{n-2} x \, dx - (n-1) \int_0^{\frac{\pi}{2}} \sin^n x \, dx$$

$$= (n-1) I_{n-2} - (n-1) I_n$$

$$I_n = \frac{n-1}{n} I_{n-2}$$

上式叫做积分 I_n 关于下标的递推公式,如果把 n 换成 $n-2$,则得

$$I_{n-2} = \frac{n-3}{n-2} I_{n-4}$$

同样地依次进行下去,直到 I_n 的下标递减到 0 或 1 为止,于是

$$I_{2m} = \frac{2m-1}{2m} \cdot \frac{2m-3}{2m-2} \cdot \cdots \cdot \frac{3}{4} \cdot \frac{1}{2} I_0 \quad (m = 1, 2, \cdots)$$

$$I_{2m+1} = \frac{2m}{2m+1} \cdot \frac{2m-2}{2m-1} \cdot \cdots \cdot \frac{4}{5} \cdot \frac{2}{3} I_1 \quad (m = 1, 2, \cdots)$$

又

$$I_0 = \int_0^{\frac{\pi}{2}} dx = \frac{\pi}{2}, \quad I_1 = \int_0^{\frac{\pi}{2}} \sin x \, dx = 1$$

所以

$$I_{2m} = \int_0^{\frac{\pi}{2}} \sin^{2m} x \, dx = \frac{2m-1}{2m} \cdot \frac{2m-3}{2m-2} \cdot \cdots \cdot \frac{3}{4} \cdot \frac{1}{2} \cdot \frac{\pi}{2} \quad (m = 1, 2, \cdots)$$

$$I_{2m+1} = \int_0^{\frac{\pi}{2}} \sin^{2m+1} x \, dx = \frac{2m}{2m+1} \cdot \frac{2m-2}{2m-1} \cdot \cdots \cdot \frac{4}{5} \cdot \frac{2}{3} \quad (m = 1, 2, \cdots)$$

从而

$$I_n = \begin{cases} \dfrac{n-1}{n} \cdot \dfrac{n-3}{n-2} \cdot \cdots \cdot \dfrac{3}{4} \cdot \dfrac{1}{2} \cdot \dfrac{\pi}{2}, & \text{当 } n \text{ 为正偶数} \\[3mm] \dfrac{n-1}{n} \cdot \dfrac{n-3}{n-2} \cdot \cdots \cdot \dfrac{4}{5} \cdot \dfrac{2}{3}, & \text{当 } n \text{ 为大于 } 1 \text{ 的正奇数} \end{cases}$$

习题 5.3

（A）

1. 计算下列定积分：

(1) $\displaystyle\int_{-2}^{1}\dfrac{\mathrm{d}x}{(1+5x)^3}$

(2) $\displaystyle\int_{0}^{\sqrt{2}}x\sqrt{2-x^2}\,\mathrm{d}x$

(3) $\displaystyle\int_{0}^{\pi}(1-\sin^3\theta)\mathrm{d}\theta$

(4) $\displaystyle\int_{\frac{\pi}{6}}^{\frac{\pi}{2}}\cos^2 u\,\mathrm{d}u$

(5) $\displaystyle\int_{0}^{1}x^2\sqrt{1-x^2}\,\mathrm{d}x$

(6) $\displaystyle\int_{0}^{1}t\mathrm{e}^{-\frac{t^2}{2}}\,\mathrm{d}t$

(7) $\displaystyle\int_{1}^{\mathrm{e}^2}\dfrac{\mathrm{d}x}{x\sqrt{1+\ln x}}$

(8) $\displaystyle\int_{-2}^{0}\dfrac{\mathrm{d}x}{x^2+2x+2}$

(9) $\displaystyle\int_{\frac{1}{\pi}}^{\frac{2}{\pi}}\dfrac{1}{x^2}\sin\dfrac{1}{x}\,\mathrm{d}x$

(10) $\displaystyle\int_{1}^{4}\dfrac{\mathrm{d}x}{1+\sqrt{x}}$

(11) $\displaystyle\int_{0}^{1}\dfrac{x}{\sqrt{4-x}}\,\mathrm{d}x$

(12) $\displaystyle\int_{-\frac{\pi}{2}}^{\frac{\pi}{2}}\cos x\cos 2x\,\mathrm{d}x$

(13) $\displaystyle\int_{-\frac{\pi}{2}}^{\frac{\pi}{2}}\sqrt{\cos x-\cos^3 x}\,\mathrm{d}x$

(14) $\displaystyle\int_{0}^{\pi}\sqrt{1+\cos 2x}\,\mathrm{d}x$

2. 利用函数的奇偶性计算下列积分：

(1) $\displaystyle\int_{-2}^{2}x^3\cos x\,\mathrm{d}x$

(2) $\displaystyle\int_{-\frac{1}{2}}^{\frac{1}{2}}\dfrac{(\arcsin x)^2}{\sqrt{1-x^2}}\,\mathrm{d}x$

(3) $\displaystyle\int_{-a}^{a}x^2\big[f(x)-f(-x)\big]\mathrm{d}x$

3. 设 $f(x)$ 在 $[a,b]$ 上连续，证明

$$\int_{a}^{b}f(x)\mathrm{d}x=\int_{a}^{b}f(a+b-x)\mathrm{d}x$$

4. 证明函数 $F(x)=\displaystyle\int_{0}^{x}\ln(t+\sqrt{1+t^2})\mathrm{d}t$ 为偶函数.

5. 证明：

(1) $\displaystyle\int_{x}^{1}\dfrac{\mathrm{d}x}{1+x^2}=\int_{1}^{\frac{1}{x}}\dfrac{\mathrm{d}x}{1+x^2}\ (x>0)$

(2) $\displaystyle\int_{0}^{1}x^m(1-x)^n\mathrm{d}x=\int_{0}^{1}x^n(1-x)^m\mathrm{d}x$

6. 计算下列定积分：

(1) $\displaystyle\int_{0}^{1}x^2\mathrm{e}^{-x}\mathrm{d}x$

(2) $\displaystyle\int_{0}^{\frac{\pi}{2}}x\cos 2x\,\mathrm{d}x$

(3) $\displaystyle\int_{1}^{2}x\ln\sqrt{x}\,\mathrm{d}x$

(4) $\displaystyle\int_{0}^{\frac{1}{2}}\arcsin x\,\mathrm{d}x$

(5) $\displaystyle\int_{1}^{4}\dfrac{\ln x}{\sqrt{x}}\,\mathrm{d}x$

(6) $\displaystyle\int x\arctan x\,\mathrm{d}x$

(7) $\displaystyle\int_{0}^{\frac{\pi}{2}}\mathrm{e}^{2x}\cos x\,\mathrm{d}x$

(8) $\displaystyle\int_{1}^{\mathrm{e}}\sin(\ln x)\mathrm{d}x$

(9) $\displaystyle\int_{\frac{1}{\mathrm{e}}}^{\mathrm{e}}|\ln x|\,\mathrm{d}x$

(B)

1. 计算下列定积分:

(1) $\int_0^{\frac{\pi}{2}} \dfrac{x+\sin x}{1+\cos x}\mathrm{d}x$

(2) $\int_0^2 \dfrac{\mathrm{d}x}{2+\sqrt{4-x^2}}$

(3) $\int_0^{\ln 2} \sqrt{1-\mathrm{e}^{-2x}}\mathrm{d}x$

(4) $\int_0^{\frac{\pi}{2}} \dfrac{\mathrm{d}x}{1+\sin^2 x}$

2. 设 $\int_0^2 f(x)\mathrm{d}x = 1$ 且 $f(2) = \dfrac{1}{2}$,$f'(2) = 0$,求 $\int_0^1 x^2 f''(2x)\mathrm{d}x$.

3. 设 $f(x) = \begin{cases} \dfrac{1}{1+x}, & x \geqslant 0 \\[2mm] \dfrac{1}{1+\mathrm{e}^x}, & x < 0 \end{cases}$,求 $\int_0^2 f(x-1)\mathrm{d}x$.

4. 设函数 $f(x)$ 连续,且 $\int_0^x tf(2x-t)\mathrm{d}t = \dfrac{1}{2}\arctan x^2$. 已知 $f(1) = 1$,求 $\int_1^2 f(x)\mathrm{d}x$ 的值.

5. 若 $f(x)$ 在 $[0,1]$ 上连续,证明:

(1) $\int_0^{\frac{\pi}{2}} f(\sin x)\mathrm{d}x = \int_0^{\frac{\pi}{2}} f(\cos x)\mathrm{d}x$.

(2) $\int_0^{\pi} xf(\sin x)\mathrm{d}x = \dfrac{\pi}{2}\int_0^{\pi} f(\sin x)\mathrm{d}x$,由此计算 $\int_0^{\pi} \dfrac{x\sin x}{1+\cos^2 x}\mathrm{d}x$.

5.4 定积分在几何学及经济学中的应用

5.4.1 定积分的元素法

我们知道,由连续曲线 $y = f(x)$($f(x) \geqslant 0$),直线 $x = a$,$x = b$ 及 x 轴所围成的曲边梯形的面积 A 表示为定积分

$$A = \int_a^b f(x)\mathrm{d}x$$

的步骤是:

(1) 用任意一组分点把 $[a,b]$ 分成长度为 Δx_i($i = 1,2,\cdots,n$)的 n 个小区间,相应地把曲边梯形分为 n 个小曲边梯形,设第 i 个小曲边梯形的面积为 ΔA_i,于是

$$A = \sum_{i=1}^{n} \Delta A_i$$

(2) 计算 ΔA_i 的近似值

$$\Delta A_i \approx f(\xi_i)\Delta x_i \quad (x_{i-1} \leqslant \xi_i \leqslant x_i)$$

(3) 求和,得 A 的近似值

$$A \approx \sum_{i=1}^{n} f(\xi_i)\Delta x_i$$

(4) 求极限,得

$$A = \lim_{\lambda \to 0} \sum_{i=1}^{n} f(\xi_i)\Delta x_i = \int_a^b f(x)\mathrm{d}x$$

若以 ΔA 表示任一小区间 $[x, x+\mathrm{d}x]$ 上的小曲边梯形的面积,则

$$A = \sum \Delta A$$

取 $(x, x + \mathrm{d}x)$ 左端点 x 为 ξ，以点 x 处的函数值 $f(x)$ 为高、$\mathrm{d}x$ 为底的矩形面积 $f(x)\mathrm{d}x$ 为 ΔA 的近似值（图 5-6），即

$$\Delta A \approx f(x)\mathrm{d}x$$

上式右端 $f(x)\mathrm{d}x$ 称为面积元素，记为 $\mathrm{d}A = f(x)\mathrm{d}x$，于是

$$A \approx \sum f(x)\mathrm{d}x$$

则 $A = \lim \sum f(x)\mathrm{d}x = \int_a^b f(x)\mathrm{d}x$.

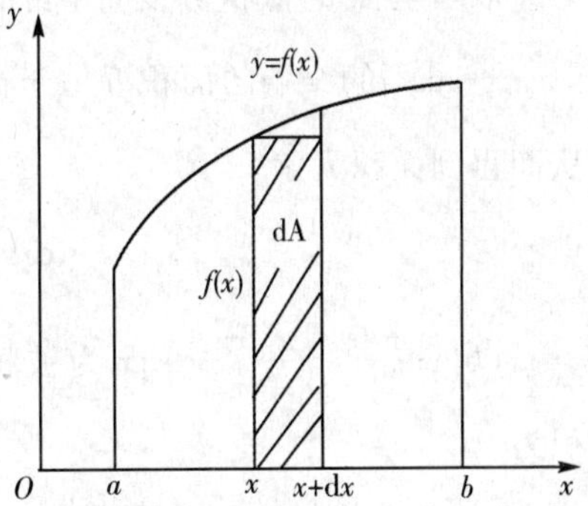

上述过程可以简化为：

先求面积 A 的面积元素 $\mathrm{d}A$，即在区间 $[a,b]$ 内任取小区间 $[x, x + \mathrm{d}x]$，求出 A 在这个小区间上相应部分面积 ΔA 的近似值 $f(x)\mathrm{d}x$，即

$$\Delta A \approx \mathrm{d}A = f(x)\mathrm{d}x$$

然后把面积元素 $\mathrm{d}A = f(x)\mathrm{d}x$ 从 a 到 b 积分，便得

$$A = \int_a^b f(x)\mathrm{d}x$$

图 5-6

这个方法称为元素法. 下面我们应用这个方法讨论定积分在几何学和经济学中的应用.

5.4.2　定积分在几何学中的应用

1. 平面图形的面积

【例 1】　求抛物线 $x^2 - 4y + 4 = 0$ 与直线 $x - 2y + 6 = 0$ 所围成的图形的面积.

解　抛物线与直线所围图形如图 5-7 所示. 为了确定图形的所在范围，先求它们的

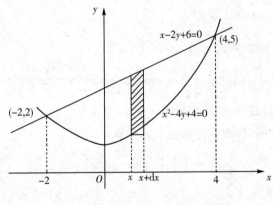

图 5-7

交点. 为此，解方程组

$$\begin{cases} x^2 - 4y + 4 = 0 \\ x - 2y + 6 = 0 \end{cases}$$

得到两个解：$x=-2,y=2$ 和 $x=4,y=5$，即交点为 $(-2,2)$ 及 $(4,5)$，从而知道这个图形在直线 $x=-2$ 与 $x=4$ 之间.

取横坐标 x 为积分变量，它的变化区间为 $[-2,4]$，相应于 $[-2,4]$ 上任一小区间 $[x,x+\mathrm{d}x]$ 的窄条的面积近似于高为 $\left(\dfrac{x+6}{2}\right)-\left(\dfrac{x^2+4}{4}\right)$、底为 $\mathrm{d}x$ 的窄边矩形的面积，从而得到面积元素

$$\mathrm{d}A=\left(\frac{x+6}{2}-\frac{x^2+4}{4}\right)\mathrm{d}x$$

以 $\left(\dfrac{x+6}{2}-\dfrac{x^2+4}{4}\right)\mathrm{d}x$ 为被积表达式，在闭区间 $[-2,4]$ 上作定积分，便得所求面积为

$$A=\int_{-2}^{4}\left(\frac{x+6}{2}-\frac{x^2+4}{4}\right)\mathrm{d}x=\frac{1}{4}\int_{-2}^{4}(-x^2+2x+8)\mathrm{d}x$$

$$=\frac{1}{4}\left[-\frac{x^3}{3}+x^2+8x\right]_{-2}^{4}=9$$

【例 2】 求抛物线 $y^2=2x$ 与直线 $y=x-4$ 所围成的图形的面积.

解 这个图形如图 5-8 所示，解方程组

$$\begin{cases}y^2=2x\\y=x-4\end{cases}$$

得交点 $(2,-2)$ 和 $(8,4)$，从而此图形在直线 $y=-2$ 及 $y=4$ 之间.

现在选取纵坐标 y 为积分变量，其变化区间为 $[-2,4]$，其中任一小区间 $[y,y+\mathrm{d}y]$ 的窄条面积近似于高为 $\mathrm{d}y$、底为 $(y+4)-\dfrac{1}{2}y^2$ 的窄矩形的面积，从而得到面积元素

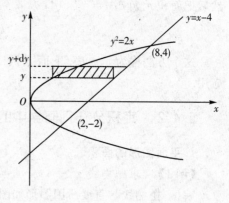

图 5-8

$$\mathrm{d}A=\left(y+4-\frac{1}{2}y^2\right)\mathrm{d}y$$

把上式从 -2 到 4 积分，即得

$$A=\int_{-2}^{4}\left(y+4-\frac{1}{2}y^2\right)\mathrm{d}y=\left[\frac{y^2}{2}+4y-\frac{y^3}{6}\right]_{-2}^{4}=18$$

由例 1 及例 2 我们看到，如果图形由 $x=a,x=b,y=\varphi_1(x),y=\varphi_2(x)(\varphi_1(x)\leqslant\varphi_2(x),x\in[a,b])$ 所围，则面积可通过下式计算：

$$A=\int_{a}^{b}\left[\varphi_2(x)-\varphi_1(x)\right]\mathrm{d}x \tag{1}$$

如果图形由 $y=c,y=d,x=\psi_1(y),x=\psi_2(y)(\psi_1(y)\leqslant\psi_2(y),y\in[c,d])$ 所围，则面积可通过下式计算：

$$A=\int_{c}^{d}\left[\psi_2(y)-\psi_1(y)\right]\mathrm{d}y \tag{2}$$

注：同一图形的面积可采用不同的积分变量来计算定积分，不过积分变量选得适当可

使计算简便.

【例3】 求椭圆 $\dfrac{x^2}{a^2} + \dfrac{y^2}{b^2} = 1$ 所围成的图形的面

积(图5-9).

解 由对称性,求椭圆在第一象限部分的面积,

然后乘以4,即

$$A = 4\int_0^a \frac{b}{a}\sqrt{a^2-x^2}\,\mathrm{d}x = \pi ab$$

注:积分可用代换 $x = a\sin t$ 求出.

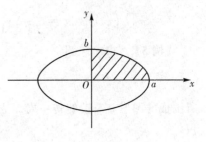

图 5-9

2. 旋转体的体积

旋转体就是一个平面图形绕平面内一条直线旋转一周而成的立体,这条直线叫做旋转轴.圆柱、圆锥、球体分别可以看成是由矩形绕它的一条边、直角三角形绕它的直角边、半圆绕它的直径旋转一周而成的立体,它们都是旋转体.

设某一旋转体由 $y = f(x)$,直线 $x = a,x = b(a < b)$ 与 x 轴所围平面图形绕 x 轴旋转而成,现在用元素法求这个旋转体的体积.

在区间 $[a,b]$ 上任取区间 $[x,x+\mathrm{d}x]$ 截得的部分立体的体积近似于以 $f(x)$ 为底半径、$\mathrm{d}x$ 为高的扁圆柱体的体积(图5-10),即体积元素为

$$\mathrm{d}V = \pi[f(x)]^2\,\mathrm{d}x$$

两端积分便得所求旋转体的体积为

$$V = \pi\int_a^b [f(x)]^2\,\mathrm{d}x \tag{3}$$

类似可推出:由曲线 $x = \varphi(y)$,直线 $y = c,y = d(c < d)$ 与 y 轴所围成的平面图形绕 y 轴旋转而成的旋转体(图5-11)的体积为

$$V = \pi\int_c^d [\varphi(y)]^2\,\mathrm{d}y \tag{4}$$

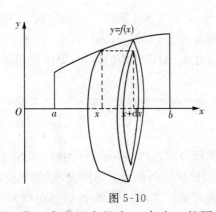

图 5-10

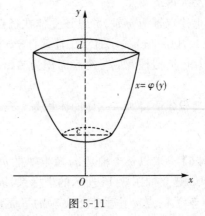

图 5-11

【例4】 求底面半径为 r、高为 h 的圆锥体的体积.

解 这个圆锥体可以看成以点 $O(0,0)$、$A(h,0)$、$B(h,r)$ 为顶点的直角三角形绕 x 轴旋转一周而成(图5-12),直线 OB 的方程为

$$y = \frac{r}{h}x$$

利用公式(3)，即得体积为

$$V = \pi \int_0^h \left(\frac{r}{h}x\right)^2 dx = \frac{\pi r^2}{h^2}\left[\frac{1}{3}x^3\right]_0^h = \frac{1}{3}\pi r^2 h$$

【例5】 求由椭圆

$$\frac{x^2}{a^2} + \frac{y^2}{b^2} = 1$$

所围成的图形绕 y 轴旋转一周而成的旋转椭球体的体积.

解 此旋转椭球体可以看成右半椭圆 $x = \frac{a}{b}\sqrt{b^2 - y^2}$ 与 y 轴所围图形绕 y 轴旋转而成 (图5-13).

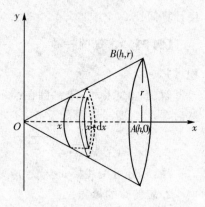

图 5-12

$$V = \pi \int_{-b}^b \left(\frac{a}{b}\sqrt{b^2 - y^2}\right)^2 dy$$
$$= \frac{\pi a^2}{b^2} \int_{-b}^b (b^2 - y^2) dy$$
$$= \frac{\pi a^2}{b^2}\left[b^2 y - \frac{y^3}{3}\right]_{-b}^b$$
$$= \frac{4}{3}\pi a^2 b$$

当 $a = b$ 时，旋转椭球体成为半径为 a 的球体，它的体积为 $\frac{4}{3}\pi a^3$.

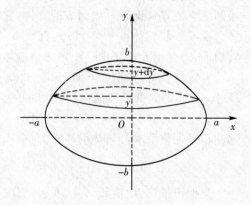

图 5-13

3. 平行截面面积已知的立体的体积

设某立体上垂直于一定轴的各个截面面积已知(或可求出)，那么，此立体的体积也可用元素法求得.

取上述定轴为 x 轴，并设该立体在过点 $x = a$、$x = b$ 且垂直于 x 轴的两个平面之间(图5-14)，以 $A(x)$ 表示过点 x 且垂直于 x 轴的截面面积，在 $[a,b]$ 上任取 $[x, x+dx]$，截得的薄片可近似地看成一个底面积为 $A(x)$、高为 dx 的扁柱体的体积，即体积元素为

$$dV = A(x)dx$$

两端积分便得所求立体的体积为

$$V = \int_a^b A(x)dx$$

【例6】 求以长半轴是 a、短半轴是 b 的椭圆为底，高为 h 的直椭圆锥体的体积.

解 建立如图5-15所示的坐标系，取直椭圆锥体顶点为坐标原点，它的对称轴为 x 轴，过 x 轴上的点 x 作垂直于 x 轴的平面，截直椭圆锥体得一椭圆，此椭圆面积为

$$A(x) = \pi \cdot \frac{x}{h} \cdot a \cdot \frac{x}{h}b = \frac{\pi ab}{h^2}x^2$$

于是

$$V = \int_0^h \frac{\pi ab}{h^2}x^2 dx = \frac{\pi ab}{h^2}\left[\frac{x^3}{3}\right]_0^h = \frac{\pi abh}{3}$$

若 $a = b = R$，则得到底半径为 R、高为 h 的圆锥的体积为 $\frac{\pi}{3}R^2 h$.

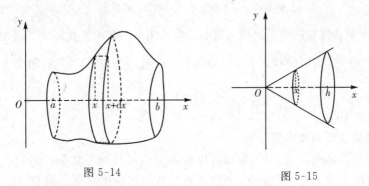

图 5-14   图 5-15

5.4.3 定积分在经济学中的应用

1. 由边际函数求原函数

设经济应用函数 $u(x)$ 的边际函数为 $u'(x)$，则有

$$\int_0^x u'(x)\mathrm{d}x = u(x) - u(0)$$

于是

$$u(x) = u(0) + \int_0^x u'(x)\mathrm{d}x \tag{1}$$

【例 7】 生产某产品的边际成本函数为

$$c'(x) = 7 + \frac{25}{\sqrt{x}}$$

固定成本 $c(0) = 1000$，求生产 x 个产品的总成本函数.

解 $c(x) = c(0) + \int_0^x c'(x)\mathrm{d}x = 1000 + \int_0^x \left(7 + \frac{25}{\sqrt{x}}\right)\mathrm{d}x$

$= 1000 + 7x + 50\sqrt{x}$

【例 8】 已知边际收益函数为 $R'(x) = 60 - 2x$，设 $R(0) = 0$，求收益函数 $R(x)$.

解 $R(x) = R(0) + \int_0^x (60 - 2x)\mathrm{d}x = 60x - x^2$

2. 由变化率求总量

【例 9】 某工厂生产某商品在时刻 t 的总产量变化率为 $x'(t) = 100 + 12t$，求由 $t = 2$ 到 $t = 4$ 时的总产量.

解 总产量为

$$Q = \int_2^4 x'(t)\mathrm{d}t = \int_2^4 (100 + 12t)\mathrm{d}t$$

$$= \left[100t + 6t^2\right]_2^4 = 272$$

【例 10】 生产某产品的边际成本为 $c'(x) = 100 - 2x$，当产量由 20 增加到 30 时应追加成本多少?

解   追加成本为

$$c = \int_{20}^{30} (100 - 2x)\,dx = \left[100x - x^2\right]_{20}^{30} = 500$$

【例 11】   某地区居民购买家用电器的消费支出 $W(x)$ 的变化率是居民总收入 x 的函数，$W'(x) = \dfrac{1}{200\sqrt{x}}$，当居民收入由 400 增加至 900 时，购买家用电器的消费支出增加多少？

解 $W = \displaystyle\int_{400}^{900} \frac{1}{200\sqrt{x}}\,dx = \left[\frac{\sqrt{x}}{100}\right]_{400}^{900} = \frac{1}{10}$

3. 收益流的现值和将来值

在生产经营活动中，若公司的收益可以近似看成是连续发生的，为方便计，可将收益看作一种随时间连续变化的收益流。而收益流对时间的变化率称为收益率，它表示 t 时刻的单位时间内的收益，一般用 $P(t)$ 表示。若 t 以年为单位，收益以元为单位，则收益率的单位为：元 / 年。若 $P(t) = b$ 为常数，则称该收益流具有常数收益率。

如果不考虑利息，从 $t = 0$ 时刻开始，以 $P(t)$ 为收益率的收益流到 T 时刻的总收益为 $\displaystyle\int_0^T P(t)\,dt$。如果考虑利息，需计算收益流的现值和将来值。现值是指货币资金的现在价值，即将来某一时点的一定资金折合成现在的价值。将来值是指货币资金未来的价值，即一定量的资金在将来某一时点的价值，表现为本利和。若以连续复利率 r 计算，单笔 A_0 元人民币从现在起存入银行，t 年末的价值（将来值）为

$$A_t = A_0 e^{rt}$$

若 t 年末得到 A_t 元人民币，则现在需存入银行的金额（现值）为

$$A_0 = A_t e^{-rt}$$

利用元素法，在区间 $[0, T]$ 内，任取一小区间 $[t, t + dt]$，该时间段内的收益近似为 $P(t)\,dt$ 元，而这一金额是从现在 $(t = 0)$ 算起到 t 年后所获得，将其近似看成单笔收益，则

$$\text{现值} \approx \left[P(t)\,dt\right] \cdot e^{-rt} = P(t)e^{-rt}\,dt$$

从而

$$\text{总现值} = \int_0^T P(t)e^{-rt}\,dt \tag{2}$$

在计算将来值时，收入 $P(t)\,dt$ 在以后的 $(T - t)$ 年内获息，故在 $[t, t + dt]$ 内

$$\text{收益流的将来值} \approx \left[P(t)\,dt\right]e^{r(T-t)} = P(t)e^{r(T-t)}\,dt$$

从而

$$\text{将来值} = \int_0^T P(t)e^{r(T-t)}\,dt \tag{3}$$

【例 12】   求收益率为 100 元 / 年的收益流在 20 年间的现值和将来值（以年连续复利率 $r = 0.1$ 计息）。

解 $$\text{现值} = \int_0^{20} 100 e^{-0.1t}\,dt = 1000(1 - e^{-2}) \approx 864.66(\text{元})$$

$$\text{将来值} = \int_0^{20} 100 e^{0.1(20-t)}\,dt = \int_0^{20} 100 e^2 e^{-0.1t}\,dt$$

$$= 1000 e^2 (1 - e^{-2}) \approx 6389.06(\text{元})$$

从例 12 可以看出，若在 $t = 0$ 时刻以现值 $1000(1 - e^{-2})$ 元作为一笔款项存入银行，以年连续复利率 $r = 0.1$ 计息，则 20 年中这笔单独款项的将来值为

$$1000(1 - e^{-2}) \cdot e^{0.1 \times 20} = 1000(1 - e^{-2})e^2$$

而这正好是上述收益流在 20 年间的将来值.

一般来说，以年连续复利率 r 计息，则从现在起到 T 年后该收益流的将来值等于将该收益流的现值作为单笔款项存入银行 T 年后的将来值.

【例 13】　某公司按利率 10% (连续复利) 贷款 100 万元购买某设备，该设备使用 10 年后报废，公司每年可收入 20 万元，求收益的资本价值 W.

解　　　　　资本价值 = 收益流的现值 - 投入资金的现值

$$W = \int_0^{10} 20e^{-0.1t} dt - 100 = \left[\frac{-20}{0.1} e^{-0.1t} \right]_0^{10} - 100$$

$$= 200(1 - e^{-1}) - 100 \approx 26.42 (万元)$$

【例 14】　某企业为期 10 年的投资需购置成本 200 万元，每年的收益率为 25 万元，求内部利率 μ (注：内部利率是使收益价值等于成本的利率).

解

$$\int_0^{10} 25e^{-\mu t} dt = 200$$

$$\left[-\frac{25}{\mu} e^{-\mu t} \right]_0^{10} = 200$$

$$\frac{25}{\mu} (1 - e^{-10\mu}) = 200$$

$$\mu \approx 0.04$$

习题 5.4

(A)

1. 求由下列各曲线所围图形的面积：.

(1) $y = \sqrt{x}, y = x$

(2) $y^2 = x, y = x^2$

(3) $y = 3 - x^2, y = 2x$

(4) $y = e^x, x = 0, y = e$

(5) $y = \frac{x^2}{2}, y^2 + x^2 = 8$ (两部分都要计算)

(6) $y = \frac{1}{x}$ 与 $y = x, x = 2$

(7) $y = \ln x, x = 0, y = \ln a, y = \ln b (b > a > 0)$

(8) $y = x^2, y = (x - 2)^2, y = 0$

2. 求下列各题中的曲线所围平面图形绕指定轴旋转的旋转体的体积：

(1) $y^2 = 4x, x = 4$，绕 x 轴；

(2) $y = x^2 + 1, y = 0, x = 0, x = 1$，绕 x 轴；

(3) $y = x^2, x = y^2$，绕 y 轴；

(4) $y = x^3, y = 0, x = 2$，绕 x 轴、y 轴.

3. 用平行截面面积已知的立体体积公式计算下列各题中立体的体积：

(1) 以半径为 R 的圆为底，平行且等于底圆直径的线段为顶，高为 H 的正劈椎体 (图 5-16).

(2) 半径为 R 的球体中高为 $H (H < R)$ 的球缺 (图 5-17).

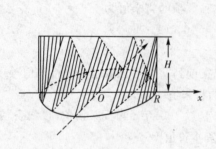

图 5-16   图 5-17

4. 某种商品每天生产 x 单位时固定成本为 20 元,边际成本为 $c'(x) = 0.4x + 2$,求总成本函数.

5. 已知某商品边际收益为 $R'(x) = a - bx$,求收益函数.

6. 生产某产品的边际成本为 $c'(x) = 150 - 0.2x$,当产量由 200 增加到 300 时,需追加成本为多少?

7. 已知边际成本为 $c'(x) = 3 + \dfrac{1}{3}x$,边际收益为 $7 - x$,求最大利润(设固定成本为 0).

8. 某工厂准备按利率 6‰(连续复利)贷款 10 万元采购一台机器,该机器使用寿命为 10 年,每年可创收 b 万元.

(1) b 为何值时,工厂才不会亏本?

(2) 当 $b = 2.4$ 万元时,求内部利率应满足的方程.

(3) 当 $b = 2.4$ 万元时,求收益的资本价值.

(B)

1. 解下列几何问题:

(1) 求抛物线 $y^2 = 2x$ 及其在点 $\left(\dfrac{1}{2}, 1\right)$ 处的法线所围成的图形的面积;

(2) 求圆盘 $(x-2)^2 + y^2 \leqslant 1$ 绕 y 轴旋转的旋转体体积;

(3) 已知直线 $y = ax + b$ 过 $(0,1)$ 点,当直线 $y = ax + b$ 与抛物线 $y = x^2$ 所围图形的面积最小时,a, b 应取何值?

(4) 设抛物线 $y = ax^2 + bx + c$ 通过原点 $(0,0)$,且当 $x \in [0,1]$ 时,$y \geqslant 0$,试确定 a, b, c 的值,使得抛物线 $y = ax^2 + bx + c$ 与直线 $x = 1, y = 0$ 所围图形的面积为 $\dfrac{4}{9}$,且使图形绕 x 轴旋转而成的旋转体体积最小.

2. 解下列经济应用问题:

(1) 某企业投资 232 万元扩建一个工厂,该厂投产期为 20 年,每年可收益 20 万元,求内部利率.(只需求出应满足的方程)

(2) 已知某商场销售电视机的边际利润为 $L'(x) = 250 - \dfrac{x}{10}(x \geqslant 20)$,试求

① 售出 40 台电视机的总利润;

② 售出 60 台时,前 30 台与后 30 台的平均利润各为多少?

5.5　反常积分

在一些实际问题中,常会遇到积分区间为无穷区间,或者被积函数为无界函数的积

分.这类积分已不属于前面所说的定积分.我们对定积分作如下两种推广.

5.5.1　无穷限的反常积分

定义 1　设函数 $f(x)$ 在 $[a,+\infty)$ 上连续,取 $b>a$,如果极限

$$\lim_{b\to+\infty}\int_a^b f(x)\mathrm{d}x$$

存在,则称此极限为 $f(x)$ 在区间 $[a,+\infty)$ 上的反常积分,记作

$$\int_a^{+\infty}f(x)\mathrm{d}x=\lim_{b\to+\infty}\int_a^b f(x)\mathrm{d}x \tag{1}$$

这时也称反常积分 $\int_a^{+\infty}f(x)\mathrm{d}x$ 收敛;如果上述极限不存在,函数 $f(x)$ 在无穷区间 $[a,+\infty)$ 上的反常积分 $\int_a^{+\infty}f(x)\mathrm{d}x$ 就没有意义,习惯上称为反常积分 $\int_a^{+\infty}f(x)\mathrm{d}x$ 发散.

类似地,设 $f(x)$ 在区间 $(-\infty,b]$ 上连续,取 $a<b$,如果极限

$$\lim_{a\to-\infty}\int_a^b f(x)\mathrm{d}x$$

存在,则称此极限为函数 $f(x)$ 在无穷区间 $(-\infty,b]$ 上的反常积分,记作

$$\int_{-\infty}^b f(x)\mathrm{d}x=\lim_{a\to-\infty}\int_a^b f(x)\mathrm{d}x \tag{2}$$

这时也称反常积分 $\int_{-\infty}^b f(x)\mathrm{d}x$ 收敛;如果上述极限不存在,就称反常积分 $\int_{-\infty}^b f(x)\mathrm{d}x$ 发散.

设函数 $f(x)$ 在区间 $(-\infty,+\infty)$ 上连续,如果反常积分

$$\int_{-\infty}^0 f(x)\mathrm{d}x \text{ 和 }\int_0^{+\infty}f(x)\mathrm{d}x$$

都收敛,则称反常积分 $\int_{-\infty}^{+\infty}f(x)\mathrm{d}x$ 收敛.称上述两个反常积分之和为 $f(x)$ 在 $(-\infty,+\infty)$ 上的反常积分,即

$$\int_{-\infty}^{+\infty}f(x)\mathrm{d}x=\int_{-\infty}^0 f(x)\mathrm{d}x+\int_0^{+\infty}f(x)\mathrm{d}x$$
$$=\lim_{a\to-\infty}\int_a^0 f(x)\mathrm{d}x+\lim_{b\to+\infty}\int_0^b f(x)\mathrm{d}x$$

否则称反常积分 $\int_{-\infty}^{+\infty}f(x)\mathrm{d}x$ 发散.

上述定义的反常积分统称为无穷限的反常积分.

设 $F(x)$ 为 $f(x)$ 在 $[a,+\infty)$ 上的一个原函数,若记 $F(+\infty)=\lim_{x\to+\infty}F(x)$, $[F(x)]_a^{+\infty}=F(+\infty)-F(a)$,则当 $F(+\infty)$ 存在时,

$$\int_a^{+\infty}f(x)\mathrm{d}x=[F(x)]_a^{+\infty}$$

当 $F(+\infty)$ 不存在时,反常积分 $\int_a^{+\infty}f(x)\mathrm{d}x$ 发散.其他情形类似.

【例1】 计算 $\int_0^{+\infty} e^{-x} dx$.

解 $\int_0^{+\infty} e^{-x} dx = [-e^{-x}]_0^{+\infty} = \lim_{x \to +\infty} (-e^{-x}) + 1 = 1$

【例2】 计算 $\int_{-\infty}^{+\infty} \dfrac{dx}{1+x^2}$

解 $\int_{-\infty}^{+\infty} \dfrac{dx}{1+x^2} = [\arctan x]_{-\infty}^{+\infty} = \lim_{x \to +\infty} \arctan x - \lim_{x \to -\infty} \arctan x$

$$= \frac{\pi}{2} - \left(-\frac{\pi}{2}\right) = \pi$$

【例3】 证明反常积分 $\int_a^{+\infty} \dfrac{dx}{x^p}(a > 0)$ 当 $p > 1$ 时收敛,当 $p \leqslant 1$ 时发散.

证明 当 $p = 1$ 时,

$$\int_a^{+\infty} \frac{dx}{x^p} = \int_a^{+\infty} \frac{dx}{x} = [\ln x]_a^{+\infty} = +\infty$$

当 $p \neq 1$ 时,

$$\int_a^{+\infty} \frac{dx}{x^p} = \left[\frac{x^{1-p}}{1-p}\right]_a^{+\infty} = \begin{cases} +\infty, & p < 1 \\ \dfrac{a^{1-p}}{p-1}, & p > 1 \end{cases}$$

因此,当 $p > 1$ 时,反常积分 $\int_a^{+\infty} \dfrac{dx}{x^p}$ 收敛,其值为 $\dfrac{a^{1-p}}{p-1}$;当 $p \leqslant 1$ 时,反常积分 $\int_a^{+\infty} \dfrac{dx}{x^p}$ 发散.

5.5.2 无界函数的反常积分

定义2 设函数 $f(x)$ 在 $(a,b]$ 上连续,且 $\lim\limits_{x \to a^+} f(x) = \infty$,如果极限 $\lim\limits_{\varepsilon \to 0^+} \int_{a+\varepsilon}^b f(x) dx$ $(\varepsilon > 0)$ 存在,则称此极限为函数 $f(x)$ 在 $(a,b]$ 上的反常积分,记作

$$\int_a^b f(x) dx = \lim_{\varepsilon \to 0^+} \int_{a+\varepsilon}^b f(x) dx \tag{3}$$

这时也称反常积分 $\int_a^b f(x) dx$ 收敛. 如果上述极限不存在,就称反常积分 $\int_a^b f(x) dx$ 发散.

类似地,设函数 $f(x)$ 在 $[a,b)$ 上连续,且 $\lim\limits_{x \to b^-} f(x) = \infty$,如果极限 $\lim\limits_{\varepsilon \to 0^+} \int_a^{b-\varepsilon} f(x) dx(\varepsilon > 0)$ 存在,就定义反常积分

$$\int_a^b f(x) dx = \lim_{\varepsilon \to 0^+} \int_a^{b-\varepsilon} f(x) dx \tag{4}$$

否则,就称反常积分 $\int_a^b f(x) dx$ 发散.

设函数 $f(x)$ 在 $[a,b]$ 上除 $x = c(a < c < b)$ 外连续,且 $\lim\limits_{x \to c} f(x) = \infty$,如果两个反常积分

$$\int_a^c f(x) dx \text{ 和} \int_c^b f(x) dx$$

都收敛,则定义反常积分

$$\int_a^b f(x)\mathrm{d}x = \int_a^c f(x)\mathrm{d}x + \int_c^b f(x)\mathrm{d}x$$

$$= \lim_{\varepsilon \to 0^+} \int_a^{c-\varepsilon} f(x)\mathrm{d}x + \lim_{\varepsilon' \to 0^+} \int_{c+\varepsilon'}^b f(x)\mathrm{d}x$$

否则称反常积分 $\int_a^b f(x)\mathrm{d}x$ 发散.

上述定义的反常积分统称为无界函数的反常积分.

【例 4】 计算 $\int_0^1 \ln x \mathrm{d}x$.

解　$\displaystyle\int_0^1 \ln x \mathrm{d}x = \lim_{\varepsilon \to 0^+} \int_\varepsilon^1 \ln x \mathrm{d}x = \lim_{\varepsilon \to 0^+} [x \ln x - x]_\varepsilon^1$

$$= \lim_{\varepsilon \to 0^+} [-1 - \varepsilon \ln \varepsilon + \varepsilon] = -1$$

注:式中的极限 $\displaystyle\lim_{\varepsilon \to 0^+} \varepsilon \ln \varepsilon$ 可用洛必达法则确定.

【例 5】 讨论反常积分 $\int_0^2 \dfrac{\mathrm{d}x}{(x-1)^2}$ 的收敛性.

解　$\displaystyle\int_0^2 \frac{\mathrm{d}x}{(x-1)^2} = \int_0^1 \frac{\mathrm{d}x}{(x-1)^2} + \int_1^2 \frac{\mathrm{d}x}{(x-1)^2}$

由于　$\displaystyle\int_0^1 \frac{\mathrm{d}x}{(x-1)^2} = \left[-\frac{1}{x-1}\right]_0^1 = \lim_{x \to 1^-}\left(-\frac{1}{x-1}\right) - 1 = +\infty$

即反常积分 $\int_0^1 \dfrac{\mathrm{d}x}{(x-1)^2}$ 发散,所以反常积分 $\int_0^2 \dfrac{\mathrm{d}x}{(x-1)^2}$ 发散.

注:如果疏忽了 $\displaystyle\lim_{x \to 1} \frac{1}{(x-1)^2} = \infty$,就会得到以下错误结果:

$$\int_0^2 \frac{\mathrm{d}x}{(x-1)^2} = \left[-\frac{1}{x-1}\right]_0^2 = -1 - 1 = -2$$

【例 6】 证明反常积分 $\int_0^a \dfrac{\mathrm{d}x}{x^q}(a > 0)$ 当 $q < 1$ 时收敛,当 $q \geqslant 1$ 时发散.

证明　当 $q = 1$ 时,

$$\int_0^a \frac{\mathrm{d}x}{x^q} = \int_0^a \frac{\mathrm{d}x}{x} = \lim_{\varepsilon \to 0^+} \int_\varepsilon^a \frac{\mathrm{d}x}{x}$$

$$= \lim_{\varepsilon \to 0^+} [\ln x]_\varepsilon^a = \lim_{\varepsilon \to 0^+}(\ln a - \ln \varepsilon) = +\infty$$

当 $q \neq 1$ 时,

$$\int_0^a \frac{\mathrm{d}x}{x^q} = \lim_{\varepsilon \to 0^+} \int_\varepsilon^a \frac{\mathrm{d}x}{x^q} = \lim_{\varepsilon \to 0^+}\left[\frac{1}{1-q}x^{1-q}\right]_\varepsilon^a$$

$$= \lim_{\varepsilon \to 0^+}\left(\frac{a^{1-q}}{1-q} - \frac{\varepsilon^{1-q}}{1-q}\right) = \begin{cases} \dfrac{a^{1-q}}{1-q}, & q < 1 \\ +\infty, & q > 1 \end{cases}$$

所以当 $q < 1$ 时,反常积分 $\int_0^a \dfrac{\mathrm{d}x}{x^q}$ 收敛于 $\dfrac{a^{1-q}}{1-q}$;当 $q \geqslant 1$ 时,反常积分 $\int_0^a \dfrac{\mathrm{d}x}{x^q}$ 发散.

习题 5.5

(A)

1. 判别下列各反常积分的收敛性,如果收敛,计算反常积分的值.

(1) $\int_1^{+\infty} \dfrac{\mathrm{d}x}{x^3}$

(2) $\int_1^{+\infty} \dfrac{\mathrm{d}x}{\sqrt{x}}$

(3) $\int_0^{+\infty} x\mathrm{e}^{-x^2}\,\mathrm{d}x$

(4) $\int_0^{+\infty} \mathrm{e}^{-x}\sin x\,\mathrm{d}x$

(5) $\int_{-\infty}^{+\infty} \dfrac{\mathrm{d}x}{x^2+4x+5}$

(6) $\int_0^2 \dfrac{\mathrm{d}x}{(1-x)^3}$

(7) $\int_0^1 \dfrac{x}{\sqrt{1-x^2}}\mathrm{d}x$

(8) $\int_0^1 \dfrac{\arcsin x\,\mathrm{d}x}{\sqrt{1-x^2}}$

(9) $\int_1^2 \dfrac{x}{\sqrt{x-1}}\mathrm{d}x$

(10) $\int_1^{\mathrm{e}} \dfrac{\mathrm{d}x}{x\,\sqrt{1-(\ln x)^2}}$

2. 当 k 为何值时,反常积分 $\int_2^{+\infty} \dfrac{\mathrm{d}x}{x\,(\ln x)^k}$ 收敛?当 k 为何值时,这个反常积分发散?当 k 为何值时,这个反常积分取得最小值?

(B)

1. 计算下列反常积分的值.

(1) $\int_1^{+\infty} \dfrac{\mathrm{d}x}{\mathrm{e}^x+\mathrm{e}^{2-x}}$

(2) $\int_1^{+\infty} \dfrac{\mathrm{d}x}{x\,\sqrt{x^2-1}}$

(3) $\int_0^1 \dfrac{x\mathrm{d}x}{(2-x^2)\,\sqrt{1-x^2}}$

2. 指出下列计算中的错误并说明理由.

(1) $\int_{-1}^1 \dfrac{\mathrm{d}x}{1+x^2} = -\int_{-1}^1 \dfrac{\mathrm{d}\left(\dfrac{1}{x}\right)}{1+\left(\dfrac{1}{x}\right)^2} = -\left[\arctan\dfrac{1}{x}\right]_{-1}^1 = -\dfrac{\pi}{2}$;

(2) $\int_{-1}^1 \dfrac{\mathrm{d}x}{x^2+1} \xrightarrow{x=\frac{1}{t}} -\int_{-1}^1 \dfrac{\mathrm{d}t}{t^2+1}$,所以 $\int_{-1}^1 \dfrac{\mathrm{d}x}{x^2+1} = 0$

(3) $\int_{-\infty}^{+\infty} \dfrac{x^3}{1+x^4}\mathrm{d}x = \lim_{b\to+\infty}\int_{-b}^b \dfrac{x^3}{1+x^4}\mathrm{d}x = 0$

第6章 多元函数微积分

前面各章中,我们讨论的是一元函数的微积分问题,但在自然科学、工程技术及经济生活的许多领域内,常常会涉及众多因素相互影响的问题,反映到数学上就是某一个变量依赖于多个变量的情形.这就给我们提出了多元函数及多元函数微分与积分的问题.本章在一元函数的基础上,讨论了多元函数的微积分及应用.重点讨论二元函数微积分的有关理论及研究方法,进而推出二元以上的多元函数的相应结果.

6.1 空间解析几何简介

6.1.1 空间直角坐标系

解析几何的基本思想是用代数的方法研究几何问题,具体的方法是设法将几何图形有条理、有系统地代数化.研究空间解析几何通常的方法是建立空间直角坐标系,将空间中的点与三元有序数组(x,y,z)建立一一对应关系,空间中的曲面与三元方程$F(x,y,z)=0$相对应.

1.空间直角坐标系的建立

过空间一个定点O,作三条两两垂直的数轴,分别称为x轴(横轴)、y轴(纵轴)和z轴(竖轴),这三条数轴都以O为原点,且有相同的长度单位,它们的正方向符合右手法则,即右手握住z轴,当右手的四个手指从x轴的正向转过$\frac{\pi}{2}$角度后指向y轴的正向时,竖起的大拇指的指向就是z轴正向(图6-1).这样三条坐标轴及原点O就组成了空间直角坐标系

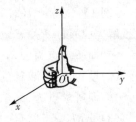

图 6-1

$Oxyz$.每两条坐标轴可以确定一个平面,称为坐标面.由x轴和y轴确定的坐标面为xOy面.类似地还有yOz面及zOx面.三个坐标面将空间分成八个部分,每一部分叫做一个卦限.含有x轴、y轴、z轴正半轴的卦限称为第一卦限,其他第二、三、四卦限在xOy面上

方,按逆时针方向确定.第五、六、七、八卦限均在 xOy 面下方,也按逆时针方向确定,它们依次在第一至第四卦限下方.八个卦限分别用数字Ⅰ、Ⅱ、…、Ⅷ表示(图 6-2).

2. 空间点的坐标

设 M 是空间一点,过 M 做三个平面分别垂直于 x 轴、y 轴和 z 轴并交 x 轴、y 轴和 z 轴于 P、Q、R 三点.点 P、Q、R 分别称为点 M 在 x 轴、y 轴和 z 轴上的投影,这三个投影在 x 轴、y 轴和 z 轴上的坐标分别为 x,y 和 z,于是空间上一点 M 唯一地确定了一个有序数组 (x,y,z).反过来,对于有序数组 (x,y,z),可以在 x 轴上取坐标为 x 的点 P,在 y 轴上取坐标为 y 的点 Q,在 z 轴上取坐标为 z 的点 R,过 P、Q、R 分别作垂直于 x 轴、y 轴和 z 轴的三个平面,这三个平面的交点 M 就是由有序数组 (x,y,z) 确定的唯一点.这样,空间的点与有序数组 (x,y,z) 之间就建立了一一对应的关系,这组数 (x,y,z) 称为点 M 的坐标,依次称 x、y 和 z 为点 M 的横坐标、纵坐标和竖坐标,并把点 M 记为 $M(x,y,z)$.(图 6-3)

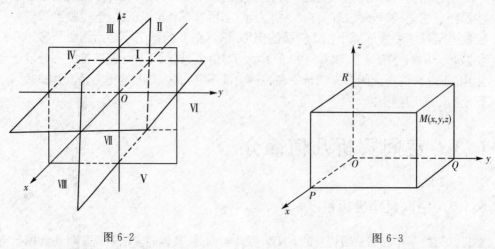

图 6-2   图 6-3

坐标轴及坐标面上的点,其坐标有一定的特征.例如 xOy 面上的点,有 $z=0$;yOz 面上的点有 $x=0$;zOx 面上的点有 $y=0$.又如 x 轴上的点,有 $y=0,z=0$;依此,z 轴上,$x=y=0$,y 轴上,$x=z=0$.坐标原点的坐标 $x=y=z=0$.

【例1】 求点 $M(2,3,6)$ 关于(1)xOy 面,(2)x 轴,(3)坐标原点的对称点.

解 (1)设 M 关于 xOy 面的对称点坐标为 (x,y,z),则 $x=2,y=3,6+z=0$,所以 $z=-6$,即所求点为 $(2,3,-6)$;

(2)设 M 关于 x 轴的对称点为 (x,y,z),则 $x=2,y+3=0,z+6=0$,所以 $y=-3$,$z=-6$,即所求点为 $(2,-3,-6)$;

(3)设 M 关于原点的对称点坐标为 (x,y,z),则 $x+2=0,y+3=0,z+6=0$,所以 $x=-2,y=-3,z=-6$,即所求点为 $(-2,-3,-6)$.

3. 空间两点间距离

设有空间两点 $M_1(x_1,y_1,z_1),M_2(x_2,y_2,z_2)$,过这两点各作三个分别垂直于坐标轴的平面,这六个平面围成以 M_1M_2 为对角线的长方体(图 6-4).

从图中显然可以看出该长方体的棱长分别为 $|x_2-x_1|$,$|y_2-y_1|$ 和 $|z_2-z_1|$,于是

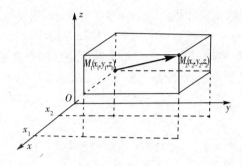

图 6-4

得对角线 M_1M_2 的长度,即空间两点间距离公式为

$$d=|M_1M_2|=\sqrt{(x_2-x_1)^2+(y_2-y_1)^2+(z_2-z_1)^2}$$

特殊地,点 $M(x,y,z)$ 到坐标原点的距离为

$$d=|OM|=\sqrt{x^2+y^2+z^2}$$

【例 2】　在 y 轴上求一点,使其与点 $A(1,-3,7)$ 和 $B(5,7,-5)$ 的距离相等.

解　因为所求点在 y 轴上,可设所求点坐标为 $C(0,y,0)$,依题意有 $|CA|=|CB|$,即

$$\sqrt{(1-0)^2+(-3-y)^2+(7-0)^2}=\sqrt{(5-0)^2+(7-y)^2+(-5-0)^2}$$

两端去根号,解得 $y=2$,故所求点为 $(0,2,0)$.

【例 3】　求证以 $M_1(4,3,1)$,$M_2(7,1,2)$,$M_3(5,2,3)$ 三点为顶点的三角形是一个等腰三角形.

解　因为　　　　　$|M_1M_2|^2=(7-4)^2+(1-3)^2+(2-1)^2=14$

$$|M_2M_3|^2=(5-7)^2+(2-1)^2+(3-2)^2=6$$

$$|M_3M_1|^2=(4-5)^2+(3-2)^2+(1-3)^2=6$$

所以 $|M_2M_3|=|M_3M_1|$,即 $\triangle M_1M_2M_3$ 为等腰三角形.

6.1.2　空间曲面与方程

在现实生活中,我们经常会遇到各种曲面,例如水桶的表面、台灯的罩面等,这些曲面在空间解析几何中被看成为点的几何轨迹.

如果曲面 S 与三元方程 $F(x,y,z)=0$ 之间存在如下关系:

(1)曲面 S 上任一点的坐标都满足方程;

(2)不在曲面 S 上的点的坐标都不满足方程,

那么方程 $F(x,y,z)=0$ 就称为曲面 S 的方程,而曲面 S 称为方程 $F(x,y,z)=0$ 的图形.

类似于平面解析几何中求曲线方程的方法,我们给出几个常见曲面的方程.

【例 4】　求球心在点 $M_0(x_0,y_0,z_0)$,半径为 R 的球面方程.

解　设 $M(x,y,z)$ 是球面上任一点,根据题意有 $|MM_0|=R$.

由于　　　　　　　$|MM_0|=\sqrt{(x-x_0)^2+(y-y_0)^2+(z-z_0)^2}$

169

所以所求方程为 $\qquad (x-x_0)^2+(y-y_0)^2+(z-z_0)^2=R^2$

如果球心在原点,即 $x_0=y_0=z_0=0$,则此时球面方程为 $x^2+y^2+z^2=R^2$.

【例 5】 已知 $A(-1,0,1)$,$B(0,1,-2)$,求线段 AB 的垂直平分面的方程.

解 设 $M(x,y,z)$ 是所求平面上任一点,根据题意有 $|MA|=|MB|$,所以

$$\sqrt{(x+1)^2+(y-0)^2+(z-1)^2}=\sqrt{(x-0)^2+(y-1)^2+(z+2)^2}$$

整理得

$$2x+2y-6z-3=0$$

这就是垂直平分面上点的坐标满足的方程.

常见的空间曲面有平面、柱面、锥面、旋转抛物面等,以下介绍几种本书中经常会遇到的曲面的方程.

1. 平面

空间中平面的一般方程为

$$Ax+By+Cz+D=0$$

其中 A、B、C、D 均为常数且不全为零,例 5 中所求的曲面就为一平面.

2. 柱面

平行于定直线 L 并沿定曲线 C 移动的直线所形成的曲面叫柱面,定曲线 C 叫柱面的准线,动直线叫柱面的母线.

设柱面 S 的母线平行于 z 轴,准线 C 是 xOy 面上一条曲线,其方程为 $F(x,y)=0$(图 6-5).根据柱面的形成过程可知,柱面上的点无论它的竖坐标 z 怎样,只要横坐标 x 与纵坐标 y 能满足准线 C 的方程 $F(x,y)=0$ 即可,从而以 xOy 面上的曲线 $C:F(x,y)=0$ 为准线,母线平行于 z 轴的柱面方程为 $S:F(x,y)=0$.

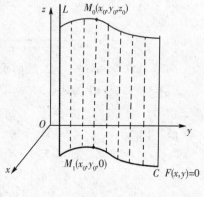

图 6-5

例如,$x^2+y^2=R^2$ 表示空间中母线平行于 z 轴,准线是 xOy 面上的圆 $x^2+y^2=R^2$ 的柱面,简称为圆柱面.

又如 $y^2=2x$ 表示母线平行于 z 轴的柱面,其准线为 xOy 面上的抛物线 $y^2=2x$,该柱面称作抛物柱面.

一般地,在空间直角坐标系中,只含 x,y,而缺 z 的方程 $F(x,y)=0$ 表示母线平行于 z 轴的柱面.类似地,只含 x,z 而缺 y 的方程 $G(x,z)=0$ 与只含 y,z 而缺 x 的方程 $H(y,z)=0$ 分别表示母线平行于 y 轴和 x 轴的柱面.

3. 旋转曲面

一条平面曲线绕其平面上的一条直线旋转一周所形成的曲面叫旋转曲面.定直线称为旋转轴.

设 yOz 坐标面上有一曲线 $C:f(y,z)=0$,将该曲线绕 z 轴旋转一周形成一个旋转曲面.不进行严格推导,给出该旋转曲面对应的方程为

$$f(\pm\sqrt{x^2+y^2},z)=0$$

同理,该曲线绕 y 轴旋转一周形成的旋转曲面的方程为 $f(y,\pm\sqrt{x^2+z^2})=0$.

例如 yOz 上的曲线 $y^2=z$ 绕 z 轴旋转一周形成的旋转曲面的方程为

$$(\pm\sqrt{x^2+y^2})^2=z$$

整理得, $z=x^2+y^2$,该曲面称为旋转抛物面.

【例 6】　将 yOz 面上的椭圆 $\dfrac{y^2}{b^2}+\dfrac{z^2}{c^2}=1$ 与直线 $z=ky$ 分别绕 z 轴旋转一周,写出旋转面方程.

(1) $\dfrac{y^2}{b^2}+\dfrac{z^2}{c^2}=1$,绕 z 轴旋转所得旋转面方程为

$$\frac{x^2+y^2}{b^2}+\frac{z^2}{c^2}=1$$

(2) $z=ky$ 绕 z 轴旋转所得旋转面方程为

$$z=k(\pm\sqrt{x^2+y^2})$$

化简得 $z^2=k^2(x^2+y^2)$,其图形为圆锥面.

类似地,若 xOy 面上的曲线 $g(x,y)=0$,绕 x 轴旋转所得的旋转曲面方程为 $g(x,\pm\sqrt{y^2+z^2})=0$,绕 y 轴旋转所得的旋转曲面的方程为 $g(\pm\sqrt{x^2+z^2},y)=0$. zOx 面上的曲线 $h(x,z)=0$ 绕 x 轴旋转所得的旋转曲面的方程为 $h(x,\pm\sqrt{y^2+z^2})=0$,绕 z 轴旋转所得的旋转曲面的方程为 $h(\pm\sqrt{x^2+y^2},z)=0$.

习题 6.1

1. 在空间直角坐标系中,指出下列各点在哪个卦限.
$$A(1,-2,3);B(-3,2,-1);C(2,3,-4);D(-4,3,5)$$

2. 根据坐标面上和坐标轴上点的特征,指出下列各点的位置.
$$A(2,0,2);B(4,0,0);C(5,-2,0)$$

3. 求点 $A(-4,3,5)$ 关于各坐标面和各坐标轴的对称点.

4. 在 z 轴上求与两点 $A(-4,1,7)$ 和 $B(3,5,-2)$ 等距离的点.

5. 在 yOz 面上求与三点 $A(3,1,2)$, $B(4,-2,-2)$ 和 $C(0,5,1)$ 等距离的点.

6. 将双曲线 $\dfrac{x^2}{a^2}-\dfrac{z^2}{c^2}=1$ 分别绕 x 轴和 z 轴旋转一周,求所生成的旋转曲面的方程.

7. 分别找出下列柱面的母线及准线:
(1) $\dfrac{y^2}{b^2}+\dfrac{z^2}{c^2}=1$　　　(2) $\dfrac{x^2}{a^2}-\dfrac{y^2}{b^2}=1$

8. 方程 $x^2+y^2+z^2-2x+4y=0$ 表示怎样的曲面?

6.2　多元函数的基本概念

6.2.1　多元函数的概念

讨论一元函数时,函数的自变量只有一个,而对具有两个或两个以上自变量的多元函

数进行研究时,与一元函数相应的一些概念及理论都发生了变化.下面我们将一元函数的某些概念进行推广,同时引进一些新的概念.

1. n 维空间

在前面的解析几何的学习中,我们知道,数轴上的点与实数有一一对应关系,用 $\mathbf{R}$ 表示数轴上一切点的集合;而平面上的点与二元有序数组 (x,y) 一一对应,我们用 $\mathbf{R}^2$ 表示平面上一切点的集合;依此,用 $\mathbf{R}^3$ 表示三元有序数组 (x,y,z) 的全体,即空间中所有点的集合.

一般地,设 n 为取定的自然数 $(n \geqslant 1)$,我们用 $\mathbf{R}^n$ 表示 n 元有序数组 $(x_1,x_2,\cdots,x_n)$ 的全体所构成的集合,即 $\mathbf{R}^n = \{(x_1,x_2,\cdots,x_n) \mid x_i \in \mathbf{R}, i=1,2,\cdots,n\}$,称之为 n 维空间,其中每一个有序数组称为 $\mathbf{R}^n$ 中的一个点,n 个实数 $x_1,x_2,\cdots,x_n$ 就是这个点的坐标.类似地,n 维空间中的两个点 $P(x_1,x_2,\cdots,x_n)$ 和 $Q(y_1,y_2,\cdots,y_n)$ 之间的距离为

$$|PQ| = \sqrt{(y_1-x_1)^2+(y_2-x_2)^2+\cdots+(y_n-x_n)^2}$$

2. 邻域

设 $P_0(x_0,y_0) \in \mathbf{R}^2$ 为平面上一个点,δ 为某一正数,$\mathbf{R}^2$ 中与 $P_0(x_0,y_0)$ 的距离小于 δ 的点 $P(x,y)$ 的全体称为点 P_0 的 δ 邻域,记作 $U(P_0,\delta)$,即

$$U(P_0,\delta) = \{P \in \mathbf{R}^2 \mid |PP_0| < \delta\} = \{(x,y) \mid \sqrt{(x-x_0)^2+(y-y_0)^2} < \delta\}$$

在几何上,$U(P_0,\delta)$ 表示平面上以 P_0 为圆心,半径为 $\delta(>0)$ 的圆内部(不包含圆周)的点的全体.

若 $U(P_0,\delta)$ 中除去点 $P_0(x_0,y_0)$ 后,该邻域称为点 P_0 的去心 δ 邻域,记作 $\mathring{U}(P_0,\delta)$.

在不需要强调邻域的半径 δ 时,用 $U(P_0)$ 或 $\mathring{U}(P_0)$ 表示点 P_0 的某个邻域或某个去心邻域.

3. 多元函数的定义

设 D 是 $\mathbf{R}^n$ 中的一个非空点集,若存在一个对应法则 f,使得对于 D 内的每一个点 $P(x_1,x_2,\cdots,x_n) \in D$ 都能由 f 唯一地确定一个实数 y,则称对应法则 f 为定义在 D 上的 n 元函数,记为

$$y = f(x_1,x_2,\cdots,x_n), (x_1,x_2,\cdots,x_n) \in D$$

或简记为 $y=f(P), P \in D$.其中,$x_1,x_2,\cdots,x_n$ 称为自变量,集合 D 称为该函数的定义域,y 称为因变量,y 的取值范围称为该函数的值域,记作 D_f,显然定义域 $D \subset \mathbf{R}^n$,值域 $D_f \subset \mathbf{R}$.

当 n 为 2 或 3 时,习惯上将点 (x_1,x_2) 与点 (x_1,x_2,x_3) 分别写成 (x,y) 与 (x,y,z),相应的二元函数表示为 $z=f(x,y), (x,y) \in D \subset \mathbf{R}^2$,三元函数表示为 $u=f(x,y,z), (x,y,z) \in D \subset \mathbf{R}^3$.

当 $n \geqslant 2$ 时,n 元函数统称为多元函数.

设 $z=f(x,y), (x,y) \in D$ 为一个二元函数,当 (x,y) 在 D 内任意取值时,它们与所对应的函数值 $z=f(x,y)$ 一起组成一个三元有序数组 (x,y,z),其全体 $\{x,y,f(x,y) \mid (x,y) \in D\}$ 是 $\mathbf{R}^3$ 中的点集,在几何上表示空间上的一个曲面,因此,通常

情况下,二元函数的图形是一张曲面.

例如 $z=\sqrt{1-x^2-y^2}$ 为一个二元函数,与一元函数类似,多元函数的定义域是使多元函数有意义的自变量的取值组成的集合.因此该二元函数的定义域 $D=\{(x,y)\,|\,x^2+y^2\leqslant1\}$,其图形为一半球面.(在 xOy 平面上方)

【例 1】 求下列函数的定义域 D,并作出 D 的图形.

(1)$z=\ln(x+y)$　　　　　　(2)$z=\arcsin(x^2+y^2)$

解 (1)要使函数有意义,必须 $x+y>0$,故定义域 $D=\{(x,y)\,|\,x+y>0\}$.D 的图形如图 6-6 阴影部分所示.(不包含边界 $x+y=0$)

(2)使得反正弦函数有意义,要求 $0\leqslant x^2+y^2\leqslant1$,即 $x^2+y^2\leqslant1$,D 的图形如图 6-7 阴影部分所示.(包含边界)

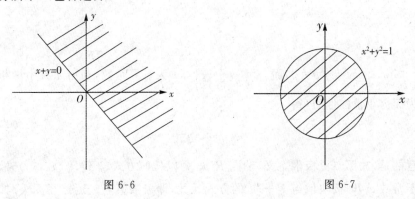

图 6-6　　　　　　　　　　　　　　图 6-7

6.2.2　二元函数的极限

考虑二元函数 $z=f(x,y)$ 的自变量的变化过程为 $(x,y)\to(x_0,y_0)$,即 $P(x,y)\to P_0(x_0,y_0)$ 的情形.如果在 $P\to P_0$ 的过程中,对应的函数值 $f(x,y)$ 无限接近于某一个确定数 A,那么就说 A 是函数 $f(x,y)$(或 $f(P)$)当 $(x,y)\to(x_0,y_0)$(或 $P\to P_0$)时的极限.

需要说明的是,$P\to P_0$ 表示 P 以任何方式趋于点 P_0,即 P 与 P_0 两点间的距离趋于 0,也就是

$$|PP_0|=\sqrt{(x-x_0)^2+(y-y_0)^2}\to0$$

与一元函数类似,我们利用邻域来给出二元函数的极限的精确定义.

定义 1 设二元函数 $z=f(P)=f(x,y)$ 的定义域为 D,$P_0(x_0,y_0)$ 为平面上一点,$\mathring{U}(P_0)$ 为 P_0 的任一去心邻域且 $\mathring{U}(P_0)\bigcap D\neq\varnothing$,若存在常数 A,使得对任意给定的正数 ε,总存在正数 δ,使得当点 $P(x,y)\in D\bigcap\mathring{U}(P_0,\delta)$ 时,都有

$$|f(P)-A|=|f(x,y)-A|<\varepsilon$$

成立,那么就称常数 A 为函数 $f(x,y)$ 当 $(x,y)\to(x_0,y_0)$ 时的极限,记作

$$\lim_{(x,y)\to(x_0,y_0)}f(x,y)=A \text{ 或 } f(x,y)\to A \quad ((x,y)\to(x_0,y_0))$$

也记作 $\lim\limits_{P\to P_0}f(P)=A$ 或 $f(P)\to A$ 　$(P\to P_0)$.

为了区别于一元函数的极限,将二元函数的极限叫做二重极限.

关于 n 元函数的极限的定义,可仿照二元函数的极限定义给出.

由于二元函数极限的定义与一元函数的极限定义有相同的形式,因此它们具有相同的性质和运算法则,在此不再赘述.因此,我们可以利用一元函数求极限的方法来求二元函数的极限(洛必达法则除外).

【例2】 求下列函数的极限.

(1) $\lim\limits_{(x,y)\to(2,0)} \dfrac{\sin xy}{y}$ 　　　　(2) $\lim\limits_{(x,y)\to(0,0)} (x^2+y^2)\sin\dfrac{1}{x^2+y^2}$

解 (1)原式$=\lim\limits_{(x,y)\to(2,0)} \dfrac{\sin xy}{xy} \cdot x$

$=\lim\limits_{(x,y)\to(2,0)} \dfrac{\sin xy}{xy} \cdot \lim\limits_{(x,y)\to(2,0)} x$

$=1 \cdot 2=2$

(2)由于 $\lim\limits_{(x,y)\to(0,0)} (x^2+y^2)=0$,而 $\left| \sin\dfrac{1}{x^2+y^2} \right| \leqslant 1$ 为有界函数,利用无穷小量与有界函数的乘积为无穷小量的性质,得

$$\lim\limits_{(x,y)\to(0,0)} (x^2+y^2)\sin\dfrac{1}{x^2+y^2}=0$$

值得注意的是,按照二重极限定义,动点 $P(x,y)$ 以任何方式趋于 $P_0(x_0,y_0)$ 时,函数都无限接近于常数 A,即极限值与 $P\to P_0$ 的方式无关,即极限值与趋近路径无关.如果仅当 $P(x,y)$ 以某种特殊方式趋于 $P_0(x_0,y_0)$ 时,$f(x,y)$ 趋于常数 A,还不能断定 $f(x,y)$ 的极限存在;如果 $P(x,y)$ 以不同方式趋于 $P_0(x_0,y_0)$ 时,函数 $f(x,y)$ 趋于不同的常数,可以断定 $f(x,y)$ 的极限一定不存在.

【例3】 证明函数 $f(x,y)=\begin{cases} \dfrac{xy}{x^2+y^2}, & x^2+y^2\neq 0 \\ 0, & x^2+y^2=0 \end{cases}$ 当 $(x,y)\to(0,0)$ 时,极限不存在.

证明 当 (x,y) 沿直线 $y=kx$(k 为任意常数)趋于 $(0,0)$ 时,有

$$\lim\limits_{\substack{x\to 0 \\ y=kx}} f(x,y)=\lim\limits_{x\to 0} \dfrac{kx^2}{x^2+k^2 x^2}=\dfrac{k}{1+k^2}$$

显然,极限值随 k 的取值不同而不同,表明极限值与路径有关,从而 $\lim\limits_{(x,y\to 0,0)} f(x,y)$ 不存在.

注:当 (x,y) 沿 x 轴趋于 $(0,0)$ 时,

$$\lim\limits_{(x,y)\to(0,0)} f(x,y)=\lim\limits_{x\to 0} f(x,0)=0$$

又当 (x,y) 沿 y 轴趋于 $(0,0)$ 时,

$$\lim\limits_{(x,y)\to(0,0)} f(x,y)=\lim\limits_{y\to 0} f(0,y)=0$$

虽然 $P(x,y)$ 以上述两种特殊路径趋于原点 $(0,0)$ 时,函数的极限存在且相等,但是 $\lim\limits_{(x,y\to 0,0)} f(x,y)$ 并不存在,这又进一步说明,特殊路径极限存在并不能推出二重极限存在.

6.2.3　多元函数的连续性

定义 2　设二元函数 $z=f(x,y)$ 的定义域为 D，$P_0 \in D$ 且 $U(P_0,\delta) \bigcap D \neq \varnothing$，如果

$$\lim_{(x,y) \to (x_0,y_0)} f(x,y) = f(x_0,y_0)$$

则称 $z=f(x,y)$ 在点 $P_0(x_0,y_0)$ 处连续.

如果函数 $z=f(x,y)$ 在定义域 D 内的每一点都连续，则称该函数在 D 上连续或称 $f(x,y)$ 为 D 上的连续函数.

若函数 $f(x,y)$ 在点 $P_0(x_0,y_0)$ 处不连续，则称 P_0 为函数 $f(x,y)$ 的间断点，函数 $f(x,y)$ 在间断点 P_0 处可以没有定义.

例如，$f(x,y) = (x^2+y^2) \sin \dfrac{1}{x^2+y^2}$ 在 $(0,0)$ 点没有定义，故 $(0,0)$ 为其间断点.

二元函数的间断点可能是一些孤立的点，也可能是曲线，例如函数 $z = \dfrac{1}{a^2-x^2-y^2}$ 的间断点为 $\{(x,y) \mid x^2+y^2 = a^2\}$，即圆周上所有点都是该曲线的间断点.

【例 4】　判断例 3 中的函数在 $(0,0)$ 点是否连续.

解　因为 $\lim\limits_{(x,y) \to (0,0)} f(x,y)$ 不存在，而 $f(0,0)=0$，即

$$\lim_{(x,y) \to (0,0)} f(x,y) \neq f(0,0)$$

故函数 $f(x,y)$ 在 $(0,0)$ 点不连续.

仿照二元函数可定义 n 元函数连续和间断点的定义.

同一元函数一样，利用多元函数的极限运算法则可以证明，连续的多元函数的和、差、积、商（在分母不为 0 处）仍为连续函数，多元连续函数的复合函数仍为连续函数.

与一元函数类似，多元初等函数是由多个一元初等函数及常数经过有限次四则运算和复合运算得到的一个能用算式表示的多元函数，例如 $\dfrac{x^2+y^2}{xy}$，$\ln(1+x^2+y^2)$，$\arcsin(x^2+y^2)$ 等. 二元初等函数在其定义域内处处连续，因此，在求二元函数 $f(x,y)$ 当 $P \to P_0$ 的极限时，若 P_0 为定义域内的点，且 $f(x,y)$ 在 P_0 连续，则 $\lim\limits_{P \to P_0} f(P) = f(P_0)$，即极限值为该点的函数值.

【例 5】　求 $\lim\limits_{(x,y) \to (1,2)} \dfrac{xy+1}{x^2+y}$.

解　函数 $\dfrac{xy+1}{x^2+y}$ 为初等函数，且 $(1,2)$ 为其定义域 $D = \{(x,y) \mid x^2+y \neq 0\}$ 内的点，故函数在 $(1,2)$ 点连续，故

$$\lim_{(x,y) \to (1,2)} \frac{xy+1}{x^2+y} = f(1,2) = \frac{3}{3} = 1$$

【例 6】　求 $\lim\limits_{(x,y) \to (0,0)} \dfrac{2-\sqrt{xy+4}}{xy}$.

解　原式 $= \lim\limits_{(x,y) \to (0,0)} \dfrac{4-(xy+4)}{xy(2+\sqrt{xy+4})}$

$$= \lim_{(x,y)\to(0,0)} \frac{-1}{2+\sqrt{xy+4}} = \frac{-1}{2+2} = -\frac{1}{4}.$$

一元连续函数在闭区间上有一些很好的性质,将这些性质进行类推,我们不加证明地给出两个有界闭区域上二元连续函数的性质.

性质 1 设 $z=f(x,y)$ 在有界闭区域 D 上连续,则 $f(x,y)$ 在 D 上必有界,且能取得它的最大值 M 和最小值 m.

性质 2 有界闭区域 D 上的二元连续函数必取得介于最大值 M 与最小值 m 之间的任何值,即对于任何 $C \in [m,M]$,存在一点 $(x_0,y_0) \in D$,使得 $f(x_0,y_0)=C$.

习题 6.2

(A)

1. 求下列函数的定义域:

(1) $z = \sqrt{1-x^2} + \sqrt{y^2-1}$

(2) $z = \ln(1-x^2-y^2)$

(3) $z = \dfrac{1}{\sqrt{x+y}} + \dfrac{1}{\sqrt{x-y}}$

(4) $z = \arcsin(y-x^2)$

(5) $z = \dfrac{\sqrt{4x-y^2}}{\ln(x^2+y^2-4)}$

(6) $z = \dfrac{\arcsin(3-x^2-y^2)}{\sqrt{x-y^2}}$

2. 设 $f(x,y) = \dfrac{2xy}{x^2+y^2}$,求 $f(-2,3)$ 及 $f\left(1, \dfrac{y}{x}\right)$.

3. 已知 $f(x+y, xy) = 2x^2 + xy + 2y^2$,求 $f(x,y)$.

4. 求下列极限:

(1) $\lim\limits_{(x,y)\to(0,0)} xy\sin\dfrac{1}{x^2+y^2}$

(2) $\lim\limits_{(x,y)\to(0,0)} \dfrac{xy}{\sqrt{xy+1}-1}$

(3) $\lim\limits_{(x,y)\to(1,0)} \dfrac{\ln(x+e^y)}{\sqrt{x^2+y^2}}$

(4) $\lim\limits_{(x,y)\to(0,0)} \dfrac{\sin xy}{e^{xy}-1}$

(5) $\lim\limits_{(x,y)\to(0,0)} \left(x\sin\dfrac{1}{y} + y\sin\dfrac{1}{x}\right)$

(6) $\lim\limits_{(x,y)\to(\infty,a)} \left(1+\dfrac{1}{x}\right)^{\frac{x^2}{x+y}}$

5. 函数 $z = \dfrac{y^2+x}{y^2-x}$ 在何处是间断的?

6. 判断函数 $f(x,y) = \begin{cases} (x^2+y^2)\sin\dfrac{1}{x^2+y^2}, & x^2+y^2 \neq 0 \\ 0, & x^2+y^2 = 0 \end{cases}$ 在 $(0,0)$ 点是否连续?

(B)

1. 设 $z = f(x,y) = x+y+\varphi(x-y)$,若当 $y=0$ 时 $z=x^2$,求 $\varphi(x)$ 及 $f(x,y)$.

2. 求下列函数极限:

(1) $\lim\limits_{(x,y)\to(0,0)} \dfrac{1-\cos(x^2+y^2)}{(x^2+y^2)e^{x^2y^2}}$

(2) $\lim\limits_{(x,y)\to(+\infty,+\infty)} \left(\dfrac{xy}{x^2+y^2}\right)^{x^2}$

3. 判断函数 $f(x,y) = \begin{cases} (1+xy)^{\frac{1}{x+y}}, & x+y \neq 0 \\ 0, & x+y = 0 \end{cases}$ 在 $(0,0)$ 点是否连续?

4. 证明极限 $\lim\limits_{(x,y)\to(0,0)}\dfrac{xy^2}{x^2+y^4}$ 不存在.

6.3　偏导数及其在经济学中的应用

6.3.1　偏导数的定义及计算方法

一元函数的导数表示函数的增量与自变量增量之比的极限,即一元函数的变化率的极限.但对于多元函数来说,由于自变量个数的增多,自变量与因变量的关系变得复杂,不能笼统地讲多元函数的变化率,因此在这一节中,我们首先考虑多元函数关于其中一个变量的变化率问题.以二元函数 $z=f(x,y)$ 为例,我们只将自变量 x 看作是变化的,把自变量 y 固定,即看作常数,此时它就是关于 x 的一元函数,对该一元函数求得的导数就是二元函数 $z=f(x,y)$ 对 x 的偏导数.类似于一元函数导数的定义,我们给出二元函数偏导数的定义.

定义 1　设函数 $z=f(x,y)$ 在 (x_0,y_0) 的某一邻域内有定义,当 y 固定在 y_0 而 x 在 x_0 处取得增量 Δx 时,函数相应地取得增量 $f(x_0+\Delta x,y_0)-f(x_0,y_0)$,如果

$$\lim_{\Delta x\to 0}\frac{f(x_0+\Delta x,y_0)-f(x_0,y_0)}{\Delta x} \tag{1}$$

存在,则称此极限为函数 $z=f(x,y)$ 在点 (x_0,y_0) 对 x 的偏导数,记作

$$\frac{\partial z}{\partial x}\bigg|_{(x_0,y_0)},\ z_x(x_0,y_0),\frac{\partial f}{\partial x}\bigg|_{(x_0,y_0)}\ \text{或}\ f_x(x_0,y_0)$$

类似地,如果

$$\lim_{\Delta y\to 0}\frac{f(x_0,y_0+\Delta y)-f(x_0,y_0)}{\Delta y} \tag{2}$$

存在,则称此极限为函数 $z=f(x,y)$ 在点 (x_0,y_0) 对 y 的偏导数,记作

$$\frac{\partial z}{\partial y}\bigg|_{(x_0,y_0)},\ z_y(x_0,y_0),\frac{\partial f}{\partial y}\bigg|_{(x_0,y_0)}\ \text{或}\ f_y(x_0,y_0)$$

如果 $z=f(x,y)$ 在区域 D 内的每一点对 x 及对 y 的偏导数都存在,这些偏导数仍然是 x,y 的函数,那么称它们为 $f(x,y)$ 的偏导函数,记作 z_x、$\dfrac{\partial z}{\partial x}$、$\dfrac{\partial f}{\partial x}$、$f_x(x,y)$、$z_y$、$\dfrac{\partial z}{\partial y}$ 等等,以后在不致产生误解的前提下,偏导函数也简称偏导数.

从偏导数的定义可以看出,求二元函数 $z=f(x,y)$ 的偏导数不需要再引入新的方法,对 x 求偏导时,只要将 y 视为常数即可,此时可设 $f(x,y)=\varphi(x),f_x(x,y)=\varphi'(x)$,这样一元函数的求导公式及求导法则依然适用;若求 $f(x,y)$ 对 y 的偏导数,只需视 x 为常数,对变量 y 求导即可.

$f(x,y)$ 在 (x_0,y_0) 处对 x 的偏导数 $f_x(x_0,y_0)$ 就是偏导函数 $f_x(x,y)$ 在点 (x_0,y_0) 处的函数值;$f_y(x_0,y_0)$ 就是 $f_y(x,y)$ 在点 (x_0,y_0) 处的函数值.

偏导函数的概念可类推到三元及三元以上的多元函数中去,例如三元函数 $u=f(x,y,z)$ 在 (x,y,z) 处对 x 的偏导数定义为

$$f_x(x,y,z) = \lim_{\Delta x \to 0} \frac{f(x+\Delta x, y, z) - f(x,y,z)}{\Delta x}$$

而计算 $f_x(x,y,z)$ 只需将 y,z 视为常数,利用一元函数的求导法则对 x 求导即可.

【例1】 求 $z = x^3 e^{2y}$ 在 $(1,2)$ 处的偏导数.

解 视 y 为常数,$\dfrac{\partial z}{\partial x} = 3x^2 e^{2y}$;视 x 为常数,$\dfrac{\partial z}{\partial y} = 2x^3 e^{2y}$.

把 $(1,2)$ 代入,得

$$\frac{\partial z}{\partial x}\bigg|_{(1,2)} = 3e^4, \quad \frac{\partial z}{\partial y}\bigg|_{(1,2)} = 2e^4$$

【例2】 求 $z = \arctan \dfrac{y}{x}$ 的偏导数.

解 将 y 视为常数,

$$\frac{\partial z}{\partial x} = \frac{1}{1 + \left(\dfrac{y}{x}\right)^2} \cdot \left(-\frac{y}{x^2}\right) = -\frac{y}{x^2 + y^2}$$

将 x 视为常数,

$$\frac{\partial z}{\partial y} = \frac{1}{1 + \left(\dfrac{y}{x}\right)^2} \cdot \frac{1}{x} = \frac{x}{x^2 + y^2}$$

【例3】 设 $z = x^y (x > 0, x \neq 1)$,求证:$\dfrac{x}{y}\dfrac{\partial z}{\partial x} + \dfrac{1}{\ln x}\dfrac{\partial z}{\partial y} = 2z$.

证明 因为 $\dfrac{\partial z}{\partial x} = yx^{y-1}, \dfrac{\partial z}{\partial y} = x^y \ln x$,所以

$$\frac{x}{y}\frac{\partial z}{\partial x} + \frac{1}{\ln x}\frac{\partial z}{\partial y} = \frac{x}{y}yx^{y-1} + \frac{1}{\ln x}x^y \ln x = 2x^y = 2z$$

【例4】 求 $u = \ln \sqrt{x^2 + y^2 + z^2}$ 的偏导数.

解 因为 $\ln \sqrt{x^2 + y^2 + z^2} = \dfrac{1}{2}\ln(x^2 + y^2 + z^2)$,所以

$$\frac{\partial u}{\partial x} = \frac{1}{2} \cdot \frac{1}{x^2 + y^2 + z^2} \cdot 2x = \frac{x}{x^2 + y^2 + z^2}$$

同理

$$\frac{\partial u}{\partial y} = \frac{y}{x^2 + y^2 + z^2}, \quad \frac{\partial u}{\partial z} = \frac{z}{x^2 + y^2 + z^2}$$

需要说明的是,在一元函数中,$\dfrac{\mathrm{d}y}{\mathrm{d}x}$ 既是求导的符号,又可以看作函数的微分 $\mathrm{d}y$ 与自变量的微分 $\mathrm{d}x$ 之商,而偏导数符号$\left(如\dfrac{\partial z}{\partial x}\right)$是一个整体符号,不能看作分子与分母之商.

6.3.2 偏导数的几何意义、函数的偏导数存在与连续的关系

1. 偏导数的几何意义

设二元函数 $z = f(x,y)$ 在 (x_0, y_0) 点有偏导数,如图 6-8 所示,$M_0(x_0, y_0, f(x_0, y_0))$ 为曲面 $z = f(x,y)$ 上一点,过 M_0 作平面 $x = x_0$,此平面与已知曲面相交得一曲线,该曲线

在平面 $x=x_0$ 上的方程为 $z=f(x_0,y)$，可看作 $x=x_0$ 平面上一个一元函数，自变量为 y，因变量为 z，则导数 $\dfrac{\mathrm{d}f(x_0,y)}{\mathrm{d}y}\bigg|_{y=y_0}$ 即为 $f_y(x_0,y_0)$. 由一元函数导数的几何意义，$\dfrac{\mathrm{d}f(x_0,y)}{\mathrm{d}y}$ 表示曲线 $z=f(x_0,y)$ 切线的斜率，即该曲线的切线与自变量 y 轴正向的夹角

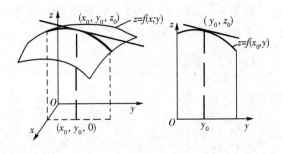

图 6-8

的正切值. 因此 $f_y(x_0,y_0)$ 的几何意义为曲面 $z=f(x,y)$ 被平面 $x=x_0$ 所截得的曲线在 M_0 处的切线对 y 轴的斜率（即与 y 轴正向夹角的正切值）. 同理，$f_x(x_0,y_0)$ 的几何意义为曲面 $z=f(x,y)$ 被平面 $y=y_0$ 所截得的曲线在 M_0 处的切线对 x 轴的斜率（即与 x 轴正向夹角的正切值）.

2. 函数的偏导数存在与连续的关系

一元函数如果在某点导数存在，那么在该点函数一定连续，但对于多元函数来说，如果它在某一点偏导数存在，并不能保证它在该点连续. 例如上一节讲过的例 3，函数

$$f(x,y)=\begin{cases}\dfrac{xy}{x^2+y^2}, & x^2+y^2\neq0\\ 0, & x^2+y^2=0\end{cases}$$

在 $(0,0)$ 点不连续，但是在 $(0,0)$ 点 $f_x(x,y)$ 及 $f_y(x,y)$ 均存在，这是因为由偏导数的定义可得

$$f_x(0,0)=\lim_{\Delta x\to0}\frac{f(\Delta x,0)-f(0,0)}{\Delta x}=\lim_{\Delta x\to0}\frac{0-0}{\Delta x}=0$$

同理

$$f_y(0,0)=\lim_{\Delta y\to0}\frac{f(0,\Delta y)-f(0,0)}{\Delta y}=\lim_{\Delta y\to0}\frac{0-0}{\Delta y}=0$$

此例说明，多元函数的偏导数与连续之间没有必然联系，出现这种结果是因为偏导数的存在只能保证点 $P(x,y)$ 沿平行于相应坐标轴的方向趋于点 $P_0(x_0,y_0)$ 时，函数值 $f(x,y)$ 趋于 $f(x_0,y_0)$，但不能保证点 P 以任何方式趋于点 $P_0(x_0,y_0)$ 时，函数值 $f(x,y)$ 趋于 $f(x_0,y_0)$，而这恰好是函数 $f(x,y)$ 在 (x_0,y_0) 是否连续的关键.

6.3.3　高阶偏导数

设 $z=f(x,y)$ 在平面区域 D 内处处存在偏导数 $f_x(x,y)$ 与 $f_y(x,y)$，如果这两个函数的偏导数也存在，则称 $f_x(x,y)$ 与 $f_y(x,y)$ 的偏导数为 $z=f(x,y)$ 的二阶偏导数. 按照求导次序不同，有下列四个二阶偏导数，分别表示为

$$\frac{\partial}{\partial x}\left(\frac{\partial z}{\partial x}\right)=\frac{\partial^2 z}{\partial x^2}=f_{xx}(x,y), \qquad \frac{\partial}{\partial y}\left(\frac{\partial z}{\partial x}\right)=\frac{\partial^2 z}{\partial x\partial y}=f_{xy}(x,y)$$

$$\frac{\partial}{\partial x}\left(\frac{\partial z}{\partial y}\right)=\frac{\partial^2 z}{\partial y\partial x}=f_{yx}(x,y), \qquad \frac{\partial}{\partial y}\left(\frac{\partial z}{\partial y}\right)=\frac{\partial^2 z}{\partial y^2}=f_{yy}(x,y)$$

其中 $\dfrac{\partial^2 z}{\partial x\partial y},\dfrac{\partial^2 z}{\partial y\partial x}$ 称为 $z=f(x,y)$ 的二阶混合偏导数.

定义 2 二阶及二阶以上的偏导数统称为高阶偏导数.

类似可定义更高阶的偏导数,并且可引入相应的高阶偏导数的符号.

【**例 5**】 设 $z = xy^3 + 2x^2y^2 - 3x^3y - 4xy + 5$,求 $\dfrac{\partial^2 z}{\partial x^2}, \dfrac{\partial^2 z}{\partial x \partial y}, \dfrac{\partial^2 z}{\partial y^2}, \dfrac{\partial^2 z}{\partial y \partial x}$ 及 $\dfrac{\partial^3 z}{\partial x^3}$ 与 $\dfrac{\partial^3 z}{\partial x^2 \partial y}$.

解 $\dfrac{\partial z}{\partial x} = y^3 + 4xy^2 - 9x^2y - 4y$, $\dfrac{\partial z}{\partial y} = 3xy^2 + 4x^2y - 3x^3 - 4x$

所以,$\dfrac{\partial^2 z}{\partial x^2} = \dfrac{\partial}{\partial x}\left(\dfrac{\partial z}{\partial x}\right) = 4y^2 - 18xy$, $\dfrac{\partial^2 z}{\partial x \partial y} = \dfrac{\partial}{\partial y}\left(\dfrac{\partial z}{\partial x}\right) = 3y^2 + 8xy - 9x^2 - 4$

$\dfrac{\partial^2 z}{\partial y^2} = \dfrac{\partial}{\partial y}\left(\dfrac{\partial z}{\partial y}\right) = 6xy + 4x^2$, $\dfrac{\partial^2 z}{\partial y \partial x} = \dfrac{\partial}{\partial x}\left(\dfrac{\partial z}{\partial y}\right) = 3y^2 + 8xy - 9x^2 - 4$

$\dfrac{\partial^3 z}{\partial x^3} = \dfrac{\partial}{\partial x}\left(\dfrac{\partial^2 z}{\partial x^2}\right) = -18y$, $\dfrac{\partial^3 z}{\partial x^2 \partial y} = \dfrac{\partial}{\partial y}\left(\dfrac{\partial^2 z}{\partial x^2}\right) = 8y - 18x$

注意到在例 5 中两个二阶混合偏导数相等,即 $\dfrac{\partial^2 z}{\partial y \partial x} = \dfrac{\partial^2 z}{\partial x \partial y}$,这不是偶然的,我们不证明地给出下面定理.

定理 1 如果函数 $z = f(x, y)$ 的两个二阶混合偏导数 $f_{xy}(x, y)$ 与 $f_{yx}(x, y)$ 在平面区域 D 内连续,那么在该区域内 $f_{xy}(x, y) = f_{yx}(x, y)$.

此定理说明,二阶混合偏导数在连续的条件下与求导次序无关,同样,这个性质可进一步推广到更高阶的偏导数的情形,即高阶混合偏导数在偏导数连续的条件下与求导次序无关. 因为初等函数的偏导数仍为初等函数,而初等函数在其定义域内是连续的,故求初等函数的高阶偏导数可以选择方便的求导顺序.

【**例 6**】 求 $u = \mathrm{e}^{ax} \cos by$ 的二阶偏导数.

解 $\dfrac{\partial u}{\partial x} = a\mathrm{e}^{ax} \cos by$, $\dfrac{\partial u}{\partial y} = -b\mathrm{e}^{ax} \sin by$

$$\dfrac{\partial^2 u}{\partial x^2} = a^2 \mathrm{e}^{ax} \cos by, \quad \dfrac{\partial^2 u}{\partial x \partial y} = \dfrac{\partial^2 u}{\partial y \partial x} = -ab\mathrm{e}^{ax} \sin by$$

$$\dfrac{\partial^2 u}{\partial y^2} = -b^2 \mathrm{e}^{ax} \cos by$$

【**例 7**】 验证函数 $z = \ln \sqrt{x^2 + y^2}$ 满足方程 $\dfrac{\partial^2 z}{\partial x^2} + \dfrac{\partial^2 z}{\partial y^2} = 0$.

证明 因为 $z = \ln \sqrt{x^2 + y^2} = \dfrac{1}{2}\ln(x^2 + y^2)$,所以

$$\dfrac{\partial z}{\partial x} = \dfrac{x}{x^2 + y^2}, \quad \dfrac{\partial z}{\partial y} = \dfrac{y}{x^2 + y^2}$$

$$\dfrac{\partial^2 z}{\partial x^2} = \dfrac{x^2 + y^2 - x \cdot 2x}{(x^2 + y^2)^2} = \dfrac{y^2 - x^2}{(x^2 + y^2)^2}$$

$$\dfrac{\partial^2 z}{\partial y^2} = \dfrac{x^2 + y^2 - y \cdot 2y}{(x^2 + y^2)^2} = \dfrac{x^2 - y^2}{(x^2 + y^2)^2}$$

故 $\dfrac{\partial^2 z}{\partial x^2} + \dfrac{\partial^2 z}{\partial y^2} = \dfrac{y^2 - x^2}{(x^2 + y^2)^2} + \dfrac{x^2 - y^2}{(x^2 + y^2)^2} = 0$

*6.3.4　偏导数在经济学中的应用

一元函数的导数在经济学中称为边际,二元函数 $z = f(x, y)$ 的偏导数 $f_x(x, y)$ 与 $f_y(x, y)$ 分别称为 $f(x, y)$ 关于 x 与 y 的边际,类似的边际的概念可推广到多元函数上,并被赋予了更加丰富的经济含义.在一元函数微分学中,弹性表示经济函数在一点的相对变化率,由于多元函数中涉及的影响经济因素的问题很多,因此在经济分析中,我们需要考虑多元函数交叉弹性的问题.下面仅就需求函数,对其进行边际分析及交叉弹性分析,其他经济函数可依此类推.

1. 需求函数的边际分析

假设 A、B 两种商品彼此相关,那么 A 与 B 的需求量 Q_1 和 Q_2 分别是两种商品价格 P_1 和 P_2 的函数,即 $Q_1 = f(P_1, P_2)$, $Q_2 = g(P_1, P_2)$,其边际函数共有四个: $\dfrac{\partial Q_1}{\partial P_1}$, $\dfrac{\partial Q_2}{\partial P_1}$, $\dfrac{\partial Q_1}{\partial P_2}$, $\dfrac{\partial Q_2}{\partial P_2}$. 例如 $\dfrac{\partial Q_1}{\partial P_1}$ 表示商品 A 的需求函数关于其自身价格 P_1 的边际需求,它表示在商品 B 的价格 P_2 固定时,商品 A 的价格改变一个单位时,商品 A 的需求的改变量.同理可表明其他边际需求函数 $\dfrac{\partial Q_1}{\partial P_2}$, $\dfrac{\partial Q_2}{\partial P_1}$ 及 $\dfrac{\partial Q_2}{\partial P_2}$ 的经济意义.

一般地,若 P_2 固定,P_1 上升时,Q_1 减少,即 $\dfrac{\partial Q_1}{\partial P_1} < 0$. 此时若 $\dfrac{\partial Q_1}{\partial P_2} > 0$,表示 P_2 也减少;若 $\dfrac{\partial Q_2}{\partial P_1} > 0$,表示 Q_2 增加,也就是说,若 $\dfrac{\partial Q_1}{\partial P_2} > 0$ 和 $\dfrac{\partial Q_2}{\partial P_1} > 0$,说明两种商品中任意一个价格减少,都使其中一个需求量增加,另一个需求量减少,此时称 A、B 两种商品为替代品.

同理可验证,若 $\dfrac{\partial Q_2}{\partial P_1} < 0$ 和 $\dfrac{\partial Q_1}{\partial P_2} < 0$ 说明两种商品中任何一个价格上升,都将使需求量 Q_1 与 Q_2 同时减少,此时称 A、B 两种商品为互补品.以上两种情况表明两种商品的需求与两种商品的价格有一定的相关性,为了更好地说明它们相互影响的程度,用交叉弹性的概念来进一步说明.

2. 需求函数的交叉弹性

定义 3　设函数 $z = f(x, y)$ 在 (x, y) 处偏导数存在,函数对 x 的相对改变量 $\dfrac{\Delta_x z}{z} = $

$\dfrac{f(x + \Delta x, y) - f(x, y)}{f(x, y)}$ 与自变量 x 的相对改变量 $\dfrac{\Delta x}{x}$ 之比 $\dfrac{\dfrac{\Delta_x z}{z}}{\dfrac{\Delta x}{x}}$,称为函数 $f(x, y)$ 对 x 从 x

到 $x + \Delta x$ 两点间的弹性. $\lim\limits_{\Delta x \to 0} \dfrac{\dfrac{\Delta_x z}{z}}{\dfrac{\Delta x}{x}}$ 称为 $f(x, y)$ 在 (x, y) 处对 x 的弹性,记作 η_x 或 $\dfrac{Ez}{Ex}$,即

$$\eta_x = \frac{Ez}{Ex} = \lim_{\Delta x \to 0} \frac{\dfrac{\Delta_x z}{z}}{\dfrac{\Delta x}{x}} = \frac{x}{z} \lim_{\Delta x \to 0} \frac{\Delta_x z}{\Delta x} = \frac{\partial z}{\partial x} \cdot \frac{x}{z}$$

同理可定义 $f(x,y)$ 在 (x,y) 处对 y 的弹性:

$$\eta_y = \frac{Ez}{Ey} = \lim_{\Delta y \to 0} \frac{\frac{\Delta_y z}{z}}{\frac{\Delta y}{y}} = \frac{\partial z}{\partial y} \cdot \frac{y}{z}$$

对于需求函数 $Q_1 = f(P_1, P_2)$，$Q_2 = g(P_1, P_2)$，Q_1 对 P_1 的弹性为 $\frac{EQ_1}{EP_1} = \frac{\partial Q_1}{\partial P_1} \cdot \frac{P_1}{Q_1}$，

Q_1 对 P_2 的交叉弹性为 $\frac{EQ_1}{EP_2} = \frac{\partial Q_1}{\partial P_2} \cdot \frac{P_2}{Q_1}$.

同理可得出 Q_2 对 P_2 的弹性及 Q_2 对 P_1 的交叉弹性分别为

$$\frac{EQ_2}{EP_2} = \frac{\partial Q_2}{\partial P_2} \cdot \frac{P_2}{Q_2}, \quad \frac{EQ_2}{EP_1} = \frac{\partial Q_2}{\partial P_1} \cdot \frac{P_1}{Q_2}$$

【例 8】 某款轿车的需求量 Q 除与它自身的价格 P_1（单位:万元）有关外,还与其配置系统的价格 P_2（单位:万元）有关,具体关系为

$$Q = 100 + \frac{250}{P_1} - 10P_2 - P_2^2$$

当 $P_1 = 25$，$P_2 = 2$ 时,求:(1) Q 对 P_1 的弹性;(2) Q 对 P_2 的交叉弹性.

解 $\frac{\partial Q}{\partial P_1} = -\frac{250}{P_1^2}$，$\frac{\partial Q}{\partial P_2} = -10 - 2P_2$，且 $Q(25, 2) = 86$.

Q 对 P_1 的弹性:

$$\frac{EQ}{EP_1} = \frac{\partial Q}{\partial P_1} \cdot \frac{P_1}{Q} = -\frac{250}{P_1^2} \cdot \frac{P_1}{Q} = -\frac{250}{P_1 Q}$$

所以

$$\left. \frac{EQ}{EP_1} \right|_{P_1 = 25, P_2 = 2} = -\frac{250}{25 \times 86} = -\frac{5}{43}$$

Q 对 P_2 的交叉弹性:

$$\frac{EQ}{EP_2} = \frac{\partial Q}{\partial P_2} \cdot \frac{P_2}{Q} = (-10 - 2P_2) \cdot \frac{P_2}{Q}$$

所以

$$\left. \frac{EQ}{EP_2} \right|_{P_1 = 25, P_2 = 2} = (-10 - 4) \times \frac{2}{86} = -\frac{14}{43}$$

【例 9】 随着养鸡工业化的迅速发展,我国肉鸡价格会不断下降,现估计明年肉鸡价格将下降 5%,已知肉鸡价格与猪肉需求量的交叉弹性为 0.85,问明年猪肉需求量将如何变化?

解 设 P_A 为肉鸡价格,P_B 为猪肉价格,Q 为猪肉需求量,则

$$\frac{EQ}{EA} = 0.85 \text{ 且 } \frac{EQ}{EA} = \frac{\text{猪肉需求量的变化率}}{\text{鸡肉价格的变化率}}$$

而鸡肉价格变化率 $\frac{\Delta P_A}{P_A} = 5\%$,所以

$$猪肉需求量的变化率 = \frac{EQ}{EA} \cdot \frac{\Delta P_A}{P_A} = 0.85 \times 5\% = 4.25\%$$

即明年猪肉的需求量将下降 4.25%.

由前面的理论及举例可看出,交叉弹性的值反映了两种商品间的相关性:当交叉弹性大于零时,两商品互为替代品(例如猪肉及鸡肉);当交叉弹性小于零时,两商品为互补品(例如汽车及配件);当交叉弹性等于零时,两商品为相互独立商品.

习题 6.3

(A)

1. 求下列函数的偏导数:

(1) $z = e^{x^2+y^2}$

(2) $z = \sin(x+y) + \cos(x-y)$

(3) $z = \sqrt{\ln(xy)}$

(4) $z = (1+xy)^y$

(5) $z = \ln\tan\dfrac{x}{y}$

(6) $z = e^{x+y}\sin xy$

(7) $u = x^{\frac{y}{z}}$ ($x>0$)

(8) $u = \cos(x^2 - y^2 - e^z)$

2. 求曲面 $z = \dfrac{x^2+y^2}{4}$ 与平面 $y=4$ 的交线在 $(2,4,5)$ 处的切线与 x 轴正向所成的倾角是多少?

3. 设 $f(x,y) = (x-2)^2 y^2 + (y-1)\arcsin\sqrt{\dfrac{x}{y}}$,求 $f_x(2,1)$.

4. 求下列函数的二阶偏导数 $\dfrac{\partial^2 z}{\partial x^2}, \dfrac{\partial^2 z}{\partial x \partial y}, \dfrac{\partial^2 z}{\partial y^2}$:

(1) $z = x^3 + y^3 - 3x^2 y - 3xy^2$

(2) $z = \arctan\dfrac{y}{x}$

(3) $z = x\ln(xy)$

(4) $z = y^x$

5. 设 $z = e^{-\left(\frac{1}{x}+\frac{1}{y}\right)}$,证明:$x^2 \dfrac{\partial z}{\partial x} + y^2 \dfrac{\partial z}{\partial y} = 2z$.

6. 设 $u = \sqrt{x^2+y^2+z^2}$,证明:$\dfrac{\partial^2 u}{\partial x^2} + \dfrac{\partial^2 u}{\partial y^2} + \dfrac{\partial^2 u}{\partial z^2} = \dfrac{2}{u}$.

(B)

1. 设 $f(x,y) = \arctan\dfrac{x+y}{1+xy}$,求 $f_x(0,0)$、$f_x(1,1)$ 及 $f_{xx}(0,0)$.

2. 设 $f(x,y) = \displaystyle\int_0^{\sqrt{xy}} e^{-t^2}\,dt$ ($x>0, y>0$),求 $\dfrac{\partial f}{\partial x}, \dfrac{\partial f}{\partial y}$.

3. 对函数 $z = f(x,y)$ 有 $\dfrac{\partial z}{\partial y} = x^2 + 2y$ 且 $f(x,x^2) = 1$,求 $f(x,y)$.

4. 设 $f(x,y) = \begin{cases} y\sin\dfrac{1}{x^2+y^2}, & x^2+y^2 \neq 0 \\ 0, & x^2+y^2 = 0 \end{cases}$,判断 $f(x,y)$ 在 $(0,0)$ 点处是否连续,偏导数是否存在,若存在,求偏导数的值.

5. 某商品的需求函数为 $Q_Y = 120 - 2P_Y + 15P_X$,求当 $P_X = 10, P_Y = 15$ 时商品的交叉弹性.

6.4 全微分及其应用

6.4.1 全微分

在对二元函数的偏导数进行定义时,我们考虑一个自变量固定,而因变量相对于另一个自变量取得增量,即

$$f(x+\Delta x,y)-f(x,y) \text{ 与 } f(x,y+\Delta y)-f(x,y)$$

它们分别被称为函数 $z=f(x,y)$ 在点 (x,y) 处对 x 与对 y 的偏增量.

若 $z=f(x,y)$ 在点 (x,y) 偏导数存在,根据一元函数微分学中增量与微分的关系可知,这两个偏增量可分别表示为

$$f(x+\Delta x,y)-f(x,y)=f_x(x,y)\Delta x+o(\Delta x)\approx f_x(x,y)\Delta x,(\Delta x\to 0)$$
$$f(x,y+\Delta y)-f(x,y)=f_y(x,y)\Delta y+o(\Delta y)\approx f_y(x,y)\Delta y,(\Delta y\to 0)$$

$f_x(x,y)\Delta x$ 与 $f_y(x,y)\Delta y$ 分别称为函数 $z=f(x,y)$ 在点 (x,y) 对 x 与对 y 的偏微分.

而在实际问题中,往往需要研究多元函数中各个自变量都取得增量时,因变量所获得的增量,对于二元函数 $z=f(x,y)$ 来说,我们往往需要研究形如

$$\Delta z=f(x+\Delta x,y+\Delta y)-f(x,y)$$

的全增量.

一般来说,计算全增量比较复杂,仿照一元函数的微分的研究方法,我们希望利用自变量 Δx 与 Δy 的线性函数来近似代替全增量 Δz,从而给出如下定义:

定义 1 设函数 $z=f(x,y)$ 在点 (x,y) 的某个邻域内有定义,若 $z=f(x,y)$ 在点 (x,y) 处的全增量

$$\Delta z=f(x+\Delta x,y+\Delta y)-f(x,y) \tag{1}$$

可以表示为

$$\Delta z=A\Delta x+B\Delta y+o(\rho) \tag{2}$$

其中 A、B 不依赖于 Δx、Δy 而仅与 x,y 有关,$\rho=\sqrt{(\Delta x)^2+(\Delta y)^2}$,则称函数 $z=f(x,y)$ 在点 (x,y) 处可微,而 $A\Delta x+B\Delta y$ 称为 $z=f(x,y)$ 在 (x,y) 处的全微分,记作 $\mathrm{d}z$,即

$$\mathrm{d}z=A\Delta x+B\Delta y$$

通常情况下,自变量的增量 Δx 与 Δy 分别写成 $\mathrm{d}x$ 与 $\mathrm{d}y$,并分别称为自变量 x 与 y 的微分,此时记 $\mathrm{d}z=A\mathrm{d}x+B\mathrm{d}y$.

当 $z=f(x,y)$ 在平面区域 D 内的每一个点 (x,y) 均可微时,称 $z=f(x,y)$ 在 D 内可微.

二元函数的可微性与偏导数存在如下关系.

定理 1(可微的必要条件) 若函数 $z=f(x,y)$ 在点 (x,y) 处可微,则

(1)$z=f(x,y)$ 在点 (x,y) 处连续;

(2)$z=f(x,y)$ 在点 (x,y) 处偏导存在且有 $A=\dfrac{\partial z}{\partial x},B=\dfrac{\partial z}{\partial y}$;

（3）$z=f(x,y)$ 在点 (x,y) 处的全微分 $\mathrm{d}z=\dfrac{\partial z}{\partial x}\mathrm{d}x+\dfrac{\partial z}{\partial y}\mathrm{d}y$.

证明　（1）因为 $z=f(x,y)$ 在点 (x,y) 处可微, 由全微分定义则有

$$\Delta z=A\Delta x+B\Delta y+o(\sqrt{(\Delta x)^2+(\Delta y)^2})$$

令 $\rho\rightarrow0$, 即 $\Delta x\rightarrow0$, $\Delta y\rightarrow0$, 则 $\Delta z\rightarrow0$, 即

$$\lim_{\rho\rightarrow0}f(x+\Delta x,y+\Delta y)=f(x,y)$$

则 $z=f(x,y)$ 在点 (x,y) 处连续.

（2）由于

$$f(x+\Delta x,y+\Delta y)-f(x,y)=A\Delta x+B\Delta y+o\sqrt{(\Delta x)^2+(\Delta y)^2}$$

令 $\Delta y=0$, 则有

$$f(x+\Delta x,y)-f(x,y)=A\Delta x+o(\Delta x)$$

等式两端同除以 Δx 并令 $\Delta x\rightarrow0$, 则有

$$\lim_{\Delta x\rightarrow0}\frac{f(x+\Delta x,y)-f(x,y)}{\Delta x}=\lim_{\Delta x\rightarrow0}\frac{A\Delta x+o(\Delta x)}{\Delta x}=A$$

从而偏导数 $\dfrac{\partial z}{\partial x}$ 存在, 且 $\dfrac{\partial z}{\partial x}=A$, 同理可证 $\dfrac{\partial z}{\partial y}=B$.

（3）由（2）的结果并结合全微分的定义, 则

$$\mathrm{d}z=A\mathrm{d}x+B\mathrm{d}y=\frac{\partial z}{\partial x}\mathrm{d}x+\frac{\partial z}{\partial y}\mathrm{d}y$$

一元函数在某点导数存在是函数在该点可微的充分必要条件; 但对于二元函数 $z=f(x,y)$ 来说, 函数在 $P(x,y)$ 偏导数存在, 却无法推出函数在该点可微. 例如我们前面多次提到的函数

$$f(x,y)=\begin{cases}\dfrac{xy}{x^2+y^2}, & x^2+y^2\neq0\\[2mm] 0, & x^2+y^2=0\end{cases}$$

在 $(0,0)$ 处 $f_x(0,0)=0$, $f_y(0,0)=0$, 但由于 $f(x,y)$ 在 $(0,0)$ 点不连续, 由上面定理 1 可知 $f(x,y)$ 在 $(0,0)$ 不可微, 因此 $z=f(x,y)$ 偏导数存在只是 $z=f(x,y)$ 可微的必要条件.

下面给出 $z=f(x,y)$ 在点 (x,y) 处可微的一个充分条件, 其证明就不做介绍了.

定理 2（可微的充分条件）　如果函数 $z=f(x,y)$ 的偏导数在点 (x,y) 连续, 则函数在该点可微.

结合定理 1 与定理 2, 我们知道二元函数的可微性、偏导数存在及连续性之间的关系为

$$偏导数存在且连续\Rightarrow 可微\Rightarrow\begin{cases}连续\\ 偏导数存在\end{cases}$$

但上述关系一般情况下是不可逆的.

以上关于二元函数全微分的定义及可微的充分条件和必要条件可类似推广到三元及三元以上的多元函数. 例如, 如果三元函数 $u=f(x,y,z)$ 在点 (x,y,z) 可微分, 则

$$\mathrm{d}u=\frac{\partial u}{\partial x}\mathrm{d}x+\frac{\partial u}{\partial y}\mathrm{d}y+\frac{\partial u}{\partial z}\mathrm{d}z$$

【例1】 计算 $z=xy^3+\dfrac{x^2}{y}$ 的全微分.

解 因为 $\dfrac{\partial z}{\partial x}=y^3+\dfrac{2x}{y}$，$\dfrac{\partial z}{\partial y}=3xy^2-\dfrac{x^2}{y^2}$，因此

$$dz=\frac{\partial z}{\partial x}dx+\frac{\partial z}{\partial y}dy=\left(y^3+\frac{2x}{y}\right)dx+\left(3xy^2-\frac{x^2}{y^2}\right)dy$$

【例2】 求 $z=\ln(x^2+y^2)$，当 $x=2,y=1,\Delta x=0.1,\Delta y=-0.1$ 时的全微分.

解
$$\frac{\partial z}{\partial x}=\frac{2x}{x^2+y^2},\qquad \frac{\partial z}{\partial y}=\frac{2y}{x^2+y^2}$$

所以
$$\frac{\partial z}{\partial x}\bigg|_{(2,1)}=\frac{4}{5},\qquad \frac{\partial z}{\partial y}\bigg|_{(2,1)}=\frac{2}{5}$$

故
$$dz=\frac{\partial z}{\partial x}\Delta x+\frac{\partial z}{\partial y}\Delta y=\frac{4}{5}\times 0.1+\frac{2}{5}\times(-0.1)=0.04$$

【例3】 求 $u=e^{x^2}+\cos xy+\dfrac{y}{z}$ 的全微分.

解
$$\frac{\partial u}{\partial x}=2xe^{x^2}-y\sin xy,\qquad \frac{\partial u}{\partial y}=-x\sin xy+\frac{1}{z},\qquad \frac{\partial u}{\partial z}=-\frac{y}{z^2}$$

所以

$$dz=\frac{\partial u}{\partial x}dx+\frac{\partial u}{\partial y}dy+\frac{\partial u}{\partial z}dz$$

$$=(2xe^{x^2}-y\sin xy)dx+\left(-x\sin xy+\frac{1}{z}\right)dy+\left(-\frac{y}{z^2}\right)dz$$

*6.4.2 全微分在近似计算中的应用

根据二元函数全微分的定义及全微分存在的充分条件可知，当二元函数 $z=f(x,y)$ 在点 $P(x,y)$ 处的两个二阶偏导数 $f_x(x,y),f_y(x,y)$ 连续，并且 $|\Delta x|,|\Delta y|$ 都较小时，就有近似等式

$$\Delta z\approx dz=f_x(x,y)\Delta x+f_y(x,y)\Delta y$$

即
$$f(x+\Delta x,y+\Delta y)\approx f(x,y)+f_x(x,y)\Delta x+f_y(x,y)\Delta y$$

我们可以用上面两式对二元函数进行近似计算.

【例4】 计算 $(1.04)^{2.02}$ 的近似值.

解 设函数 $f(x,y)=x^y$，显然要计算函数值 $f(1.04,2.02)$.

取 $x=1,y=2,\Delta x=0.04,\Delta y=0.02$. 因为

$$f(x+\Delta x,y+\Delta y)\approx f(x,y)+f_x(x,y)\Delta x+f_y(x,y)\Delta y=x^y+yx^{y-1}\Delta x+x^y\ln x\Delta y$$

所以
$$(1.04)^{2.02}\approx 1^2+2\times 1\times 0.04+1^2\times\ln 1\times 0.02=1.08$$

【例5】 已知边长为 $x=6$ 米与 $y=8$ 米的矩形，如果 x 边增加 5 厘米而 y 边减少 10 厘米，求这个矩形的对角线及面积变化的近似值.

解 矩形的对角线长 $L(x,y)=\sqrt{x^2+y^2}$，面积 $S(x,y)=xy$，要计算的就是 $x=6$，$y=8,\Delta x=0.05,\Delta y=-0.1$ 时，$L(x,y)$ 及 $S(x,y)$ 的增量.

因为
$$\Delta L \approx L_x(x,y)\Delta x + L_y(x,y)\Delta y = \frac{x\Delta x + y\Delta y}{\sqrt{x^2+y^2}}$$

$$\Delta S \approx S_x(x,y)\Delta x + S_y(x,y)\Delta y = y\Delta x + x\Delta y$$

所以对角线变化的近似值
$$\Delta L \approx \frac{6\times0.05 + 8\times(-0.1)}{10} = -0.05$$

即对角线减少了 5 厘米.

面积变化的近似值
$$\Delta S \approx 8\times0.05 + 6\times(-0.1) = -0.2$$

即面积减少了 20 平方厘米.

习题 6.4

(A)

1. 求下列函数的全微分:

(1) $z = e^{xy}$

(2) $z = \dfrac{x}{\sqrt{x^2+y^2}}$

(3) $z = x^2 + \sin(xy^2) + \cos(y^2+3)$

(4) $z = x^{(1+y)}$　$(x>0)$

(5) $u = \sqrt{x^2+y^2+z^2}$

(6) $u = \left(\dfrac{x}{y}\right)^z$

2. 求 $z = \ln(1+x^2+y^2)$ 在 $x=2, y=1$ 时的全微分.

3. 求 $z = x^2 y^3$ 在点 $(2,-1)$ 处当 $\Delta x = 0.02, \Delta y = 0.01$ 时的全增量 Δz 与全微分 dz.

(B)

1. 求下列数的近似值:

(1) $(1.02)^{4.05}$

(2) $\sqrt{(1.02)^3+(1.97)^3}$

2. 有一圆锥体,受压后发生形变,它的半径由 30 cm 增大到 30.1 cm,高度由 60 cm 减小到 59.5 cm, 求该圆锥体体积变化的近似值.

3. 设有一无盖的圆柱形容器,容器的壁与底的厚度均为 0.1 cm,内高为 20 cm,内半径为 4 cm,求容器外壳体积的近似值.

6.5　多元复合函数的求导法则

一元复合函数的求导法则在一元函数的微分学中的重要性是显而易见的,下面我们将对多元复合函数进行研究,将一元复合函数的求导法则进行推广.

多元函数的复合形式是多种多样的,我们无法将各种情形都加以说明,下面仅就其中最主要的三种情形加以讨论,其他情形可类似推广.

1. 复合函数的中间变量均为一元函数的情形

定理 1 如果函数 $u = \varphi(t)$ 及 $v = \psi(t)$ 都在点 t 可导,函数 $z = f(u,v)$ 在对应点 (u,v) 具有连续偏导数,则复合函数 $z = f[\varphi(t),\psi(t)]$ 在点 t 可导,且有

$$\frac{\mathrm{d}z}{\mathrm{d}t} = \frac{\partial z}{\partial u} \cdot \frac{\mathrm{d}u}{\mathrm{d}t} + \frac{\partial z}{\partial v} \cdot \frac{\mathrm{d}v}{\mathrm{d}t} \tag{1}$$

证明 设变量 t 获得增量 Δt，此时 $u = \varphi(t)$，$v = \psi(t)$ 获得的对应增量为 Δu 与 Δv，$z = f(u, v)$ 获得的对应增量为 Δz，因为 $z = f(u, v)$ 在点 (u, v) 具有连续偏导数，故可微，于是有

$$\Delta z = \frac{\partial z}{\partial u} \Delta u + \frac{\partial z}{\partial v} \Delta v + o(\rho)$$

其中 $\rho = \sqrt{(\Delta u)^2 + (\Delta v)^2}$.

上式两端同除以 Δt，得

$$\frac{\Delta z}{\Delta t} = \frac{\partial z}{\partial u} \cdot \frac{\Delta u}{\Delta t} + \frac{\partial z}{\partial v} \cdot \frac{\Delta v}{\Delta t} + \frac{o(\rho)}{\rho} \cdot \frac{\rho}{\Delta t}$$

若令 $\Delta t \to 0$，则由于 $u = \varphi(t)$ 及 $v = \psi(t)$ 都在点 t 可导，则有 $\Delta u \to 0$，$\Delta v \to 0$，即 $\rho = \sqrt{(\Delta u)^2 + (\Delta v)^2} \to 0$，并且有

$$\lim_{\Delta t \to 0} \frac{\Delta u}{\Delta t} = \frac{\mathrm{d}u}{\mathrm{d}t}, \quad \lim_{\Delta t \to 0} \frac{\Delta v}{\Delta t} = \frac{\mathrm{d}v}{\mathrm{d}t}$$

$$\lim_{\Delta t \to 0} \frac{\rho}{|\Delta t|} = \lim_{\Delta t \to 0} \sqrt{\left(\frac{\Delta u}{\Delta t}\right)^2 + \left(\frac{\Delta v}{\Delta t}\right)^2} = \sqrt{\left(\frac{\mathrm{d}u}{\mathrm{d}t}\right)^2 + \left(\frac{\mathrm{d}v}{\mathrm{d}t}\right)^2}$$

从而 $\Delta t \to 0$ 时 $\frac{\rho}{\Delta t}$ 是有界量，$\frac{o(\rho)}{\rho}$ 为无穷小量. 因此

$$\lim_{\Delta t \to 0} \frac{\Delta z}{\Delta t} = \frac{\partial z}{\partial u} \cdot \frac{\mathrm{d}u}{\mathrm{d}t} + \frac{\partial z}{\partial v} \cdot \frac{\mathrm{d}v}{\mathrm{d}t} + 0$$

所以复合函数 $z = f[\varphi(t), \psi(t)]$ 在 t 点可导且 $\frac{\mathrm{d}z}{\mathrm{d}t} = \frac{\partial z}{\partial u} \cdot \frac{\mathrm{d}u}{\mathrm{d}t} + \frac{\partial z}{\partial v} \cdot \frac{\mathrm{d}v}{\mathrm{d}t}$.

说明：当复合函数的中间变量多于两个时，例如 $z = f(u, v, w)$，$u = \varphi(t)$，$v = \psi(t)$，$w = \omega(t)$ 时，可得到与定理 1 相类似的结论，即复合函数 $z = f[\varphi(t), \psi(t), \omega(t)]$ 在点 t 可导，且导数为

$$\frac{\mathrm{d}z}{\mathrm{d}t} = \frac{\partial z}{\partial u} \cdot \frac{\mathrm{d}u}{\mathrm{d}t} + \frac{\partial z}{\partial v} \cdot \frac{\mathrm{d}v}{\mathrm{d}t} + \frac{\partial z}{\partial w} \cdot \frac{\mathrm{d}w}{\mathrm{d}t} \tag{2}$$

公式 (1) 及 (2) 中的导数 $\frac{\mathrm{d}z}{\mathrm{d}t}$ 称为全导数.

【例 1】 设 $z = \mathrm{e}^{u-2v}$，$u = 3t$，$v = 4t^3$，求全导数 $\frac{\mathrm{d}z}{\mathrm{d}t}$.

解 因为 $\frac{\partial z}{\partial u} = \mathrm{e}^{u-2v}$，$\frac{\partial z}{\partial v} = -2\mathrm{e}^{u-2v}$，$\frac{\mathrm{d}u}{\mathrm{d}t} = 3$，$\frac{\mathrm{d}v}{\mathrm{d}t} = 12t^2$，所以

$$\frac{\mathrm{d}z}{\mathrm{d}t} = \frac{\partial z}{\partial u} \cdot \frac{\mathrm{d}u}{\mathrm{d}t} + \frac{\partial z}{\partial v} \cdot \frac{\mathrm{d}v}{\mathrm{d}t} = \mathrm{e}^{u-2v}(3 - 24t^2) = \mathrm{e}^{3t-8t^3}(3 - 24t^2)$$

【例 2】 设 $u = x^2 + y^2 + z^2$，$x = \mathrm{e}^t \cos t$，$y = \mathrm{e}^t \sin t$，$z = \mathrm{e}^t$，求全导数 $\frac{\mathrm{d}u}{\mathrm{d}t}$.

解 $\frac{\mathrm{d}u}{\mathrm{d}t} = \frac{\partial u}{\partial x} \cdot \frac{\mathrm{d}x}{\mathrm{d}t} + \frac{\partial u}{\partial y} \cdot \frac{\mathrm{d}y}{\mathrm{d}t} + \frac{\partial u}{\partial z} \cdot \frac{\mathrm{d}z}{\mathrm{d}t}$

$$= 2x(\mathrm{e}^t \cos t - \mathrm{e}^t \sin t) + 2y(\mathrm{e}^t \sin t + \mathrm{e}^t \cos t) + 2z \cdot \mathrm{e}^t$$

$$=2e^t \cos t(e^t \cos t - e^t \sin t) + 2e^t \sin t(e^t \sin t + e^t \cos t) + 2e^t \cdot e^t$$
$$=4e^{2t}$$

2. 复合函数的中间变量均为多元函数的情形

定理 2 如果函数 $u = \varphi(x, y)$ 及 $v = \psi(x, y)$ 都在点 (x, y) 具有对 x 及对 y 的偏导数，函数 $z = f(u, v)$ 在对应点 (u, v) 具有连续偏导数，则复合函数 $z = f[\varphi(x, y), \psi(x, y)]$ 在点 (x, y) 的两个偏导数存在，且有

$$\frac{\partial z}{\partial x} = \frac{\partial z}{\partial u} \cdot \frac{\partial u}{\partial x} + \frac{\partial z}{\partial v} \cdot \frac{\partial v}{\partial x} \tag{3}$$

$$\frac{\partial z}{\partial y} = \frac{\partial z}{\partial u} \cdot \frac{\partial u}{\partial y} + \frac{\partial z}{\partial v} \cdot \frac{\partial v}{\partial y} \tag{4}$$

在求偏导数 $\dfrac{\partial z}{\partial x}$ 时，可将 y 看作常量，因此中间变量 u、v 仍可看作关于 x 的一元函数，但由于复合函数 $z = f[\varphi(x, y), \psi(x, y)]$ 以及 $u = \varphi(x, y), \psi(x, y)$ 都是二元函数，应用定理 1 的结论，只需将式(1)中的 d 改为 ∂，再把 t 换成 x，这样由式(1)可推得式(3). 同理，将 x 看作常数，并修改一些相应的符号，也可由式(1)推得式(4).

类似地，设 $u = \varphi(x, y), v = \psi(x, y), w = \omega(x, y)$ 在点 (x, y) 具有对 x 及对 y 的偏导数，$z = f(u, v, w)$ 在对应点 (u, v, w) 具有连续偏导数，则复合函数

$$z = f[\varphi(x, y), \psi(x, y), \omega(x, y)]$$

在点 (x, y) 的两个偏导数都存在，且

$$\frac{\partial z}{\partial x} = \frac{\partial z}{\partial u} \cdot \frac{\partial u}{\partial x} + \frac{\partial z}{\partial v} \cdot \frac{\partial v}{\partial x} + \frac{\partial z}{\partial w} \cdot \frac{\partial w}{\partial x} \tag{5}$$

$$\frac{\partial z}{\partial y} = \frac{\partial z}{\partial u} \cdot \frac{\partial u}{\partial y} + \frac{\partial z}{\partial v} \cdot \frac{\partial v}{\partial y} + \frac{\partial z}{\partial w} \cdot \frac{\partial w}{\partial y} \tag{6}$$

【**例 3**】 设 $z = u^2 v, u = \dfrac{y}{x}, v = x^2 + y^2$，求 $\dfrac{\partial z}{\partial x}, \dfrac{\partial z}{\partial y}$.

解
$$\frac{\partial z}{\partial x} = \frac{\partial z}{\partial u} \cdot \frac{\partial u}{\partial x} + \frac{\partial z}{\partial v} \cdot \frac{\partial v}{\partial x} = 2uv \cdot \left(-\frac{y}{x^2}\right) + u^2 \cdot 2x = -\frac{2y^4}{x^3}$$

$$\frac{\partial z}{\partial y} = \frac{\partial z}{\partial u} \cdot \frac{\partial u}{\partial y} + \frac{\partial z}{\partial v} \cdot \frac{\partial v}{\partial y} = 2uv \cdot \frac{1}{x} + u^2 \cdot 2y = \frac{2x^2 y + 4y^3}{x^2}$$

【**例 4**】 设 $z = f(u, v)$ 可微，求 $z = f(x - y, xy)$ 的偏导数.

解 在 $z = f(x - y, xy)$ 中，令 $u = x - y, v = xy$. 由复合函数的求导法则，有

$$\frac{\partial z}{\partial x} = \frac{\partial z}{\partial u} \cdot \frac{\partial u}{\partial x} + \frac{\partial z}{\partial v} \cdot \frac{\partial v}{\partial x} = \frac{\partial z}{\partial u} + \frac{\partial z}{\partial v} \cdot y$$

$$\frac{\partial z}{\partial y} = \frac{\partial z}{\partial u} \cdot \frac{\partial u}{\partial y} + \frac{\partial z}{\partial v} \cdot \frac{\partial v}{\partial y} = -\frac{\partial z}{\partial u} + \frac{\partial z}{\partial v} \cdot x$$

为了表达形式上的方便，通常情况下我们用 f_1' 表示 $f(u, v)$ 中关于第一个变量 u 求得的偏导数，f_2' 表示对第二个变量 v 求得的偏导数. 需要特别注意的是，f_1' 与 f_2' 仍是复合函数，它们的中间变量仍为 u, v，即 $f_1'(u, v)$ 与 $f_2'(u, v)$.

类似的有 $f_{11}'', f_{22}'', f_{12}''$ 等表达形式，例如 $f_{12}'' = \dfrac{\partial^2 f(u, v)}{\partial u \partial v}$，因此例 4 的结论我们也可以写作

$$\frac{\partial z}{\partial x}=f_1'+f_2'y,\quad \frac{\partial z}{\partial y}=-f_1'+f_2'x$$

3. 复合函数的中间变量既有一元函数,又有多元函数的情形

定理 3 如果函数 $u=\varphi(x,y)$ 在 (x,y) 具有对 x 及对 y 的偏导数,函数 $v=\psi(y)$ 在点 y 可导,函数 $z=f(u,v)$ 在对应点 (u,v) 具有连续偏导数,则复合函数 $z=f[\varphi(x,y),\psi(y)]$ 在点 (x,y) 的两个偏导存在,且有

$$\frac{\partial z}{\partial x}=\frac{\partial z}{\partial u}\cdot\frac{\partial u}{\partial x} \tag{7}$$

$$\frac{\partial z}{\partial y}=\frac{\partial z}{\partial u}\cdot\frac{\partial u}{\partial y}+\frac{\partial z}{\partial v}\cdot\frac{\mathrm{d}v}{\mathrm{d}y} \tag{8}$$

定理 3 为定理 2 的特殊情形,即变量 v 与 x 无关,从而 $\dfrac{\partial v}{\partial x}=0$. 在 v 对 y 求导时,由于 v 是关于 y 的一元函数,故将 $\dfrac{\partial v}{\partial y}$ 换成 $\dfrac{\mathrm{d}v}{\mathrm{d}y}$,就得出定理 3 的结论.

与定理 3 的情形相似的复合函数有很多种,我们可以根据定理 1～定理 3 的结论做类似的推广. 例如设 $z=f(u,x,y)$ 具有连续偏导数,$u=\varphi(x,y)$ 具有偏导数,则复合函数 $z=f[\varphi(x,y),x,y]$ 的偏导数可看作 $v=x$,$w=y$.

因此,由公式(5)、(6),得

$$\frac{\partial z}{\partial x}=\frac{\partial z}{\partial u}\cdot\frac{\partial u}{\partial x}+\frac{\partial z}{\partial v}\cdot\frac{\partial v}{\partial x}+\frac{\partial z}{\partial w}\cdot\frac{\partial w}{\partial x}=\frac{\partial z}{\partial u}\cdot\frac{\partial u}{\partial x}+\frac{\partial f}{\partial x}$$

同理

$$\frac{\partial z}{\partial y}=\frac{\partial z}{\partial u}\cdot\frac{\partial u}{\partial y}+\frac{\partial f}{\partial y}$$

需要注意的是,$\dfrac{\partial z}{\partial x}$ 与 $\dfrac{\partial f}{\partial x}$ 是两个不同的概念. $\dfrac{\partial z}{\partial x}$ 是将复合函数 $z=f[u,x,y]$ 中的 y 看作常数而对 x 求得的偏导数,而 $\dfrac{\partial f}{\partial x}$ 是将 $f(u,x,y)$ 中的 u 及 y 都看作常数而对 x 求得的偏导数. $\dfrac{\partial z}{\partial y}$ 与 $\dfrac{\partial f}{\partial y}$ 也有类似的区别,因此右端的 $\dfrac{\partial f}{\partial x},\dfrac{\partial f}{\partial y}$ 不要写成 $\dfrac{\partial z}{\partial x},\dfrac{\partial z}{\partial y}$,以免引起混淆.

【例 5】 设 $u=f(x,y,z)=\mathrm{e}^{2x+3y+4z}$,$z=x^2\cos y$,求 $\dfrac{\partial u}{\partial x}$ 及 $\dfrac{\partial u}{\partial y}$.

解
$$\frac{\partial u}{\partial x}=\frac{\partial f}{\partial x}+\frac{\partial u}{\partial z}\cdot\frac{\partial z}{\partial x}=2\mathrm{e}^{2x+3y+4z}+4\mathrm{e}^{2x+3y+4z}\cdot 2x\cos y$$
$$=2\mathrm{e}^{2x+3y+4z}(1+4x\cos y)$$
$$\frac{\partial u}{\partial y}=\frac{\partial f}{\partial y}+\frac{\partial u}{\partial z}\cdot\frac{\partial z}{\partial y}=3\mathrm{e}^{2x+3y+4z}+4\mathrm{e}^{2x+3y+4z}(-x^2\sin y)$$
$$=\mathrm{e}^{2x+3y+4z}(3-4x^2\sin y)$$

【例 6】 设 $z=f(x,xy)$,f 具有二阶连续偏导数,求 $\dfrac{\partial^2 z}{\partial x^2},\dfrac{\partial^2 z}{\partial y^2}$.

解 记 $u=x$,$v=xy$,则

$$\frac{\partial z}{\partial x}=\frac{\partial z}{\partial u}\cdot\frac{\mathrm{d}u}{\mathrm{d}x}+\frac{\partial z}{\partial v}\cdot\frac{\partial v}{\partial x}=f_1'+f_2'\cdot y$$

$$\frac{\partial z}{\partial y}=\frac{\partial z}{\partial v}\cdot\frac{\partial v}{\partial y}=f_2'\cdot x$$

$$\frac{\partial^2 z}{\partial x^2}=\frac{\partial}{\partial x}(f_1'+f_2'y)=\left(\frac{\partial f_1'}{\partial u}\cdot\frac{\mathrm{d}u}{\mathrm{d}x}+\frac{\partial f_1'}{\partial v}\cdot\frac{\partial v}{\partial x}\right)+y\left(\frac{\partial f_2'}{\partial u}\cdot\frac{\mathrm{d}u}{\mathrm{d}x}+\frac{\partial f_2'}{\partial v}\cdot\frac{\partial v}{\partial x}\right)$$

$$=f_{11}''+f_{12}''y+y(f_{21}''+yf_{22}'')=f_{11}''+2yf_{12}''+y^2 f_{22}''$$

同理

$$\frac{\partial^2 z}{\partial y^2}=\frac{\partial}{\partial y}(f_2'\cdot x)=x^2 f_{22}''$$

设函数 $z=f(u,v)$ 具有连续偏导数,则全微分

$$\mathrm{d}z=\frac{\partial z}{\partial u}\mathrm{d}u+\frac{\partial z}{\partial v}\mathrm{d}v$$

如果 u,v 又是 x,y 的函数,$u=\varphi(x,y)$,$v=\psi(x,y)$,且这两个函数也具有连续偏导数,则复合函数

$$z=f[\varphi(x,y),\psi(x,y)]$$

的全微分为

$$\mathrm{d}z=\frac{\partial z}{\partial x}\mathrm{d}x+\frac{\partial z}{\partial y}\mathrm{d}y$$

其中 $\dfrac{\partial z}{\partial x}$ 及 $\dfrac{\partial z}{\partial y}$ 分别由公式(3)及(4)给出,把公式(3)及(4)中的 $\dfrac{\partial z}{\partial x}$ 及 $\dfrac{\partial z}{\partial y}$ 代入上式,得

$$\mathrm{d}z=\left(\frac{\partial z}{\partial u}\cdot\frac{\partial u}{\partial x}+\frac{\partial z}{\partial v}\cdot\frac{\partial v}{\partial x}\right)\mathrm{d}x+\left(\frac{\partial z}{\partial u}\cdot\frac{\partial u}{\partial y}+\frac{\partial z}{\partial v}\cdot\frac{\partial v}{\partial y}\right)\cdot\mathrm{d}y$$

$$=\frac{\partial z}{\partial u}\left(\frac{\partial u}{\partial x}\mathrm{d}x+\frac{\partial u}{\partial y}\mathrm{d}y\right)+\frac{\partial z}{\partial v}\left(\frac{\partial v}{\partial x}\mathrm{d}x+\frac{\partial v}{\partial y}\mathrm{d}y\right)$$

$$=\frac{\partial z}{\partial u}\mathrm{d}u+\frac{\partial z}{\partial v}\mathrm{d}v$$

由此可见,无论 z 是作为自变量 x、y 的函数或是作为中间变量 u、v 的函数,它的全微分的形式是一样的,这个性质叫做全微分形式不变性.

【例 7】　利用全微分形式不变性求 $z=u^2 v$,$u=\dfrac{y}{x}$,$v=x^2+y^2$ 的偏导数 $\dfrac{\partial z}{\partial x}$,$\dfrac{\partial z}{\partial y}$(即本节例 3).

解　$$\mathrm{d}z=\mathrm{d}(u^2 v)=2uv\mathrm{d}u+u^2\mathrm{d}v$$

因　$$\mathrm{d}u=\mathrm{d}\left(\frac{y}{x}\right)=-\frac{y}{x^2}\mathrm{d}x+\frac{1}{x}\mathrm{d}y,\quad\mathrm{d}v=\mathrm{d}(x^2+y^2)=2x\mathrm{d}x+2y\mathrm{d}y$$

将 u,v 及 $\mathrm{d}u,\mathrm{d}v$ 代入 $\mathrm{d}z$,同时归并含 $\mathrm{d}x,\mathrm{d}y$ 的项,得

$$\mathrm{d}z=-\frac{2y^4}{x^3}\mathrm{d}x+\frac{2x^2 y+4y^3}{x^2}\mathrm{d}y$$

将上式结果与 $\mathrm{d}z=\dfrac{\partial z}{\partial x}\mathrm{d}x+\dfrac{\partial z}{\partial y}\mathrm{d}y$ 的结论进行比较,就可同时得到

$$\frac{\partial z}{\partial x}=-\frac{2y^4}{x^3},\quad\frac{\partial z}{\partial y}=\frac{2x^2 y+4y^3}{x^2}$$

与例 3 的结果一致.

习题 6.5

（A）

1. 求下列函数的全导数：

(1) 设 $z = e^{x+y}$，$x = \tan t$，$y = \cot t$，求 $\dfrac{dz}{dt}$.

(2) 设 $z = \arctan(x - y)$，$x = t$，$y = t^2$，求 $\dfrac{dz}{dt}$.

(3) 设 $u = e^{2x}(y + z)$，$y = \sin x$，$z = 2\cos x$，求 $\dfrac{du}{dx}$.

2. 求下列函数的偏导数：

(1) $z = u^2 \ln v$，$u = x + y$，$v = xy$，求 $\dfrac{\partial z}{\partial x}$，$\dfrac{\partial z}{\partial y}$.

(2) $z = u^2 v - uv^2$，$u = 2x + y$，$v = x - 2y$，求 $\dfrac{\partial z}{\partial x}$，$\dfrac{\partial z}{\partial y}$.

(3) $z = e^u \sin v$，$u = x^2 + y^2$，$v = \dfrac{y}{x}$，求 $\dfrac{\partial z}{\partial x}$，$\dfrac{\partial z}{\partial y}$.

(4) $u = e^{x^2 + y^2 + z^2}$，$z = x^2 \sin y$，求 $\dfrac{\partial u}{\partial x}$，$\dfrac{\partial u}{\partial y}$.

3. 设 $z = \arctan \dfrac{x}{y}$ 而 $x = u + v$，$y = u - v$，验证：$\dfrac{\partial z}{\partial u} + \dfrac{\partial z}{\partial v} = \dfrac{u - v}{u^2 + v^2}$.

4. 求下列函数的一阶偏导数（其中 f 具有一阶连续偏导数）.

(1) $z = f(y, x + y)$ (2) $z = f(x^2 + y^2, e^{xy})$

5. 已知 $z = xyf\left(\dfrac{y}{x}\right)$，其中 $f(u)$ 为可导函数，验证：$x\dfrac{\partial z}{\partial x} + y\dfrac{\partial z}{\partial y} = 2z$.

6. 设 $z = f(x^2 + y^2)$，其中 $f(u)$ 为二阶可导函数，求 $\dfrac{\partial^2 z}{\partial x^2}$，$\dfrac{\partial^2 z}{\partial y^2}$，$\dfrac{\partial^2 z}{\partial x \partial y}$.

（B）

1. 设 $z = (x^2 + y^2) \cdot e^{-\arctan\frac{y}{x}}$，求 $\dfrac{\partial z}{\partial x}$，$\dfrac{\partial z}{\partial y}$ 及 $\dfrac{\partial^2 z}{\partial x \partial y}$.

2. 设 $u = yf\left(\dfrac{x}{y}\right) + xg\left(\dfrac{y}{x}\right)$，其中 $f(t)$，$g(t)$ 均为可微函数，求 $\dfrac{\partial u}{\partial x}$ 及 $\dfrac{\partial u}{\partial y}$.

3. 设 $z = \dfrac{y}{f(x^2 - y^2)}$，其中 $f(u)$ 为可导函数，验证：$\dfrac{1}{x}\dfrac{\partial z}{\partial x} + \dfrac{1}{y}\dfrac{\partial z}{\partial y} = \dfrac{z}{y^2}$.

4. 求下列函数的二阶偏导数（其中 f 具有二阶连续偏导数）.

(1) $z = f\left(2y, \dfrac{x}{y}\right)$ (2) $z = f(x, x + y)$

5. 设 $z = f(x, y)$，$x = u + v$，$y = uv^2$，$f(x, y)$ 的二阶偏导数连续，且在 $u = 1$，$v = 1$ 处 $\dfrac{\partial f}{\partial y} = \dfrac{\partial^2 f}{\partial x^2} = \dfrac{\partial^2 f}{\partial y^2} = \dfrac{\partial^2 f}{\partial x \partial y} = 1$. 求 $\dfrac{\partial^2 z}{\partial u \partial v}$.

6.6 隐函数的求导公式

在第 2 章中，我们已经提到了隐函数的概念并且利用一元复合函数求导法则介绍了

由二元方程 $F(x,y)=0$ 所确定的一元隐函数的求导方法,但没有给出一般的求导公式. 在这一节中,我们先给出由二元方程 $F(x,y)=0$ 确定的隐函数存在定理,并根据复合函数的求导法则来导出隐函数求导公式,并进一步将其推广到多元隐函数的情形.

6.6.1　由 $F(x,y)=0$ 确定的隐函数的导数

定理 1　设函数 $F(x,y)$ 在 $P(x_0,y_0)$ 的某一邻域内具有连续偏导数,且 $F(x_0,y_0)=0$,$F_y(x_0,y_0)\neq 0$,则方程 $F(x,y)=0$ 在点 (x_0,y_0) 的某一邻域内恒能唯一确定一个具有连续导数的函数 $y=f(x)$,它满足条件 $y_0=f(x_0)$,并且有

$$\frac{\mathrm{d}y}{\mathrm{d}x}=-\frac{F_x}{F_y} \tag{1}$$

公式(1)就是由 $F(x,y)=0$ 确定的隐函数的求导公式.

定理 1 的详细证明从略,仅就公式(1)成立说明如下:设由 $F(x,y)=0$ 确定的函数为 $y=f(x)$,则函数 $u=F(x,y)$,$y=f(x)$ 的复合函数 $u=F(x,f(x))$ 为一元函数,则全导数

$$\frac{\mathrm{d}u}{\mathrm{d}x}=\frac{\partial F}{\partial x}+\frac{\partial F}{\partial y}\cdot\frac{\mathrm{d}y}{\mathrm{d}x}$$

同时 $F(x,f(x))=0$ 为恒等式,恒等式两端求导后仍恒等,即

$$\frac{\partial F}{\partial x}+\frac{\partial F}{\partial y}\cdot\frac{\mathrm{d}y}{\mathrm{d}x}=0$$

由题设 F_y 连续且 $F_y(x_0,y_0)\neq 0$,所以存在 (x_0,y_0) 的一个邻域,在该邻域内 $F_y\neq 0$,于是有

$$\frac{\mathrm{d}y}{\mathrm{d}x}=-\frac{F_x}{F_y}.$$

【例 1】　求由方程 $xy+x-\mathrm{e}^y=0$ 确定的隐函数 $y=f(x)$ 的导数.

解　设 $F(x,y)=xy+x-\mathrm{e}^y$,因为

$$F_x=y+1,\quad F_y=x-\mathrm{e}^y$$

所以

$$\frac{\mathrm{d}y}{\mathrm{d}x}=-\frac{F_x}{F_y}=-\frac{y+1}{x-\mathrm{e}^y}$$

若由 $F(x,y)=0$ 确定的函数 $y=f(x)$ 的二阶导数存在,可利用一元函数的求导法则对 $\frac{\mathrm{d}y}{\mathrm{d}x}$ 继续求导. 不过需要注意两点:其一,y 是关于 x 的函数;其二,将 $\frac{\mathrm{d}y}{\mathrm{d}x}$ 整理成最简形式后再求导. 例如上面的例 1 中,若求 $\frac{\mathrm{d}^2y}{\mathrm{d}x^2}$,首先利用已知 $xy+x-\mathrm{e}^y=0$ 将分母 $x-\mathrm{e}^y$ 简化成 $-xy$,此时 $\frac{\mathrm{d}y}{\mathrm{d}x}=\frac{y+1}{xy}$,则

$$\frac{\mathrm{d}^2y}{\mathrm{d}x^2}=\frac{xy\dfrac{\mathrm{d}y}{\mathrm{d}x}-(y+1)\left(x\dfrac{\mathrm{d}y}{\mathrm{d}x}+y\right)}{(xy)^2}$$

将 $\frac{\mathrm{d}y}{\mathrm{d}x}$ 代入并整理,得

$$\frac{\mathrm{d}^2y}{\mathrm{d}x^2}=-\frac{y^3+y^2+y+1}{x^2y^3}$$

6.6.2 由 $F(x,y,z)=0$ 确定的隐函数的导数

由三元方程 $F(x,y,z)=0$ 确定的二元隐函数 $z=f(x,y)$ 的存在条件及求导公式由下面定理给出.

定理 2 设 $F(x,y,z)$ 在 $P(x_0,y_0,z_0)$ 的某一邻域内具有连续偏导数,且 $F(x_0,y_0,z_0)=0$, $F_z(x_0,y_0,z_0)\neq0$,则方程 $F(x,y,z)=0$ 在点 (x_0,y_0,z_0) 的某一邻域内恒能唯一确定一个具有连续偏导数的函数 $z=f(x,y)$,它满足条件 $z_0=f(x_0,y_0)$,并有

$$\frac{\partial z}{\partial x}=-\frac{F_x}{F_z}, \quad \frac{\partial z}{\partial y}=-\frac{F_y}{F_z} \tag{2}$$

公式(2)的推导与公式(1)类似.

【例 2】 设 $x^2+y^2+z^2-4z=0$,求 $\dfrac{\partial z}{\partial x},\dfrac{\partial z}{\partial y}$ 及 $\dfrac{\partial^2 z}{\partial x^2}$.

解 设 $F(x,y,z)=x^2+y^2+z^2-4z$. 因为 $F_x=2x,F_y=2y,F_z=2z-4$,所以

$$\frac{\partial z}{\partial x}=-\frac{F_x}{F_z}=\frac{x}{2-z}, \quad \frac{\partial z}{\partial y}=-\frac{F_y}{F_z}=\frac{y}{2-z}$$

$$\frac{\partial^2 z}{\partial x^2}=\frac{\partial}{\partial x}\left(\frac{x}{2-z}\right)=\frac{2-z+x\dfrac{\partial z}{\partial x}}{(2-z)^2}=\frac{(2-z)+x\dfrac{x}{2-z}}{(2-z)^2}=\frac{(2-z)^2+x^2}{(2-z)^3}$$

【例 3】 已知 $\dfrac{x}{z}=\varphi\left(\dfrac{y}{z}\right)$,其中 φ 为可微函数,试证明: $x\dfrac{\partial z}{\partial x}+y\dfrac{\partial z}{\partial y}=z$.

证明 设 $F(x,y,z)=\dfrac{x}{z}-\varphi\left(\dfrac{y}{z}\right)$,则

$$F_x=\frac{1}{z}, \quad F_y=-\varphi'\left(\frac{y}{z}\right)\cdot\frac{1}{z}, \quad F_z=-\frac{x}{z^2}-\varphi'\left(\frac{y}{z}\right)\cdot\frac{(-y)}{z^2}=-\frac{x-y\varphi'\left(\dfrac{y}{z}\right)}{z^2}$$

则

$$\frac{\partial z}{\partial x}=-\frac{F_x}{F_z}=\frac{z}{x-y\varphi'\left(\dfrac{y}{z}\right)}, \quad \frac{\partial z}{\partial y}=-\frac{F_y}{F_z}=\frac{-z\varphi'\left(\dfrac{y}{z}\right)}{x-y\varphi'\left(\dfrac{y}{z}\right)}$$

于是

$$x\frac{\partial z}{\partial x}+y\frac{\partial z}{\partial y}=\frac{xz-yz\varphi'\left(\dfrac{y}{z}\right)}{x-y\varphi'\left(\dfrac{y}{z}\right)}=z$$

*6.6.3 由方程组 $\begin{cases}F(x,y,u,v)=0\\G(x,y,u,v)=0\end{cases}$ 确定的隐函数的导数

下面我们将隐函数存在定理进一步推广,增加方程及方程中变量个数,假设方程组

$$\begin{cases}F(x,y,u,v)=0\\G(x,y,u,v)=0\end{cases}$$

确定了两个二元函数 $u=u(x,y)$ 及 $v=v(x,y)$. 关于这两个二元函数的存在条件及求导

公式由于非常复杂,在这里不作介绍,以下我们举例说明偏导数的求法.

【例 4】 设 $\begin{cases} xu - yv = 0 \\ yu + xv = 1 \end{cases}$,求 $\dfrac{\partial u}{\partial x}, \dfrac{\partial u}{\partial y}, \dfrac{\partial v}{\partial x}, \dfrac{\partial v}{\partial y}$.

解　先求 $\dfrac{\partial u}{\partial x}$ 以及 $\dfrac{\partial v}{\partial x}$. 方程两端同时对 x 求偏导,将 y 看作常数,将 u,v 看作关于 x 的函数,则有

$$\begin{cases} \left(u + x \dfrac{\partial u}{\partial x} \right) - y \dfrac{\partial v}{\partial x} = 0 \\ y \dfrac{\partial u}{\partial x} + \left(v + x \dfrac{\partial v}{\partial x} \right) = 0 \end{cases}$$

整理得

$$\begin{cases} x \dfrac{\partial u}{\partial x} - y \dfrac{\partial v}{\partial x} = -u \\ y \dfrac{\partial u}{\partial x} + x \dfrac{\partial v}{\partial x} = -v \end{cases}$$

我们将上面方程组看作关于 $\dfrac{\partial u}{\partial x}, \dfrac{\partial v}{\partial x}$ 的二元一次方程组,利用加减消元法,解得

$$\frac{\partial u}{\partial x} = -\frac{xu + yv}{x^2 + y^2}, \quad \frac{\partial v}{\partial x} = \frac{yu - xv}{x^2 + y^2}$$

同理,将方程两端同时对 y 求导,将 x 看作常数,u,v 看作关于 y 的函数,得方程组

$$\begin{cases} x \dfrac{\partial u}{\partial y} - y \dfrac{\partial v}{\partial y} = v \\ y \dfrac{\partial u}{\partial y} + x \dfrac{\partial v}{\partial y} = -u \end{cases}$$

解得

$$\frac{\partial u}{\partial y} = \frac{xv - yu}{x^2 + y^2}, \quad \frac{\partial v}{\partial y} = -\frac{xu + yv}{x^2 + y^2}$$

习题 6.6

(A)

1. 设 $x + y = e^{-x^2 y}$,求 $\dfrac{dy}{dx}$.

2. 设 $\sin xy + e^{x+y} = y^2$,求 $\dfrac{dy}{dx}$.

3. 已知 $x + 2y - z = e^{x-y-z}$ 确定函数 $z = z(x,y)$,求 $\dfrac{\partial z}{\partial x}, \dfrac{\partial z}{\partial y}$.

4. 已知 $\dfrac{x}{z} = \ln \dfrac{z}{y}$ 确定函数 $z = z(x,y)$,求 $\dfrac{\partial z}{\partial x}, \dfrac{\partial z}{\partial y}$.

5. 设 $x = x(y,z), y = y(z,x), z = z(x,y)$ 都是由方程 $F(x,y,z) = 0$ 所确定的具有连续偏导数的函数,证明 $\dfrac{\partial x}{\partial y} \cdot \dfrac{\partial y}{\partial z} \cdot \dfrac{\partial z}{\partial x} = -1$.

6. 设 $x + z = yf(x^2 - z^2)$,其中 f 具有连续导数,求 $z \dfrac{\partial z}{\partial x} + y \dfrac{\partial z}{\partial y}$.

7. 设 $z=z(x,y)$ 由 $xyz+\sqrt{x^2+y^2+z^2}=\sqrt{2}$ 确定,求在 $(1,0,-1)$ 点处函数的全微分 $dz\big|_{(1,0,-1)}$.

(B)

1. 设 $\ln\sqrt{x^2+y^2}=\arctan\dfrac{y}{x}$,求 $\dfrac{dy}{dx}$.

2. 设 $z^2-2xz+y=0$,求 $\dfrac{\partial^2 z}{\partial x^2}$,$\dfrac{\partial^2 z}{\partial y^2}$.

3. 设 $e^z=xyz$,求 $\dfrac{\partial^2 z}{\partial x\partial y}$.

4. 设 $u=xy^2z^3$,$z=z(x,y)$ 由 $x^2+y^2+z^2-3xy=0$ 确定,求 $\dfrac{\partial u}{\partial x}\bigg|_{(1,1,1)}$ 及 $\dfrac{\partial u}{\partial y}\bigg|_{(1,1,1)}$ 的值.

5. 设 $z=f(u)$,而 $u=u(x,y)$ 由方程 $u=y+x\varphi(u)$ 确定,其中 f,φ 为可微函数,求 $\dfrac{\partial z}{\partial x}$ 及 $\dfrac{\partial z}{\partial y}$.

6. 方程 $F\left(x+\dfrac{z}{y},y+\dfrac{z}{x}\right)=0$ 确定 $z=z(x,y)$,其中 F 具有一阶连续偏导数,试证:

$$x\frac{\partial z}{\partial x}+y\frac{\partial z}{\partial y}=z-xy$$

7. 设 $\begin{cases}x+y+z=1\\x^2+y^2+z^2=4\end{cases}$,求 $\dfrac{dx}{dz}$,$\dfrac{dy}{dz}$.

6.7　多元函数的极值及应用

在对工程技术及经济学问题的研究过程中,经常会遇到求多元函数的最大值或最小值问题,即所谓的最值问题.与一元函数相类似,多元函数的最值与其极值密切相关.因此,本节以二元函数为例,首先讨论二元函数极值存在的充分条件及必要条件,并在此基础上讨论实际问题中如何求多元函数的最大值或最小值.

6.7.1　二元函数的极值

定义 1　设 $z=f(x,y)$ 的定义域为 D,$P_0(x_0,y_0)$ 为 D 内的一个点,且存在 P_0 的某个邻域 $U(P_0)\subset D$.若对于该邻域内异于 P_0 的任何点 (x,y) 都有

$$f(x,y)<f(x_0,y_0)$$

则称函数 $f(x,y)$ 在 (x_0,y_0) 有极大值 $f(x_0,y_0)$,点 (x_0,y_0) 称为函数 $f(x,y)$ 的极大值点;若对于该邻域内异于 P_0 的任何点 (x,y) 都有

$$f(x,y)>f(x_0,y_0)$$

则称函数 $f(x,y)$ 在 (x_0,y_0) 有极小值 $f(x_0,y_0)$,点 (x_0,y_0) 称为函数 $f(x,y)$ 的极小值点.

极大值、极小值统称为极值,使函数取得极值的点统称为极值点.例如,函数 $z=x^2+y^2$ 表示一开口向上的旋转抛物面,对于点 $(0,0)$ 的任一邻域内异于 $(0,0)$ 的点 (x,y),其函数值 x^2+y^2 均大于点 $(0,0)$ 的函数值 0,则 $(0,0)$ 为函数 $z=x^2+y^2$ 的极小值点.从几何上看该结论也是显然的.对于函数 $z=-\sqrt{x^2+y^2}$,在几何上表示一开口朝下的圆锥面,显然 $(0,0)$ 点为函数 $z=-\sqrt{x^2+y^2}$ 的极大值点.

并不是所有的函数一定存在极大值或极小值,例如函数 $z=xy$ 在 $(0,0)$ 处的函数值为 0,但在点 $(0,0)$ 的任一邻域内,总有使函数值为正的点,也有使函数值为负的点,即 $z=xy$ 在点 $(0,0)$ 既不取得极大值,也不取得极小值,在 $z=xy$ 上,没有任何点满足极大值或极小值的条件.

若二元函数 $z=f(x,y)$ 在 (x_0,y_0) 处取得极值,那么固定 $y=y_0$,一元函数 $z=f(x,y_0)$ 在 $x=x_0$ 必取得相同的极值;同理,固定 $x=x_0$,$z=f(x_0,y)$ 在 $y=y_0$ 点也取得相同的极值.由此由一元函数极值的必要条件可得出二元函数极值的必要条件.

定理 1(二元函数极值存在的必要条件)　设函数 $z=f(x,y)$ 在点 (x_0,y_0) 具有偏导数,且在点 (x_0,y_0) 处有极值,则有 $f_x(x_0,y_0)=0$,$f_y(x_0,y_0)=0$.

证明　不妨设 $z=f(x,y)$ 在 (x_0,y_0) 取得极小值(极大值的情形可类似证明).由极小值定义,对于点 (x_0,y_0) 的某一邻域内异于 (x_0,y_0) 的点 (x,y),都有 $f(x,y)>f(x_0,y_0)$.特殊地,在该邻域内取 $y=y_0,x\neq x_0$ 的点,也应有 $f(x,y_0)>f(x_0,y_0)$,这说明 $x=x_0$ 为一元函数 $z=f(x,y_0)$ 的极小值点.由一元函数极值存在的必要条件,则有

$$f_x(x_0,y_0)=0$$

同理可证 $f_y(x_0,y_0)=0$.

使得 $f_x(x,y)=0$ 及 $f_y(x,y)=0$ 同时成立的点 (x_0,y_0) 称为 $z=f(x,y)$ 的驻点.显然,由定理 1 可知,偏导数存在的极值点一定为驻点;但驻点不一定为极值点.例如 $z=xy,(0,0)$ 点是驻点,但不是极值点.什么样的驻点才能是极值点呢? 下面给出判断驻点是极值点的条件.

定理 2(二元函数极值存在的充分条件)　设函数 $z=f(x,y)$ 在 (x_0,y_0) 的某个邻域内连续且有一阶及二阶连续偏导数,又 $f_x(x_0,y_0)=0,f_y(x_0,y_0)=0$,令

$$f_{xx}(x_0,y_0)=A,\quad f_{xy}(x_0,y_0)=B,\quad f_{yy}(x_0,y_0)=C$$

则 $f(x,y)$ 在 (x_0,y_0) 处是否取得极值的条件如下:

(1)$AC-B^2>0$ 时,有极值,且当 $A<0$ 时有极大值,当 $A>0$ 时有极小值;

(2)$AC-B^2<0$ 时,没有极值;

(3)$AC-B^2=0$ 时,可能有极值,也可能没有极值,需要进一步判别.

定理证明这里不介绍了.利用上面两个定理,具有二阶连续偏导数的函数 $z=f(x,y)$ 的极值的求法如下:

第一步　解方程组 $\begin{cases} f_x(x,y)=0 \\ f_y(x,y)=0 \end{cases}$,求得一切驻点.

第二步　对于每一个驻点 (x_0,y_0),求出二阶偏导数 A、B、C 的值.

第三步　确定出 $AC-B^2$ 的符号,按定理 2 的结论判定 $f(x_0,y_0)$ 是否是极值,是极大值还是极小值.

【例 1】　求函数 $f(x,y)=-3xy-x^3+y^3$ 的极值.

解　先解方程组 $\begin{cases} f_x(x,y)=-3y-3x^2=0 \\ f_y(x,y)=-3x+3y^2=0 \end{cases}$,求得驻点为 $(0,0)$,$(1,-1)$.

再求二阶偏导:

$$f_{xx}=-6x,\quad f_{xy}=-3,\quad f_{yy}=6y$$

在 $(0,0)$ 点，$A=0,B=-3,C=0,AC-B^2=-9<0$，因此点 $(0,0)$ 不是极值点；

在 $(1,-1)$ 点，$A=-6,B=-3,C=-6,AC-B^2=36-9>0$，且 $A<0$，因此，$(1,-1)$ 是 $f(x,y)$ 的极大值点，且极大值 $f(1,-1)=1$.

对于二元函数来说，如果函数在所讨论的区域内偏导数存在，则由定理 2，需先求得函数的驻点，再判断其是否为极值点.但是如果函数在个别点处的偏导数不存在，这些点不是驻点，但有可能是极值点.例如函数 $z=-\sqrt{x^2+y^2}$ 在 $(0,0)$ 点偏导数不存在，但函数在 $(0,0)$ 处却取得极大值.因此，与一元函数类似，二元函数求极值时，除需考虑驻点外，如果有偏导数不存在的点，这些点是否为极值点也应当考虑.

6.7.2 二元函数的最值

由闭区域上连续函数的性质可知，当二元函数 $f(x,y)$ 在有界闭区域 D 上连续时，$f(x,y)$ 在 D 上有最大值及最小值.关于闭区域 D 上连续函数 $f(x,y)$ 的最大值与最小值的求法与闭区间上一元连续函数的最大值、最小值的求法类似.具体做法是：设 $f(x,y)$ 在 D 上连续，在 D 内可微且只有有限个驻点，将 D 内驻点处的函数值与 D 的边界上的最大值和最小值相比较，找出其中最大及最小的值就是函数的最大值和最小值.

这种做法要求求出 $f(x,y)$ 在 D 的边界上的最值.在实际问题中，如果根据具体情况可判断 $f(x,y)$ 的最值一定在 D 的内部取得，并且 D 的内部 $f(x,y)$ 只有一个驻点，那么可以断定该驻点处的函数值就是函数 $f(x,y)$ 在 D 上的最大值（或最小值）.

【例2】 某厂要用铁板做成一个体积为 $8\ \text{m}^3$ 的有盖长方体水箱，问长、宽、高各取多少时，才能使用料最省？

解 设水箱的长为 x m，宽为 y m，则其高为 $\dfrac{8}{xy}$ m，此水箱所用材料的面积为长方体的表面积，即

$$A=2\left(xy+x\frac{8}{xy}+y\frac{8}{xy}\right)=2\left(xy+\frac{8}{y}+\frac{8}{x}\right)$$

可见材料面积 A 是关于长 x、宽 y 的二元函数，是本问题的目标函数，下面求使 A 取得最小值的点 (x,y).

令 $A_x=2\left(y-\dfrac{8}{x^2}\right)=0,A_y=2\left(x-\dfrac{8}{y^2}\right)=0$，得驻点 $x=2,y=2$.

根据题意可知，水箱所用材料面积的最小值一定存在，并且在区域 $D=\{(x,y)\mid x>0,y>0\}$ 内取得.因为函数 A 在 D 内只有一个驻点，所以该驻点一定是 A 的最小值点.即水箱长为 2 m，宽为 2 m，高为 $8/(2\times2)=2$ m 时，水箱所用材料最省.

从这个例子还可以看出，在体积一定的长方体中，以立方体的表面积为最小.

【例3】 某厂家生产两种产品在市场销售，售价分别为 P_1 和 P_2，两种产品的需求函数分别为 $Q_1=26-P_1,Q_2=10-\dfrac{1}{4}P_2$，生产总成本函数为 $C=Q_1^2+2Q_1Q_2+Q_2^2+5$.为使利润最大，试问厂家如何确定两种产品的产量？最大利润是多少？

解 依题意，总收益关于两种产品产量 Q_1、Q_2 的函数为

$$R = P_1Q_1 + P_2Q_2 = (26 - Q_1)Q_1 + (40 - 4Q_2)Q_2$$
$$= 26Q_1 - Q_1^2 + 40Q_2 - 4Q_2^2$$

设利润函数为 $L(Q_1, Q_2)$,则

$$L = R - C = 26Q_1 - Q_1^2 + 40Q_2 - 4Q_2^2 - (Q_1^2 + 2Q_1Q_2 + Q_2^2 + 5)$$
$$= 26Q_1 + 40Q_2 - 2Q_1^2 - 5Q_2^2 - 2Q_1Q_2 - 5$$

下面求目标函数的最大值.

令
$$\begin{cases} L_{Q_1} = 26 - 4Q_1 - 2Q_2 = 0 \\ L_{Q_2} = 40 - 10Q_2 - 2Q_1 = 0 \end{cases}$$

解方程组得 $Q_1 = 5, Q_2 = 3$.

又由 $A = L_{Q_1Q_1} = -4 < 0, B = L_{Q_1Q_2} = -2, C = L_{Q_2Q_2} = -10$,可知 $AC - B^2 > 0$ 且 $A < 0$,故 $L(Q_1, Q_2)$ 在驻点 $(5, 3)$ 取得极大值. 又驻点唯一,且最大利润一定存在,可以断定当两种产品的产量分别为 5、3 时,利润最大,最大利润 $L = 120$.

6.7.3 条件极值，拉格朗日乘数法

前面所讨论的极值问题,对于函数的自变量除了限制在函数的定义域内以外,并无其他条件,所以有时称这类问题为无条件极值问题.

在实际问题中,经常会遇到对函数的自变量有除定义域限制外的其他附加条件问题,即求 $f(x, y)$ 在条件 $\varphi(x, y) = 0$ 下的极值问题. 例如求周长为 a 的矩形的最大面积就是求 $f(x, y) = xy$ 在条件 $2(x + y) = a$ 下的极大值. 像这种对自变量有附加条件的极值称为条件极值,这种极值问题为条件极值问题.

求解条件极值问题一般有两种方法:一是由条件(例如 $\varphi(x, y) = 0$)能解出显函数(例如 $y = y(x)$),将之代入目标函数(例如 $f(x, y)$)中,将其转化成无条件极值问题再进行求解. 本节例 2 就是采取这种方式解决的条件极值问题. 但很多情况下,将条件极值化为无条件极值并不简单. 求解条件极值的第二种方法就是下面要介绍的拉格朗日乘数法. 需要说明的是,对拉格朗日乘数法的理论依据在这里并不详述,我们只介绍方法.

拉格朗日乘数法 设函数 $f(x, y)$、$\varphi(x, y)$ 在区域 D 内有二阶连续偏导数,求 $z = f(x, y)$ 在条件 $\varphi(x, y) = 0$ 下的极值的一般步骤:

(1)构造拉格朗日函数 $F(x, y, \lambda) = f(x, y) + \lambda\varphi(x, y)$,其中 λ 为参数;

(2)分别求 $F(x, y, \lambda)$ 对 x, y 及 λ 的一阶偏导数,并使之为零,联立组成方程组,即

$$\begin{cases} f_x(x, y) + \lambda\varphi_x(x, y) = 0 \\ f_y(x, y) + \lambda\varphi_y(x, y) = 0 \\ \varphi(x, y) = 0 \end{cases}$$

(3)由方程组解出 x, y 及 λ,这样得到的 (x, y) 就是 $f(x, y)$ 在附加条件 $\varphi(x, y) = 0$ 下的可能极值点.

【例 4】 设某工厂生产甲、乙两种产品,产量分别为 x 和 y 个单位,利润函数为

$$L(x, y) = 6x - x^2 + 16y - 4y^2 - 2$$

已知生产这两种产品时,每单位产品需消耗某原料 2 公斤. 现有该原料 10 公斤,问两

种产品各生产多少单位时,总利润最大? 最大利润是多少?

解 这是一个条件极值问题.求目标函数

$$L(x,y)=6x-x^2+16y-4y^2-2$$

在约束条件 $2(x+y)=10$ 下的最大值.

作拉格朗日函数

$$F(x,y,\lambda)=6x-x^2+16y-4y^2-2+\lambda(2x+2y-10)$$

令

$$\begin{cases} F_x=6-2x+2\lambda=0 \\ F_y=16-8y+2\lambda=0 \\ 2x+2y-10=0 \end{cases}$$

解得 $x=3,y=2$ 是唯一可能的极值点. 由题目本身可知,最大值即总利润最大一定存在,故最大值在可能极值点处取得,即甲、乙两产品分别生产 3 个和 2 个单位时利润最大,最大利润为

$$L(3,2)=23$$

拉格朗日乘数法还可以推广到自变量多于两个或条件多于一个的情形.例如,求函数

$$u=f(x,y,z,t)$$

在附加条件 $\varphi(x,y,z,t)=0, \psi(x,y,z,t)=0$ 下的极值.先作拉格朗日函数

$$F(x,y,z,t)=f(x,y,z,t)+\lambda_1\varphi(x,y,z,t)+\lambda_2\psi(x,y,z,t)$$

其中 λ_1 与 λ_2 均为参数,对上面函数分别求其对 x,y,z,t 及 λ_1,λ_2 的偏导数,并使之为零,联立解方程组求得的 (x,y,z,t) 即为可能极值点.

习题 6.7

(A)

1. 设可微函数 $f(x,y)$ 在点 (x_0,y_0) 取得极小值,则(   ).

A. $f(x_0,y)$ 在 $y=y_0$ 处导数等于零　　B. $f(x_0,y)$ 在 $y=y_0$ 处导数大于零

C. $f(x_0,y)$ 在 $y=y_0$ 处导数小于零　　D. $f(x_0,y)$ 在 $y=y_0$ 处导数不存在

2. 求函数 $f(x,y)=x^3-y^3+3x^2+3y^2-9x$ 的极值.

3. 求函数 $f(x,y)=e^{2x}(x+y^2+2y)$ 的极值.

4. 求函数 $z=xy$ 在附加条件 $\dfrac{1}{x}+\dfrac{1}{y}=1(x>0,y>0)$ 下的极值.

5. 将周长为 18 的矩形绕它的一边旋转而构成一个圆柱体,问矩形边长各为多少时,才能使圆柱体体积最大?

6. 某工厂的同一种产品分销两个独立市场,两个市场的需求情况不同.设价格函数分别为 $P_1=60-3Q_1$, $P_2=20-2Q_2$,厂商的总成本函数为 $C=12Q+4(Q=Q_1+Q_2)$,工厂以最大利润为目标,求投放每个市场的销量,并确定此时每个市场的价格及最大利润为多少?

7. 某厂为促销本厂产品需作两种手段的广告宣传,当广告费用分别为 x,y(单位:万元)时,销售收益为 $R=240-\dfrac{144}{x+4}-\dfrac{64}{y+1}$(单位:万元).求在下列两种情况下,如何分配两种手段的广告费投入,才是最优广告策略:

(1)不限制广告费的投入额;

(2)限制两种广告投入总额为 10 万元.

8. 某工厂生产某种产品需要投入两种要素,L 与 K 分别为两种要素的投入量,Q 为产出量.若生产函数与成本函数分别为

$$Q = 20\left(\frac{3}{4}L^{-\frac{1}{4}} + \frac{1}{4}K^{-\frac{1}{4}}\right)^{-4}, \quad C = 4L + 3K$$

(1)若限定成本预算为 80,计算使产量达到最高的投入 L 和 K;

(2)若限定产量为 120,计算使成本最低的投入 L 和 K.

(B)

1. 已知函数 $f(x,y)$ 在点 $(0,0)$ 的某个邻域内连续,且 $\lim\limits_{(x,y)\to(0,0)}\dfrac{f(x,y)}{(x^2+y^2)^2}=1$,则( ).

A. 点 $(0,0)$ 是 $f(x,y)$ 的极大值点   B. 点 $(0,0)$ 是 $f(x,y)$ 的极小值点

C. 点 $(0,0)$ 不是 $f(x,y)$ 的极值点   D. 无法判断点 $(0,0)$ 是否为 $f(x,y)$ 的极值点

2. 求函数 $f(x,y)=(6x-x^2)(4y-y^2)$ 的极值.

3. 证明函数 $f(x,y)=(1+e^x)\cos x - ye^y$ 有无穷多个极大值,但无极小值.

4. 设函数 $z=z(x,y)$ 由方程 $x^2-6xy+10y^2-2yz-z^2+18=0$ 确定,求 $z=z(x,y)$ 的极值点和极值.

5. 求二元函数 $f(x,y)=x^2y(4-x-y)$ 在由 $x+y=6$,x 轴、y 轴所围成的闭区域上的最大值和最小值.

6. 求内接于半径为 a 的球的长方体的最大体积.

7. 假设某企业在两个相互分割的市场上出售同一种产品,两个市场的需求函数分别是 $P_1=18-2Q_1$,$P_2=12-Q_2$,其中 P_1 和 P_2 分别表示该产品在两个市场上的价格(单位:万元/吨),Q_1 和 Q_2 分别表示该产品在两个市场的销售量(即需求量,单位:吨),并且该企业生产这种产品的总成本函数是 $C=2Q+5$,其中 Q 表示该产品在两个市场的销售总量,即 $Q=Q_1+Q_2$.

(1)如果该企业实行价格差别策略,试确定两个市场上该产品的销售量和价格,使该企业获得最大利润.

(2)如果该企业实行价格无差别策略,试确定两个市场上该产品的销售量及统一的价格,使该企业的总利润最大,并比较两种价格策略下的总利润大小.

8. 设某电视机厂生产一台电视机的成本为 C,每台电视机的销售价格为 P,销售量为 Q.假设该厂的生产处于平衡状态,即电视机的生产量等于销售量.根据市场预测,销售量 Q 与销售价格 P 之间有下面的关系:

$$Q = Me^{-aP} \quad (M>0, a>0)$$

其中 M 为市场最大需求量,a 为价格系数.同时生产部门根据对生产环节的分析,对每台电视机的生产成本 C 有如下测算:

$$C = C_0 - K\ln Q \quad (K>0, Q>1)$$

其中 C_0 是只生产一台电视机的成本,K 是规模系数.根据上述条件,应如何确定电视机的售价 P,才能使该厂获得最大利润?

6.8 二重积分

6.8.1 二重积分的概念

1.引例

我们首先从计算曲顶柱体的体积出发,引入二重积分的概念.

设 D 是 xOy 平面上的一个有界闭区域,二元函数 $z=f(x,y)$ 在区域 D 上非负、连续,称以 D 为底、曲面 $z=f(x,y)$ 为顶、D 的边界曲线为准线而母线平行于 z 轴的柱面所围成的空间立体为曲顶柱体(图 6-9(a)).

如何计算上述曲顶柱体的体积呢?与一元函数计算曲边梯形的面积相类似,我们将曲顶柱体分割,将其体积近似看作许多个小的平顶柱体的体积和,而平顶柱体的体积可用公式

$$\text{体积} = \text{高} \times \text{底面积}$$

来计算.

首先用一组网线将区域 D 任意分割成 n 个小区域 $\Delta\sigma_1,\Delta\sigma_2,\cdots,\Delta\sigma_n$(图 6-9(b)),并用 $\Delta\sigma_i(i=1,2,\cdots,n)$ 表示第 i 个区域的面积,分别以这些小闭区域的边界曲线为准线,作母线平行于 z 轴的柱面,这些柱面把原来的曲顶柱体分为 n 个细曲顶柱体(图 6-9(c)).用 λ_i 表示第 i 个区域内任意两点间的距离最大值,称之为第 i 个小区域的直径($i=1,2,\cdots,n$),当 λ_i 很小时,由于 $f(x,y)$ 连续,对同一个小闭区域来说,$f(x,y)$ 变化很小,这时细曲顶柱体可近似看作平顶柱体.在 $\Delta\sigma_i$ 内任取一点 (ξ_i,η_i),将函数值 $f(\xi_i,\eta_i)$ 看作是第 i 个小平顶柱体的高,则第 i 个小平顶柱体的体积 ΔV_i 可近似表示为

$$\Delta V_i \approx f(\xi_i,\eta_i)\cdot\Delta\sigma_i$$

所有 n 个平顶柱体体积之和为

$$\sum_{i=1}^{n} f(\xi_i,\eta_i)\cdot\Delta\sigma_i$$

上式可以看作曲顶柱体体积的近似值.区域 D 划分得越密,上式越接近于曲顶柱体的体积.令 n 个小区域中的直径中的最大值(记作 d)趋于零,即 $d\to0$,则对上式取极限,所得极限便为曲顶柱体的体积,即

$$V = \lim_{d\to0}\sum_{i=1}^{n} f(\xi_i,\eta_i)\cdot\Delta\sigma_i$$

在许多实际问题中,许多物理量或几何量都可以化为上述形式的和的极限,从中抽象概括就产生一个数学概念 —— 二重积分.

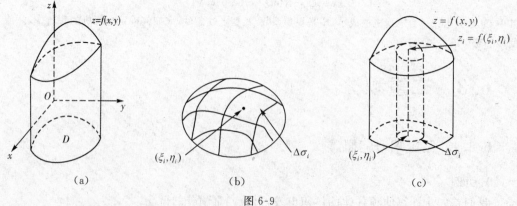

图 6-9

2. 二重积分的定义

设 $f(x,y)$ 是有界闭区域 D 上的有界函数,将闭区域 D 任意分成 n 个小闭区域 $\Delta\sigma_1$,$\Delta\sigma_2,\cdots,\Delta\sigma_n$,其中 $\Delta\sigma_i$ 表示第 i 个小闭区域,也表示它的面积. 在每个 $\Delta\sigma_i$ 内任取一点 (ξ_i,η_i),作乘积 $f(\xi_i,\eta_i)\cdot\Delta\sigma_i(i=1,2,\cdots,n)$,并作和 $\sum\limits_{i=1}^{n}f(\xi_i,\eta_i)\Delta\sigma_i$. 如果当各小闭区域的直径中的最大值 d 趋于零时,这个和的极限总存在,则称此极限为函数 $f(x,y)$ 在闭区域 D 上的二重积分,记作 $\iint\limits_{D}f(x,y)\mathrm{d}\sigma$,即

$$\iint\limits_{D}f(x,y)\mathrm{d}\sigma = \lim_{d\to 0}\sum_{i=1}^{n}f(\xi_i,\eta_i)\cdot\Delta\sigma_i$$

其中 $f(x,y)$ 叫做被积函数,$f(x,y)\mathrm{d}\sigma$ 叫做被积表达式,$\mathrm{d}\sigma$ 叫做面积元素,x、y 叫做积分变量,D 叫做积分区域,$\sum\limits_{i=1}^{n}f(\xi_i,\eta_i)\cdot\Delta\sigma_i$ 叫做积分和.

所谓积分和 $\sum\limits_{i=1}^{n}f(\xi_i,\eta_i)\cdot\Delta\sigma_i$ 的极限存在,是指对积分区域 D 的任意分割和对点 (ξ_i,η_i) 的任意取法,当 $d\to 0$ 时,积分和虽不同,但其极限值唯一,即极限值与区域 D 的分割方式及点 (ξ_i,η_i) 的取法无关.

如果在直角坐标系中,用平行于坐标轴的直线网来划分 D,那么除了包含边界点的一些小闭区域外,其余的小闭区域都是矩形闭区域. 设矩形闭区域的边长为 Δx_j 和 Δy_k,则 $\Delta\sigma_i = \Delta x_j \cdot \Delta y_k$,因此在 $\iint\limits_{D}f(x,y)\mathrm{d}\sigma$ 中,面积元素 $\mathrm{d}\sigma = \mathrm{d}x\mathrm{d}y$,因此在直角坐标系中,通常将二重积分记作

$$\iint\limits_{D}f(x,y)\mathrm{d}x\mathrm{d}y$$

当 $f(x,y)$ 在闭区域 D 上连续时,积分和的极限总存在,也就是说,$f(x,y)$ 在 D 上的二重积分必定存在,因此以后我们总假定函数 $f(x,y)$ 在闭区域 D 上是连续的.

3. 二重积分的几何意义

如果 $f(x,y)\geqslant 0$,$\iint\limits_{D}f(x,y)\mathrm{d}\sigma$ 表示以区域 D 为底,以曲面 $z=f(x,y)$ 为顶的曲顶柱体体积,该曲顶柱体位于 xOy 面的上方;若 $f(x,y)$ 是负的,柱体就在 xOy 面的下方,二重积分的绝对值等于曲顶柱体的体积,但二重积分的值是负的.

【**例 1**】 根据二重积分的几何意义,计算 $\iint\limits_{D}\sqrt{R^2-x^2-y^2}\mathrm{d}\sigma$,其中 $D=\{(x,y)\,|\,x^2+y^2\leqslant R^2\}$.

解 因为 $z=\sqrt{R^2-x^2-y^2}$ 表示上半球面,则二重积分 $\iint\limits_{D}\sqrt{R^2-x^2-y^2}\mathrm{d}\sigma$ 表示以圆面 $x^2+y^2\leqslant R^2$ 为底,以 $z=\sqrt{R^2-x^2-y^2}$ 为顶的上半球体的体积,故

$$\iint\limits_{D}\sqrt{R^2-x^2-y^2}\mathrm{d}\sigma = \text{上半球体的体积} = \frac{2}{3}\pi R^3$$

6.8.2　二重积分的性质

由于连续的函数一定可积,以下总假设重积分存在.类似于定积分,二重积分有如下一些基本性质.

性质 1　$\iint\limits_{D} kf(x,y)\mathrm{d}\sigma = k\iint\limits_{D} f(x,y)\mathrm{d}\sigma, k$ 为常数.

性质 2　$\iint\limits_{D}[f(x,y) \pm g(x,y)]\mathrm{d}\sigma = \iint\limits_{D} f(x,y)\mathrm{d}\sigma \pm \iint\limits_{D} g(x,y)\mathrm{d}\sigma$

由性质 1 与性质 2 可知

$$\iint\limits_{D}[k_1 f(x,y) \pm k_2 g(x,y)]\mathrm{d}\sigma = k_1\iint\limits_{D} f(x,y)\mathrm{d}\sigma + k_2\iint\limits_{D} g(x,y)\mathrm{d}\sigma$$

性质 3　如果闭区域 D 被有限条曲线分为有限个部分闭区域,则在 D 上的二重积分等于各部分闭区域上的二重积分的和.例如,D 分为两个闭区域 D_1 与 D_2,则

$$\iint\limits_{D} f(x,y)\mathrm{d}\sigma = \iint\limits_{D_1} f(x,y)\mathrm{d}\sigma + \iint\limits_{D_2} f(x,y)\mathrm{d}\sigma$$

这个性质表示二重积分对于积分区域具有可加性.

性质 4　如果在 D 上,$f(x,y) = 1$,σ 为 D 的面积,则

$$\sigma = \iint\limits_{D} 1 \cdot \mathrm{d}\sigma = \iint\limits_{D}\mathrm{d}\sigma$$

利用二重积分的几何意义,$\iint\limits_{D}\mathrm{d}\sigma$ 表示底为 D、高为 1 的柱体的体积,显然其体积与 D 的面积在数值上相等,均为 σ.

性质 5　若在闭区域 D 上,均有 $f(x,y) \leqslant g(x,y)$,则有

$$\iint\limits_{D} f(x,y)\mathrm{d}\sigma \leqslant \iint\limits_{D} g(x,y)\mathrm{d}\sigma$$

由此可得下面两个推论:

推论 1　设在闭区域 D 上 $f(x,y) \geqslant 0$(或 $f(x,y) \leqslant 0$),则

$$\iint\limits_{D} f(x,y)\mathrm{d}\sigma \geqslant 0 \quad (或\iint\limits_{D} f(x,y)\mathrm{d}\sigma \leqslant 0)$$

推论 2　$f(x,y)$ 及 $|f(x,y)|$ 在闭区域 D 上的二重积分满足

$$\left|\iint\limits_{D} f(x,y)\mathrm{d}\sigma\right| \leqslant \iint\limits_{D} |f(x,y)| \,\mathrm{d}\sigma$$

推论 2 利用不等式 $-|f(x,y)| \leqslant f(x,y) \leqslant |f(x,y)|$,很容易证得.

性质 6　设 M, m 分别是 $f(x,y)$ 在闭区域 D 上的最大值和最小值,σ 是 D 的面积,则有

$$m\sigma \leqslant \iint\limits_{D} f(x,y)\mathrm{d}\sigma \leqslant M\sigma$$

证明　由题意可知,$m \leqslant f(x,y) \leqslant M$,由性质 5,则有

$$\iint_D m\,\mathrm{d}\sigma \leqslant \iint_D f(x,y)\,\mathrm{d}\sigma \leqslant \iint_D M\,\mathrm{d}\sigma$$

由性质 1 及性质 4 可知

$$\iint_D m\,\mathrm{d}\sigma = m\iint_D 1\,\mathrm{d}\sigma = m\sigma$$

同理 $\iint_D M\,\mathrm{d}\sigma = M\sigma$，代入不等式，则性质 6 成立.

性质 6 主要用于估计二重积分的值的范围，也可用于不等式的证明.

性质 7（二重积分中值定理）　设函数 $f(x,y)$ 在有界闭区域 D 上连续，σ 是 D 的面积，则在 D 上至少存在一点 (ξ,η)，使得

$$\iint_D f(x,y)\,\mathrm{d}\sigma = f(\xi,\eta)\cdot\sigma$$

证明　由已知显然 $\sigma \neq 0$，把性质 6 中的不等式各除以 σ，有

$$m \leqslant \frac{\iint_D f(x,y)\,\mathrm{d}\sigma}{\sigma} \leqslant M$$

显然，数值 $\dfrac{\iint_D f(x,y)\,\mathrm{d}\sigma}{\sigma}$ 介于最小值 m 与最大值 M 之间. 根据闭区域上连续函数的介值定理，在 D 上至少存在一点 (ξ,η)，使得

$$f(\xi,\eta) = \frac{\iint_D f(x,y)\,\mathrm{d}\sigma}{\sigma}$$

即

$$\iint_D f(x,y)\,\mathrm{d}\sigma = f(\xi,\eta)\cdot\sigma$$

【例 2】　比较积分 $\iint_D (x+y)\,\mathrm{d}\sigma$ 与 $\iint_D (x+y)^3\,\mathrm{d}\sigma$ 的大小，其中 D 为：

(1) 由 x 轴、y 轴与直线 $x+y=1$ 所围成；

(2) 由 $(x-2)^2 + (y-1)^2 = 2$ 所围成.

解　(1) 如图 6-10 所示，当 $(x,y)\in D$ 时，$0 \leqslant x+y \leqslant 1$，总有 $(x+y) \geqslant (x+y)^3$，故有

$$\iint_D (x+y)\,\mathrm{d}\sigma \geqslant \iint_D (x+y)^3\,\mathrm{d}\sigma$$

(2) 如图 6-11 所示，当 $(x,y)\in D$ 时，总有 $x+y \geqslant 1$，$(x+y) \leqslant (x+y)^3$. 故有

$$\iint_D (x+y)\,\mathrm{d}\sigma \leqslant \iint_D (x+y)^3\,\mathrm{d}\sigma$$

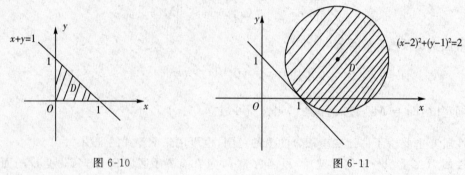

图 6-10   图 6-11

【例 3】 试估计二重积分 $I = \iint\limits_{D} \dfrac{\mathrm{d}\sigma}{\sqrt{x^2 + y^2 + 2xy + 16}}$ 的值,其中 $D: 0 \leqslant x \leqslant 1, 0 \leqslant y \leqslant 2$.

解 $f(x, y) = \dfrac{1}{\sqrt{x^2 + y^2 + 2xy + 16}} = \dfrac{1}{\sqrt{(x + y)^2 + 16}}$

区域 D 的面积 $\sigma = 2$,在区域 D 上,$f(x, y)$ 的最大值 $M = \dfrac{1}{4} (x = 0, y = 0)$,最小值 $m = \dfrac{1}{5} (x = 1, y = 2)$,故 $\dfrac{1}{5} \times 2 \leqslant I \leqslant \dfrac{1}{4} \times 2$,即 $\dfrac{2}{5} \leqslant I \leqslant \dfrac{1}{2}$.

【例 4】 设 $f(x, y)$ 是有界闭区域 $D: x^2 + y^2 \leqslant t^2$ 上的连续函数,求 $\lim\limits_{t \to 0^+} \dfrac{1}{t^2} \iint\limits_{D} f(x, y) \mathrm{d}\sigma$ 的值.

解   由二重积分中值定理,存在 $(\xi, \eta) \in D$,使得

$$\frac{1}{t^2} \iint\limits_{D} f(x, y) \mathrm{d}\sigma = \frac{1}{t^2} f(\xi, \eta) \cdot \sigma = \frac{1}{t^2} \pi t^2 \cdot \frac{1}{t^2} f(\xi, \eta) = \pi f(\xi, \eta)$$

当 $t \to 0^+$ 时,由于 $(\xi, \eta) \in D$,因此 $(\xi, \eta) \to (0, 0)$. 故

$$\lim_{t \to 0^+} \frac{1}{t^2} \iint\limits_{D} f(x, y) \mathrm{d}\sigma = \pi f(0, 0)$$

6.8.3　二重积分的计算方法

二重积分的定义是以和式的极限形式给出的. 与定积分相类似,只有少数的被积函数和积分区域都特别简单的二重积分才能用定义直接计算,而对一般的被积函数和积分区域,计算二重积分的主要方法是将它化成两次定积分计算.

1. 直角坐标系下二重积分的计算

设 $f(x, y)$ 在有界闭区域 D 上连续,若区域 D(图 6-12)可表示为

$$D = \{(x, y) \mid a \leqslant x \leqslant b, \varphi_1(x) \leqslant y \leqslant \varphi_2(x)\}$$

其中函数 $\varphi_1(x)$、$\varphi_2(x)$ 在区间 $[a, b]$ 上连续,则

$$\iint\limits_{D} f(x, y) \mathrm{d}x\mathrm{d}y = \int_a^b \left[\int_{\varphi_1(x)}^{\varphi_2(x)} f(x, y) \mathrm{d}y \right] \mathrm{d}x = \int_a^b \mathrm{d}x \int_{\varphi_1(x)}^{\varphi_2(x)} f(x, y) \mathrm{d}y \tag{1}$$

并称 D 所示的区域为 X 型区域.

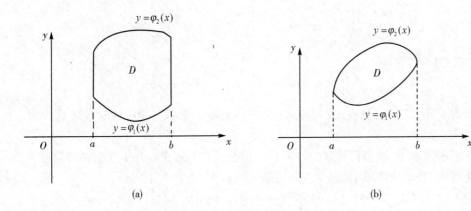

图 6-12

下面我们通过求曲顶柱体的体积来说明式(1)的正确性.

设 $f(x,y) \geqslant 0$,根据二重积分的几何意义,$\iint\limits_{D} f(x,y)\mathrm{d}\sigma$ 的值等于以区域 D 为底,以曲面 $z = f(x,y)$ 为顶的曲顶柱体的体积(图 6-13(a)).下面应用第 5 章中计算"平行截面面积为已知的立体的体积"的方法来计算曲顶柱体体积.

先求截面面积.在区间 $[a,b]$ 上任取一点 x_0,过点 x_0 作垂直于 x 轴的平面 $x = x_0$,该平面截曲顶柱体所得的截面为一个以 $[\varphi_1(x_0), \varphi_2(x_0)]$ 为底,曲线 $z = f(x_0,y)$ 为顶的曲边梯形(图 6-13(b)),利用定积分计算该截面面积:

$$A(x_0) = \int_{\varphi_1(x_0)}^{\varphi_2(x_0)} f(x_0,y)\mathrm{d}y$$

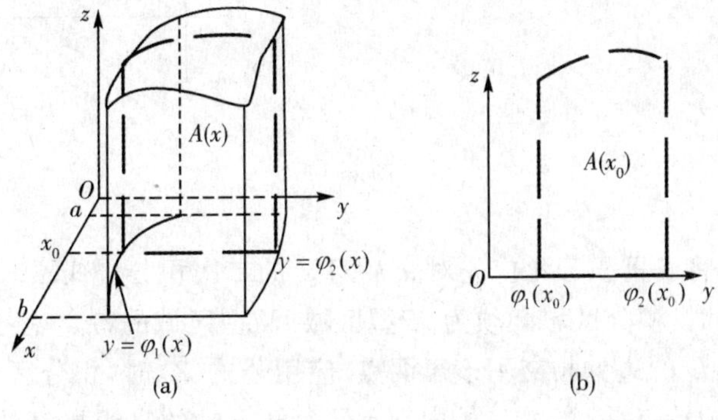

图 6-13

一般地,过区间 $[a,b]$ 上任意一点 x,且垂直于 x 轴的平面截曲顶柱体的截面面积为

$$A(x) = \int_{\varphi_1(x)}^{\varphi_2(x)} f(x,y)\mathrm{d}y$$

应用计算"平行截面面积为已知的立体的体积"的方法,得曲顶柱体体积为

$$V = \int_a^b A(x)\mathrm{d}x = \int_a^b \left[\int_{\varphi_1(x)}^{\varphi_2(x)} f(x,y)\mathrm{d}y \right]\mathrm{d}x$$

即

$$\iint\limits_{D} f(x,y)\mathrm{d}\sigma = \int_{a}^{b}\left[\int_{\varphi_1(x)}^{\varphi_2(x)} f(x,y)\mathrm{d}y\right]\mathrm{d}x$$

上式也可写成

$$\iint\limits_{D} f(x,y)\mathrm{d}\sigma = \int_{a}^{b}\mathrm{d}x\int_{\varphi_1(x)}^{\varphi_2(x)} f(x,y)\mathrm{d}y$$

从而说明了式(1)的正确性. 我们将式(1)看作是将二重积分化成先对 y 后对 x 的二次积分公式.

在上述讨论中,我们假定 $f(x,y)\geqslant 0$,但公式(1)的成立并不受此条件限制.

类似地,若积分区域 D(图 6-14)可表示为

$$D = \{(x,y)\,|\,c\leqslant y\leqslant d,\psi_1(y)\leqslant x\leqslant\psi_2(y)\}$$

其中 $\psi_1(y),\psi_2(y)$ 在 $[c,d]$ 连续,则

$$\iint\limits_{D} f(x,y)\mathrm{d}\sigma = \int_{c}^{d}\left[\int_{\psi_1(y)}^{\psi_2(y)} f(x,y)\mathrm{d}x\right]\mathrm{d}y = \int_{c}^{d}\mathrm{d}y\int_{\psi_1(y)}^{\psi_2(y)} f(x,y)\mathrm{d}x \qquad (2)$$

并称 D 所示的区域为 Y 型区域.

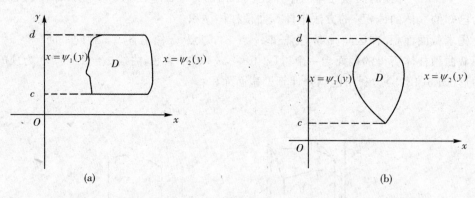

图 6-14

式(2)看作是将二重积分化成先对 x 后对 y 的二次积分公式.

应用公式(1)时,积分区域必须为 X 型区域. X 型区域的特点是:穿过 D 的内部且平行于 y 轴的直线与 D 的边界相交不多于两点. 应用公式(2)时,积分区域必须是 Y 型区域. 类似地,Y 型区域的特点是:穿过 D 的内部且平行于 x 轴的直线与 D 的边界相交不多于两点.

当一个区域既是 X 型区域又是 Y 型区域时(图 6-15),公式(1)、(2)同时成立,即

$$\iint\limits_{D} f(x,y)\mathrm{d}\sigma = \int_{a}^{b}\mathrm{d}x\int_{\varphi_1(x)}^{\varphi_2(x)} f(x,y)\mathrm{d}y = \int_{c}^{d}\mathrm{d}y\int_{\psi_1(y)}^{\psi_2(y)} f(x,y)\mathrm{d}x \qquad (3)$$

可选择其一计算二重积分. 当一个区域既不是 X 型区域,又不是 Y 型区域(图 6-16),可以将区域 D 划分成几个简单的 X 型与 Y 型区域,再利用二重积分对于积分区域具有可加性的性质(性质 3)来计算这个区域的二重积分.

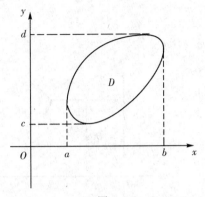

图 6-15

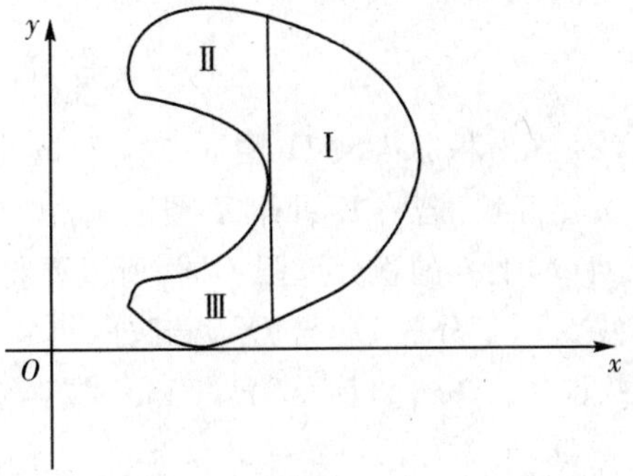

图 6-16

因此,将二重积分化为二次积分时,积分区域的类型是确定积分次序的关键.X 型区域的积分次序为先对 y,后对 x 进行积分;Y 型区域的积分次序为先对 x,后对 y 进行积分.

积分次序是确定积分限的前提条件,而积分限的确定是计算二重积分的关键.例如对于一个 X 型区域 D(图 6-17),先将 D 投影到 x 轴得到投影区 $[a,b]$,这就确定了积分变量 x 的上、下限.然后在区间 $[a,b]$ 上任意取定一个 x 值,过该点作 x 轴的垂线,积分区域 D 上以这个 x 值为横坐标的点在一段直线上,该线段上点的纵坐标从 $\varphi_1(x)$ 变化到 $\varphi_2(x)$,这样就确定了公式(1)中积分变量 y 的上、下限.计算时先对 y 进行积分,将 x 看作常量,然后再对 x 进行积分,即所谓的二次积分.

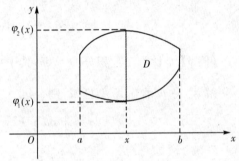

图 6-17

【例 5】　将二重积分 $I = \iint\limits_{D} f(x,y)\mathrm{d}\sigma$ 化为直角坐标系下的两种不同顺序的二次积分,其中 D 为

(1)x 轴、y 轴及直线 $x + y = 1$ 所围区域;

(2)直线 $y = x,y = 2x$ 及 $y = 2$ 所围区域.

解　(1)首先画出积分区域(图 6-18),显然积分区域 D 既是 X 型区域,也是 Y 型区域.

若考虑 D 为 X 型区域,D 在 x 轴上的投影为 $[0,1]$,在 $[0,1]$ 上任意取定一个 x 值,则在区域 D 上,以这个 x 值为横坐标的点在一段直线上,该线段上纵坐标从 0 变到 $1 - x$,因此利用公式(1),得

$$I = \int_0^1 \mathrm{d}x \int_0^{1-x} f(x,y)\mathrm{d}y$$

若考虑 D 为 Y 型区域,D 在 y 轴上的投影为 $[0,1]$,在 $[0,1]$ 上任意取定一个 y 值,作垂直于 y 轴的直线,该直线在区域 D 内横坐标从 0 变到

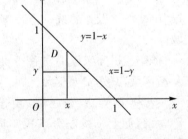

图 6-18

$1-y$,利用公式(2),得

$$I = \int_0^1 dy \int_0^{1-y} f(x,y)dx$$

(2)画出积分区域 D(图 6-19),D 既是 X 型区域,又是 Y 型区域.若将 D 看作 X 型区域,由于在 $[0,1]$ 及 $[1,2]$ 区间上 y 的积分上限不同,所以要将积分区域 D 用直线 $x=1$ 分成 D_1 与 D_2 两部分:

$$D_1 = \{(x,y) \mid 0 \leqslant x \leqslant 1, x \leqslant y \leqslant 2x\}$$
$$D_2 = \{(x,y) \mid 1 \leqslant x \leqslant 2, x \leqslant y \leqslant 2\}$$

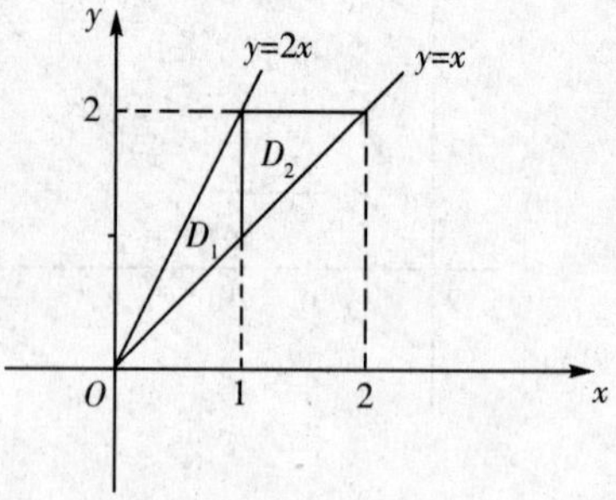

则 $$I = \int_0^1 dx \int_x^{2x} f(x,y)dy + \int_1^2 dx \int_x^2 f(x,y)dy$$

若将 D 看作是 Y 型区域,则

$$D = \left\{(x,y) \mid 0 \leqslant y \leqslant 2, \frac{y}{2} \leqslant x \leqslant y\right\}$$

则 $$I = \int_0^2 dy \int_{\frac{y}{2}}^y f(x,y)dx$$

图 6-19

【例 6】 计算二重积分 $\iint\limits_D x^2 y d\sigma$,其中积分区域 D 为矩形:$a \leqslant x \leqslant b, c \leqslant y \leqslant d$.

解   将 D 看作 X 型区域,则

$$\iint\limits_D x^2 y d\sigma = \int_a^b dx \int_c^d x^2 y dy = \int_a^b \frac{1}{2}(d^2 - c^2) \cdot x^2 dx$$

$$= \frac{1}{2}(d^2 - c^2) \int_a^b x^2 dx = \frac{1}{6}(b^3 - a^3)(d^2 - c^2)$$

从此例题可以看出,若积分区域 D 为矩形:$a \leqslant x \leqslant b, c \leqslant y \leqslant d$,被积函数恰好可以写为

$$f(x,y) = f_1(x) \cdot f_2(y)$$

则

$$\iint\limits_D f(x,y)d\sigma = \int_a^b f_1(x)dx \cdot \int_c^d f_2(y)dy$$

【例 7】 计算 $I = \iint\limits_D xy d\sigma$,其中 D 为由直线 $y = x - 2$ 及抛物线 $y^2 = x$ 所围成的闭区域.

解   积分区域 D 如图 6-20 所示,既是 X 型区域,又是 Y 型区域.

若视 D 为 X 型区域,由于在 $[0,1]$ 及 $[1,4]$ 区间上 y 的积分下限不同,所以用直线 $x = 1$ 将区域 D 分成 D_1 与 D_2 两个部分,其中

$$D_1 = \{(x,y) \mid 0 \leqslant x \leqslant 1, -\sqrt{x} \leqslant y \leqslant \sqrt{x}\}$$

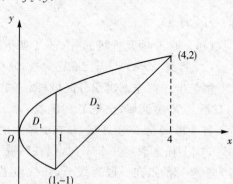

图 6-20

$$D_2 = \{(x,y) \mid 1 \leqslant x \leqslant 4, x-2 \leqslant y \leqslant \sqrt{x}\}$$

于是

$$\iint\limits_{D} xy\,\mathrm{d}\sigma = \int_0^1 \mathrm{d}x \int_{-\sqrt{x}}^{\sqrt{x}} xy\,\mathrm{d}y + \int_1^4 \mathrm{d}x \int_{x-2}^{\sqrt{x}} xy\,\mathrm{d}y$$

若视 D 为 Y 型区域,则

$$D = \{(x,y) \mid -1 \leqslant y \leqslant 2, y^2 \leqslant x \leqslant y+2\}$$

则

$$\iint\limits_{D} xy\,\mathrm{d}\sigma = \int_{-1}^2 \mathrm{d}y \int_{y^2}^{y+2} xy\,\mathrm{d}x$$

很显然,考虑 Y 型区域更易于计算,则

$$I = \int_{-1}^2 y\left[\frac{x^2}{2}\right]_{y^2}^{y+2}\mathrm{d}y = \frac{1}{2}\int_{-1}^2 y\left[(y+2)^2 - y^4\right]\mathrm{d}y$$

$$= \frac{1}{2}\left[\frac{y^4}{4} + \frac{4}{3}y^3 + 2y^2 - \frac{y^6}{6}\right]_{-1}^2 = \frac{45}{8}$$

【例 8】　计算积分 $I = \iint e^{-y^2}\mathrm{d}\sigma$,其中 D 由 $y=1, y=x$ 及 y 轴围成.

解　视 D 为 X 型区域(图 6-21),则

$$D = \{(x,y) \mid 0 \leqslant x \leqslant 1, x \leqslant y \leqslant 1\}$$

则

$$I = \int_0^1 \mathrm{d}x \int_x^1 e^{-y^2}\mathrm{d}y$$

由于 e^{-y^2} 的原函数不能用初等函数表示,因此 $\int_x^1 e^{-y^2}\mathrm{d}y$

无法计算.

若视 D 为 Y 型区域,则

$$D = \{(x,y) \mid 0 \leqslant y \leqslant 1, 0 \leqslant x \leqslant y\}$$

则

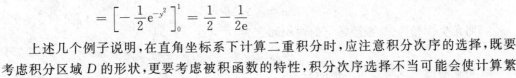

图 6-21

$$I = \int_0^1 \mathrm{d}y \int_0^y e^{-y^2}\mathrm{d}x = \int_0^1 ye^{-y^2}\mathrm{d}y$$

$$= \left[-\frac{1}{2}e^{-y^2}\right]_0^1 = \frac{1}{2} - \frac{1}{2e}$$

上述几个例子说明,在直角坐标系下计算二重积分时,应注意积分次序的选择,既要考虑积分区域 D 的形状,更要考虑被积函数的特性,积分次序选择不当可能会使计算繁琐,甚至无法计算.

【例 9】　计算二重积分 $\int_0^1 \mathrm{d}x \int_x^{\sqrt{x}} \frac{\sin y}{y}\mathrm{d}y$.

解　由于 $\frac{\sin y}{y}$ 的原函数无法用初等函数表示,因此

$\int_x^{\sqrt{x}} \frac{\sin y}{y}\mathrm{d}y$ 无法计算,故考虑改变积分次序,将原二重积分

化成先对 x,后对 y 的二次积分.

由题设,积分区域 $D = \{(x,y) \mid 0 \leqslant x \leqslant 1, x \leqslant y \leqslant$

$\sqrt{x}\}$,如图 6-22 所示.对应的 Y 型区域为

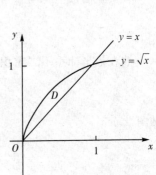

图 6-22

$$D = \{(x,y) \mid 0 \leqslant y \leqslant 1, y^2 \leqslant x \leqslant y\}$$

故
$$\int_0^1 \mathrm{d}x \int_x^{\sqrt{x}} \frac{\sin y}{y} \mathrm{d}y = \int_0^1 \mathrm{d}y \int_{y^2}^y \frac{\sin y}{y} \mathrm{d}x$$

$$= \int_0^1 \frac{\sin y}{y} (y - y^2) \mathrm{d}y$$

$$= \int_0^1 (\sin y - y\sin y) \mathrm{d}y = 1 - \sin 1$$

2. 极坐标系下二重积分的计算

有些二重积分的积分区域 D 的边界曲线用极坐标方程来表示比较方便,例如圆 $x^2 + y^2 = R^2$ 表示成极坐标方程为 $r = R$,并且被积函数用极坐标变量 r、θ 表示比较简单,通常这类二重积分利用极坐标形式进行计算.

假定从极点 O 出发且穿过闭区域 D 内部的射线与 D 的边界曲线相交不多于两点,用一组以极点为圆心的同心圆($r = $ 常数)和一组过极点的射线($\theta = $ 常数),将积分区域 D 分割为几个小区域 $\Delta\sigma_1, \Delta\sigma_2, \cdots, \Delta\sigma_n$(图 6-23). 为方便起见,我们用 $\Delta\sigma$ 表示任一区域,它由半径为 r 和 $r + \Delta r$ 的两圆弧与极角为 θ 和 $\theta + \Delta\theta$ 的两射线所围成,它的面积也用 $\Delta\sigma$ 表示,根据扇形公式知

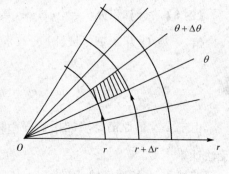

图 6-23

$$\Delta\sigma = \frac{1}{2}(r + \Delta r)^2 \Delta\theta - \frac{1}{2} r^2 \Delta\theta$$

$$= r\Delta r\Delta\theta + \frac{1}{2}(\Delta r)^2 \Delta\theta$$

当划分区域越来越密时,$\Delta r \to 0$,$\Delta\theta \to 0$,则 $\frac{1}{2}(\Delta r)^2 \Delta\theta$ 是比 $\Delta r \cdot \Delta\theta$ 更高阶的无穷小,故可略去 $\frac{1}{2}(\Delta r)^2 \Delta\theta$,则

$$\Delta\sigma \approx r\Delta r\Delta\theta$$

与直角坐标相类似,极坐标下的面积元素为
$$\mathrm{d}\sigma = r\mathrm{d}r\mathrm{d}\theta$$

又由点的极坐标与直角坐标的关系:
$$x = r\cos\theta, \quad y = r\sin\theta$$

则有
$$f(x,y) = f(r\cos\theta, r\sin\theta)$$

故在极坐标系下二重积分

$$\iint\limits_D f(x,y)\mathrm{d}\sigma = \iint\limits_D f(r\cos\theta, r\sin\theta) r\mathrm{d}r\mathrm{d}\theta$$

故有

$$\iint\limits_D f(x,y)\mathrm{d}x\mathrm{d}y = \iint\limits_D f(r\cos\theta, r\sin\theta) r\mathrm{d}r\mathrm{d}\theta \tag{4}$$

极坐标系中的二重积分同样可以化为二次积分来计算,通常情况下的积分次序为先

对 r，后对 θ 进行积分. 下面对三种简单区域的情形进行讨论.

（Ⅰ）若极点在积分区域 D 的外部，且由射线 $\theta=\alpha,\theta=\beta$ 和连续曲线 $r=\varphi_1(\theta)$、$r=\varphi_2(\theta)$ 所围成（图 6-24）.

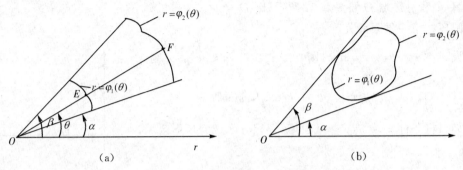

图 6-24

我们以图 6-24(a) 为例来讨论积分限是如何确定的. 先在 $[\alpha,\beta]$ 上任取一个值 θ，即过极点，作一个极角为 θ 的射线，该射线在区域 D 上的点（图 6-24(a) 中这些点在线段 EF 上）的极径 r 从 $\varphi_1(\theta)$ 变化到 $\varphi_2(\theta)$，即 $\varphi_1(\theta)\leqslant r\leqslant\varphi_2(\theta)$. 又 θ 是在 $[\alpha,\beta]$ 上是任意取定的，故 $\alpha\leqslant\theta\leqslant\beta$，因此在该区域内极坐标系下二重积分的计算公式为

$$\iint\limits_{D}f(r\cos\theta,r\sin\theta)r\mathrm{d}r\mathrm{d}\theta=\int_{\alpha}^{\beta}\left[\int_{\varphi_1(\theta)}^{\varphi_2(\theta)}f(r\cos\theta,r\sin\theta)r\mathrm{d}r\right]\mathrm{d}\theta$$

$$=\int_{\alpha}^{\beta}\mathrm{d}\theta\int_{\varphi_1(\theta)}^{\varphi_2(\theta)}f(r\cos\theta,r\sin\theta)r\mathrm{d}r \qquad(5)$$

（Ⅱ）若极点 O 在积分区域 D 的边界上，且 D 由射线 $\theta=\alpha,\theta=\beta$ 与连续曲线 $r=\varphi(\theta)$ 围成（图 6-25）.

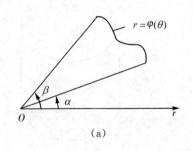

图 6-25

可看作在情形（Ⅰ）中的特例，即取 $\varphi_1(\theta)=0,\varphi_2(\theta)=\varphi(\theta)$，此时公式（5）为

$$\iint\limits_{D}f(r\cos\theta,r\sin\theta)r\mathrm{d}r\mathrm{d}\theta=\int_{\alpha}^{\beta}\mathrm{d}\theta\int_{0}^{\varphi(\theta)}f(r\cos\theta,r\sin\theta)r\mathrm{d}r$$

（Ⅲ）若极点 O 在积分区域 D 的内部，D 的边界为连续曲线 $\varphi(\theta)$（图 6-26）. 可看作情形（Ⅱ）的特例，即取 $\alpha=0,\beta=2\pi$，此时公式（5）为

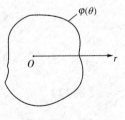

图 6-26

$$\iint\limits_{D}f(r\cos\theta,r\sin\theta)r\mathrm{d}r\mathrm{d}\theta=\int_{0}^{2\pi}\mathrm{d}\theta\int_{0}^{\varphi(\theta)}f(r\cos\theta,r\sin\theta)r\mathrm{d}r$$

【例10】 将二重积分 $\iint\limits_D f(x,y)\mathrm{d}\sigma$ 化为极坐标系下的二次积分,其中 D 为:$a^2 \leqslant x^2 + y^2 \leqslant b^2, x \geqslant 0, y \geqslant 0$.

解 积分区域 D 如图 6-27 所示,则 $D = \{(x,y) \mid a^2 \leqslant x^2 + y^2 \leqslant b^2, x \geqslant 0, y \geqslant 0\}$ 为一圆环在第一象限部分.

设 $x = r\cos\theta, y = r\sin\theta$,则 $0 \leqslant \theta \leqslant \dfrac{\pi}{2}, a \leqslant r \leqslant b$. 则

$$\iint\limits_D f(x,y)\mathrm{d}\sigma = \int_0^{\frac{\pi}{2}} \mathrm{d}\theta \int_a^b f(r\cos\theta, r\sin\theta)r\mathrm{d}r$$

如果将条件 $x \geqslant 0, y \geqslant 0$ 去掉,则积分区域为环形区域,此时

$$\iint\limits_D f(x,y)\mathrm{d}\sigma = \int_0^{2\pi} \mathrm{d}\theta \int_a^b f(r\cos\theta, r\sin\theta)r\mathrm{d}r$$

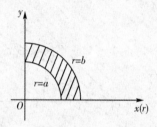

图 6-27

如果将条件 $a^2 \leqslant x^2 + y^2 \leqslant b^2$ 改为 $x^2 + y^2 \leqslant b^2$,则积分区域为圆的一部分,此时

$$\iint\limits_D f(x,y)\mathrm{d}\sigma = \int_0^{2\pi} \mathrm{d}\theta \int_0^b f(r\cos\theta, r\sin\theta)r\mathrm{d}r$$

注意到上述三组积分限均为常数,因此,如果积分区域为圆形、环形或它们的一部分并且被积函数是用 r, θ 容易表示的函数,例如 $f(x^2 + y^2)$、$f\left(\dfrac{y}{x}\right)$ 等形式,通常情况下,用极坐标系来计算二重积分比较容易、方便.

【例11】 求以 xOy 面上的圆域 $D = \{(x,y) \mid x^2 + y^2 \leqslant 1\}$ 为底,圆柱面 $x^2 + y^2 = 1$ 为侧面,抛物面 $z = 2 - x^2 - y^2$ 为顶的曲顶柱体体积.

解 如图 6-28 所示的曲顶柱体的体积为

$$V = \iint\limits_D (2 - x^2 - y^2)\mathrm{d}\sigma$$

注意到该二重积分的积分区域为圆所围成的区域,被积函数含有 $(x^2 + y^2)$ 项,故用极坐标计算.

设 $x = r\cos\theta, y = r\sin\theta$,则 $D = \{(r,\theta) \mid 0 \leqslant r \leqslant 1, 0 \leqslant \theta \leqslant 2\pi\}$,则

$$V = \int_0^{2\pi} \mathrm{d}\theta \int_0^1 (2 - r^2)r\mathrm{d}r$$

$$= \int_0^{2\pi} \left[r^2 - \frac{r^4}{4}\right]_0^1 \mathrm{d}\theta = \int_0^{2\pi} \frac{3}{4}\mathrm{d}\theta$$

$$= 2\pi \cdot \frac{3}{4} = \frac{3}{2}\pi$$

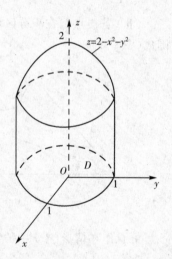

图 6-28

【例12】 计算二重积分 $\iint\limits_D \sqrt{x^2 + y^2}\mathrm{d}\sigma$,其中 D 是由圆 $x^2 + y^2 - 2x = 0$ 所围的区域.

解 积分区域 D 如图 6-29 所示,则极坐标系下圆的方程为 $r = 2\cos\theta$.

$$D = \left\{ (r,\theta) \left| -\frac{\pi}{2} \leqslant \theta \leqslant \frac{\pi}{2}, 0 \leqslant r \leqslant 2\cos\theta \right. \right\}$$

于是

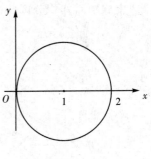

$$\iint\limits_D \sqrt{x^2 + y^2}\, d\sigma = \iint\limits_D r^2\, drd\theta = \int_{-\frac{\pi}{2}}^{\frac{\pi}{2}} d\theta \int_0^{2\cos\theta} r^2\, dr$$

$$= \int_{-\frac{\pi}{2}}^{\frac{\pi}{2}} \left[\frac{r^3}{3} \right]_0^{2\cos\theta} d\theta = \int_{-\frac{\pi}{2}}^{\frac{\pi}{2}} \frac{8}{3} \cos^3\theta d\theta$$

$$= \frac{32}{9}$$

图 6-29

3. 广义二重积分

类似于一元函数的广义积分,二元函数也有两类广义积分,即可分为积分区域无限与被积函数无界两种. 下面只研究无界区域上的二重积分的计算方法.

设 D 是无界区域,计算 $\iint\limits_D f(x,y) d\sigma$ 的步骤如下:

(1) 取有界闭区域 $D_a \in D$,并使之能实现 $a \to +\infty$ 时 $D_a \to D$;

(2) 计算 $\iint\limits_{D_a} f(x,y) d\sigma$;

(3) 计算极限 $\lim\limits_{a \to +\infty} \iint\limits_{D_a} f(x,y) d\sigma$,若该极限存在,其值就是 $\iint\limits_D f(x,y) d\sigma$.

【例 13】　计算 $\iint\limits_D e^{-x^2-y^2} dxdy$,其中 D 为整个 xOy 平面,即 $-\infty < x < +\infty, -\infty < y < +\infty$.

解　显然 D 是无界区域,取

$$D_a = \{(x,y) \,|\, x^2 + y^2 \leqslant a^2\} = \{(r,\theta) \,|\, 0 \leqslant \theta \leqslant 2\pi, 0 \leqslant r \leqslant a\}$$

则当 $a \to +\infty$ 时,$D_a \to D$,且

$$\iint\limits_{D_a} e^{-x^2-y^2} dxdy = \int_0^{2\pi} d\theta \int_0^a e^{-r^2} \cdot rdr$$

$$= \int_0^{2\pi} \left[-\frac{1}{2} e^{-r^2} \right]_0^a d\theta$$

$$= \frac{1}{2}(1 - e^{-a^2}) \cdot \int_0^{2\pi} d\theta$$

$$= \pi(1 - e^{-a^2})$$

则

$$\iint\limits_D e^{-x^2-y^2} dxdy = \lim_{a \to +\infty} \pi(1 - e^{-a^2}) = \pi$$

下面我们推导一个在概率统计中有广泛应用的广义积分 $\int_0^{+\infty} e^{-x^2} dx$.

因为

$$\int_0^{+\infty} e^{-x^2} dx = \int_0^{+\infty} e^{-y^2} dy$$

则

$$\left(\int_0^{+\infty} e^{-x^2} dx \right)^2 = \int_0^{+\infty} e^{-x^2} dx \int_0^{+\infty} e^{-y^2} dy = \int_0^{+\infty} dx \int_0^{+\infty} e^{-x^2-y^2} dy$$

上式可看作积分区域在第一象限,类似于例 13 的推导可知

$$\int_0^{+\infty} \mathrm{d}x \int_0^{+\infty} \mathrm{e}^{-x^2-y^2} \mathrm{d}y = \frac{\pi}{4}$$

则

$$\int_0^{+\infty} \mathrm{e}^{-x^2} \mathrm{d}x = \frac{\sqrt{\pi}}{2}$$

习题 6.8

(A)

1. 根据二重积分的几何意义,指出下列积分值.

(1) $\iint\limits_D (2 - \sqrt{x^2+y^2}) \mathrm{d}\sigma$,其中 D 为 $x^2+y^2 \leqslant 4$ 所围的闭区域.

提示: $z = 2 - \sqrt{x^2+y^2}$ 为顶点在 $(0,0,2)$、开口朝下的圆锥面.

(2) $\iint\limits_D (1-x-y) \mathrm{d}\sigma$,其中 D 为 $x=0, y=0$ 及 $x+y=1$ 所围的闭区域.

提示: $x+y+z=1$ 表示一个平面,且在三个坐标轴上的截距均为 1.

2. 若积分区域 D 关于 x 轴对称,D_0 是位于 $y > 0$(或 $y < 0$)侧的一半区域,利用二重积分的几何意义说明:

(Ⅰ) 当 $f(x,y)$ 为 y 的偶函数,即 $f(x,y) = f(x,-y)$ 时,

$$\iint\limits_D f(x,y) \mathrm{d}\sigma = 2\iint\limits_{D_0} f(x,y) \mathrm{d}\sigma$$

(Ⅱ) 当 $f(x,y)$ 为 y 的奇函数,即 $f(x,y) = -f(x,-y)$ 时,

$$\iint\limits_D f(x,y) \mathrm{d}\sigma = 0$$

并由此计算下列积分的值,其中 $D = \{(x,y) \mid |x| + |y| \leqslant 10\}$.

(1) $\iint\limits_D x \sqrt{x^2+y^2} \mathrm{d}\sigma$ (2) $\iint\limits_D (3 - x^2 \sin xy) \mathrm{d}\sigma$

3. 利用二重积分的性质比较积分 $I_1 = \iint\limits_D \ln(x+y) \mathrm{d}\sigma$ 与 $I_2 = \iint\limits_D [\ln(x+y)]^2 \mathrm{d}\sigma$ 的大小,其中 D 为:

(1) 以 $(1,0),(1,1),(2,0)$ 为顶点所围成的三角形区域;

(2) $D = \{(x,y) \mid 3 \leqslant x \leqslant 5, 0 \leqslant y \leqslant 1\}$.

4. 利用二重积分的性质估计下列积分的值.

(1) $I = \iint\limits_D \dfrac{1}{\ln(2+x+y)} \mathrm{d}\sigma$,其中 $D = \{(x,y) \mid 0 \leqslant x \leqslant 2, 0 \leqslant y \leqslant 4\}$;

(2) $I = \iint\limits_D \dfrac{\mathrm{d}\sigma}{100 + \cos^2 x + \cos^2 y}$,其中 $D = \{(x,y) \mid |x| + |y| \leqslant 10\}$;

(3) $I = \iint\limits_D (x+y+10) \mathrm{d}\sigma$,其中 $D = \{(x,y) \mid x^2+y^2 \leqslant 4\}$.

5. 计算下列二重积分:

(1) $\iint\limits_D xy(x+y) \mathrm{d}\sigma$,其中 D 是矩形闭区域: $|x| \leqslant 1, |y| \leqslant 1$;

(2) $\iint\limits_D xy\mathrm{e}^{x^2+y^2} \mathrm{d}\sigma$,其中 $D = \{(x,y) \mid a \leqslant x \leqslant b, c \leqslant y \leqslant d\}$;

(3) $\iint\limits_{D}(3x+2y)\mathrm{d}\sigma$,其中 D 是由两个坐标轴及 $x+y=2$ 所围成的闭区域;

(4) $\iint\limits_{D}(x^2+y)\mathrm{d}\sigma$,其中 D 是以 $(0,0),(1,1),(1,-1)$ 为顶点的三角形区域.

6. 画出积分区域,并计算下列二重积分:

(1) $\iint\limits_{D}x\sqrt{y}\,\mathrm{d}\sigma$,其中 D 是由抛物线 $y=\sqrt{x}$,$y=x^2$ 所围成的闭区域;

(2) $\iint\limits_{D}(2x+y)\mathrm{d}\sigma$,其中 D 是由 $y=x$,$y=\dfrac{1}{x}$ 及 $y=2$ 所围成的闭区域;

(3) $\iint\limits_{D}x\mathrm{d}\sigma$,其中 D 是由 $y=\ln x$,x 轴及 $x=\mathrm{e}$ 所围成的闭区域;

(4) $\iint\limits_{D}y\mathrm{d}\sigma$,其中 D 是由抛物线 $y^2=2x$ 与直线 $y=x-4$ 所围成的闭区域.

7. 将二重积分 $I=\iint\limits_{D}f(x,y)\mathrm{d}\sigma$ 按两种次序化为二次积分,其中积分区域 D 为:

(1) 圆周 $x^2+y^2=4$ 及 y 轴所围成的右半闭区域;

(2) 抛物线 $y=x^2$ 与直线 $y=2x+3$ 所围的闭区域;

(3) 曲线 $y=\mathrm{e}^x$ 与 y 轴及直线 $y=\mathrm{e}$ 所围的闭区域.

8. 交换下列积分的次序:

(1) $\displaystyle\int_0^1\mathrm{d}y\int_y^{\sqrt{y}}f(x,y)\mathrm{d}x$

(2) $\displaystyle\int_{-1}^1\mathrm{d}y\int_{-1}^yf(x,y)\mathrm{d}x$

(3) $\displaystyle\int_0^1\mathrm{d}y\int_y^{\sqrt{2-y^2}}f(x,y)\mathrm{d}x$

(4) $\displaystyle\int_1^2\mathrm{d}x\int_{\frac{1}{x}}^xf(x,y)\mathrm{d}y$

(5) $\displaystyle\int_0^2\mathrm{d}x\int_{4-x^2}^4f(x,y)\mathrm{d}y+\int_2^4\mathrm{d}x\int_{2x-4}^4f(x,y)\mathrm{d}y$

(6) $\displaystyle\int_0^1\mathrm{d}x\int_0^{\sqrt{2x-x^2}}f(x,y)\mathrm{d}y+\int_1^2\mathrm{d}x\int_0^{2-x}f(x,y)\mathrm{d}y$

9. 计算下列二重积分:

(1) $\displaystyle\int_1^5\mathrm{d}y\int_y^5\dfrac{1}{y\ln x}\mathrm{d}x$

(2) $\displaystyle\int_0^1\mathrm{d}x\int_{x^2}^1x\mathrm{e}^{-y^2}\mathrm{d}y$

10. 利用极坐标计算下列二重积分:

(1) $\iint\limits_{D}\mathrm{e}^{x^2+y^2}\mathrm{d}\sigma$,其中 D 是由圆周 $x^2+y^2=R^2$ 所围成的在第一象限内的闭区域;

(2) $\iint\limits_{D}(x^2+y^2)^2\mathrm{d}\sigma$,其中 D 是圆环 $\{(x,y)\mid 1\leqslant x^2+y^2\leqslant 4\}$;

(3) $\iint\limits_{D}\arctan\dfrac{y}{x}\mathrm{d}\sigma$,其中 D 是由 $x^2+y^2=1,x^2+y^2=4$ 及直线 $y=0,y=x$ 所围成的第一象限内的闭区域;

(4) $\iint\limits_{D}\ln(1+x^2+y^2)\mathrm{d}\sigma$,其中 D 是由 $x^2+y^2=1$ 所围成的闭区域.

(B)

1. 设 $D_1=\{(x,y)\mid 0\leqslant x\leqslant 2,0\leqslant y\leqslant 2\}$ 为正方形,D_2 为 D_1 的内切圆,D_3 为 D_1 的外接圆,记

$$I_1=\iint\limits_{D_1}\mathrm{e}^{-x^2-y^2}\mathrm{d}\sigma,\quad I_2=\iint\limits_{D_2}\mathrm{e}^{-x^2-y^2}\mathrm{d}\sigma,\quad I_3=\iint\limits_{D_3}\mathrm{e}^{-x^2-y^2}\mathrm{d}\sigma$$

则 I_1,I_2,I_3 的大小顺序是(　　).

A. $I_1 \leqslant I_2 \leqslant I_3$ B. $I_2 \leqslant I_1 \leqslant I_3$ C. $I_3 \leqslant I_1 \leqslant I_3$ D. $I_3 \leqslant I_2 \leqslant I_1$

2. 设 D 为中心在原点,半径为 r 的圆域,计算

$$\lim_{r \to 0} \frac{1}{\pi r^2} \iint_D e^{-x^2-y^2} \cos(x+y) \mathrm{d}x\mathrm{d}y$$

3. 设 $f(x,y),g(x,y)$ 在闭区域 D 上连续,且 $g(x,y)$ 在 D 上不变号,证明在 D 上至少存在一点 (ξ,η),使得

$$\iint_D f(x,y)g(x,y)\mathrm{d}\sigma = f(\xi,\eta)\iint_D g(x,y)\mathrm{d}\sigma$$

4. 设 $f(x,y)$ 在 D 上连续,且 $f(x,y) = xy + \iint_D f(u,v)\mathrm{d}u\mathrm{d}v$,其中 D 是由曲线 $y=x^2$ 及直线 $y=0$,$x=1$ 所围的闭区域,求 $f(x,y)$.

5. 计算下列二重积分:

(1) $\iint_D |y-x^2|\mathrm{d}\sigma$,其中 $D = \{(x,y) | -1 \leqslant x \leqslant 1, 0 \leqslant y \leqslant 1\}$;

(2) $\iint_D |1-x^2-y^2|\mathrm{d}\sigma$,其中 D 为圆 $x^2+y^2=4$ 所围闭区域;

(3) $\iint_D \sqrt{R^2-x^2-y^2}\mathrm{d}\sigma$,其中 D 为 $x^2+y^2=Rx$ 所围闭区域;

(4) $\iint_D \frac{e^{xy}}{y^y-1}\mathrm{d}x\mathrm{d}y$,其中 D 为 $y=e^x$,$y=2$ 及 $x=0$ 所围闭区域;

(5) $\iint_D x[1+yf(x^2+y^2)]\mathrm{d}\sigma$,其中 D 为曲线 $y=x^3$,直线 $y=1$ 及 $x=-1$ 所围闭区域,f 为连续函数.

6. 计算:

(1) $\int_0^e \mathrm{d}y \int_1^2 \frac{\ln x}{e^x}\mathrm{d}x + \int_e^{e^2} \mathrm{d}y \int_{\ln y}^2 \frac{\ln x}{e^x}\mathrm{d}x$

(2) $\int_0^a \mathrm{d}x \int_{-x}^{-a+\sqrt{a^2-x^2}} \frac{\mathrm{d}y}{\sqrt{x^2+y^2} \cdot \sqrt{4a^2-x^2-y^2}} \quad (a>0)$

7. 化二重积分 $\iint_D f(x,y)\mathrm{d}\sigma$ 为极坐标系下的二次积分,其中 D 为:

(1) 由 $x^2+y^2=2y$,$x^2+y^2=4y$ 所围第一象限的部分;

(2) 由 $y=x$,$y=\sqrt{3}x$ 及 $x=1$ 三条直线所围闭区域;

(3) 由 x 轴,曲线 $y=x^2$ 及直线 $x=1$ 所围闭区域.

8. 计算反常二重积分 $\iint_D e^{-|x|-|y|}\mathrm{d}\sigma$,其中 D 表示全坐标平面.

第 7 章　无穷级数

无穷级数是微积分的重要组成部分,它主要研究的是无穷多个数量或函数相加的问题,即一种数列的极限问题.无穷级数在解决经济、管理等方面的实际问题中有着广泛的应用,是表示函数、研究函数性质和进行数值计算的有力工具.本章先讨论常数项级数,然后讨论幂级数及其应用.

7.1　常数项级数的概念与性质

7.1.1　常数项级数的概念

人们在研究事物数量方面的特性或进行某些数值计算时,往往要经历一个由近似到精确的逼近过程.在这个过程中,常常会遇到由有限个数量相加到无穷多个数量相加的问题.

例如,在公元前 300 年左右,我国古代著名哲学家庄周所著《庄子·天下篇》里面就有"一尺之棰,日取其半,万世不竭"的说法.意思是说一根一尺长的棰,今天取它的一半即 $\frac{1}{2}$,明天取剩下棰的一半即 $\frac{1}{4}$,后天再取剩下的棰的一半即 $\frac{1}{8}$,…,这样继续下去,总没有取完的时候.我们把这件事列成数学式子,那么所取棰的总长为

$$\frac{1}{2} + \frac{1}{4} + \frac{1}{8} + \cdots + \frac{1}{2^n} + \cdots$$

这是一个无穷多个数量相加的问题.通常情况下,我们无法计算它的和,但是可先计算 n 天所取棰的总长,即

$$\frac{1}{2} + \frac{1}{4} + \frac{1}{8} + \cdots + \frac{1}{2^n} = \frac{\frac{1}{2}\left[1 - \left(\frac{1}{2}\right)^n\right]}{1 - \frac{1}{2}} = 1 - \left(\frac{1}{2}\right)^n$$

然后把取棰的天数无限增多,即 $n \to \infty$,则棰的原长即为

$$\lim_{n \to \infty}\left[1 - \left(\frac{1}{2}\right)^n\right] = 1$$

即
$$1 = \frac{1}{2} + \frac{1}{4} + \frac{1}{8} + \cdots + \frac{1}{2^n} + \cdots$$

又如,无理数 π 也可表示成无穷个数的和的形式,即

$$\pi = 3 + 1 \times \frac{1}{10} + 4 \times \frac{1}{10^2} + 1 \times \frac{1}{10^3} + 5 \times \frac{1}{10^4} + 9 \times \frac{1}{10^5} + 2 \times \frac{1}{10^6} + 6 \times \frac{1}{10^7} + \cdots$$

定义 1　设给定一个数列

$$u_1, u_2, u_3, \cdots, u_n, \cdots$$

则由这个数列构成的表达式

$$u_1 + u_2 + \cdots + u_n + \cdots \tag{1}$$

叫做(常数项)无穷级数,简称(常数项)级数,记为 $\sum_{n=1}^{\infty} u_n$,即

$$\sum_{n=1}^{\infty} u_n = u_1 + u_2 + \cdots + u_n + \cdots$$

其中第 n 项 u_n 叫做级数的一般项(或通项).

例如,
$$\sum_{n=1}^{\infty} \frac{1}{n} = 1 + \frac{1}{2} + \frac{1}{3} + \cdots + \frac{1}{n} + \cdots$$

$$\sum_{n=1}^{\infty} \frac{1}{2^n} = \frac{1}{2} + \frac{1}{2^2} + \frac{1}{2^3} + \cdots + \frac{1}{2^n} + \cdots$$

无穷级数是无穷多项的累加,并不是所有无穷级数累加后都有一个固定的值.联系上面取棰的例子,我们用有限项相加求和,再对和式取极限的方法来讨论无穷多项累加是否有结果.

作(常数项)级数(1)的前 n 项和

$$S_n = u_1 + u_2 + \cdots + u_n = \sum_{i=1}^{n} u_i \tag{2}$$

S_n 称为级数(1)的部分和.当 n 依次取 $1, 2, 3, \cdots$ 时,它们构成一个新的数列:

$$S_1 = u_1, S_2 = u_1 + u_2, S_3 = u_1 + u_2 + u_3, \cdots, S_n = u_1 + u_2 + \cdots + u_n, \cdots$$

定义 2　如果级数 $\sum_{n=1}^{\infty} u_n$ 的部分和数列 $\{S_n\}$ 有极限 S,即 $\lim_{n \to \infty} S_n = S$,则称无穷级数 $\sum_{n=1}^{\infty} u_n$ 收敛,极限 S 叫做该级数的和,并记为

$$S = u_1 + u_2 + \cdots + u_n + \cdots = \sum_{n=1}^{\infty} u_n$$

如果 $\{S_n\}$ 没有极限,则称无穷级数 $\sum_{n=1}^{\infty} u_n$ 发散.

当级数 $\sum_{n=1}^{\infty} u_n$ 收敛时,其部分和 S_n 与级数和 S 之间的差值

$$r_n = S - S_n = u_{n+1} + u_{n+2} + \cdots$$

叫做级数的余项.显然 $S_n \approx S$,用 S_n 近似代替 S 所产生的绝对误差为余项的绝对值 $|r_n|$.

可见,级数是否收敛及收敛时它的和是什么的问题,等价于部分和数列的极限是否存在以及它的极限值是什么的问题,即

$$\sum_{n=1}^{\infty} u_n \text{ 收敛（发散）} \Leftrightarrow \lim_{n \to \infty} S_n \text{ 存在（不存在）}$$

【例 1】 无穷级数

$$\sum_{n=0}^{\infty} aq^n = a + aq + aq^2 + \cdots + aq^n + \cdots \quad (a \neq 0)$$

称为几何级数（又称为等比级数），q 叫做级数的公比. 试讨论该级数的敛散性.

解 如果 $q \neq 1$，则部分和

$$S_n = a + aq + \cdots + aq^{n-1} = \frac{a - aq^n}{1-q} = \frac{a}{1-q} - \frac{aq^n}{1-q}$$

当 $|q| < 1$ 时，由于 $\lim_{n \to \infty} q^n = 0$，因此 $\lim_{n \to \infty} S_n = \frac{a}{1-q}$. 此时几何级数 $\sum_{n=0}^{\infty} aq^n$ 收敛于 $\frac{a}{1-q}$.

当 $|q| > 1$ 时，由于 $\lim_{n \to \infty} q^n = \infty$，因此 $\lim_{n \to \infty} S_n = \infty$，故级数 $\sum_{n=0}^{\infty} aq^n$ 发散.

如果 $q = 1$，则级数为 $a + a + a + \cdots$，则 $S_n = na \to \infty (n \to \infty)$，故级数发散；如果 $q = -1$，则级数为 $a - a + a - a + \cdots$，显然 S_n 随着 n 为奇数或为偶数而等于 a 或等于零，从而 $\lim_{n \to \infty} S_n$ 不存在，故级数发散.

综上可知，几何级数当 $|q| < 1$ 时收敛，其和为 $\frac{a}{1-q}$；当 $|q| \geqslant 1$ 时发散.

关于上述几何级数的结论非常重要，简单实用. 例如级数 $\sum_{n=1}^{\infty} \frac{(-1)^{n-1}}{2^{n-1}}$ 是一个几何级数，公比 $q = -\frac{1}{2}$，$a = 1$，因此，该级数收敛于 $\frac{1}{1-q} = \frac{2}{3}$.

【例 2】 证明算术级数

$$a + (a+d) + (a+2d) + \cdots + [a+(n-1)d] + \cdots$$

是发散的（其中 a 与 d 不同时为零）.

证明 级数的部分和

$$S_n = a + a + d + \cdots + a + (n-1)d = na + \frac{n(n-1)d}{2}$$

显然 $\lim_{n \to \infty} S_n = \infty$，故所给算术级数发散.

【例 3】 判别下列级数的敛散性：

$$(1) \sum_{n=1}^{\infty} \frac{1}{n(n+1)} \qquad (2) \sum_{n=1}^{\infty} \ln \frac{n+1}{n}$$

解 $(1) S_n = \frac{1}{1 \times 2} + \frac{1}{2 \times 3} + \cdots + \frac{1}{n(n+1)}$

$$= \left(1 - \frac{1}{2}\right) + \left(\frac{1}{2} - \frac{1}{3}\right) + \cdots + \left(\frac{1}{n} - \frac{1}{n+1}\right)$$

$$= 1 - \frac{1}{n+1}$$

故

$$\lim_{n \to \infty} S_n = \lim_{n \to \infty} \left(1 - \frac{1}{n+1}\right) = 1$$

所以原级数收敛,其和为 1.

$$(2) S_n = \ln \frac{2}{1} + \ln \frac{3}{2} + \cdots + \ln \frac{n+1}{n}$$

$$= (\ln 2 - \ln 1) + (\ln 3 - \ln 2) + \cdots + [\ln(n+1) - \ln n]$$

$$= \ln(n+1) - \ln 1 = \ln(n+1)$$

显然 $$\lim_{n \to \infty} S_n = \lim_{n \to \infty} \ln(n+1) = \infty$$

所以原级数发散.

【例 4】 证明调和级数

$$\sum_{n=1}^{\infty} \frac{1}{n} = 1 + \frac{1}{2} + \frac{1}{3} + \cdots + \frac{1}{n} + \cdots$$

是发散的.

证明 假设调和级数收敛,其和为 S,则有

$$\lim_{n \to \infty} S_n = S, \quad \lim_{n \to \infty} S_{2n} = S$$

而

$$S_{2n} - S_n = \frac{1}{n+1} + \frac{1}{n+2} + \cdots + \frac{1}{2n} > \frac{1}{2n} + \frac{1}{2n} + \cdots + \frac{1}{2n} = \frac{1}{2}$$

这与 $\lim\limits_{n \to \infty}(S_{2n} - S_n) = 0$ 矛盾,故假设不成立,因此级数 $\sum\limits_{n=1}^{\infty} \frac{1}{n}$ 是发散的.

7.1.2 常数项级数的基本性质

性质 1 设 k 为非零常数,则级数 $\sum\limits_{n=1}^{\infty} ku_n$ 与 $\sum\limits_{n=1}^{\infty} u_n$ 同时收敛或同时发散,且同时收敛时有

$$\sum_{n=1}^{\infty} ku_n = k \sum_{n=1}^{\infty} u_n$$

证明 设级数 $\sum\limits_{n=1}^{\infty} u_n$ 与 $\sum\limits_{n=1}^{\infty} ku_n$ 的部分和分别为 S_n 和 σ_n,则有

$$\sigma_n = ku_1 + ku_2 + \cdots + ku_n = kS_n$$

由数列极限的性质,当 $n \to \infty$ 时,S_n 与 σ_n 同时收敛或同时发散,即级数 $\sum\limits_{n=1}^{\infty} u_n$ 与 $\sum\limits_{n=1}^{\infty} ku_n$ 同时收敛或同时发散,且同时收敛时,有

$$\lim_{n \to \infty} \sigma_n = k \lim_{n \to \infty} S_n$$

即有 $$\sum_{n=1}^{\infty} ku_n = k \sum_{n=1}^{\infty} u_n$$

例如,调和级数 $\sum\limits_{n=1}^{\infty} \frac{1}{n}$ 发散,则 $\sum\limits_{n=1}^{\infty} \frac{1}{3n}$ 也发散,而 $\sum\limits_{n=1}^{\infty} \frac{1}{3^n}$ 收敛,则 $\sum\limits_{n=1}^{\infty} \frac{2}{3^n}$ 也收敛.

性质 2 如果级数 $\sum\limits_{n=1}^{\infty} u_n$ 与 $\sum\limits_{n=1}^{\infty} v_n$ 都收敛,则 $\sum\limits_{n=1}^{\infty} (u_n \pm v_n)$ 也收敛,且有

$$\sum_{n=1}^{\infty} (u_n \pm v_n) = \sum_{n=1}^{\infty} u_n \pm \sum_{n=1}^{\infty} v_n$$

证明　设级数 $\sum_{n=1}^{\infty}(u_n \pm v_n)$，$\sum_{n=1}^{\infty} u_n$ 与 $\sum_{n=1}^{\infty} v_n$ 的部分和分别为 σ_n, s_n 与 t_n，则有

$$\begin{aligned}
\sigma_n &= (u_1 \pm v_1) + (u_2 \pm v_2) + \cdots + (u_n \pm v_n) \\
&= (u_1 + u_2 + \cdots + u_n) \pm (v_1 + v_2 + \cdots + v_n) \\
&= s_n \pm t_n
\end{aligned}$$

由于 $n \to \infty$ 时，s_n 与 t_n 的极限存在，则 $s_n \pm t_n$ 的极限也存在，且有

$$\lim_{n \to \infty}\sigma_n = \lim_{n \to \infty} s_n \pm \lim_{n \to \infty} t_n$$

即有

$$\sum_{n=1}^{\infty} (u_n \pm v_n) = \sum_{n=1}^{\infty} u_n \pm \sum_{n=1}^{\infty} v_n$$

【例 5】　判别级数 $\sum_{n=1}^{\infty}\left[\dfrac{5}{n(n+1)} + \dfrac{3}{2^n}\right]$ 是否收敛，若收敛，求其和.

解　由前面例 3 知，级数 $\sum_{n=1}^{\infty} \dfrac{1}{n(n+1)}$ 收敛于 1，则由性质 1 可知 $\sum_{n=1}^{\infty} \dfrac{5}{n(n+1)}$ 收敛于 5. 而级数 $\sum_{n=1}^{\infty} \dfrac{3}{2^n}$ 是 $a = 3, q = \dfrac{1}{2}$ 的几何级数，收敛于 $\dfrac{3}{1 - \frac{1}{2}} = 6$，因此级数

$$\sum_{n=1}^{\infty}\left[\frac{5}{n(n+1)} + \frac{3}{2^n}\right]$$ 收敛，且其和为 11.

需要说明的是，若两级数 $\sum_{n=1}^{\infty} u_n$ 与 $\sum_{n=1}^{\infty} v_n$ 中一个收敛而另一个发散，则 $\sum_{n=1}^{\infty}(u_n \pm v_n)$ 必发散；但若两级数都发散，$\sum_{n=1}^{\infty}(u_n \pm v_n)$ 却不一定发散.

性质 3　在级数中去掉、加上或改变有限项，不会改变级数的敛散性.

此性质是显然的，这是因为一个级数是否收敛要取决于 n 充分大以后的变化情况，而与前面有限项无关. 但一般情况下它的和是会改变的.

性质 4　收敛级数加括弧后所成的新级数仍收敛于原级数的和.

证明　设收敛级数 $\sum_{n=1}^{\infty} u_n = S$，若它按某一规律加括弧，例如设为

$$(u_1 + u_2) + (u_3 + u_4 + u_5) + \cdots$$

显然，新级数的部分和数列 $\{\sigma_m\}(m = 1, 2, \cdots)$ 为原级数部分和数列 $\{S_n\}(n = 1, 2, \cdots)$ 的子数列，由数列 $\{S_n\}$ 的收敛性以及收敛数列与其子数列的关系可知，$\{\sigma_m\}$ 必收敛，且有

$$\lim_{m \to \infty}\sigma_m = \lim_{n \to \infty} S_n$$

性质 4 的逆命题不成立，即收敛级数去括弧后所成的级数不一定收敛，例如级数

$$(1 - 1) + (1 - 1) + \cdots$$

收敛于零，但级数去括弧后为

$$1 - 1 + 1 - 1 + \cdots$$

却是发散的.

根据性质 4 可得如下推论:如果加括弧后所成的级数发散,则原来级数也发散.

性质 5(级数收敛的必要条件) 如果级数 $\sum\limits_{n=1}^{\infty} u_n$ 收敛,那么它的一般项 u_n 趋于零,即

$$\lim_{n\to\infty} u_n = 0$$

证明 设级数 $\sum\limits_{n=1}^{\infty} u_n$ 的部分和为 S_n,由于其收敛,故设其和为 S,显然有

$$\lim_{n\to\infty} S_n = \lim_{n\to\infty} S_{n-1} = S$$

而 $u_n = S_n - S_{n-1}$,故

$$\lim_{n\to\infty} u_n = \lim_{n\to\infty}(S_n - S_{n-1}) = 0$$

性质 5 表明,若级数的一般项不满足条件 $\lim\limits_{n\to\infty} u_n = 0$,则该级数一定是发散的,例如级数 $\sum\limits_{n=1}^{\infty} \dfrac{n}{n+1}$、$\sum\limits_{n=1}^{\infty} 2^{\frac{1}{n}}$,均由一般项的极限不为 0 可判定它们是发散的.

需强调的是 $\lim\limits_{n\to\infty} u_n = 0$ 不是级数收敛的充分条件,有些级数虽然一般项趋于零,但仍然是发散的,例如调和级数

$$1 + \frac{1}{2} + \frac{1}{3} + \cdots + \frac{1}{n} + \cdots$$

虽然有 $\lim\limits_{n\to\infty} u_n = 0$,但由例 4 知,它是发散的.

习题 7.1

(A)

1. 写出下列级数的一般项:

(1) $1 - \dfrac{1}{3} + \dfrac{1}{5} - \dfrac{1}{7} + \cdots$

(2) $\sin\dfrac{1}{2} + 2\sin\dfrac{1}{4} + 3\sin\dfrac{1}{8} + 4\sin\dfrac{1}{16} + \cdots$

(3) $\dfrac{3}{2} + \dfrac{5}{4} + \dfrac{9}{8} + \dfrac{17}{16} + \cdots$

(4) $\dfrac{\sqrt{a}}{2} + \dfrac{a}{5} + \dfrac{a\sqrt{a}}{10} + \dfrac{a^2}{17} + \cdots$

2. 利用定义判断下列级数是否收敛,若收敛,求其和.

(1) $\sum\limits_{n=1}^{\infty} (\sqrt{n+1} - \sqrt{n})$ (2) $\sum\limits_{n=1}^{\infty} \dfrac{1}{(2n-1)(2n+1)}$ (3) $\sum\limits_{n=1}^{\infty} \dfrac{2}{3^{n-1}}$

3. 利用级数 $\sum\limits_{n=1}^{\infty} u_n$ 的部分和 S_n 求 u_n 及 $\sum\limits_{n=1}^{\infty} u_n$.

(1) $S_n = \dfrac{2n}{n+1}$ (2) $S_n = \dfrac{1}{2} - \dfrac{1}{2(2n+1)}$

4. 判断下列级数的敛散性:

(1) $\sin 1 + \sin^2 1 + \sin^3 1 + \sin^4 1 + \cdots$

(2) $\cos \dfrac{\pi}{6} + \cos \dfrac{2}{6}\pi + \cos \dfrac{3}{6}\pi + \cos \dfrac{4}{6}\pi + \cdots$

(3) $1 + 6 + \dfrac{\ln 2}{2} + \left(\dfrac{\ln 2}{2}\right)^2 + \left(\dfrac{\ln 2}{2}\right)^3 + \cdots$

(4) $\dfrac{1}{2} - \dfrac{1}{3} + \dfrac{1}{4} - \dfrac{1}{9} + \dfrac{1}{8} - \dfrac{1}{27} + \cdots$

(5) $\sqrt{a} + \sqrt[3]{a} + \sqrt[4]{a} + \sqrt[5]{a} + \cdots$

(6) $\dfrac{1}{2} + \dfrac{1}{10} + \dfrac{1}{4} + \dfrac{1}{20} + \dfrac{1}{8} + \dfrac{1}{30} + \cdots$

(B)

1. 单项选择题

(1) 若级数 $\displaystyle\sum_{n=1}^{\infty}(u_n + v_n)$ 收敛,则(　　).

A. $\displaystyle\sum_{n=1}^{\infty}u_n$ 与 $\displaystyle\sum_{n=1}^{\infty}v_n$ 均收敛

B. $\displaystyle\sum_{n=1}^{\infty}u_n$ 与 $\displaystyle\sum_{n=1}^{\infty}v_n$ 均发散

C. $\displaystyle\sum_{n=1}^{\infty}u_n$ 与 $\displaystyle\sum_{n=1}^{\infty}v_n$ 至少有一个收敛

D. $\displaystyle\sum_{n=1}^{\infty}u_n$ 与 $\displaystyle\sum_{n=1}^{\infty}v_n$ 或者同时收敛,或者同时发散

(2) 若级数 $\displaystyle\sum_{n=1}^{\infty}(u_{2n-1} + u_{2n})$ 收敛,则(　　).

A. $\displaystyle\sum_{n=1}^{\infty}u_n$ 必收敛

B. $\displaystyle\sum_{n=1}^{\infty}u_n$ 未必收敛

C. $\displaystyle\lim_{n\to\infty}u_n = 0$

D. $\displaystyle\sum_{n=1}^{\infty}u_n$ 发散

(3) 若对数列 $\{b_n\}$ 有 $\displaystyle\lim_{n\to\infty}b_n = \infty$,则当 $b_n \neq 0$ 时,级数 $\displaystyle\sum_{n=1}^{\infty}\left(\dfrac{1}{b_n} - \dfrac{1}{b_{n+1}}\right)$(　　).

A. 发散

B. 收敛,其和为 0

C. 收敛,其和为 1

D. 收敛,其和为 $\dfrac{1}{b_1}$

2. 判断下列级数的敛散性:

(1) $\displaystyle\sum_{n=1}^{\infty}\dfrac{1}{n(n+1)(n+2)}$

(2) $\displaystyle\sum_{n=1}^{\infty}\dfrac{2n+1}{n^2(n+1)^2}$

(3) $\displaystyle\sum_{n=1}^{\infty}\left(\dfrac{n+1}{n}\right)^n$

(4) $\displaystyle\sum_{n=1}^{\infty}\dfrac{\sqrt{n+1}-\sqrt{n}}{\sqrt{n(n+1)}}$

3. 已知级数 $\displaystyle\sum_{n=1}^{\infty}u_n$ 收敛,且其和为 S,证明:

(1) 级数 $\displaystyle\sum_{n=1}^{\infty}(u_n + u_{n+2})$ 收敛,且其和为 $2S - u_1 - u_2$;

(2) 级数 $\displaystyle\sum_{n=1}^{\infty}\left(u_n + \dfrac{1}{n}\right)$ 发散.

4. 已知 $\displaystyle\sum_{n=1}^{\infty}(-1)^{n-1}a_n = 4$,$\displaystyle\sum_{n=1}^{\infty}a_{2n-1} = 9$,证明级数 $\displaystyle\sum_{n=1}^{\infty}a_n$ 收敛,并求其和.

5. 某合同规定,从签约之日起,由甲方永不停止地每年支付给乙方 3 百万元人民币,设利率为每年 5%,分别以(1) 年复利计算利息;(2) 连续复利计算利息,则该合同的现值等于多少?

7.2 正项级数及其审敛法

7.2.1 正项级数

如果级数 $\sum\limits_{n=1}^{\infty} u_n$ 的每一项 $u_n \geqslant 0 (n=1,2,\cdots)$，这种级数称为正项级数．正项级数是级数中最简单但却是最重要的级数，许多级数的收敛性问题可归结为正项级数的收敛性问题．

设级数
$$u_1 + u_2 + \cdots + u_n + \cdots$$
是一个正项级数，由 $u_n \geqslant 0$ 可知，它的部分和数列 $\{S_n\}$ 为一个单调增加数列，从而可以得到下面的重要定理：

定理 1 正项级数 $\sum\limits_{n=1}^{\infty} u_n$ 收敛的充分必要条件是它的部分和数列 $\{S_n\}$ 有界．

证明 由于 $\sum\limits_{n=1}^{\infty} u_n$ 是正项级数，则部分和数列 $\{S_n\}$ 单调．若 $\{S_n\}$ 有界，由"单调有界数列必有极限"知，$\lim\limits_{n \to \infty} S_n$ 存在，即正项级数 $\sum\limits_{n=1}^{\infty} u_n$ 收敛，充分性得证，下面证必要性．

若正项级数 $\sum\limits_{n=1}^{\infty} u_n$ 收敛于 S，则 $\lim\limits_{n \to \infty} S_n = S$．根据"收敛数列是有界数列"的性质知，数列 $\{S_n\}$ 必有界．

定理 1 是关于正项级数的一个基本审敛法．由定理 1 可知，若正项级数 $\sum\limits_{n=1}^{\infty} u_n$ 发散，则部分和数列 $S_n \to +\infty (n \to \infty)$，此时记 $\sum\limits_{n=1}^{\infty} u_n = +\infty$．

7.2.2 正项级数的比较审敛法

定理 2（比较审敛法） 设 $\sum\limits_{n=1}^{\infty} u_n$ 和 $\sum\limits_{n=1}^{\infty} v_n$ 都是正项级数，且 $u_n \leqslant v_n (n=1,2,\cdots)$．

(1) 若级数 $\sum\limits_{n=1}^{\infty} v_n$ 收敛，则 $\sum\limits_{n=1}^{\infty} u_n$ 收敛；

(2) 若级数 $\sum\limits_{n=1}^{\infty} u_n$ 发散，则 $\sum\limits_{n=1}^{\infty} v_n$ 发散．

证明 (1) 设级数 $\sum\limits_{n=1}^{\infty} v_n$ 收敛于 σ，则有
$$u_1 + u_2 + \cdots + u_n \leqslant v_1 + v_2 + \cdots + v_n \leqslant \sigma \quad (n=1,2,\cdots)$$
故正项级数 $\sum\limits_{n=1}^{\infty} u_n$ 的部分和数列 $\{S_n\}$ 有界，由定理 1 可知 $\sum\limits_{n=1}^{\infty} u_n$ 收敛．

（2）反证：若级数 $\sum\limits_{n=1}^{\infty} v_n$ 收敛，则由（1）可知 $\sum\limits_{n=1}^{\infty} u_n$ 也收敛，与题设 $\sum\limits_{n=1}^{\infty} u_n$ 发散矛盾.

由于级数的每一项同乘以一个不为零的常数 k 以及去掉级数前面部分的有限项不会影响级数的敛散性，可得如下推论：

推论　设 $\sum\limits_{n=1}^{\infty} u_n$ 和 $\sum\limits_{n=1}^{\infty} v_n$ 都是正项级数，且存在正整数 N，使当 $n \geqslant N$ 时：

（1）若有 $u_n \leqslant kv_n(k > 0)$，且 $\sum\limits_{n=1}^{\infty} v_n$ 收敛，则 $\sum\limits_{n=1}^{\infty} u_n$ 也收敛；

（2）若有 $u_n \geqslant kv_n(k > 0)$，且 $\sum\limits_{n=1}^{\infty} v_n$ 发散，则 $\sum\limits_{n=1}^{\infty} u_n$ 也发散.

【例 1】　讨论 p- 级数

$$1 + \frac{1}{2^p} + \frac{1}{3^p} + \frac{1}{4^p} + \cdots + \frac{1}{n^p} + \cdots$$

的敛散性，其中 p 为正常数.

解　（1）当 $p = 1$ 时，原级数为调和级数 $\sum\limits_{n=1}^{\infty} \frac{1}{n}$，故发散.

（2）当 $p < 1$ 时，则有 $\frac{1}{n^p} \geqslant \frac{1}{n}$，因为调和级数 $\sum\limits_{n=1}^{\infty} \frac{1}{n}$ 发散，由比较审敛法可知，$p < 1$ 时，p- 级数 $\sum\limits_{n=1}^{\infty} \frac{1}{n^p}$ 发散.

（3）当 $p > 1$ 时，如图 7-1 所示，p- 级数第 2 项到第 n 项的和为阴影部分的面积（台阶形的区域），且该面积小于函数 $f(x) = \frac{1}{x^p}$ 在 $[1, n]$ 上的曲边梯形面积，于是

$$S_n = 1 + \sum_{k=2}^{n} \frac{1}{x^k} < 1 + \sum_{k=2}^{n} \int_{k-1}^{k} \frac{1}{x^p}\mathrm{d}x = 1 + \int_{1}^{n} \frac{1}{x^p}\mathrm{d}x$$

$$= 1 + \frac{1}{p-1} - \frac{n^{1-p}}{p-1} < 1 + \frac{1}{p-1} = \frac{p}{p-1}$$

这表明，当 $p > 1$ 时，级数 $\sum\limits_{n=1}^{\infty} \frac{1}{n^p}$ 的部分和数列 $\{S_n\}$ 有界，由定理 1 知，p- 级数收敛.

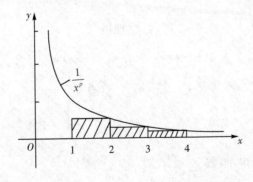

图 7-1

综上,我们有下面的结论:

当 $p \leqslant 1$ 时,p-级数 $\sum\limits_{n=1}^{\infty} \dfrac{1}{n^p}$ 发散,当 $p > 1$ 时,p-级数 $\sum\limits_{n=1}^{\infty} \dfrac{1}{n^p}$ 收敛. 例如级数 $\sum\limits_{n=1}^{\infty} \dfrac{1}{n^2}$,$\sum\limits_{n=1}^{\infty} \dfrac{1}{n\sqrt{n}}$ 是收敛的,而 $\sum\limits_{n=1}^{\infty} \dfrac{1}{\sqrt{n}}$ 是发散的.

p-级数和几何级数常常作为收敛性已知的级数用于比较审敛法,并由此可建立更为有效的判别法,熟记它们的敛散性十分重要.

【例 2】 判别级数 $\sum\limits_{n=1}^{\infty} \dfrac{1}{\sqrt{n(n+1)}}$ 的敛散性.

解 因为 $\dfrac{1}{\sqrt{n(n+1)}} > \dfrac{1}{n+1}(n=1,2,\cdots)$,而 $\sum\limits_{n=1}^{\infty} \dfrac{1}{n+1} = \dfrac{1}{2} + \dfrac{1}{3} + \cdots + \dfrac{1}{n+1} + \cdots$ 是发散的. 由定理 2 可知,级数 $\sum\limits_{n=1}^{\infty} \dfrac{1}{\sqrt{n(n+1)}}$ 是发散的.

【例 3】 判别级数 $\sum\limits_{n=1}^{\infty} \dfrac{1}{2^n} \sin^2 \sqrt{n}$ 的敛散性.

解 因为 $\dfrac{1}{2^n} \sin^2 \sqrt{n} \leqslant \dfrac{1}{2^n}$,而级数 $\sum\limits_{n=1}^{\infty} \dfrac{1}{2^n}$ 为公比为 $\dfrac{1}{2}$ 的几何级数,是收敛的,由比较审敛法知级数 $\sum\limits_{n=1}^{\infty} \dfrac{1}{2^n} \sin^2 \sqrt{n}$ 也收敛.

定理 3(比较审敛法的极限形式) 设 $\sum\limits_{n=1}^{\infty} u_n$ 与 $\sum\limits_{n=1}^{\infty} v_n$ 都是正项级数,且 $\lim\limits_{n \to \infty} \dfrac{u_n}{v_n} = l$,则

(1) 当 $0 < l < +\infty$ 时,级数 $\sum\limits_{n=1}^{\infty} u_n$ 与 $\sum\limits_{n=1}^{\infty} v_n$ 同时收敛或同时发散;

(2) 当 $l = 0$ 时,由级数 $\sum\limits_{n=1}^{\infty} v_n$ 收敛可知 $\sum\limits_{n=1}^{\infty} u_n$ 也收敛.

(3) 当 $l = +\infty$ 时,由级数 $\sum\limits_{n=1}^{\infty} v_n$ 发散可知 $\sum\limits_{n=1}^{\infty} u_n$ 也发散.

证明 (1) 因为 $\lim\limits_{n \to \infty} \dfrac{u_n}{v_n} = l$,由极限的定义,对任给的 $\varepsilon > 0$,存在自然数 N,当 $n > N$ 时,有 $\left| \dfrac{u_n}{v_n} - l \right| < \varepsilon$,即 $l - \varepsilon < \dfrac{u_n}{v_n} < l + \varepsilon$,整理得

$$(l - \varepsilon) v_n < u_n < (l + \varepsilon) v_n$$

如果级数 $\sum\limits_{n=1}^{\infty} v_n$ 收敛,不妨设 $\varepsilon < \dfrac{l}{2}$,则

$$u_n < (l + \varepsilon) v_n < \dfrac{3}{2} l v_n \quad (n > N)$$

由定理 2 的推论可知,级数 $\sum\limits_{n=1}^{\infty} u_n$ 收敛.

如果级数 $\sum\limits_{n=1}^{\infty} v_n$ 发散,不妨设 $l - \varepsilon > \dfrac{l}{2}$,则

$$u_n > (l - \varepsilon) v_n > \frac{l}{2} v_n$$

同样由定理 2 的推论可知, 级数 $\sum\limits_{n=1}^{\infty} u_n$ 发散, 即级数 $\sum\limits_{n=1}^{\infty} u_n$ 与 $\sum\limits_{n=1}^{\infty} v_n$ 同时收敛或同时发散.

类似可证(2)、(3).

例 2 中的级数 $\sum\limits_{n=1}^{\infty} \dfrac{1}{\sqrt{n(n+1)}}$ 的敛散性也可应用定理 3 判断, 即 $v_n = \dfrac{1}{n}$, 由于

$\lim\limits_{n \to \infty} \dfrac{\dfrac{1}{\sqrt{n(n+1)}}}{\dfrac{1}{n}} = 1$, 则由 $\sum\limits_{n=1}^{\infty} \dfrac{1}{n}$ 发散可知 $\sum\limits_{n=1}^{\infty} \dfrac{1}{\sqrt{n(n+1)}}$ 也发散.

比较审敛法需要有一个已知敛散性的级数 $\sum\limits_{n=1}^{\infty} v_n$ 作为比较的对象, 通常选定几何级数、p 级数、调和级数作为 $\sum\limits_{n=1}^{\infty} v_n$. 由定理 3 可知, 正项级数 $\sum\limits_{n=1}^{\infty} u_n$ 是否收敛, 最终取决于级数一般项趋于零的速度, 我们通常利用与无穷小量 u_n 具有高阶、低阶、同阶或等价关系的无穷小量 v_n 来简化通项 u_n, 用已知 $\sum\limits_{n=1}^{\infty} v_n$ 的敛散性来判别 $\sum\limits_{n=1}^{\infty} u_n$ 的敛散性.

【例 4】　判别下列级数的敛散性:

(1) $\sum\limits_{n=1}^{\infty} \sin \dfrac{1}{n}$　　　　　　　　(2) $\sum\limits_{n=1}^{\infty} \ln\left(1 + \dfrac{1}{n^2}\right)$

(3) $\sum\limits_{n=1}^{\infty} 2^n \sin \dfrac{\pi}{3^n}$　　　　　　　(4) $\sum\limits_{n=1}^{\infty} \dfrac{1}{\ln(n+1)}$

解　(1) 当 $n \to \infty$ 时, $\sin \dfrac{1}{n} \sim \dfrac{1}{n}$, 即 $\lim\limits_{n \to \infty} \dfrac{\sin \dfrac{1}{n}}{\dfrac{1}{n}} = 1$, 由于 $\sum\limits_{n=1}^{\infty} \dfrac{1}{n}$ 发散, 由定理 3 可知

$\sum\limits_{n=1}^{\infty} \sin \dfrac{1}{n}$ 也发散.

(2) 当 $n \to \infty$ 时, $\ln\left(1 + \dfrac{1}{n^2}\right) \sim \dfrac{1}{n^2}$, 即 $\lim\limits_{n \to \infty} \dfrac{\ln\left(1 + \dfrac{1}{n^2}\right)}{\dfrac{1}{n^2}} = 1$, 由定理 3 及 $\sum\limits_{n=1}^{\infty} \dfrac{1}{n^2}$ 收敛可

知 $\sum\limits_{n=1}^{\infty} \ln\left(1 + \dfrac{1}{n^2}\right)$ 收敛.

(3) 因为 $n \to \infty$ 时, $\sin \dfrac{\pi}{3^n} \sim \dfrac{\pi}{3^n}$, 令 $v_n = \left(\dfrac{2}{3}\right)^n$, 则

$$\lim_{n \to \infty} \frac{2^n \sin \dfrac{\pi}{3^n}}{\left(\dfrac{2}{3}\right)^n} = \lim_{n \to \infty} \frac{\dfrac{\pi}{3^n}}{\left(\dfrac{1}{3}\right)^n} = \pi$$

而等比级数 $\sum\limits_{n=1}^{\infty}\left(\dfrac{2}{3}\right)^n$ 收敛,由定理 3 知级数 $\sum\limits_{n=1}^{\infty}2^n\sin\dfrac{\pi}{3^n}$ 收敛.

(4) 因为 $\lim\limits_{n\to\infty}\dfrac{\dfrac{1}{\ln(1+n)}}{\dfrac{1}{n}}=\lim\limits_{n\to\infty}\dfrac{n}{\ln(1+n)}=+\infty$,而级数 $\sum\limits_{n=1}^{\infty}\dfrac{1}{n}$ 发散,故级

数 $\sum\limits_{n=1}^{\infty}\dfrac{1}{\ln(1+n)}$ 也发散.

7.2.3 正项级数的比值审敛法与根值审敛法

定理 4(比值审敛法) 设 $\sum\limits_{n=1}^{\infty}u_n$ 为正项级数,且 $\lim\limits_{n\to\infty}\dfrac{u_{n+1}}{u_n}=\rho$,则

(1) 当 $\rho<1$ 时,级数收敛;

(2) 当 $\rho>1$(或为 $+\infty$)时,级数发散;

(3) 当 $\rho=1$ 时,级数可能收敛,也可能发散.

证明 (1) 当 $\rho<1$ 时,取一个适当小的正数 ε,使得 $\rho+\varepsilon=r<1$,由极限定义,存在自然数 N,当 $n>N$ 时有 $\dfrac{u_{n+1}}{u_n}<\rho+\varepsilon=r$. 因此

$$u_{N+1}<ru_N,\quad u_{N+2}<ru_{N+1}<r^2u_N,\quad u_{N+3}<r^3u_N,\cdots$$

而级数 $\sum\limits_{n=1}^{\infty}r^nu_N$ 是公比为 $r(<1)$ 的等比级数,是收敛的,由定理 2 的推论可知级数 $\sum\limits_{n=1}^{\infty}u_n$ 收敛.

(2) 当 $\rho>1$ 时,取一个适当小的正数 ε,使得 $\rho-\varepsilon>1$,根据极限定义,存在自然数 N,当 $n>N$ 时有 $\dfrac{u_{n+1}}{u_n}>\rho-\varepsilon>1$,即级数的一般项 u_n 是逐渐增大的. 又 $u_n\geqslant0$,从而 $\lim\limits_{n\to\infty}u_n\neq0$. 根据级数收敛的必要条件可知级数 $\sum\limits_{n=1}^{\infty}u_n$ 发散.

类似地可证明 $\rho=+\infty$ 时级数也发散.

(3) 当 $\rho=1$ 时,级数可能收敛,也可能发散.

例如,对于 p-级数,无论 p 为何值,都有

$$\lim_{n\to\infty}\frac{u_{n+1}}{u_n}=\lim_{n\to\infty}\frac{\dfrac{1}{(n+1)^p}}{\dfrac{1}{n^p}}=1$$

但 p-级数当 $p>1$ 时收敛,当 $p\leqslant1$ 时发散,故 $\rho=1$ 不能判定级数的敛散性.

【**例 5**】 判断下列级数的敛散性:

(1) $\sum\limits_{n=1}^{\infty}\dfrac{1}{n!}$ \qquad (2) $\sum\limits_{n=1}^{\infty}\dfrac{n}{2^n}$

(3) $\sum\limits_{n=1}^{\infty}\dfrac{1}{1+a^n}(a>0)$ \qquad (4) $\sum\limits_{n=1}^{\infty}\dfrac{1}{2n(2n+1)}$

解　(1) $\lim\limits_{n\to\infty}\dfrac{u_{n+1}}{u_n}=\lim\limits_{n\to\infty}\dfrac{\dfrac{1}{(n+1)!}}{\dfrac{1}{n!}}=\lim\limits_{n\to\infty}\dfrac{1}{n+1}=0<1$

故级数 $\sum\limits_{n=1}^{\infty}\dfrac{1}{n!}$ 收敛.

(2) $\lim\limits_{n\to\infty}\dfrac{u_{n+1}}{u_n}=\lim\limits_{n\to\infty}\dfrac{\dfrac{n+1}{2^{n+1}}}{\dfrac{n}{2^n}}=\lim\limits_{n\to\infty}\dfrac{n+1}{2n}=\dfrac{1}{2}<1$

故级数 $\sum\limits_{n=1}^{\infty}\dfrac{n}{2^n}$ 收敛.

(3) 当 $0<a<1$ 时, $\lim\limits_{n\to\infty}u_n=\lim\limits_{n\to\infty}\dfrac{1}{1+a^n}=1\neq 0$; 当 $a=1$ 时, $\lim\limits_{n\to\infty}u_n=\lim\limits_{n\to\infty}\dfrac{1}{1+1}=$

$\dfrac{1}{2}\neq 0$. 因此, 当 $0<a\leqslant 1$ 时, 级数 $\sum\limits_{n=1}^{\infty}\dfrac{1}{1+a^n}$ 发散.

当 $a>1$ 时,

$$\lim\limits_{n\to\infty}\dfrac{u_{n+1}}{u_n}=\lim\limits_{n\to\infty}\dfrac{\dfrac{1}{1+a^{n+1}}}{\dfrac{1}{1+a^n}}=\lim\limits_{n\to\infty}\dfrac{1+a^n}{1+a^{n+1}}=\lim\limits_{n\to\infty}\dfrac{\dfrac{1}{a^n}+1}{\dfrac{1}{a^n}+a}=\dfrac{1}{a}<1$$

因此, 当 $a>1$ 时级数 $\sum\limits_{n=1}^{\infty}\dfrac{1}{1+a^n}$ 收敛.

(4) $\lim\limits_{n\to\infty}\dfrac{u_{n+1}}{u_n}=\lim\limits_{n\to\infty}\dfrac{\dfrac{1}{(2n+2)(2n+3)}}{\dfrac{1}{2n(2n+1)}}=\lim\limits_{n\to\infty}\dfrac{2n(2n+1)}{(2n+2)(2n+3)}=1$

比值审敛法失效, 改用比较审敛法.

因为 $\lim\limits_{n\to\infty}\dfrac{\dfrac{1}{2n(2n+1)}}{\dfrac{1}{n^2}}=\lim\limits_{n\to\infty}\dfrac{n^2}{2n(2n+1)}=\dfrac{1}{4}$, 又由 $\sum\limits_{n=1}^{\infty}\dfrac{1}{n^2}$ 收敛, 则 $\sum\limits_{n=1}^{\infty}\dfrac{1}{2n(2n+1)}$

收敛.

定理 5(根值审敛法)　设 $\sum\limits_{n=1}^{\infty}u_n$ 为正项级数, 如果 $\lim\limits_{n\to\infty}\sqrt[n]{u_n}=\rho$, 则

(1) 当 $\rho<1$ 时, 级数收敛;

(2) 当 $\rho>1$(或为 $+\infty$) 时, 级数发散;

(3) 当 $\rho=1$ 时, 级数可能收敛, 也可能发散.

定理 5 的证明与定理 4 相仿, 这里从略.

【例 6】　判别级数 $\sum\limits_{n=1}^{\infty}\left(\dfrac{n}{2n+1}\right)^n$ 的敛散性.

解　因为 $\lim\limits_{n\to\infty}\sqrt[n]{u_n}=\lim\limits_{n\to\infty}\sqrt[n]{\left(\dfrac{n}{2n+1}\right)^n}=\lim\limits_{n\to\infty}\dfrac{n}{2n+1}=\dfrac{1}{2}<1$, 因此 $\sum\limits_{n=1}^{\infty}\left(\dfrac{n}{2n+1}\right)^n$ 收

敛.

以上各种判别法,只适用于正项级数,各种判别法有一定的适用范围,但也有其局限性.

习题 7.2

(A)

1. 用比较审敛法或其极限形式判定下列级数的敛散性:

(1) $\sum\limits_{n=1}^{\infty} \dfrac{1}{(n+1)(n+3)}$
(2) $\sum\limits_{n=1}^{\infty} \dfrac{1}{n\sqrt{n+1}}$

(3) $\sum\limits_{n=1}^{\infty} \sin\dfrac{\pi}{3^n}$
(4) $\sum\limits_{n=1}^{\infty} \left(1-\cos\dfrac{1}{n}\right)$

(5) $\sum\limits_{n=1}^{\infty} \dfrac{1}{n}\sin\dfrac{1}{n}$
(6) $\sum\limits_{n=1}^{\infty} \left(e^{\frac{1}{n}}-1\right)$

2. 用比值审敛法或根值审敛法判定下列级数的敛散性:

(1) $\sum\limits_{n=1}^{\infty} \dfrac{n^2}{3^n}$
(2) $\sum\limits_{n=1}^{\infty} \dfrac{n!}{10^n}$

(3) $\sum\limits_{n=1}^{\infty} n\cdot\tan\dfrac{1}{2^n}$
(4) $\sum\limits_{n=1}^{\infty} \dfrac{2^n\cdot n!}{n^n}$

(5) $\sum\limits_{n=1}^{\infty} \dfrac{1}{[\ln(1+n)]^n}$
(6) $\sum\limits_{n=1}^{\infty} \dfrac{2+(-1)^n}{2^n}$

3. 用适当的方法判定下列级数的敛散性:

(1) $\sum\limits_{n=1}^{\infty} \dfrac{n}{(n+1)(n+2)(n+3)}$
(2) $\sum\limits_{n=1}^{\infty} \sqrt{\dfrac{n+1}{n}}$

(3) $\sum\limits_{n=1}^{\infty} \dfrac{n^4}{n!}$
(4) $\sum\limits_{n=1}^{\infty} 2^n\ln\left(1+\dfrac{1}{3^n}\right)$

(5) $\sum\limits_{n=1}^{\infty} \left(\dfrac{n}{3n-1}\right)^{2n-1}$
(6) $\sum\limits_{n=1}^{\infty} \dfrac{\ln n}{2^n}$

4. 利用级数收敛的必要条件证明 $\lim\limits_{n\to\infty}\dfrac{2^n}{n!}=0$.

5. 设 $\sum\limits_{n=1}^{\infty} u_n$ 为正项级数,l 为大于零的常数,证明:

(1) 若 $\lim\limits_{n\to\infty} nu_n = l$,则级数 $\sum\limits_{n=1}^{\infty} u_n$ 发散;

(2) 若 $\lim\limits_{n\to\infty} n^p u_n = l\ (p>1)$,则级数 $\sum\limits_{n=1}^{\infty} u_n$ 收敛.

(B)

1. 判定下列级数的收敛性:

(1) $\sum\limits_{n=1}^{\infty} \dfrac{1\cdot3\cdot5\cdots(2n-1)}{3^n}$
(2) $\sum\limits_{n=1}^{\infty} \dfrac{1}{n\sqrt[n]{n}}$

(3) $\sum\limits_{n=1}^{\infty} \dfrac{\ln n}{\sqrt{n}}$
(4) $\sum\limits_{n=1}^{\infty} \dfrac{1}{3^n}\left(\dfrac{n+1}{n}\right)^{n^2}$

(5) $\sum\limits_{n=1}^{\infty} \dfrac{n\sin^2\frac{n\pi}{3}}{4^n}$
(6) $\sum\limits_{n=1}^{\infty} \sqrt{n+1}\left(1-\cos\dfrac{\pi}{n}\right)$

$(7) \displaystyle\sum_{n=1}^{\infty} \dfrac{6^n}{7^n - 5^n}$ 　　　　　　$(8) \displaystyle\sum_{n=1}^{\infty} n! \left(\dfrac{x}{n}\right)^n (x > 0)$

2. 计算 $\displaystyle\lim_{n \to \infty} \dfrac{2^n n!}{n^n}$.

3. 设级数 $\displaystyle\sum_{n=1}^{\infty} u_n (u_n > 0)$ 收敛,证明 $\displaystyle\sum_{n=1}^{\infty} u_n^2$ 及 $\displaystyle\sum_{n=1}^{\infty} \dfrac{u_n}{n}$ 均收敛.

4. 设 $u_n \leqslant c_n \leqslant v_n (n = 1, 2, \cdots)$,并且级数 $\displaystyle\sum_{n=1}^{\infty} u_n$ 和 $\displaystyle\sum_{n=1}^{\infty} v_n$ 都收敛,证明级数 $\displaystyle\sum_{n=1}^{\infty} c_n$ 也收敛.

7.3　任意项级数

上节讨论了正项级数的审敛法,本节讨论更一般的常数项级数 —— 任意项级数的审敛法.

7.3.1　交错级数及其审敛法

定义 1　各项正负交错的数项级数称为交错级数,它的一般形式为

$$\sum_{n=1}^{\infty} (-1)^{n-1} u_n = u_1 - u_2 + u_3 - u_4 + \cdots \tag{1}$$

或

$$\sum_{n=1}^{\infty} (-1)^n u_n = -u_1 + u_2 - u_3 + \cdots \tag{2}$$

其中 $u_n > 0 (n = 1, 2, \cdots)$.以下我们以式(1)的形式来讨论.

定理 1(莱布尼兹判别法)　如果交错级数 $\displaystyle\sum_{n=1}^{\infty} (-1)^{n-1} u_n$ 满足条件:

(1) $u_n \geqslant u_{n+1} (n = 1, 2, \cdots)$;

(2) $\displaystyle\lim_{n \to \infty} u_n = 0$.

则级数 $\displaystyle\sum_{n=1}^{\infty} (-1)^{n-1} u_n$ 收敛,且和 $S \leqslant u_1$,其余项 r_n 的绝对值 $|r_n| \leqslant u_{n+1}$.

证明　先证明前 $2n$ 项的和 S_{2n} 的极限存在.为此把 S_{2n} 写成以下两种表达形式:

$$S_{2n} = (u_1 - u_2) + (u_3 - u_4) + \cdots + (u_{2n-1} - u_{2n})$$

及

$$S_{2n} = u_1 - (u_2 - u_3) - (u_4 - u_5) - \cdots - (u_{2n-2} - u_{2n-1}) - u_{2n}$$

由条件 $u_n \geqslant u_{n+1}$ 可知,上面两种形式中所有括弧中的差都是非负的,由第一种形式可知

$$S_{2n} = S_{2n-2} + (u_{2n-1} - u_{2n}) \geqslant S_{2n-2}$$

故数列 $\{S_{2n}\}$ 单调增加.由第二种形式可知 $S_{2n} < u_1$,从而 $\{S_{2n}\}$ 为有界数列,因此 $\displaystyle\lim_{n \to \infty} S_{2n}$ 存在,设为 S,且 $S \leqslant u_1$,即

$$\lim_{n \to \infty} S_{2n} = S \leqslant u_1$$

再证前 $2n + 1$ 项的和 S_{2n+1} 的极限也为 S.

事实上，$S_{2n+1} = S_{2n} + u_{2n+1}$，由条件(2) $\lim\limits_{n\to\infty} u_n = 0$ 可知 $\lim\limits_{n\to\infty} u_{2n+1} = 0$，因此

$$\lim_{n\to\infty} S_{2n+1} = \lim_{n\to\infty} (S_{2n} + u_{2n+1}) = S \leqslant u_1$$

由于级数的前偶数项的和与前奇数项的和趋于同一极限 S，故级数 $\sum\limits_{n=1}^{\infty} (-1)^{n-1} u_n$ 的

部分和 S_n 满足 $\lim\limits_{n\to\infty} S_n = S$，即交错级数 $\sum\limits_{n=1}^{\infty} (-1)^{n-1} u_n$ 收敛于 S，且 $S \leqslant u_1$.

$$\begin{aligned}
|r_n| &= |u_{n+1} - u_{n+2} + u_{n+3} - \cdots| \\
&= |u_{n+1} - (u_{n+2} - u_{n+3}) - (u_{n+4} - u_{n+5}) - \cdots| \\
&\leqslant u_{n+1}
\end{aligned}$$

定理得证.

【例 1】 判定交错级数 $\sum\limits_{n=1}^{\infty} (-1)^{n-1} \dfrac{1}{n} = 1 - \dfrac{1}{2} + \dfrac{1}{3} - \dfrac{1}{4} + \cdots$ 的敛散性.

解 交错级数满足条件

(1) $u_n = \dfrac{1}{n} > \dfrac{1}{n+1} = u_{n+1}$；

(2) $\lim\limits_{n\to\infty} u_n = \lim\limits_{n\to\infty} \dfrac{1}{n} = 0$.

由莱布尼兹判别法可知该交错级数收敛且其和 $S \leqslant 1$，如果取前 n 项的和

$$S_n = 1 - \frac{1}{2} + \frac{1}{3} - \frac{1}{4} + \cdots + (-1)^{n-1} \frac{1}{n}$$

作为 S 的近似值，所产生的误差 $|r_n| \leqslant u_{n+1} = \dfrac{1}{n+1}$.

事实上，对于任意 $p > 0$，交错级数 $\sum\limits_{n=1}^{\infty} \dfrac{(-1)^{n-1}}{n^p}$ 都是收敛的.

7.3.2 绝对收敛与条件收敛

下面讨论一般的数项级数

$$\sum_{n=1}^{\infty} u_n = u_1 + u_2 + \cdots + u_n + \cdots$$

它的各项可以为正、零或负数，我们称之为任意项级数或一般项级数. 对于这类级数的敛散性的判别，主要是转化为正项级数 $\sum\limits_{n=1}^{\infty} |u_n|$ 后进行. 级数 $\sum\limits_{n=1}^{\infty} u_n$ 与 $\sum\limits_{n=1}^{\infty} |u_n|$ 之间的敛散性关系有如下定义和定理.

定义 2 如果级数 $\sum\limits_{n=1}^{\infty} u_n$ 各项的绝对值所构成的正项级数 $\sum\limits_{n=1}^{\infty} |u_n|$ 收敛，那么称 $\sum\limits_{n=1}^{\infty} u_n$

绝对收敛；如果级数 $\sum\limits_{n=1}^{\infty} u_n$ 收敛，而级数 $\sum\limits_{n=1}^{\infty} |u_n|$ 发散，那么称级数 $\sum\limits_{n=1}^{\infty} u_n$ 条件收敛.

定理 2 若 $\sum\limits_{n=1}^{\infty} |u_n|$ 收敛，则原级数 $\sum\limits_{n=1}^{\infty} u_n$ 收敛.

证明　令 $v_n = \dfrac{1}{2}(u_n + |u_n|)(n = 1, 2, \cdots)$. 显然 $v_n \geqslant 0$ 且 $v_n \leqslant |u_n|$，因级数

$\displaystyle\sum_{n=1}^{\infty} |u_n|$ 收敛，由比较审敛法知级数 $\displaystyle\sum_{n=1}^{\infty} v_n$ 收敛，从而级数 $\displaystyle\sum_{n=1}^{\infty} 2v_n$ 也收敛，而 $u_n = 2v_n -$

$|u_n|$，由收敛级数的基本性质可知

$$\sum_{n=1}^{\infty} u_n = \sum_{n=1}^{\infty}(2v_n - |u_n|) = 2\sum_{n=1}^{\infty} v_n - \sum_{n=1}^{\infty} |u_n|$$

是收敛的.

定理 2 说明，对于一般的级数 $\displaystyle\sum_{n=1}^{\infty} u_n$，若用正项级数的审敛法可判定 $\displaystyle\sum_{n=1}^{\infty} |u_n|$ 收敛，则

级数 $\displaystyle\sum_{n=1}^{\infty} u_n$ 必收敛，且为绝对收敛.

【例 2】　判定下列级数的敛散性，若收敛，指出其是绝对收敛还是条件收敛.

$(1) \displaystyle\sum_{n=1}^{\infty} \dfrac{\sin n}{n^2 + 1}$　　　　$(2) \displaystyle\sum_{n=1}^{\infty} \dfrac{(-1)^{n-1}}{\sqrt{n}}$

解　(1) 由 $\left|\dfrac{\sin n}{n^2 + 1}\right| \leqslant \dfrac{1}{n^2 + 1} < \dfrac{1}{n^2}$，而 $\displaystyle\sum_{n=1}^{\infty} \dfrac{1}{n^2}$ 收敛，则级数 $\displaystyle\sum_{n=1}^{\infty} \left|\dfrac{\sin n}{n^2 + 1}\right|$ 收敛，从而级

数 $\displaystyle\sum_{n=1}^{\infty} \dfrac{\sin n}{n^2 + 1}$ 收敛且为绝对收敛.

$(2) \displaystyle\sum_{n=1}^{\infty} \left|\dfrac{(-1)^{n-1}}{\sqrt{n}}\right| = \sum_{n=1}^{\infty} \dfrac{1}{\sqrt{n}}$，而 $\displaystyle\sum_{n=1}^{\infty} \dfrac{1}{\sqrt{n}}$ 为 $p = \dfrac{1}{2}$ 的 p 级数，是发散的，故级数

$\displaystyle\sum_{n=1}^{\infty} \dfrac{(-1)^{n-1}}{\sqrt{n}}$ 不是绝对收敛的.

但交错级数 $\displaystyle\sum_{n=1}^{\infty} \dfrac{(-1)^{n-1}}{\sqrt{n}}$ 满足 $u_n = \dfrac{1}{\sqrt{n}} > \dfrac{1}{\sqrt{n+1}} = u_{n+1}$，且 $\displaystyle\lim_{n\to\infty} \dfrac{1}{\sqrt{n}} = 0$，所以级数

$\displaystyle\sum_{n=1}^{\infty} \dfrac{(-1)^{n-1}}{\sqrt{n}}$ 收敛且为条件收敛.

事实上对于交错级数 $\displaystyle\sum_{n=1}^{\infty} (-1)^{n-1} \dfrac{1}{n^p}$，当 $p > 1$ 时，级数为绝对收敛；当 $0 < p \leqslant 1$ 时，

级数为条件收敛.

一般地，从级数 $\displaystyle\sum_{n=1}^{\infty} |u_n|$ 发散，不能判定级数 $\displaystyle\sum_{n=1}^{\infty} u_n$ 也发散，如例 2(2). 但若用比值审

敛法或根值审敛法判别 $\displaystyle\sum_{n=1}^{\infty} |u_n|$ 发散，则 $\displaystyle\sum_{n=1}^{\infty} u_n$ 亦发散. 这是因为当 $\displaystyle\sum_{n=1}^{\infty} |u_n|$ 发散时，由两

种审敛法的定理证明过程可知，$\{|u_n|\}$ 为递增数列，则必有 $|u_n| \nrightarrow 0$，从而 $u_n \nrightarrow 0$，可直接

得出 $\displaystyle\sum_{n=1}^{\infty} u_n$ 是发散的结论.

综上，对于任意项级数 $\displaystyle\sum_{n=1}^{\infty} u_n$，通常可按照以下步骤判别其敛散性：

(1) 确定 $\lim\limits_{n\to\infty} u_n$ 是否为零,若不为零,则 $\sum\limits_{n=1}^{\infty} u_n$ 发散;

(2) 判别 $\sum\limits_{n=1}^{\infty} |u_n|$ 的敛散性,整个判别过程可采用正项级数判别法进行,当 $\sum\limits_{n=1}^{\infty} |u_n|$ 收敛时,$\sum\limits_{n=1}^{\infty} u_n$ 绝对收敛;

(3) 若 $\sum\limits_{n=1}^{\infty} |u_n|$ 发散,再判别 $\sum\limits_{n=1}^{\infty} u_n$ 是否收敛,对于交错级数,可利用莱布尼兹判别法.

习题 7.3

(A)

1. 单项选择题

(1) 设 a 为常数,则级数 $\sum\limits_{n=1}^{\infty} \left(\dfrac{\sin na}{n^2} - \dfrac{1}{\sqrt{n}} \right)$ (　　).

A. 绝对收敛   B. 条件收敛

C. 发散   D. 收敛性取决于 a 的值

(2) 设 $0 \leqslant a_n < \dfrac{1}{n}(n = 1, 2, \cdots)$,则下列级数肯定收敛的是(　　).

A. $\sum\limits_{n=1}^{\infty} a_n$ B. $\sum\limits_{n=1}^{\infty} (-1)^n a_n$

C. $\sum\limits_{n=1}^{\infty} \sqrt{a_n}$ D. $\sum\limits_{n=1}^{\infty} (-1)^n a_n^2$

2. 判定下列级数是否收敛,若收敛,指出是绝对收敛还是条件收敛.

(1) $\sum\limits_{n=1}^{\infty} (-1)^n \dfrac{n}{2n+1}$ (2) $\sum\limits_{n=1}^{\infty} (-1)^n \sin \dfrac{1}{n}$

(3) $\sum\limits_{n=1}^{\infty} (-1)^n \ln \left(1 + \dfrac{1}{n^2} \right)$ (4) $\sum\limits_{n=1}^{\infty} (-1)^n \dfrac{n}{3^{n-1}}$

(5) $\sum\limits_{n=2}^{\infty} (-1)^n \dfrac{1}{\ln n}$ (6) $\sum\limits_{n=1}^{\infty} \dfrac{\sin n}{2^n}$

3. 设级数 $\sum\limits_{n=1}^{\infty} u_n^2$ 与 $\sum\limits_{n=1}^{\infty} v_n^2$ 均收敛,证明级数 $\sum\limits_{n=1}^{\infty} u_n v_n$ 绝对收敛.

(B)

1. 单项选择题

(1) 级数 $\sum\limits_{n=1}^{\infty} (-1)^n \dfrac{1}{\pi^n} \sin \dfrac{\pi}{n}$ (　　).

A. 发散   B. 条件收敛

C. 绝对收敛   D. 不能判断其敛散性

(2) 设级数 $\sum\limits_{n=1}^{\infty} a_n$ 绝对收敛,则 $\sum\limits_{n=1}^{\infty} \left(1 + \dfrac{1}{n} \right)^n a_n$ (　　).

A. 发散   B. 绝对收敛

C. 敛散性无法判断   D. 条件收敛

2. 判定下列级数是否收敛,若收敛,指出是绝对收敛还是条件收敛.

$(1) \displaystyle\sum_{n=1}^{\infty} \frac{\cos n\alpha}{n} \sqrt{n+1}$　　　　　　$(2) \displaystyle\sum_{n=1}^{\infty} (-1)^n \frac{\ln n}{n}$

$(3) \displaystyle\sum_{n=1}^{\infty} (-1)^n \frac{n^n}{n!}$　　　　　　　$(4) \displaystyle\sum_{n=1}^{\infty} (-1)^n \frac{1}{n-\ln n}$

$(5) \displaystyle\sum_{n=1}^{\infty} \frac{(-1)^n}{\ln(e^n+e^{-n})}$

3. 设级数 $\displaystyle\sum_{n=1}^{\infty} (-1)^n a_n 2^n$ 收敛, 证明级数 $\displaystyle\sum_{n=1}^{\infty} a_n$ 绝对收敛.

7.4　幂级数

如果 $u_n(x)(n=1,2,\cdots)$ 为定义在区间 D 上的函数序列, 则称

$$\sum_{n=1}^{\infty} u_n(x) = u_1(x) + u_2(x) + \cdots + u_n(x) + \cdots$$

为定义在 D 上的函数项无穷级数, 简称函数项级数. 本节我们主要介绍一种特殊的函数项级数 —— 幂级数及其性质.

7.4.1　幂级数的概念及其收敛域

1. 定义
形如

$$\sum_{n=0}^{\infty} a_n(x-x_0)^n = a_0 + a_1(x-x_0) + a_2(x-x_0)^2 + \cdots + a_n(x-x_0)^n + \cdots \qquad (1)$$

的函数项级数称作 $x-x_0$ 的幂级数, 其中 x_0 是某个定数, $a_0, a_1, a_2, \cdots, a_n, \cdots$ 为常数, 称为幂级数的系数.

如果取 $x_0 = 0$, 则有

$$\sum_{n=0}^{\infty} a_n x^n = a_0 + a_1 x + a_2 x^2 + \cdots + a_n x^n + \cdots \qquad (2)$$

式(2) 称作 x 的幂级数.

幂级数是最常见、最简单的一类函数项级数, 以下主要研究 $x_0 = 0$ 的幂级数, 因为在任何点 x_0 处的幂级数 $\displaystyle\sum_{n=0}^{\infty} a_n(x-x_0)^n$, 只要作变换 $t = x-x_0$, 均可转化为幂级数 $\displaystyle\sum_{n=0}^{\infty} a_n t^n$, 即式(2) 的形式.

2. 收敛点与收敛域

对于一个确定的实数 $x = x_0$, 幂级数 $\displaystyle\sum_{n=0}^{\infty} a_n x^n$ 成为常数项级数

$$\sum_{n=0}^{\infty} a_n x_0^n = a_0 + a_1 x_0 + a_2 x_0^2 + \cdots + a_n x_0^n + \cdots$$

这个级数可能收敛, 也可能发散. 若 $\displaystyle\sum_{n=0}^{\infty} a_n x_0^n$ 收敛, 则 $x = x_0$ 为级数 $\displaystyle\sum_{n=0}^{\infty} a_n x^n$ 的收敛

点;若 $\sum\limits_{n=0}^{\infty} a_n x_0^n$ 发散,则 $x = x_0$ 为级数 $\sum\limits_{n=0}^{\infty} a_n x^n$ 的发散点.幂级数 $\sum\limits_{n=0}^{\infty} a_n x^n$ 的所有收敛点的全体组成的集合称为收敛域,通常记作 I;所有发散点的全体组成的集合称为发散域.

3. 和函数

对于幂级数收敛域内任一 $x \in I$,幂级数 $\sum\limits_{n=0}^{\infty} a_n x^n$ 可看作常数项级数,因而有一确定的和 S,S 与 x 的取值有关.因此,在收敛域上,幂级数的和是关于 x 的函数 $S(x)$,通常称 $S(x)$ 为幂级数的和函数,其定义域为幂级数的收敛域,即

$$S(x) = a_0 + a_1 x + a_2 x^2 + \cdots + a_n x^n + \cdots, x \in I$$

若将幂级数 $\sum\limits_{n=0}^{\infty} a_n x^n$ 的前 n 项的部分和记作 $S_n(x)$,余项 $R_n(x) = S(x) - S_n(x)$,则在收敛域 I 上有

$$\lim_{n \to \infty} S_n(x) = S(x), \qquad \lim_{n \to \infty} R_n(x) = 0$$

例如,$\sum\limits_{n=0}^{\infty} 2x^n = 2 + 2x + 2x^2 + \cdots + 2x^n + \cdots$ 是公比为 x 的几何级数,也是一个幂级数,当 $|x| < 1$ 时级数收敛,$|x| \geqslant 1$ 时级数发散,因此收敛域为 $(-1, 1)$,发散域为 $(-\infty, -1] \cup [1, +\infty)$,且对于任意 $x \in (-1, 1)$,有

$$2 + 2x + 2x^2 + \cdots + 2x^n + \cdots = \frac{2}{1-x}$$

故和函数

$$S(x) = \frac{2}{1-x}, |x| < 1$$

从这个例子我们看到幂级数的收敛域是一个对称区间.事实上,这个结论对于一般的幂级数也成立.

4. 幂级数的收敛半径

幂级数 $\sum\limits_{n=0}^{\infty} a_n x^n$ 在 $x = 0$ 点总是收敛的.类似地,$\sum\limits_{n=0}^{\infty} a_n (x - x_0)^n$ 在 $x = x_0$ 点也总是收敛的.下面讨论幂级数在 $x \neq 0$(或 $x \neq x_0$)的敛散性问题.

定理 1(阿贝尔定理)   如果级数 $\sum\limits_{n=0}^{\infty} a_n x^n$ 当 $x = x_0 (x_0 \neq 0)$ 时收敛,则符合不等式 $|x| < |x_0|$ 的一切 x 使这个幂级数绝对收敛;如果级数 $\sum\limits_{n=0}^{\infty} a_n x^n$ 当 $x = x_0$ 时发散,则符合不等式 $|x| > |x_0|$ 的一切 x 使这个幂级数发散.

证明   由条件 $\sum\limits_{n=0}^{\infty} a_n x^n$ 在 $x_0 \neq 0$ 处收敛,根据级数收敛的必要条件,有

$$\lim_{n \to \infty} a_n x_0^n = 0$$

从而数列 $\{a_n x_0^n\}$ 有界,即存在正数 M,使得 $|a_n x_0^n| \leqslant M$.

对于满足不等式 $|x| < |x_0|$ 的一切 x 都有

$$\left| a_n x^n \right| = \left| a_n x_0^n \right| \cdot \left| \frac{x}{x_0} \right|^n \leqslant M \cdot \left| \frac{x}{x_0} \right|^n = M q^n$$

其中 $q = \left| \dfrac{x}{x_0} \right| < 1$.

由于级数 $\displaystyle\sum_{n=0}^{\infty} M q^n$ 为公比 $q < 1$ 的几何级数,收敛,故根据比较审敛法,级数 $\displaystyle\sum_{n=0}^{\infty} \left| a_n x^n \right|$ 收敛,即 $\displaystyle\sum_{n=0}^{\infty} a_n x^n$ 为绝对收敛.

定理的第二部分用反证法及第一部分的结论说明即可,这里略.

定理 1 说明,如果除原点外,幂级数 $\displaystyle\sum_{n=0}^{\infty} a_n x^n$ 在数轴上既有收敛点,又有发散点,那么它的收敛点和发散点在数轴上不能交替出现,必有一个确定的正数 R 存在,使得当 $|x| < R$ 时幂级数绝对收敛;当 $|x| > R$ 时,幂级数发散;当 $x = R$ 或 $x = -R$ 时,幂级数可能收敛,也可能发散. 正数 R 称为幂级数 $\displaystyle\sum_{n=0}^{\infty} a_n x^n$ 的收敛半径,开区间 $(-R, R)$ 称为幂级数 $\displaystyle\sum_{n=0}^{\infty} a_n x^n$ 的收敛区间,幂级数的收敛域根据幂级数在 $x = \pm R$ 处的收敛性可能有四种形式:$(-R, R)$,$[-R, R)$,$(-R, R]$ 及 $[-R, R]$.

为方便计算,有如下规定:

(1) 幂级数 $\displaystyle\sum_{n=0}^{\infty} a_n x^n$ 只在 $x = 0$ 收敛,收敛半径 $R = 0$;

(2) 幂级数 $\displaystyle\sum_{n=0}^{\infty} a_n x^n$ 对一切 x 都收敛,收敛半径 $R = +\infty$.

对于幂级数,只需求得收敛半径 R,再讨论它在 $x = \pm R$ 两点处的收敛性,就可以完全清楚它的收敛情况了. 关于幂级数收敛半径的求法有下面的定理.

定理 2　如果

$$\lim_{n \to \infty} \left| \frac{a_{n+1}}{a_n} \right| = \rho \quad (\text{或} \lim_{n \to \infty} \sqrt[n]{|a_n|} = \rho)$$

其中 a_n, a_{n+1} 是幂级数 $\displaystyle\sum_{n=0}^{\infty} a_n x^n$ 的相邻两项的系数,则这个幂级数的收敛半径为

$$R = \begin{cases} \dfrac{1}{\rho}, & \rho \neq 0 \\ +\infty, & \rho = 0 \\ 0, & \rho = +\infty \end{cases}$$

证明　考察幂级数 $\displaystyle\sum_{n=0}^{\infty} a_n x^n$ 的各项绝对值所组成的级数

$$|a_0| + |a_1 x| + |a_2 x^2| + \cdots + |a_n x^n| + \cdots$$

它是一个正项级数,且

$$\lim_{n \to \infty} \frac{|u_{n+1}(x)|}{|u_n(x)|} = \lim_{n \to \infty} \left| \frac{a_{n+1} x^{n+1}}{a_n x^n} \right| = \lim_{n \to \infty} \left| \frac{a_{n+1}}{a_n} \right| \cdot |x| = \rho |x|$$

(1) 若 $\lim\limits_{n\to\infty}\left|\dfrac{a_{n+1}}{a_n}\right|=\rho\neq 0$，由正项级数的比值审敛法，当 $\rho|x|<1$，即 $|x|<\dfrac{1}{\rho}$ 时，级数 $\sum\limits_{n=0}^{\infty}a_nx^n$ 收敛且绝对收敛；当 $\rho|x|>1$，即 $|x|>\dfrac{1}{\rho}$ 时，级数 $\sum\limits_{n=0}^{\infty}a_nx^n$ 发散，由收敛半径的定义知 $R=\dfrac{1}{\rho}$.

(2) 若 $\rho=0$，则对任意 $x\neq 0$ 都有

$$\lim_{n\to\infty}\left|\frac{a_{n+1}x^{n+1}}{a_nx^n}\right|=0<1$$

所以级数 $\sum\limits_{n=0}^{\infty}|a_nx^n|$ 对一切 x 收敛，即对一切 x，$\sum\limits_{n=0}^{\infty}|a_nx^n|$ 绝对收敛，于是 $R=+\infty$.

(3) 若 $\rho=+\infty$，则对一切 $x\neq 0$ 有

$$\lim_{n\to\infty}\left|\frac{a_{n+1}x^{n+1}}{a_nx^n}\right|=+\infty>1$$

故级数 $\sum\limits_{n=0}^{\infty}a_nx^n$ 对一切 $x\neq 0$ 发散，于是 $R=0$.

【例1】 求幂级数 $\sum\limits_{n=1}^{\infty}(-1)^{n-1}\dfrac{x^n}{n}$ 的收敛半径与收敛域.

解 因为 $\qquad\rho=\lim\limits_{n\to\infty}\left|\dfrac{a_{n+1}}{a_n}\right|=\lim\limits_{n\to\infty}\dfrac{\dfrac{1}{n+1}}{\dfrac{1}{n}}=1$

所以收敛半径 $R=\dfrac{1}{\rho}=1$.

对于端点 $x=1$，级数为 $1-\dfrac{1}{2}+\dfrac{1}{3}\cdots=\sum\limits_{n=1}^{\infty}(-1)^{n-1}\dfrac{1}{n}$，是一个交错级数，且满足莱布尼兹条件，是收敛的；对于端点 $x=-1$，级数为 $-1-\dfrac{1}{2}-\dfrac{1}{3}\cdots=-\sum\limits_{n=1}^{\infty}\dfrac{1}{n}$，是发散的，因此级数的收敛域为 $(-1,1]$.

【例2】 求幂级数 $\sum\limits_{n=1}^{\infty}\dfrac{x^n}{n!}$ 的收敛域.

解 因为 $\qquad\rho=\lim\limits_{n\to\infty}\left|\dfrac{a_{n+1}}{a_n}\right|=\lim\limits_{n\to\infty}\dfrac{\dfrac{1}{(n+1)!}}{\dfrac{1}{n!}}=\lim\limits_{n\to\infty}\dfrac{1}{n+1}=0$

所以收敛半径 $R=+\infty$，从而收敛域为 $(-\infty,+\infty)$.

【例3】 求幂级数 $\sum\limits_{n=0}^{\infty}n!x^n$ 的收敛半径与收敛域（这里 $0!=1$）.

解 因为 $\qquad\rho=\lim\limits_{n\to\infty}\left|\dfrac{a_{n+1}}{a_n}\right|=\lim\limits_{n\to\infty}\dfrac{(n+1)!}{n!}=\lim\limits_{n\to\infty}(n+1)=+\infty$

所以收敛半径 $R=0$，即级数仅在 $x=0$ 收敛.

【例 4】　求幂级数 $\sum\limits_{n=1}^{\infty} \dfrac{(x-3)^n}{n^2}$ 的收敛域.

解　令 $t = x - 3$,则原函数变为 $\sum\limits_{n=1}^{\infty} \dfrac{t^n}{n^2}$.

因为　　　　　$\lim\limits_{n\to\infty}\left|\dfrac{a_{n+1}}{a_n}\right| = \lim\limits_{n\to\infty}\dfrac{\dfrac{1}{(n+1)^2}}{\dfrac{1}{n^2}} = \lim\limits_{n\to\infty}\dfrac{n^2}{(n+1)^2} = 1$

所以级数 $\sum\limits_{n=1}^{\infty} \dfrac{t^n}{n^2}$ 的收敛半径为 1.

当 $t = 1$ 时,级数为 $\sum\limits_{n=1}^{\infty} \dfrac{1}{n^2}$,收敛;当 $t = -1$ 时,级数为 $\sum\limits_{n=1}^{\infty} \dfrac{(-1)^n}{n^2}$,也收敛,故收敛域为 $-1 \leqslant t \leqslant 1$.因此 $2 \leqslant x \leqslant 4$,故级数 $\sum\limits_{n=1}^{\infty} \dfrac{(x-3)^n}{n^2}$ 的收敛域为 $[2,4]$.

【例 5】　求幂级数 $\sum\limits_{n=1}^{\infty} \dfrac{x^{2n}}{n \cdot 4^n}$ 的收敛域.

解　所给级数缺少奇数次幂的项,不能应用定理 2,考虑到定理 2 的推导过程,可用比值审敛法求收敛半径.

$$\lim_{n\to\infty}\dfrac{|u_{n+1}(x)|}{|u_n(x)|} = \lim_{n\to\infty}\left|\dfrac{\dfrac{x^{2n+2}}{(n+1)4^{n+1}}}{\dfrac{x^{2n}}{n \cdot 4^n}}\right| = \lim_{n\to\infty}\left|\dfrac{x^2 \cdot n}{4(n+1)}\right| = \dfrac{1}{4}x^2$$

当 $\dfrac{1}{4}x^2 < 1$,即 $|x| < 2$ 时,级数收敛;当 $\dfrac{1}{4}x^2 > 1$,即 $|x| > 2$ 时,级数发散.因此收敛半径 $R = 2$.且当 $x = \pm 2$ 时,级数为 $\sum\limits_{n=1}^{\infty} \dfrac{2^{2n}}{n \cdot 4^n} = \sum\limits_{n=1}^{\infty} \dfrac{1}{n}$,为调和级数,该级数发散.综上,原级数的收敛域为 $(-2,2)$.

7.4.2　幂级数的运算

1. 幂级数的代数运算性质

设幂级数 $\sum\limits_{n=0}^{\infty} a_n x^n$ 和 $\sum\limits_{n=0}^{\infty} b_n x^n$ 的收敛半径分别为 R_1 和 R_2,令 $R = \min\{R_1, R_2\}$,则在 $(-R, R)$ 内可以进行下列运算:

(1) 加减法: $\sum\limits_{n=0}^{\infty} a_n x^n \pm \sum\limits_{n=0}^{\infty} b_n x^n = \sum\limits_{n=0}^{\infty}(a_n \pm b_n)x^n$

(2) 乘法: $\left(\sum\limits_{n=0}^{\infty} a_n x^n\right) \cdot \left(\sum\limits_{n=0}^{\infty} b_n x^n\right) = \sum\limits_{n=0}^{\infty}(a_0 b_n + a_1 b_{n-1} + \cdots + a_n b_0)x^n$

证明从略,幂级数的商可以利用幂级数的乘法来计算,但商运算所得级数的收敛区间可能比原来级数的收敛区间小得多.

2. 幂级数和函数的运算性质

定理 3 设幂级数 $\sum\limits_{n=0}^{\infty} a_n x^n$ 的收敛半径为 R，收敛域为 I，和函数为 $S(x)$，则有

(1) 和函数 $S(x)$ 在收敛域 I 上连续；

(2) 和函数 $S(x)$ 在收敛域 I 上可积，并有逐项积分公式

$$\int_0^x S(x) \mathrm{d}x = \int_0^x \left[\sum_{n=0}^{\infty} a_n x^n \right] \mathrm{d}x = \sum_{n=0}^{\infty} \int_0^x a_n x^n \mathrm{d}x$$

(3) 和函数 $S(x)$ 在 $(-R, R)$ 内可导，并有逐项求导公式

$$S'(x) = \left(\sum_{n=0}^{\infty} a_n x^n \right)' = \sum_{n=0}^{\infty} (a_n x^n)' = \sum_{n=0}^{\infty} n a_n x^{n-1}$$

(4) 逐项积分或逐项求导后所得的幂级数和原级数有相同的收敛半径.

对于定理 3 不作具体的证明，利用定理 3 可以很容易求出一些幂级数的和函数.

【例 6】 求幂级数 $\sum\limits_{n=1}^{\infty} \dfrac{x^n}{n}$ 的和函数.

解 先求收敛域. 由

$$\lim_{n \to \infty} \left| \frac{a_{n+1}}{a_n} \right| = \lim_{n \to \infty} \left| \frac{\dfrac{1}{n+1}}{\dfrac{1}{n}} \right| = 1$$

所以收敛半径 $R = 1$.

在端点 $x = 1$ 处，级数为调和级数，是发散的；在端点 $x = -1$ 处，级数为 $\sum\limits_{n=1}^{\infty} \dfrac{(-1)^n}{n}$，是收敛的交错级数，所以幂级数的收敛域为 $[-1, 1)$.

设和函数 $S(x) = \sum\limits_{n=1}^{\infty} \dfrac{x^n}{n}$，在 $(-1, 1)$ 内对幂级数逐项求导，并由

$$\frac{1}{1-x} = 1 + x + x^2 + \cdots + x^{n-1} + \cdots \quad (-1 < x < 1)$$

得

$$S'(x) = \sum_{n=1}^{\infty} \left(\frac{x^n}{n} \right)' = \sum_{n=1}^{\infty} x^{n-1} = \frac{1}{1-x} \quad (-1 < x < 1)$$

对上式从 0 到 x 积分并注意到 $S(0) = 0$，得

$$S(x) = \int_0^x \frac{1}{1-x} \mathrm{d}x = -\ln(1-x) \quad (-1 \leqslant x < 1)$$

【例 7】 求幂级数 $\sum\limits_{n=1}^{\infty} n x^{n-1}$ 的和函数，并求级数 $\sum\limits_{n=1}^{\infty} \dfrac{n}{2^{n-1}}$ 的和.

解 因为 $\qquad \lim\limits_{n \to \infty} \left| \dfrac{a_{n+1}}{a_n} \right| = \lim\limits_{n \to \infty} \dfrac{n+1}{n} = 1$

所以收敛半径 $R = 1$.

当 $x = \pm 1$ 时，级数的一般项都不收敛于零，故幂级数 $\sum\limits_{n=1}^{\infty} n x^{n-1}$ 的收敛域为 $(-1, 1)$.

设和函数 $S(x) = \sum\limits_{n=1}^{\infty} n x^{n-1}$，两端积分得

$$\int_0^x S(x)\mathrm{d}x = \int_0^x \Big[\sum_{n=1}^{\infty} nx^{n-1}\Big]\mathrm{d}x = \sum_{n=1}^{\infty}\int_0^x nx^{n-1}\mathrm{d}x$$

$$= \sum_{n=1}^{\infty} x^n = x + x^2 + \cdots + x^n + \cdots = \frac{x}{1-x} \quad (-1 < x < 1)$$

两端再对 x 求导得

$$S(x) = \Big(\frac{x}{1-x}\Big)' = \frac{1}{(1-x)^2} \quad (-1 < x < 1)$$

而 $\displaystyle\sum_{n=1}^{\infty} \frac{n}{2^{n-1}}$ 恰好为幂级数 $\displaystyle\sum_{n=1}^{\infty} nx^{n-1}$ 在 $x = \frac{1}{2}$ 点的值. 因此,当 $x = \frac{1}{2}$ 时,有

$$\sum_{n=1}^{\infty} \frac{n}{2^{n-1}} = S\Big(\frac{1}{2}\Big) = \frac{1}{\Big(1-\frac{1}{2}\Big)^2} = 4$$

习题 7.4

(A)

1. 填空题

(1) 若幂级数 $\displaystyle\sum_{n=1}^{\infty} a_n (x-1)^n$ 在 $x = 0$ 处收敛,在 $x = 2$ 处发散,则该级数的收敛域为 _____

(2) 设幂级数 $\displaystyle\sum_{n=1}^{\infty} na_n x^{n-1}$ 的收敛域为 $[-3,3)$,则 $\displaystyle\sum_{n=1}^{\infty} a_n x^n$ 的收敛半径 $R = $ _____

2. 选择题

(1) 若级数 $\displaystyle\sum_{n=1}^{\infty} a_n (x-2)^n$ 在 $x = -1$ 处收敛,则该级数在 $x = 1$ 处( ).

A. 条件收敛　　　　　　　　　B. 绝对收敛

C. 发散　　　　　　　　　　　D. 收敛性不能确定

(2) 若幂级数 $\displaystyle\sum_{n=1}^{\infty} a_n x^n$ 在 $x = 2$ 处收敛,则 $\displaystyle\sum_{n=0}^{\infty} a_n \Big(x-\frac{1}{2}\Big)^n$ 在 $x = -2$ 处( ).

A. 条件收敛　　　　　　　　　B. 绝对收敛

C. 发散　　　　　　　　　　　D. 收敛性不能确定

3. 求下列幂级数的收敛半径和收敛域.

(1) $\displaystyle\sum_{n=1}^{\infty} \frac{(-1)^n}{2n-1} x^n$　　(2) $\displaystyle\sum_{n=1}^{\infty} nx^n$　　(3) $\displaystyle\sum_{n=1}^{\infty} \frac{x^n}{n\cdot 3^n}$　　(4) $\displaystyle\sum_{n=1}^{\infty} \frac{5^n}{\sqrt{n}} x^n$

(5) $\displaystyle\sum_{n=1}^{\infty} \frac{(-1)^n}{n^2+1} x^n$　　(6) $\displaystyle\sum_{n=1}^{\infty} \frac{2n-1}{2^n} x^{2n-2}$　　(7) $\displaystyle\sum_{n=1}^{\infty} \frac{1}{3^n} x^{2n-1}$　　(8) $\displaystyle\sum_{n=1}^{\infty} \frac{2^n}{n} (x+1)^n$

4. 利用逐项求导或逐项积分,求下列函数的和函数.

(1) $\displaystyle\sum_{n=1}^{\infty} \frac{(-1)^n}{n} x^n$　　(2) $\displaystyle\sum_{n=1}^{\infty} nx^n$

(B)

1. 填空题

(1) 设幂级数 $\displaystyle\sum_{n=0}^{\infty} a_n x^n$ 的收敛半径为 2,则幂级数 $\displaystyle\sum_{n=0}^{\infty} na_n (x-1)^{n+1}$ 的收敛区间为 _____.

(2) 设 $\sum\limits_{n=0}^{\infty} a_n x^n$ 收敛,其和函数为 $f(x)$,且 $f(0)=0$,若 $\lim\limits_{x \to 0} \dfrac{f(x)}{x} = \cos x \big|_{x=0} = 1$,则 $\sum\limits_{n=0}^{\infty} a_n x^n =$ _____.

2. 选择题

(1) 设幂级数 $\sum\limits_{n=1}^{\infty} a_n (x-1)^n$ 在 $x=-1$ 处收敛,则此级数在 $x=2$ 处( ).

A. 条件收敛

B. 绝对收敛

C. 发散

D. 收敛性不能确定

(2) 已知级数 $x + \dfrac{x^3}{3} + \dfrac{x^5}{5} + \cdots$ 在收敛域内的和函数 $S(x) = \dfrac{1}{2} \ln \dfrac{1+x}{1-x}$,则级数 $\sum\limits_{n=1}^{\infty} \dfrac{1}{2^n (2n-1)}$ 的和是( ).

A. $\dfrac{1}{2} \ln(\sqrt{2}+1)$

B. $\dfrac{1}{\sqrt{2}} \ln(\sqrt{2}+1)$

C. $\dfrac{1}{2} \ln(\sqrt{2}-1)$

D. $\dfrac{1}{\sqrt{2}} \ln(\sqrt{2}-1)$

3. 求下列幂级数的收敛半径和收敛域.

(1) $\sum\limits_{n=1}^{\infty} \dfrac{1}{1+n^2} (3x)^n$

(2) $\sum\limits_{n=1}^{\infty} \dfrac{3^n + 5^n}{n} x^n$

(3) $\sum\limits_{n=1}^{\infty} \dfrac{(x-2)^{2n}}{n \cdot 4^n}$

(4) $\sum\limits_{n=0}^{\infty} \dfrac{4^n}{2n+1} \cdot x^{4n}$

4. 求下列幂级数的和函数.

(1) $\sum\limits_{n=1}^{\infty} \dfrac{(-1)^{n+1}}{n(n+1)} x^{n+1}$

(2) $\sum\limits_{n=0}^{\infty} (2n+1) x^n$

5. 求幂级数 $\sum\limits_{n=1}^{\infty} \dfrac{2n-1}{2^n} x^{2n-2}$ 的收敛域及和函数,并求级数 $\sum\limits_{n=1}^{\infty} \dfrac{2n-1}{2^n}$ 的和.

6. 求幂级数 $\sum\limits_{n=1}^{\infty} (-1)^{n-1} \dfrac{x^{2n-1}}{2n-1}$ 的收敛域及和函数.

7.5 函数的幂级数展开及其应用

上一节,我们讨论了幂级数的收敛域及其和函数的基本性质,并利用性质求得一些幂级数在其收敛域内的和函数,如上节例 6 中,有

$$\sum_{n=1}^{\infty} \frac{x^n}{n} = -\ln(1-x) \quad (-1 \leqslant x < 1)$$

由于幂级数不仅形式简单,而且与多项式有相类似的性质,在实际应用中人们就会想到能否将给定的函数在某个区间用幂级数表示?如果能表示,又如何表示?表示形式是否唯一?这一节里,我们就一一回答上述问题.

我们首先不证明地给出一个定理:

定理 1(泰勒定理) 如果函数 $f(x)$ 在含有 x_0 的某个开区间 (a,b) 内有直到 $(n+1)$ 阶的导数,则对任一 $x \in (a,b)$,有

$$f(x) = f(x_0) + f'(x_0)(x-x_0) + \frac{f''(x_0)}{2!}(x-x_0)^2 + \cdots + \frac{f^{(n)}(x_0)}{n!}(x-x_0)^n + R_n(x) \quad (1)$$

其中

$$R_n(x) = \frac{f^{(n+1)}(\xi)}{(n+1)!}(x-x_0)^{n+1} \qquad (2)$$

这里 ξ 是介于 x_0 与 x 之间的某个值.

式(1)称为 $f(x)$ 按 $(x-x_0)$ 的幂展开的泰勒公式,式(2)中的 $R_n(x)$ 称为拉格朗日型余项.

下面在泰勒公式的基础上给出一般函数的泰勒级数概念,函数可以展开成泰勒级数的条件以及函数如何展开成幂级数.

7.5.1　泰勒级数

在式(1)中,设

$$p_n(x) = f(x_0) + f'(x_0)(x-x_0) + \cdots + \frac{f^{(n)}(x_0)}{n!}(x-x_0)^n \qquad (3)$$

则
$$f(x) = p_n(x) + R_n(x)$$

在 x_0 的某个邻域内,若 $f(x)$ 可用 n 次多项式 $p_n(x)$ 近似表示,其误差为余项的绝对值 $|R_n(x)|$;当 $n \to \infty$ 时,若 $R_n(x) \to 0$,则可用 $p_n(x)$ 近似表示 $f(x)$,因此,当 $n \to \infty$ 时,若 $f(x)$ 在 x_0 的某个邻域内具有任意阶连续导数,$p_n(x)$ 为幂级数

$$f(x_0) + f'(x_0)(x-x_0) + \frac{f''(x_0)}{2!}(x-x_0)^2 + \cdots + \frac{f^{(n)}(x_0)}{n!}(x-x_0)^n + \cdots \qquad (4)$$

称幂级数(4)为 $f(x)$ 的泰勒级数. 当 $x_0 = 0$ 时

$$f(0) + f'(0)x + \frac{f''(0)}{2!}x^2 + \cdots + \frac{f^n(0)}{n!}x^n + \cdots \qquad (5)$$

称为 $f(x)$ 的麦克劳林级数.

当 $x = x_0$ 时,$f(x)$ 的泰勒级数收敛于 $f(x_0)$,但除了 $x = x_0$ 外,$f(x)$ 的泰勒级数是否收敛?如果收敛,是否收敛于 $f(x)$?为了回答这个问题,有下面的定理:

定理 2　设 $f(x)$ 在 x_0 的某个邻域 $U(x_0)$ 内具有任意阶导数,则 $f(x)$ 在该邻域内能展开成泰勒级数的充要条件是当 $n \to \infty$ 时 $f(x)$ 的泰勒公式中的余项 $R_n(x)$ 的极限为零,即

$$\lim_{n \to \infty} R_n(x) = 0 \quad (x \in U(x_0))$$

证明　充分性. 由泰勒公式 $f(x) = p_n(x) + R_n(x)$ 知,当 $\lim_{n \to \infty} R_n(x) = 0$ 时,$f(x) = \lim_{n \to \infty} p_n(x)$,即

$$f(x) = f(x_0) + f'(x_0)(x-x_0) + \cdots + \frac{f^{(n)}(x_0)}{n!}(x-x_0)^n + \cdots$$

即 $f(x)$ 在 $U(x_0)$ 内可以展开成泰勒级数.

必要性. 设 $f(x)$ 能展开成泰勒级数,即

$$f(x) = f(x_0) + f'(x_0)(x-x_0) + \cdots + \frac{f^{(n)}(x_0)}{n!}(x-x_0)^n + \cdots$$

显然该级数的前 $n+1$ 项为泰勒公式中的 $p_n(x)$,则有 $\lim_{n \to \infty} p_n(x) = f(x)$.

又由于 $f(x) = p_n(x) + R_n(x)$,所以 $\lim_{n \to \infty} R_n(x) = \lim_{n \to \infty}[f(x) - p_n(x)] = f(x) -$

$f(x)=0$,定理得证.

定理 2 说明,在 $U(x_0)$ 内,若 $f(x)$ 的任意阶导数存在,且当 $n\to\infty$ 时,余项 $|R_n(x)|$ 的极限为零,$f(x)$ 可以展开成泰勒级数.那么这个展开式是唯一的吗?换句话说,若 $f(x)$ 能展开成 $(x-x_0)$ 的幂级数,该幂级数一定是泰勒级数吗?下面我们仅就 $x_0=0$ 的情况说明,如果 $f(x)$ 能展开成 x 的幂级数,那么这种展开式是唯一的,它一定与 $f(x)$ 的麦克劳林级数(5)一致.

设 $f(x)$ 在某 $U(0)$ 内能展开成 x 的幂级数,即

$$f(x)=a_0+a_1x+a_2x^2+\cdots+a_nx^n+\cdots$$

由于 $f(x)$ 存在任意阶导数,且可以逐项求导,则有

$$f'(x)=a_1+2a_2x+3a_3x^2+\cdots+na_nx^{n-1}+\cdots$$
$$f''(x)=2!a_2+3\cdot2a_3x+\cdots+n(n-1)a_nx^{n-2}+\cdots$$
$$f'''(x)=3!a_3+\cdots+n(n-1)(n-2)a_nx^{n-3}+\cdots$$
$$\vdots$$
$$f^{(n)}(x)=n!a_n+(n+1)n(n-1)\cdots2a_{n+1}x+\cdots$$

将 $x=0$ 代入以上各式,得

$$a_0=f(0),a_1=f'(0),a_2=\frac{f''(0)}{2!},\cdots,a_n=\frac{f^{(n)}(0)}{n!}$$

所以有 $f(x)=\sum_{n=0}^{\infty}\frac{f^{(n)}(0)}{n!}x^n$,即

$$f(x)=f(0)+f'(0)x+\frac{f''(0)}{2!}x^2+\cdots+\frac{f^{(n)}(0)}{n!}x^n+\cdots$$

这说明若 $f(x)$ 能展开成幂级数,则展开式唯一,它就是 $f(x)$ 的麦克劳林级数.类似地,若 $f(x)$ 在包含 x_0 的某区间内能展开成 $x-x_0$ 的幂级数,那么展开式唯一,是 $f(x)$ 在 x_0 处的泰勒级数.

7.5.2 函数展开成幂级数的方法

1.直接法

若 $f(x)$ 在 $x=0$ 处各阶导数存在,将 $f(x)$ 展开成 x 的幂级数的步骤如下:

(1) 求出 $f(x)$ 及其各阶导数在 $x=0$ 处的值:$f(0),f'(0),f''(0),\cdots,f^{(n)}(0)(n=1,2,\cdots)$;

(2) 写出幂级数

$$f(0)+f'(0)+\frac{f''(0)}{2!}x^2+\cdots+\frac{f^{(n)}(0)}{n!}x^n+\cdots$$

并求出收敛半径 R;

(3) 考察当 $x\in(-R,R)$ 时,余项 $R_n(x)$ 的极限

$$\lim_{n\to\infty}R_n(x)=\lim_{n\to\infty}\frac{f^{(n+1)}(\xi)}{(n+1)!}x^{n+1}\quad(\xi\text{ 在 }0\text{ 与 }x\text{ 之间})$$

是否为零.如果为零,则 $f(x)$ 在 $(-R,R)$ 内的幂级数展开式为

$$f(x) = \sum_{n=0}^{\infty} \frac{f^{(n)}(0)}{n!} x^n \quad (-R < x < R)$$

（4）考虑幂级数在端点 $x = \pm R$ 处的敛散性及 $f(x)$ 在端点 $x = \pm R$ 处的单侧连续性，写出展开式成立的区间.

【例 1】　将函数 $f(x) = \mathrm{e}^x$ 展开成 x 的幂级数.

解　由于 $f(0) = 1, f^{(n)}(x) = \mathrm{e}^x \quad (n = 1, 2, \cdots)$，故
$$f^{(n)}(0) = 1 \quad (n = 1, 2, \cdots)$$

于是得到级数：

$$\sum_{n=0}^{\infty} \frac{f^{(n)}(0)}{n!} x^n = \sum_{n=0}^{\infty} \frac{x^n}{n!} = 1 + x + \frac{x^2}{2!} + \cdots + \frac{x^n}{n!} + \cdots$$

这里规定 $0! = 1$，该级数的收敛半径 $R = +\infty$.

对于任何有限的数 $x, \xi (\xi$ 在 0 与 x 之间），余项的绝对值 $|R_n(x)|$ 为

$$|R_n(x)| = \left| \frac{\mathrm{e}^{\xi}}{(n+1)!} x^{n+1} \right| < \mathrm{e}^{|x|} \cdot \frac{|x|^{n+1}}{(n+1)!}$$

因 $\mathrm{e}^{|x|}$ 有限，而 $\dfrac{|x|^{n+1}}{(n+1)!}$ 是收敛级数 $\displaystyle\sum_{n=0}^{\infty} \frac{|x|^{n+1}}{(n+1)!}$ 的一般项，因此当 $n \to \infty$ 时，

$\mathrm{e}^{|x|} \dfrac{|x|^{n+1}}{(n+1)!} \to 0$，即 $\displaystyle\lim_{n \to \infty} |R_n| = 0$，于是

$$\mathrm{e}^x = 1 + x + \frac{x^2}{2!} + \cdots + \frac{x^n}{n!} + \cdots \quad (-\infty < x < +\infty)$$

【例 2】　将 $f(x) = \sin x$ 展开成 x 的幂级数.

解　因为 $\qquad f^{(n)}(x) = \sin\left(x + \frac{n}{2}\pi\right) \quad (n = 1, 2, \cdots)$

所以 $\qquad f'(0) = 1, f''(0) = 0, f'''(0) = -1, \cdots$

而 $f(0) = 0$，于是得到级数

$$x - \frac{x^3}{3!} + \frac{x^5}{5!} - \cdots + (-1)^{n-1} \frac{x^{2n-1}}{(2n-1)!} + \cdots$$

它的收敛半径 $R = +\infty$.

对于任何有限 x、$\xi (\xi$ 在 0 与 x 之间），余项的绝对值当 $n \to \infty$ 时的极限为零，即

$$|R_n(x)| = \left| \frac{\sin\left[\xi + \frac{n+1}{2}\pi\right]}{(n+1)!} x^{n+1} \right| \leqslant \frac{|x|^{n+1}}{(n+1)!} \to 0 \quad (n \to \infty)$$

因此得展开式

$$\sin x = x - \frac{x^3}{3!} + \frac{x^5}{5!} - \cdots + (-1)^{n-1} \frac{x^{2n-1}}{(2n-1)!} + \cdots \quad (-\infty < x < +\infty)$$

利用相同的方法可求得 $f(x) = (1+x)^{\alpha}$ 的幂级数展开式：

$$(1+x)^{\alpha} = 1 + \alpha x + \frac{\alpha(\alpha-1)}{2!} x^2 + \cdots + \frac{\alpha(\alpha-1)\cdots(\alpha-n+1)}{n!} x^n + \cdots \quad (-1 < x < 1)$$

上式叫做二项展开式，其中 α 是实数. 在区间端点 $x = \pm 1$ 处展开式是否收敛取决于 α 的值.

例如当 $\alpha = -\dfrac{1}{2}$ 时,有

$$\frac{1}{\sqrt{1+x}} = 1 - \frac{1}{2}x + \frac{1 \times 3}{2 \times 4}x^2 - \frac{1 \times 3 \times 5}{2 \times 4 \times 6}x^3 + \cdots +$$

$$(-1)^n \frac{(2n-1)!!}{(2n)!!}x^n + \cdots \quad (-1 < x \leqslant 1)$$

2. 间接法

以上将函数展开成幂级数的例子需直接按公式 $a_n = \dfrac{f^{(n)}(0)}{n!}$ 计算幂级数的系数,还需考察余项 $R_n(x)$ 是否趋于零. 由于直接法运算量大,也不易判断余项是否极限为零,故实际计算时常常利用已知函数的展开式,通过幂级数的运算公式,比如变量代换、逐项求导、逐项积分等,将所给函数展开成幂级数,这种方法通常称为间接法. 间接法计算简单,且可以避免研究余项.

【例 3】 将函数 $f(x) = \cos x$ 展开成 x 的幂级数.

解 由 $\cos x = (\sin x)'$ 及 $\sin x = \displaystyle\sum_{n=1}^{\infty} \frac{(-1)^{n-1}}{(2n-1)!}x^{2n-1}$,则有

$$\cos x = \left[\sum_{n=1}^{\infty} \frac{(-1)^{n-1}}{(2n-1)!}x^{2n-1} \right]' = \sum_{n=1}^{\infty} \left[\frac{(-1)^{n-1}x^{2n-1}}{(2n-1)!} \right]'$$

$$= \sum_{n=1}^{\infty} (-1)^{n-1} \frac{x^{2n-2}}{(2n-2)!}$$

$$= 1 - \frac{x^2}{2!} + \frac{x^4}{4!} - \cdots + (-1)^{n-1} \frac{x^{2n-2}}{(2n-2)!} + \cdots \quad (-\infty < x < +\infty)$$

【例 4】 将函数 $f(x) = \ln(1+x)$ 展开成 x 的幂级数.

解 因为 $f'(x) = \dfrac{1}{1+x}$,而 $\dfrac{1}{1+x}$ 是收敛的等比级数 $\displaystyle\sum_{n=0}^{\infty}(-1)^n x^n$ 的和函数,

$$\frac{1}{1+x} = 1 - x + x^2 - x^3 + \cdots + (-1)^n x^n + \cdots \quad (-1 < x < 1)$$

上式两端从 0 到 x 逐项积分得

$$\ln(1+x) = \int_0^x \frac{1}{1+x}\mathrm{d}x = \int_0^x \sum_{n=0}^{\infty}(-1)^n x^n \mathrm{d}x = \sum_{n=0}^{\infty} \frac{(-1)^n}{n+1}x^{n+1}$$

此级数在 $x=1$ 处收敛,在 $x=-1$ 处发散. 又 $f(x) = \ln(1+x)$ 在 $x=1$ 处连续,故

$$\ln(1+x) = x - \frac{x^2}{2} + \frac{x^3}{3} - \frac{x^4}{4} + \cdots + (-1)^n \frac{x^{n+1}}{n+1} \quad (-1 < x \leqslant 1)$$

现将几个重要函数的幂级数展开式列出,以后可以直接引用:

(1) $\dfrac{1}{1-x} = 1 + x + x^2 + \cdots + x^n + \cdots = \displaystyle\sum_{n=0}^{\infty} x^n \quad (-1 < x < 1)$

(2) $\mathrm{e}^x = 1 + x + \dfrac{x^2}{2!} + \cdots + \dfrac{x^n}{n!} + \cdots = \displaystyle\sum_{n=0}^{\infty} \frac{x^n}{n!} \quad (-\infty < x < +\infty)$

(3) $\sin x = x - \dfrac{x^3}{3!} + \dfrac{x^5}{5!} - \cdots + (-1)^n \dfrac{x^{2n+1}}{(2n+1)!} + \cdots$

$$= \sum_{n=0}^{\infty} (-1)^n \frac{x^{2n+1}}{(2n+1)!} \quad (-\infty < x < +\infty)$$

$(4) \cos x = 1 - \frac{x^2}{2!} + \frac{x^4}{4!} - \cdots + \frac{(-1)^n x^{2n}}{(2n)!} + \cdots$

$$= \sum_{n=0}^{\infty} \frac{(-1)^n x^{2n}}{(2n)!} \quad (-\infty < x < +\infty)$$

$(5) \ln(1+x) = x - \frac{x^2}{2} + \frac{x^3}{3} - \cdots + (-1)^n \frac{x^{n+1}}{n+1}$

$$= \sum_{n=0}^{\infty} (-1)^n \frac{x^{n+1}}{n+1} \quad (-1 < x \leqslant 1)$$

$(6) (1+x)^{\alpha} = 1 + \alpha x + \frac{\alpha(\alpha-1)}{2!} x^2 + \cdots + \frac{\alpha(\alpha-1)\cdots(\alpha-n+1)}{n!} x^n + \cdots$

$$= \sum_{n=0}^{\infty} \frac{\alpha(\alpha-1)\cdots(\alpha-n+1)}{n!} x^n \quad (-1 < x < 1)$$

（端点处等式成立与否视 α 取值情况而定.）

将函数 $f(x)$ 展开成 $x - x_0$ 的幂级数问题通常采用间接法.

【**例 5**】　将函数 $f(x) = \dfrac{1}{5-x}$ 展开成 $(x-2)$ 的幂级数.

解
$$\frac{1}{5-x} = \frac{1}{3 - (x-2)} = \frac{1}{3} \cdot \frac{1}{1 - \dfrac{x-2}{3}}$$

$\dfrac{1}{1 - \dfrac{x-2}{3}}$ 是公比为 $\dfrac{x-2}{3}$ 且收敛的等比级数的和，因此

$$\frac{1}{1 - \dfrac{x-2}{3}} = \sum_{n=0}^{\infty} \left(\frac{x-2}{3}\right)^n, \quad \frac{x-2}{3} < 1$$

故
$$\frac{1}{5-x} = \sum_{n=0}^{\infty} \frac{(x-2)^n}{3^{n+1}} \quad (-1 < x < 5)$$

*7.5.3　函数的幂级数展开式的应用

一个函数如果能展开成幂级数形式，无论在理论上还是在应用中都很有意义，下面举例说明幂级数展开式在近似计算中的应用.

【**例 6**】　计算 e 的近似值，要求精确到小数点后四位（即误差 $|R_n| < 0.0001$）.

解
$$e^x = 1 + x + \frac{x^2}{2!} + \cdots + \frac{x^n}{n!} + \cdots \quad (-\infty < x < +\infty)$$

当 $x = 1$ 时，

$$e = 1 + 1 + \frac{1}{2!} + \frac{1}{3!} + \cdots + \frac{1}{n!} + \cdots$$

若取前 $n+1$ 项近似计算 e，其误差（也叫截断误差）为

$$|R_n| = \left| \frac{1}{(n+1)!} + \frac{1}{(n+2)!} + \cdots \right| < \frac{1}{(n+1)!}\left(1 + \frac{1}{n+1} + \frac{1}{(n+1)^2} + \cdots\right)$$

$$= \frac{1}{(n+1)!} \cdot \frac{1}{1 - \frac{1}{n+1}} = \frac{1}{n!\,n}$$

要使 $\frac{1}{n!\,n} < 0.0001$，只需取 $n = 7$，于是

$$e \approx 2 + \frac{1}{2!} + \frac{1}{3!} + \cdots + \frac{1}{7!} \approx 2.7183$$

【例 7】 计算 $\ln 2$ 的近似值，要求误差不超过 0.0001.

解 $\quad \ln(1+x) = x - \frac{x^2}{2} + \frac{x^3}{3} - \cdots + (-1)^{n-1}\frac{x^n}{n} \quad (-1 < x \leqslant 1)$

取 $x = 1$，则

$$\ln 2 = 1 - \frac{1}{2} + \frac{1}{3} - \frac{1}{4} + \cdots + (-1)^{n-1}\frac{1}{n} + \cdots$$

若取该级数的前 n 项的和作为 $\ln 2$ 的近似值，其误差为

$$|R_n| = \left| \frac{1}{n+1} - \frac{1}{n+2} + \cdots \right| < \frac{1}{n+1}$$

欲使精确度达到 0.0001，需要取 $\frac{1}{n+1} < 0.0001$，即级数的前 10000 项进行计算，理论上可行，但具体操作的计算量太大了，我们需用收敛较快的级数来代替.

将展开式

$$\ln(1+x) = x - \frac{x^2}{2} + \frac{x^3}{3} - \frac{x^4}{4} - \cdots \quad (-1 < x \leqslant 1)$$

中的 x 换成 $-x$，得

$$\ln(1-x) = -x - \frac{x^2}{2} - \frac{x^3}{3} - \frac{x^4}{4} - \cdots \quad (-1 \leqslant x < 1)$$

两式相减，得到不含偶次幂的展开式：

$$\ln \frac{1+x}{1-x} = \ln(1+x) - \ln(1-x) = 2\left(x + \frac{1}{3}x^3 + \frac{1}{5}x^5 + \cdots\right) \quad (-1 < x < 1)$$

令 $\frac{1+x}{1-x} = 2$，解出 $x = \frac{1}{3}$，以 $x = \frac{1}{3}$ 代入 $\ln \frac{1+x}{1-x}$ 得

$$\ln 2 = 2 \times \left(\frac{1}{3} + \frac{1}{3} \times \frac{1}{3^3} + \frac{1}{5} \times \frac{1}{3^5} + \frac{1}{7} \times \frac{1}{3^7} + \cdots\right)$$

实际上，若取前四项作为 $\ln 2$ 的近似值，其误差

$$|R_4| = 2 \times \left(\frac{1}{9} \times \frac{1}{3^9} + \frac{1}{11} \times \frac{1}{3^{11}} + \cdots\right) < \frac{2}{3^{11}}\left[1 + \frac{1}{9} + \left(\frac{1}{9}\right)^2 + \cdots\right]$$

$$= \frac{1}{4 \times 3^9} < \frac{1}{70000}$$

已经符合题目的精确度要求. 于是

$$\ln 2 \approx 2 \times \left(\frac{1}{3} + \frac{1}{3} \times \frac{1}{3^3} + \frac{1}{5} \times \frac{1}{3^5} + \frac{1}{7} \times \frac{1}{3^7} \right) \approx 0.6931$$

利用幂级数不仅可计算一些函数值的近似值,而且可以计算一些定积分的近似值,尤其是一些原函数存在但不是初等函数的定积分,例如 $\frac{1}{\sqrt{\pi}} \int_0^{\frac{1}{2}} e^{-x^2} dx$, $\int_0^1 \frac{\sin x}{x} dx$ 等.

【例 8】 计算定积分 $\frac{2}{\sqrt{\pi}} \int_0^{\frac{1}{2}} e^{-x^2} dx$ 的近似值,要求误差不超过 0.0001. (取 $\frac{1}{\sqrt{\pi}} \approx 0.56419$)

解　由于 $e^x = \sum\limits_{n=0}^{\infty} \frac{x^n}{n!}$,则

$$e^{-x^2} = \sum_{n=0}^{\infty} \frac{(-x^2)^n}{n!} = \sum_{n=0}^{\infty} (-1)^n \frac{x^{2n}}{n!} \quad (-\infty < x < +\infty)$$

$$\frac{2}{\sqrt{\pi}} \int_0^{\frac{1}{2}} e^{-x^2} dx = \frac{2}{\sqrt{\pi}} \int_0^{\frac{1}{2}} \left[\sum_{n=0}^{\infty} (-1)^n \frac{x^{2n}}{n!} \right] dx$$

$$= \frac{2}{\sqrt{\pi}} \sum_{n=0}^{\infty} \frac{(-1)^n}{n!} \int_0^{\frac{1}{2}} x^{2n} dx = \frac{2}{\sqrt{\pi}} \sum_{n=0}^{\infty} \frac{(-1)^n}{n!(2n+1)} \cdot \frac{1}{2^{2n+1}}$$

即

$$\frac{2}{\sqrt{\pi}} \int_0^{\frac{1}{2}} e^{-x^2} dx = \frac{1}{\sqrt{\pi}} \left(1 - \frac{1}{2^2 \times 3} + \frac{1}{2^4 \times 5 \times 2!} - \frac{1}{2^6 \times 7 \times 3!} + \cdots \right)$$

取前四项的和作为近似值,其误差为

$$|R_4| \leqslant \frac{1}{\sqrt{\pi}} \frac{1}{2^8 \times 9 \times 4!} < \frac{1}{90000}$$

则所求积分近似值为

$$\frac{2}{\sqrt{\pi}} \int_0^{\frac{1}{2}} e^{-x^2} dx \approx \frac{1}{\sqrt{\pi}} \left(1 - \frac{1}{2^2 \times 3} + \frac{1}{2^4 \times 5 \times 2!} - \frac{1}{2^6 \times 7 \times 3!} \right) \approx 0.5205$$

由于现代科技的不断进步,计算机辅助计算已相当普及,利用本节近似计算的思想,结合一些数值计算程序(比如 matlab 程序),可使一些计算结果更加精确.

习题 7.5

(A)

1. 将下列函数展开成 x 的幂级数,并指明收敛区间.

(1) $f(x) = \dfrac{x}{1+x^2}$

(2) $f(x) = \sin 2x$

(3) $f(x) = \dfrac{1}{3+x}$

(4) $f(x) = \arctan x$

(5) $f(x) = (1+x)\ln(1+x)$

(6) $f(x) = xe^{-x}$

2. 将下列函数展开成 $(x-3)$ 的幂级数.

(1) $f(x) = \dfrac{1}{x}$

(2) $f(x) = \ln x$

3. 将 $f(x) = \dfrac{1}{x^2 + 3x + 2}$ 展开成 $(x+4)$ 的幂级数.

(B)

1. 将下列函数展开成 x 的幂级数,并求收敛区间.

(1) $f(x) = \dfrac{x}{2 + x - x^2}$ 　　　　　　　(2) $f(x) = \ln(1 - x - 2x^2)$

(3) $f(x) = \displaystyle\int_0^x \dfrac{\arctan t}{t} \mathrm{d}t$

2. 将 $f(x) = \arctan\dfrac{1+x}{1-x}$ 展开成关于 x 的幂级数,并计算 $\displaystyle\sum_{n=0}^{\infty} \dfrac{(-1)^n}{2n+1}$ 的值.

3. 利用函数的幂级数展开式求下列各数的近似值,要求误差不超过 0.0001.

(1) $\sqrt[5]{245}$ 　　　(2) $\ln 3$ 　　　(3) $\cos 2°$

4. 利用被积函数幂级数展开式求下列定积分的近似值.

(1) $\displaystyle\int_0^1 \dfrac{\sin x}{x} \mathrm{d}x$ (误差不超过 0.0001)

(2) $\displaystyle\int_0^{0.5} \dfrac{1}{1 + x^4} \mathrm{d}x$ (误差不超过 0.0001)

第8章　微分方程与差分方程

函数是客观事物的内部联系在数量方面的反映,寻求函数关系在实践中具有重要意义.在许多科学技术和社会经济问题中,变量之间的函数关系往往不能直接建立,但能根据问题的具体含义和相关知识,得到待求函数及其导数(或微分)之间的关系式,这样的关系式就是所谓的微分方程.微分方程建立以后,通过研究,找出满足方程的未知函数,这就是解微分方程.但在经济管理和许多实际问题中,数据大多数是按等时间间隔周期统计,所涉及的变量是离散变化的,差分方程是研究离散型变量之间变化规律的有效工具.本章先介绍微分方程的有关概念,然后着重讲解几类微分方程的求解法,最后对差分方程作简单介绍.

8.1　微分方程

为了说明微分方程的有关概念,先考察几何、经济学及物理学中的几个具体例子.

8.1.1　引　例

【例1】　一曲线通过点$(0,1)$,且在该曲线上任一点$M(x,y)$处的切线的斜率为$2x$,求此曲线的方程.

解　设所求曲线的方程为$y = y(x)$,由已知条件和导数的几何意义,可知函数$y = y(x)$应满足

$$\frac{\mathrm{d}y}{\mathrm{d}x} = 2x \quad (\text{或 } \mathrm{d}y = 2x\mathrm{d}x) \tag{1}$$

此外,未知函数$y = y(x)$还应满足下列条件:

$$x = 0 \text{ 时}, y = 1 \tag{2}$$

式(1)是一个含有导数(或微分)的方程,要解出$y(x)$,只需对式(1)两端积分,得

$$y = \int 2x\mathrm{d}x = x^2 + C \tag{3}$$

其中C是任意常数.

把条件"$x = 0$时,$y = 1$"代入式(3),得

$$1 = 0^2 + C$$

得 $C = 1$,于是所求曲线的方程为

$$y = x^2 + 1 \tag{4}$$

【例2】(马尔萨斯(Malthus)人口模型) 英国经济学家马尔萨斯 1798 年提出人口指数增长模型,基本假设是人口数量 $N(t)$ 的增长速度与现有人口数量成正比,记此常数为 r(生命系数),开始时($t = 0$)的人口数量为 N_0. 于是,马尔萨斯人口模型可记为

$$\begin{cases} \dfrac{\mathrm{d}N}{\mathrm{d}t} = rN & \tag{5} \\[2mm] N(0) = N_0 & \tag{6} \end{cases}$$

由方程(5),得(求解的一般方法将在下一节介绍)

$$N(t) = C\mathrm{e}^{rt} \tag{7}$$

其中 C 为任意常数.

将条件(6)代入式(7),得 $C = N_0$. 故

$$N(t) = N_0\mathrm{e}^{rt} \tag{8}$$

式(8)就是马尔萨斯人口模型的解.

下面通过真实数据来检验马尔萨斯人口模型的适用性.

据统计,1961 年世界人口总数为 3.06×10^9 人,在 1961 年之后的 10 年中,人口以每年 2% 的速度增长. 以年为间隔考察人口的变化情况. 记 $t = 0$(1961 年), $t = 1$(1962 年),…,已知条件可记为 $N(0) = 3.06 \times 10^9$, $r = 0.02$,代入式(8),可得

$$N(t) = 3.06 \times 10^9 \mathrm{e}^{0.02t} \tag{9}$$

现用式(9)来检验 1961 年 ~ 1980 年的世界人口数量(表 8-1).

表 8-1　　　　　　　　　　1961 ~ 1980 年世界人口数量

t/ 年份	实际数 / 亿人	预测数 / 亿人	误差 /%
0(1961 年)	30.60		
4(1965 年)	32.85	33.15	0.91
9(1970 年)	36.10	36.63	1.47
14(1975 年)	39.67	40.45	1.96
19(1980 年)	44.28	44.75	1.06

由此看出,式(9)作人口短期预测时比较准确. 注意到式(9)表明人口以公比为 $\mathrm{e}^{0.02}$ 的几何数列的速度增长,当 t 较大时,$N(t)$ 将是天文数字. 比如,到 2562 年($t = 601$),世界人口数量为 5.1×10^{14} 人,由此可见,马尔萨斯人口模型作长期预测是不准确的,模型有待改进(见 8.3 节例 1).

【例3】(自由落体运动) 一质量为 m 的物体仅受重力作用,以初速度为零自由下落. 设初始位置为 0,试确定物体下落的距离 S 与时间 t 的函数关系.

解　设物体在任一时刻 t 下落的距离为 $S = S(t)$,则物体运动的加速度为

$$a = S'' = \frac{\mathrm{d}^2 S}{\mathrm{d}t^2}$$

现物体仅受重力作用,可得

$$g = \frac{\mathrm{d}^2 S}{\mathrm{d}t^2}$$

其中,g 为重力加速度,且满足下列条件:

$$t = 0 \text{ 时},S = 0,v = \frac{\mathrm{d}S}{\mathrm{d}t} = 0 \tag{10}$$

即

$$\begin{cases} \dfrac{\mathrm{d}^2 S}{\mathrm{d}t^2} = g & \text{(11)} \\[3mm] S\big|_{t=0}, \dfrac{\mathrm{d}S}{\mathrm{d}t}\bigg|_{t=0} = 0 & \text{(12)} \end{cases}$$

将式(11)两端积分,得

$$\frac{\mathrm{d}S}{\mathrm{d}t} = gt + C_1 \tag{13}$$

再将式(13)两端积分,得

$$S = \frac{1}{2}gt^2 + C_1 t + C_2 \tag{14}$$

把条件$\dfrac{\mathrm{d}S}{\mathrm{d}t}\bigg|_{t=0} = 0$代入式(13),得

$$C_1 = 0$$

把条件$S\big|_{t=0} = 0$代入式(14),得

$$C_2 = 0$$

故

$$S = \frac{1}{2}gt^2 \tag{15}$$

这正是我们熟悉的物理学中的自由落体运动公式.

8.1.2　微分方程的基本概念

上述三个例子中的关系式(1)、(5)、(11) 都含有未知函数的导数,它们都是微分方程. 一般地,凡表示未知函数、未知函数的导数(或微分) 与自变量之间的关系的方程,叫做微分方程. 未知函数是一元函数的方程叫做常微分方程;未知函数是多元函数的方程叫做偏微分方程. 微分方程有时也简称方程. 本章只讨论常微分方程.

微分方程中所出现的未知函数的最高阶导数的阶数,叫做微分方程的阶. 例如方程(1) 和(5) 是一阶微分方程,方程(11) 是二阶微分方程. 又如,方程

$$x^3 y''' + x^2 y'' - 4xy' = 3x^2$$

是三阶微分方程;方程

$$(y^{(4)})^2 - 4y''' - 12y'' + 10y' = \sin 2x$$

是四阶微分方程.

一般地,n 阶微分方程的形式是

$$F(x, y, y', \cdots, y^{(n)}) = 0 \tag{16}$$

其中x是自变量,y是x的未知函数. 这里必须指出,在方程(16)中,$y^{(n)}$ 必须出现,而 $x, y,$

$y', \cdots, y^{(n-1)}$ 则可以不出现.

例如,n 阶微分方程

$$y^{(n)} + 1 = 0$$

中,除 $y^{(n)}$ 外,其他变量都没有出现.

而一阶微分方程的一般形式为

$$F(x, y, y') = 0 \text{ 或 } y' = f(x, y)$$

二阶微分方程的一般形式为

$$F(x, y, y', y'') = 0 \text{ 或 } y'' = f(x, y, y')$$

由前面的例子我们看到,在研究某实际问题时,首先要建立微分方程,然后找出满足微分方程的函数(解微分方程). 也就是说,要找出这样的函数,把这个函数代入微分方程能使该方程成为恒等式,这个函数就叫做该微分方程的解.

例如,函数(3)和(4)是方程(1)的解;函数(7)和(8)是方程(5)的解;函数(14)和(15)是方程(11)的解.

如果微分方程的解中含有相互独立的任意常数(即它们不能合并而使得任意常数的个数减少),且任意常数的个数与微分方程的阶数相同,这样的解叫做微分方程的通解.

例如,函数(3)是方程(1)的解,它含有一个任意常数,而方程(1)是一阶的,所以函数(3)是方程(1)的通解. 又如函数(14)是方程(11)的解,它含有两个任意常数,而方程(11)是二阶的,所以函数(14)是方程(11)的通解.

由于通解中含有任意常数,所以它还不能完全确定地反映某一客观事物的规律性. 要完全确定地反映客观事物的规律性,必须确定这些常数的值. 为此,要根据问题的实际情况,提出确定这些常数的条件. 例如,例 1 中的条件(2)、例 3 中的条件(12)就是这样的条件.

设微分方程中的未知函数为 $y = y(x)$,如果微分方程是一阶的,通常用来确定任意常数的条件是

$$x = x_0 \text{ 时},y = y_0,\text{或写成} y\big|_{x=x_0} = y_0$$

其中 x_0, y_0 都是给定的值;如果微分方程是二阶的,通常用来确定任意常数的条件是

$$x = x_0 \text{ 时},y = y_0,y' = y_1,\text{或写成} y\big|_{x=x_0} = y_0,y'\big|_{x=x_0} = y_1$$

其中 x_0, y_0, y_1 都是给定的值. 上述这种条件叫做初始条件.

确定了通解中的任意常数以后,就得到微分方程的特解. 例如,函数(8)是方程(5)满足条件(6)的特解,函数(15)是方程(11)满足条件(12)的特解.

求微分方程 $y' = f(x, y)$ 满足初始条件 $y\big|_{x=x_0} = y_0$ 的特解这样一个问题,叫做一阶微分方程的初值问题,记作

$$\begin{cases} y' = f(x, y) \\ y\big|_{x=x_0} = y_0 \end{cases} \tag{17}$$

微分方程的解的图形是一条曲线,叫做微分方程的积分曲线. 初值问题(17)的几何意义是求微分方程通过点 (x_0, y_0) 的那条积分曲线.

二阶微分方程的初值问题为

$$\begin{cases} y'' = f(x, y, y') \\ y\big|_{x=x_0} = y_0, \ y'\big|_{x=x_0} = y_1 \end{cases}$$

它的几何意义是求微分方程通过点 (x_0, y_0) 且在该点处的切线斜率为 y_1 的那条积分曲线.

【例 4】　验证

$$y = C_1 \cos x + C_2 \sin x + x \tag{18}$$

是微分方程

$$y'' + y = x \tag{19}$$

的解.

解　由于

$$y' = -C_1 \sin x + C_2 \cos x + 1$$
$$y'' = -C_1 \cos x - C_2 \sin x$$

于是　　　　$y'' + y = -C_1 \cos x - C_2 \sin x + C_1 \cos x + C_2 \sin x + x = x$

函数 (18) 及其二阶导数代入 (19) 后成为一个恒等式,因此函数 (18) 是微分方程 (19) 的解.

【例 5】　已知函数 (18) 是微分方程 (19) 的通解,求满足初始条件

$$y\big|_{x=0} = 1, \quad y'\big|_{x=0} = 3$$

的特解.

解　将条件"$x = 0$ 时,$y = 1$"和"$x = 0$ 时,$y' = 3$"分别代入 y, y' 的表达式得

$$\begin{cases} C_1 \cos 0 + C_2 \sin 0 + 0 = 1 \\ -C_1 \sin 0 + C_2 \cos 0 + 1 = 3 \end{cases}$$

解得

$$\begin{cases} C_1 = 1 \\ C_2 = 2 \end{cases}$$

故所求特解为

$$y = \cos x + 2 \sin x + x$$

习题 8.1

(A)

1. 指出下列微分方程的阶数:

(1) $x^2 (y''')^3 - 2y' + y = 0$　　　　　　(2) $xy^{(4)} - xy' + y = 0$

(3) $(7x - 6y)\mathrm{d}x + (x + y)\mathrm{d}y = 0$　　　(4) $\dfrac{\mathrm{d}^2 S}{\mathrm{d}t^2} + \dfrac{\mathrm{d}S}{\mathrm{d}t} + S = 0$

2. 设有微分方程 $\dfrac{\mathrm{d}^2 x}{\mathrm{d}t^2} + 6\dfrac{\mathrm{d}x}{\mathrm{d}t} + 9x = 0$,指出下列函数中哪些是该方程的解?哪些是通解?

(1) $x = (C_1 + C_2 t)\mathrm{e}^{-3t}$　　　　(2) $x = C\mathrm{e}^{-3t}$

3. 在下列各题中,验证所给函数是满足微分方程的解:

(1) $xy' = 2y, \ y = 5x^2$

(2) $y'' + y = 0, y = 3\sin x - 4\cos x$

(3) $y'' - (\lambda_1 + \lambda_2)y' + \lambda_1\lambda_2 y = 0, y = C_1 e^{\lambda_1 x} + C_2 e^{\lambda_2 x}$

4. 在下列各题中,验证所给函数是对应微分方程的特解:

(1) $xy' = y, y\big|_{x=1} = 0, y = 0$

(2) $y'' - 2y' + y = 0, y\big|_{x=0} = 2, y'\big|_{x=0} = 1, y = (2 - x)e^x$

5. 已知曲线在任一点 $M(x, y)$ 处的切线斜率等于该点纵坐标的 3 倍,求该曲线满足的微分方程.

6. 在下列各题中,确定函数关系式中所含的参数,使函数满足所给的初始条件:

(1) $x^2 - y^2 = C, y\big|_{x=0} = 5$;

(2) $y = (C_1 + C_2 x)e^{2x}, y\big|_{x=0} = 0, y'\big|_{x=0} = 1$

（B）

1. 验证由 $x^2 - xy + y^2 = C$ 所确定的函数为微分方程 $(x - 2y)y' = 2x - y$ 的解.

2. 已知曲线上点 $P(x, y)$ 处的法线与 x 轴的交点为 Q,且线段 PQ 被 y 轴平分,求该曲线所满足的微分方程.

8.2　一阶微分方程

一阶微分方程的一般形式为

$$F(x, y, y') = 0 \tag{1}$$

如果式(1) 中 y' 可解出,则方程可写成

$$y' = f(x, y) \tag{2}$$

一阶微分方程有时也写成如下的对称形式:

$$P(x, y)\mathrm{d}x + Q(x, y)\mathrm{d}y = 0 \tag{3}$$

在方程(3) 中,变量 x 与 y 对称,既可看作 x 为自变量、y 为未知函数的方程:

$$\frac{\mathrm{d}y}{\mathrm{d}x} = -\frac{P(x, y)}{Q(x, y)}$$

这时 $Q(x, y) \neq 0$. 也可看作 y 为自变量、x 为未知函数的方程:

$$\frac{\mathrm{d}x}{\mathrm{d}y} = -\frac{Q(x, y)}{P(x, y)}$$

这时 $P(x, y) \neq 0$.

下面介绍几种特殊类型的一阶微分方程及其解法.

8.2.1　可分离变量的一阶微分方程

若一阶微分方程(2) 中的 $f(x, y)$ 可写成一个仅含 x 的函数和一个仅含 y 的函数的乘积,即形如

$$\frac{\mathrm{d}y}{\mathrm{d}x} = f(x)g(y) \tag{4}$$

我们称这类方程为可分离变量的微分方程.

根据这一特点,方程(4) 可以通过先分离变量再积分的方法来求解.

设 $g(y) \neq 0$,方程(4) 可写成变量 x 和 y 分离在等号两端的形式:

$$\frac{\mathrm{d}y}{g(y)} = f(x)\mathrm{d}x \tag{5}$$

设 $f(x)$ 和 $g(y)$ 都是连续函数,对式(5)两端积分,得

$$\int \frac{1}{g(y)}\mathrm{d}y = \int f(x)\mathrm{d}x$$

设 $G(y)$ 及 $F(x)$ 分别是 $\frac{1}{g(y)}$ 及 $f(x)$ 的原函数,于是有

$$G(y) = F(x) + C \tag{6}$$

其中 C 为任意常数. 利用隐函数求导法则不难验证,当 $g(y) \neq 0$ 时,由式(6)所确定的隐函数 $y = \varphi(x)$ 是方程(5)的解;当 $f(x) \neq 0$ 时,由式(6)所确定的隐函数 $x = \psi(y)$ 也可以认为是方程(5)的解.

式(6)叫做微分方程(5)的隐式解. 又由于式(6)中含有任意常数,因此式(6)所确定的隐函数是方程(5)的通解. 我们也把式(6)叫做微分方程(5)的隐式通解.

若存在常数 y_0,使 $g(y_0) = 0$,那么将 $y = y_0$ 代入方程(4)中,等式两端均为零,这说明 $y = y_0$ 也是方程(4)的一个解. 在许多情况下,这个解可以包含在前面得到的通解中,即 $y = y_0$ 可由式(6)中 C 取某特定值得到.

【例 1】 求微分方程 $\dfrac{\mathrm{d}y}{\mathrm{d}x} = 2xy$ 的通解.

解 此方程是可分离变量方程. 当 $y \neq 0$ 时,分离变量后得

$$\frac{\mathrm{d}y}{y} = 2x\mathrm{d}x$$

两端积分,得

$$\int \frac{\mathrm{d}y}{y} = \int 2x\mathrm{d}x$$

从而

$$\ln|y| = x^2 + C_1$$

故

$$y = \pm \mathrm{e}^{C_1}\mathrm{e}^{x^2} = C\mathrm{e}^{x^2}$$

其中 $C = \pm \mathrm{e}^{C_1}$ 是一非零的任意常数.

将 $y = 0$ 代入原方程可见,它也是原方程的一个解. 只要允许 C 取 0,则解 $y = 0$ 就包含在解 $y = C\mathrm{e}^{x^2}$ 中了. 于是,原方程的通解为

$$y = C\mathrm{e}^{x^2} \quad (C \text{ 为任意常数})$$

【例 2】 解初值问题(马尔萨斯人口模型):

$$\begin{cases} \dfrac{\mathrm{d}N}{\mathrm{d}t} = rN & (7) \\[2mm] N(0) = N_0 & (8) \end{cases}$$

解 将方程(7)分离变量后,得

$$\frac{\mathrm{d}N}{N} = r\mathrm{d}t$$

两端积分,得

$$\int \frac{\mathrm{d}N}{N} = \int r\mathrm{d}t$$

从而

$$\ln N = rt + \ln C$$

解得

$$N(t) = \mathrm{e}^{rt + \ln C} = C\mathrm{e}^{rt}$$

注意到 $N(t) = 0$ 也是原方程的解,故方程(7)的通解是

$$N(t) = C\mathrm{e}^{rt}$$

其中 C 为任意常数. 因 $N(0) = N_0$,故 $N_0 = C$,故该初值问题的解为

$$N(t) = N_0\mathrm{e}^{rt}$$

微分方程(7)也叫做"指数增长与指数衰减方程",在经济学和科学技术中常出现如下形式:

$$\frac{\mathrm{d}y}{\mathrm{d}x} = ky \qquad (9)$$

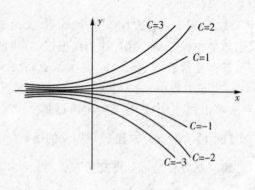

图 8-1

同例 2 的解法,其通解为 $y = C\mathrm{e}^{kx}$.

由此可知,微分方程 $\frac{\mathrm{d}y}{\mathrm{d}x} = ky$ 的解,当 $k > 0$ 时,总是指数增长的;当 $k < 0$ 时,总是指数衰减的.

图 8-1 为 $k > 0$ 时解曲线的图像,$k < 0$ 时解曲线的图像与 $k > 0$ 时的图像关于 x 轴对称.

【例 3】 求初值问题 $\begin{cases} x\mathrm{d}x + y\mathrm{d}y = 0 \\ y\big|_{x=3} = 4 \end{cases}$ 的解.

解 将方程分离变量,得

$$x\mathrm{d}x = -y\mathrm{d}y$$

两端积分,得

$$\int x\mathrm{d}x = \int -y\mathrm{d}y$$

从而得方程的通解为

$$\frac{x^2}{2} = -\frac{y^2}{2} + C$$

将初始条件"当 $x = 3$ 时,$y = 4$"代入通解,得 $C = \frac{25}{2}$,故所求初值问题的特解为

$$x^2 + y^2 = 25$$

8.2.2 齐次方程

在一阶微分方程中,有些方程虽然不能直接分离变量,但可以通过适当的变量代换,化为可分离变量的方程,齐次方程就是其中的一种.

如果一阶微分方程

$$\frac{\mathrm{d}y}{\mathrm{d}x} = f(x, y)$$

中的函数 $f(x, y)$ 可写成 $\frac{y}{x}$ 的函数，即 $f(x, y) = \varphi\left(\frac{y}{x}\right)$，则称这个方程为齐次方程. 例如

$$(xy - y^2)\mathrm{d}x - (x^2 - 2xy)\mathrm{d}y = 0$$

是齐次方程，因为我们可以把该方程化为

$$\frac{\mathrm{d}y}{\mathrm{d}x} = \frac{xy - y^2}{x^2 - 2xy} = \frac{\dfrac{y}{x} - \left(\dfrac{y}{x}\right)^2}{1 - 2\left(\dfrac{y}{x}\right)}$$

在齐次方程

$$\frac{\mathrm{d}y}{\mathrm{d}x} = \varphi\left(\frac{y}{x}\right) \tag{10}$$

中，引进新的未知函数

$$u = \frac{y}{x} \tag{11}$$

就可以将齐次方程(10)化为可分离变量的方程. 因为由式(11)有

$$y = ux, \qquad \frac{\mathrm{d}y}{\mathrm{d}x} = u + x\frac{\mathrm{d}u}{\mathrm{d}x}$$

代入方程(10)，便得方程

$$u + x\frac{\mathrm{d}u}{\mathrm{d}x} = \varphi(u)$$

即

$$x\frac{\mathrm{d}u}{\mathrm{d}x} = \varphi(u) - u$$

分离变量，得

$$\frac{\mathrm{d}u}{\varphi(u) - u} = \frac{\mathrm{d}x}{x}$$

两端积分，得

$$\int \frac{\mathrm{d}u}{\varphi(u) - u} = \int \frac{\mathrm{d}x}{x}$$

记 $\Phi(u)$ 是 $\dfrac{1}{\varphi(u) - u}$ 的一个原函数，则得通解

$$\Phi(u) = \ln|x| + C$$

再以 $\dfrac{y}{x}$ 代替 u，便得齐次方程的通解.

【例 4】 解方程 $y^2 + x^2\dfrac{\mathrm{d}y}{\mathrm{d}x} = xy\dfrac{\mathrm{d}y}{\mathrm{d}x}$.

解　原方程可写成

$$\frac{\mathrm{d}y}{\mathrm{d}x} = \frac{y^2}{xy - x^2} = \frac{\left(\dfrac{y}{x}\right)^2}{\dfrac{y}{x} - 1}$$

因此是齐次方程. 令 $\dfrac{y}{x} = u$, 则

$$y = ux, \qquad \frac{\mathrm{d}y}{\mathrm{d}x} = u + x\frac{\mathrm{d}u}{\mathrm{d}x}$$

于是, 原方程变为

$$u + x\frac{\mathrm{d}u}{\mathrm{d}x} = \frac{u^2}{u-1}$$

即

$$x\frac{\mathrm{d}u}{\mathrm{d}x} = \frac{u}{u-1}$$

分离变量, 得

$$\left(1 - \frac{1}{u}\right)\mathrm{d}u = \frac{\mathrm{d}x}{x}$$

两端积分, 得

$$u - \ln|u| + C = \ln|x|$$

即

$$\ln|xu| = u + C$$

以 $\dfrac{y}{x}$ 代入上式中的 u, 便得所给方程的通解为

$$\ln|y| = \frac{y}{x} + C \quad (C\text{ 为任意常数})$$

8.2.3　一阶线性微分方程

未知函数及其导数都是一次的一阶微分方程叫做一阶线性微分方程, 它的一般形式是

$$\frac{\mathrm{d}y}{\mathrm{d}x} + P(x)y = Q(x) \tag{12}$$

当 $Q(x) = 0$ 时, 方程(12)变成

$$\frac{\mathrm{d}y}{\mathrm{d}x} + P(x)y = 0 \tag{13}$$

方程(13)称为一阶齐次线性微分方程, 而当 $Q(x)$ 不恒等于零时, 方程(12)称为一阶非齐次线性微分方程.

1. 一阶齐次线性微分方程的解法

显然, 一阶齐次线性微分方程(13)是一个可分离变量的方程.

当 $y \neq 0$ 时, 分离变量后得

$$\frac{\mathrm{d}y}{y} = -P(x)\mathrm{d}x$$

两端积分, 得

$$\ln|y| = -\int P(x)\mathrm{d}x + C_1$$

即

$$y = \pm\, \mathrm{e}^{C_1}\, \mathrm{e}^{-\int P(x)\mathrm{d}x} = C\mathrm{e}^{-\int P(x)\mathrm{d}x} \tag{14}$$

$y = 0$ 显然也是原方程的解,故齐次线性微分方程(13)的通解为

$$y = Ce^{-\int P(x)dx} \tag{15}$$

其中 C 为任意常数.

2. 一阶非齐次线性微分方程的解法

现在我们使用常数变量法求非齐次线性微分方程(12)的通解,方法是把方程(13)的通解(15)中的 C 换成 x 的未知函数 $u(x)$,即作变换

$$y = u(x)e^{-\int P(x)dx} \tag{16}$$

假设式(16)是非齐次线性微分方程(12)的解,那么其中的未知函数 $u(x)$ 应该是什么?为此,将式(16)对 x 求导,得

$$\frac{dy}{dx} = u'(x)e^{-\int P(x)dx} - u(x)P(x)e^{-\int P(x)dx} \tag{17}$$

将式(16)和(17)代入方程(12),得

$$u'(x)e^{-\int P(x)dx} - u(x)P(x)e^{-\int P(x)dx} + P(x)u(x)e^{-\int P(x)dx} = Q(x)$$

即

$$u'(x)e^{-\int P(x)dx} = Q(x)$$

$$u'(x) = Q(x)e^{\int P(x)dx}$$

两端积分,得

$$u(x) = \int Q(x)e^{\int P(x)dx}dx + C$$

把上式代入式(16),便得非齐次线性微分方程(12)的通解

$$y = e^{-\int P(x)dx}\left(\int Q(x)e^{\int P(x)dx}dx + C\right) \tag{18}$$

注意:公式(18)中的不定积分 $\int P(x)dx$ 和 $\int Q(x)e^{\int P(x)dx}dx$ 分别理解为一个原函数.

将式(18)改写成两项之和:

$$y = Ce^{-\int P(x)dx} + e^{-\int P(x)dx}\int Q(x)e^{\int P(x)dx}dx$$

上式右端第一项是对应的齐次线性微分方程(13)的通解,第二项是非齐次线性微分方程(12)的一个特解.(在方程(12)的通解(18)中取 $C = 0$,便得到这个特解.)由此可知,一阶非齐次线性微分方程的通解等于对应齐次微分方程的通解与非齐次线性微分方程的一个特解之和.

【例 5】 求方程

$$\frac{dy}{dx} - \frac{2y}{x+1} = (x+1)^{\frac{5}{2}}$$

的通解.

解　这是一个一阶非齐次线性微分方程,先求对应的齐次方程的通解.

$$\frac{dy}{dx} - \frac{2}{x+1}y = 0$$

$$\frac{dy}{y} = \frac{2dx}{x+1}$$

$$\ln|y| = 2\ln|x+1| + \ln C$$

$$y = C(x+1)^2$$

用常数变量法,把 C 换成 $u(x)$,即令

$$y = u(x)(x+1)^2 \tag{19}$$

那么

$$\frac{\mathrm{d}y}{\mathrm{d}x} = u'(x)(x+1)^2 + 2u(x)(x+1)$$

代入所给的非齐次线性微分方程,得

$$u'(x) = (x+1)^{\frac{1}{2}}$$

两端积分,得

$$u(x) = \frac{2}{3}(x+1)^{\frac{3}{2}} + C$$

再把上式代入式(19),即得所求方程的通解为

$$y = (x+1)^2 \left[\frac{2}{3}(x+1)^{\frac{3}{2}} + C \right]$$

本题也可直接套用非齐次线性微分方程的通解公式(18)求解,这里

$$P(x) = -\frac{2}{x+1}, \quad Q(x) = (x+1)^{\frac{5}{2}}$$

于是,原方程的通解为

$$y = \mathrm{e}^{-\int \left(-\frac{2}{x+1} \right) \mathrm{d}x} \left(\int (x+1)^{\frac{5}{2}} \mathrm{e}^{\int \left(-\frac{2}{x+1} \right) \mathrm{d}x} \mathrm{d}x + C \right)$$

$$= \mathrm{e}^{2\ln|x+1|} \left(\int (x+1)^{\frac{5}{2}} \mathrm{e}^{-2\ln|x+1|} \mathrm{d}x + C \right)$$

$$= (x+1)^2 \left(\int (x+1)^{\frac{1}{2}} \mathrm{d}x + C \right)$$

$$= (x+1)^2 \left[\frac{2}{3}(x+1)^{\frac{3}{2}} + C \right] \quad (C \text{ 为任意常数})$$

【例6】 求微分方程 $\dfrac{\mathrm{d}y}{\mathrm{d}x} = \dfrac{y}{y^3 + x}$ 的通解与满足初始条件 $y|_{x=1} = 1$ 的特解.

解 原方程关于 $\dfrac{\mathrm{d}y}{\mathrm{d}x}$、$y$ 不是线性的,但是如果把 y 看作是自变量,x 看作是因变量,将原方程改写成

$$\frac{\mathrm{d}x}{\mathrm{d}y} = \frac{y^3 + x}{y} = \frac{1}{y}x + y^2$$

即

$$\frac{\mathrm{d}x}{\mathrm{d}y} - \frac{1}{y}x = y^2 \tag{20}$$

此方程就是一个关于 $\dfrac{\mathrm{d}x}{\mathrm{d}y}$、$x$ 的一阶非齐次线性微分方程了.

先求解对应的齐次方程:

$$\frac{\mathrm{d}x}{\mathrm{d}y} - \frac{1}{y}x = 0$$

分离变量,得

$$\frac{\mathrm{d}x}{x} = \frac{\mathrm{d}y}{y}$$

两端积分,得

$$\ln|x| = \ln|y| + \ln C$$

即

$$x = Cy \quad (C \text{ 为任意常数})$$

再用常数变量法求解非齐次线性微分方程. 把 C 换成 $u(y)$,则 $x = u(y)y$,则

$$\frac{\mathrm{d}x}{\mathrm{d}y} = u'(y)y + u(y)$$

代入方程(20),得

$$u'(y)y + u(y) - \frac{u(y)y}{y} = y^2$$

$$u'(y) = y$$

从而

$$u(y) = \frac{1}{2}y^2 + C$$

于是方程(20)的通解(也就是原方程的通解)为

$$x = Cy + \frac{1}{2}y^3$$

为求特解,将初始条件"$x = 1$ 时,$y = 1$"代入通解,得 $C = \frac{1}{2}$,于是所求特解为

$$x = \frac{1}{2}y + \frac{1}{2}y^3$$

*8.2.4　伯努利方程

形如

$$\frac{\mathrm{d}y}{\mathrm{d}x} + P(x)y = Q(x)y^n \quad (n \neq 0,1) \tag{21}$$

的方程叫做伯努利(Bernoulli)方程. 当 $n = 0$ 或 $n = 1$ 时,这个方程是线性微分方程;当 $n \neq 0, 1$ 时,这个方程不是线性的,但是通过变量代换,便可把它化为线性的. 事实上,方程(21)两端同时除以 y^n,得

$$y^{-n}\frac{\mathrm{d}y}{\mathrm{d}x} + P(x)y^{1-n} = Q(x) \tag{22}$$

容易看出,上式左端第一项与 $\dfrac{\mathrm{d}}{\mathrm{d}x}(y^{1-n})$ 只差一个常数因子 $(1-n)$,因此引入新的未知函数,令 $z = y^{1-n}$,则

$$\frac{\mathrm{d}z}{\mathrm{d}x} = (1-n)y^{-n}\frac{\mathrm{d}y}{\mathrm{d}x}$$

从而

$$y^{-n}\frac{\mathrm{d}y}{\mathrm{d}x} = \frac{1}{1-n}\frac{\mathrm{d}z}{\mathrm{d}x}$$

代入式(22),得

$$\frac{1}{1-n}\frac{\mathrm{d}z}{\mathrm{d}x}+P(x)z=Q(x)$$

这是一个线性微分方程.求出这个方程的通解后,再将 $z=y^{1-n}$ 代回,便得到伯努利方程的通解.

【例 7】 求方程 $\dfrac{\mathrm{d}y}{\mathrm{d}x}-6\dfrac{y}{x}=-xy^2$ 的通解.

解 这是 $n=2$ 的伯努利方程.方程两端同时除以 y^2,得

$$y^{-2}\frac{\mathrm{d}y}{\mathrm{d}x}-\frac{6}{x}\frac{1}{y}=-x \qquad (23)$$

令 $z=y^{-1}$,得

$$\frac{\mathrm{d}z}{\mathrm{d}x}=-y^{-2}\frac{\mathrm{d}y}{\mathrm{d}x}$$

代入方程(23),得

$$\frac{\mathrm{d}z}{\mathrm{d}x}+\frac{6z}{x}=x$$

这是一个线性微分方程,它的通解为

$$z=\frac{C}{x^6}+\frac{x^2}{8}$$

以 y^{-1} 代替 z,得到所求方程的通解为

$$\frac{1}{y}=\frac{C}{x^6}+\frac{x^2}{8}$$

即

$$\frac{x^6}{y}-\frac{x^8}{8}=C$$

这就是原方程的通解.

此外,方程还有解 $y=0$.

习题 8.2

(A)

1. 用分离变量法求下列微分方程的解.

(1) $\dfrac{\mathrm{d}y}{\mathrm{d}x}=xy^2$

(2) $y'=\mathrm{e}^{2x-y}$

(3) $x\mathrm{d}y-y\mathrm{d}x=0$

(4) $y'=x\sqrt{1-y^2}$

(5) $\dfrac{\mathrm{d}y}{\mathrm{d}x}=2^{x+y}$

(6) $y\ln x\mathrm{d}x+x\ln y\mathrm{d}y=0$

(7) $(xy^2+x)\mathrm{d}x+(y-x^2y)\mathrm{d}y=0$

(8) $\cos x\sin y\mathrm{d}x+\sin x\cos y\mathrm{d}y=0$

(9) $y'=\mathrm{e}^{2x-y},y\big|_{x=0}=0$

(10) $\cos x\sin y\mathrm{d}y=\cos y\sin x\mathrm{d}x,y\big|_{x=0}=\dfrac{\pi}{4}$

2. 求下列齐次微分方程的解.

(1) $(2x^2-y^2)\mathrm{d}x+3xy\mathrm{d}y=0$

(2) $(x^3+y^3)\mathrm{d}x-3xy^2\mathrm{d}y=0$

(3) $xy' - y - \sqrt{y^2 - x^2} = 0$　　　　　(4) $xy' = y\ln\dfrac{y}{x}$

(5) $(y^2 - 3x^2)\mathrm{d}y + 2xy\mathrm{d}x = 0, y\big|_{x=0} = 1$　　(6) $y' = \dfrac{x}{y} + \dfrac{y}{x}, y\big|_{x=1} = 2$

(7) $(1 + 2\mathrm{e}^{\frac{x}{y}})\mathrm{d}x + 2\mathrm{e}^{\frac{x}{y}}\left(1 - \dfrac{x}{y}\right)\mathrm{d}y = 0$

3. 求下列一阶线性微分方程的解.

(1) $y' + y = 1$　　　　　　　　　(2) $\dfrac{\mathrm{d}y}{\mathrm{d}x} + y = \mathrm{e}^{-x}$

(3) $y' + 2xy = x$　　　　　　　　(4) $y' - 2y = x + 2$

(5) $y' + 2xy = 2x\mathrm{e}^{-x^2}$　　　　　(6) $(x^2 - 1)y' + 2xy - \cos x = 0$

(7) $\dfrac{\mathrm{d}\rho}{\mathrm{d}\theta} + 3\rho = 2$　　　　　　　(8) $(y^2 - 6x)\dfrac{\mathrm{d}y}{\mathrm{d}x} + 2y = 0$

(9) $\dfrac{\mathrm{d}y}{\mathrm{d}x} - y\tan x = \sec x, y\big|_{x=0} = 0$

(10) $x^2\mathrm{d}y + (2xy - x + 1)\mathrm{d}x = 0, y\big|_{x=1} = 0$

** **4. 求下列伯努利方程的解.**

(1) $y' - y = x^2 y^2$　　　　　　　(2) $y' + \dfrac{y}{x} = x^2 y^6$

5. 求一曲线的方程, 该曲线通过原点, 并且它在点 (x, y) 处的切线斜率等于 $2x + y$.

(B)

1. 设 $y(x)$ 连续, 且满足方程 $y(x) = \displaystyle\int_0^x y(t)\mathrm{d}t + x + 1$, 求 $y(x)$.

2. 设 $f(x)$ 可导, 且 $\displaystyle\int_0^1 f(ux)\mathrm{d}u = \dfrac{1}{2}f(x) + 1$, 求 $f(x)$.

3. 一曲线经过点 $(2, 8)$, 曲线上任一点到两坐标轴的垂线与两坐标轴构成的矩形被该曲线分为两部分, 其中一部分的面积恰好是另一部分面积的两倍, 求该曲线方程.

8.3　一阶微分方程在经济学中的应用

在 8.1 节的例 2 中, 我们已经建立了马尔萨斯模型解决人口问题. 事实上, 在经济学和管理科学中, 为了研究经济变量的变化规律, 常常建立包含某一经济函数及其导数 (或微分) 的关系式, 并通过初始条件来确定该函数的表达式, 这就是建立微分方程并求解微分方程, 从而作出决策和预测分析. 这一节讨论一阶微分方程在经济学中的应用实例.

8.3.1　改进的人口增长模型 (阻滞增长模型)

8.1 节已经介绍过马尔萨斯人口模型. 实际上, 随着人口的增长, 人类生存空间及环境将对人口增长起阻滞作用, 这里介绍改进的人口增长模型, 也称阻滞增长模型 (Logistic 模型).

【例 1】(Logistic 模型)　设人类生存空间及环境能容纳的最大人口容量为 K (称为饱和系数), 人口数量 $N(t)$ 的增长速度不仅与现有人口数量成正比, 还和相对最大人口容

量 K 而言的人口数量尚未实现的部分所占比例 $\dfrac{K-N}{K}$ 成正比,设比例系数为固有增长率 r. 改进后的人口模型可写成如下形式:

$$\begin{cases} \dfrac{\mathrm{d}N}{\mathrm{d}t} = rN\left(\dfrac{K-N}{K}\right) \\ N(0) = N_0 \end{cases}, \text{其中 } r, K \text{ 为常数}$$

解 这是一个可分离变量的微分方程,分离变量后得

$$K\,\frac{\mathrm{d}N}{N(K-N)} = r\mathrm{d}t$$

两端同时积分得

$$\int\left(\frac{1}{N} + \frac{1}{K-N}\right)\mathrm{d}N = \int r\mathrm{d}t$$

$$\ln N - \ln(K-N) = rt + \ln C_1$$

$$\frac{N}{K-N} = C_1 \mathrm{e}^{rt}$$

化简得

$$\frac{K}{N} = 1 + C\mathrm{e}^{-rt} \quad \left(\text{其中 } C = \frac{1}{C_1}\right)$$

从而得

$$N(t) = \frac{K}{1 + C\mathrm{e}^{-rt}}$$

再将初始条件 $N(0) = N_0$ 代入上式,得

$$C = \frac{K}{N_0} - 1$$

从图 8-2 可以看出,$\dfrac{\mathrm{d}N}{\mathrm{d}t}$ 与 N 的图形呈抛物线型,并

且人口变化率 $\dfrac{\mathrm{d}N}{\mathrm{d}t}$ 随人口数量 N 的增加,先增加后减小,

在 $N = \dfrac{K}{2}$ 时达到最大值,这说明人类生存空间和环境对

人口增长起着阻滞作用.

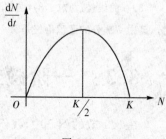

图 8-2

Logistic 模型还广泛应用于疾病传播、商品增长等方面.

8.3.2 连续复利模型

1.6 节给出了连续复利公式 $A_k = A_0 \mathrm{e}^{rk}$,其中 A_0 表示本金,A_k 表示 k 年末的本利和,r 代表年利率. 下面从某时刻资金总额变化率的角度导出此式.

设 t 时刻(以年为单位)的资金总额为 $A(t)$,那么 t 时刻的资金总额变化率为 $\dfrac{\mathrm{d}A}{\mathrm{d}t}$. 而 t 时刻资金总额获取的利息为 rA. 又由于资金没有取出,也没有新的投入,故 t 时刻资金总额的变化率 $=t$ 时刻资金总额获取的利息,即

$$\frac{\mathrm{d}A}{\mathrm{d}t} = rA$$

分离变量,得

$$\frac{\mathrm{d}A}{A} = r\mathrm{d}t$$

两端同时积分,得

$$\ln A = rt + \ln C$$

所以

$$A(t) = Ce^{rt}$$

而 $A = 0$ 也是方程的解,故通解为

$$A(t) = Ce^{rt} \quad （其中 C 为任意常数）$$

将初始条件 $A\big|_{t=0} = A_0$ 代入得

$$A(t) = A_0 e^{rt}$$

这与已知结果是一致的.

8.3.3　供需平衡模型

我们已在第 3 章研究过,供给 $S(p)$ 和需求 $D(p)$ 都是价格 p 的函数,而价格 p 又随时间 t 的变化而变化. 因此,供给函数 S 和需求函数 D 都是 t 的函数. 实际上,S 和 D 不仅取决于时间 t,还和价格的变化率 $\frac{\mathrm{d}p}{\mathrm{d}t}$ 有关. 最简单的假设是线性关系,一般表达式为

$$S = a_1 + b_1 p(t) + c_1 \frac{\mathrm{d}p(t)}{\mathrm{d}t}, \quad D = a_2 + b_2 p(t) + c_2 \frac{\mathrm{d}p(t)}{\mathrm{d}t}$$

假设价格只由供给和需求决定,则 $S = D$ 时,价格处于均衡.

【例 2】　已知某商品的需求函数为 $D = a - bp$,供给函数为 $S = -c + dp$,其中 a, b, c, d 均为正常数,p 为商品价格,是时间 t 的函数.

(1) 求供需平衡时的价格 p_e(即均衡价格);

(2) 设 $p(t)$ 的变化率总与 t 时刻的超额需求 $(D - S)$ 成正比(比例系数 $k > 0$,为常数),且 $p(0) = p_0$,求 $p(t)$ 的表达式;

(3) 求该商品的稳态价格 $p = \lim\limits_{t \to \infty} p(t)$.

解　(1) 由于供需平衡,即 $S = D$,得 $p_e = \dfrac{a+c}{b+d}$.

(2) 依题意,得

$$\frac{\mathrm{d}p}{\mathrm{d}t} = k(D - S) \quad (k > 0)$$

将 $D = a - bp, S = -c + dp$ 代入上式,得

$$\frac{\mathrm{d}p}{\mathrm{d}t} + k(b+d)p = k(a+c)$$

这是一个一阶非齐次线性微分方程,解得通解为

$$p(t) = Ce^{-k(b+d)t} + \frac{a+c}{b+d} \quad （其中 C 为任意常数）$$

将初始条件"$p(0) = p_0$"代入上式,解得 $C = p_0 - \dfrac{a+c}{b+d} = p_0 - p_e$. 故特解为

$$p(t) = (p_0 - p_e)e^{-k(b+d)t} + p_e$$

(3)商品的稳态价格 $p = \lim_{t \to \infty} p(t) = p_e$,即商品的稳态价格等于均衡价格.

习题 8.3

1.(新产品推广模型) 有某种新产品要推向市场.设在该地区 t 时刻该产品的销售量为 $x(t)$,设产品销售的市场容量为 N,则在销售初期,t 时刻该产品销售的增长率 $\dfrac{\mathrm{d}x}{\mathrm{d}t}$ 与已销售量 $x(t)$ 成正比,即每一个产品都是一个宣传品,会吸引若干欲购者.同时,由于市场容量 N 一定,$\dfrac{\mathrm{d}x}{\mathrm{d}t}$ 与尚未购买该产品的潜在顾客的数量 $N - x(t)$ 也成正比.

(1)试建立 $x(t)$ 应满足的微分方程,假设比例系数为常数 k.

(2)设 $t = 0$ 时,$t|_{x=0} = x_0$,求出 $x(t)$.

2. 设某产品的供给函数为 $S = 60 + p + 4\dfrac{\mathrm{d}p}{\mathrm{d}t}$,需求函数为 $D = 100 - p + 3\dfrac{\mathrm{d}p}{\mathrm{d}t}$,其中 $p(t)$ 表示时间 t 时的价格,且 $p(0) = 8$,试求均衡价格关于时间的函数.

3.(成本分析) 某商场的销售成本 y 和贮存费用 S 均是时间 t 的函数.随时间 t 的增长,销售成本的变化率等于贮存费用的倒数与常数 5 的和,而贮存费用的变化率为贮存费用的 $\left(-\dfrac{1}{3}\right)$ 倍.若当 $t = 0$ 时,销售成本 $y = 0$,贮存费用 $S = 10$,试求销售成本与时间 t 的函数关系及贮存费用与时间 t 的函数关系.

8.4 可降阶的二阶微分方程

在上几节中,我们已经介绍了一阶微分方程及其在实际问题中的应用.然而,在众多的经济学和生产实践问题中,往往涉及未知函数的高阶导数.本节以二阶微分方程

$$y'' = f(x, y, y') \tag{1}$$

为例,在一些情况下,可以通过适当的变量代换,将其化为一阶微分方程来求解.具有这种性质的方程称为可降阶的微分方程.

下面介绍三种容易降阶的二阶微分方程.

8.4.1 $y'' = f(x)$ 型的微分方程

方程

$$y'' = f(x) \tag{2}$$

的右端仅含有自变量 x,容易看出,只要把 y' 作为新的未知函数,那么式(2)可写成

$$(y')' = f(x) \tag{3}$$

上式可看作新未知函数 y' 的一阶微分方程,对式(3)两端积分,得

$$y' = \int f(x)\mathrm{d}x + C_1$$

上式两端再次积分,得

$$y = \int \left[\int f(x)\mathrm{d}x \right] \mathrm{d}x + C_1 x + C_2$$

其中 C_1、C_2 为任意常数,这就是原方程的通解.

【例 1】　求微分方程 $y'' = \mathrm{e}^{2x} - \sin \dfrac{x}{3}$ 的通解.

解　对所给方程连续积分两次,得

$$y' = \frac{1}{2}\mathrm{e}^{2x} + 3\cos\frac{x}{3} + C_1$$

$$y = \frac{1}{4}\mathrm{e}^{2x} + 9\sin\frac{x}{3} + C_1 x + C_2$$

【例 2】　求 $y'' = x$ 的经过点 $M(0,1)$ 且在此点与直线 $y = \dfrac{x}{2} + 1$ 相切的积分曲线.

解　依题意,该几何问题可写成如下的微分方程的初值问题:

$$\begin{cases} y'' = x \\ y \big|_{x=0} = 1 \\ y' \big|_{x=0} = \dfrac{1}{2} \end{cases}$$

对方程 $y'' = x$ 两端连续积分两次,得

$$y' = \frac{1}{2}x^2 + C_1$$

$$y = \frac{1}{6}x^3 + C_1 x + C_2$$

将条件"当 $x = 0$ 时,$y = 1$,$y' = \dfrac{1}{2}$"代入 y 和 y' 的表达式,得

$$\begin{cases} \dfrac{1}{2} = \dfrac{1}{2} \times 0^2 + C_1 \\ 1 = \dfrac{1}{6} \times 0^3 + C_1 \times 0 + C_2 \end{cases}$$

得 $C_1 = \dfrac{1}{2}$,$C_2 = 1$,故所求积分曲线为

$$y = \frac{x^3}{6} + \frac{x}{2} + 1$$

8.4.2　$y'' = f(x, y')$ 型的微分方程

方程

$$y'' = f(x, y') \tag{4}$$

的右端不显含未知函数 y,如果我们设 $y' = p$,那么

$$y'' = \frac{\mathrm{d}p}{\mathrm{d}x} = p'$$

从而方程(4)就成为

$$p' = f(x, p)$$

这是一个关于变量 x、p 的一阶微分方程,如果我们求出它的通解为

$$p = \varphi(x, C_1)$$

又由 $p = \dfrac{\mathrm{d}y}{\mathrm{d}x}$,因此又得到一个一阶微分方程

$$\frac{\mathrm{d}y}{\mathrm{d}x} = \varphi(x, C_1)$$

对它进行积分,便得方程(4)的通解为

$$y = \int \varphi(x, C_1)\,\mathrm{d}x + C_2 \quad (\text{其中 } C_1, C_2 \text{ 为任意常数})$$

【例 3】 求微分方程 $(1+x^2)y'' = 2xy'$ 满足初始条件 $y\big|_{x=0} = 1$,$y'\big|_{x=0} = 3$ 的特解.

解 所给方程不显含未知数 y,令 $y' = p$,则 $y'' = \dfrac{\mathrm{d}p}{\mathrm{d}x}$,代入原方程,得

$$(1+x^2)\frac{\mathrm{d}p}{\mathrm{d}x} = 2xp$$

分离变量后,得

$$\frac{\mathrm{d}p}{p} = \frac{2x}{1+x^2}\mathrm{d}x$$

两端积分,得

$$\ln|p| = \ln(1+x^2) + C_1$$

即

$$p = y' = C(1+x^2) \quad (C = \pm\,\mathrm{e}^{C_1})$$

由条件"当 $x = 0$ 时,$y' = 3$",得 $C = 3$. 故

$$y' = 3(1+x^2)$$

两端积分,得

$$y = x^3 + 3x + C_2$$

又由条件"当 $x = 0$ 时,$y = 1$",得 $C_2 = 1$. 于是所求的特解为

$$y = x^3 + 3x + 1$$

8.4.3 $y'' = f(y, y')$ 型的微分方程

方程

$$y'' = f(y, y') \tag{5}$$

的右端不显含自变量 x. 我们令 $y'(x) = p$,如果我们仍像 8.4.2 节中那样把 p 直接作为 x 的函数,那么求导后代入原方程将得到

$$\frac{\mathrm{d}p}{\mathrm{d}x} = f(y, p)$$

这里,方程降为一阶方程,但却包含 p、y 和 x 三个变量,难以求解.

为了求出方程的解,令 $y' = p$,把 p 看作是 y 的函数 $p(y)$ 与 x 的函数 $y(x)$ 的复合,并利用复合函数的求导法则把 y'' 化为对 y 的导数,即

$$y''(x) = \frac{\mathrm{d}p}{\mathrm{d}x} = \frac{\mathrm{d}p}{\mathrm{d}y} \cdot \frac{\mathrm{d}y}{\mathrm{d}x} = \frac{\mathrm{d}p}{\mathrm{d}y} \cdot p$$

这样,方程(5)就成为

$$p \frac{\mathrm{d}p}{\mathrm{d}y} = f(y, p)$$

这是一个以 p 为未知函数，y 为自变量的一阶微分方程. 设它的通解为

$$y' = p = \varphi(y, C_1)$$

分离变量并积分，便得原方程的通解为

$$\int \frac{\mathrm{d}y}{\varphi(y, C_1)} = x + C_2$$

【例 4】　求微分方程 $yy'' - y'^2 = 0$ 的通解.

解　所给方程不显含自变量 x，设 $y' = p$，则 $y'' = p \frac{\mathrm{d}p}{\mathrm{d}y}$，代入所给方程，得

$$yp \frac{\mathrm{d}p}{\mathrm{d}y} - p^2 = 0$$

当 $y \neq 0, p \neq 0$ 时，约去 p 并分离变量，得

$$\frac{\mathrm{d}p}{p} = \frac{\mathrm{d}y}{y}.$$

两端积分，得

$$\ln |p| = \ln |y| + \ln |C_1|$$

即

$$y' = p = C_1 y$$

再分离变量并两端积分，便得原方程的通解

$$\ln |y| = C_1 x + \ln |C_2|$$

或

$$y = C_2 \mathrm{e}^{C_1 x}$$

从以上求解过程中看到，应该有 $C_1 \neq 0, C_2 \neq 0$，但由于 $y = $ 常数也是原方程的解，故 C_1, C_2 不必有非零的限制.

习题 8.4

(A).

1. 求下列微分方程的通解.

(1) $y'' = \mathrm{e}^x$ 　　　　(2) $y'' = x\mathrm{e}^x$ 　　　　(3) $y'' = \dfrac{1}{1 + x^2}$

(4) $y'' = y' + x$ 　　　　(5) $y'' = 1 + y'^2$ 　　　　(6) $xy'' + y' = 0$

(7) $y'' = (y')^3 + y'$

2. 求下列微分方程满足所给初始条件的特解.

(1) $y'' - ay'^2 = 0, y|_{x=0} = 0, y'|_{x=0} = -1$

(2) $y'' = \mathrm{e}^{2y}, y|_{x=0} = y'|_{x=0} = 0$

(3) $x^2 y'' + xy' = 1, y|_{x=1} = 0, y'|_{x=1} = 1$

3. 试求 $y'' = x$ 的经过点 $M(0,1)$ 且在此点与直线 $y = \dfrac{x}{2} + 1$ 相切的积分曲线.

(B)

1. 试求 $xy'' = y' + x^2$ 经过点 $(1,0)$ 且在此点的切线与直线 $y = 3x - 3$ 垂直的积分曲线.

2. 如果对任意 $x > 0$，曲线 $y = y(x)$ 上的点 (x, y) 处的切线在 y 轴上的截距等于 $\dfrac{1}{x} \int_0^x y(t) \mathrm{d}t$，求函

数 $y = y(x)$ 的表达式.

8.5 二阶常系数线性微分方程

本节着重介绍二阶常系数线性微分方程的解法,它的一般形式是

$$y'' + py' + qy = f(x) \tag{1}$$

这里,"线性"是指未知函数 y 及其导数 y'、y'' 都是一次幂的,"常系数"是指 p、q 都是常数. 当 $f(x) \not\equiv 0$ 时,称式(1)是非齐次的;当 $f(x) \equiv 0$ 时,称式(1)是齐次的,记为

$$y'' + py' + qy = 0 \tag{2}$$

8.5.1 二阶常系数线性微分方程解的结构

先讨论二阶常系数齐次线性微分方程(2).

定理 1 如果函数 $y_1(x)$、$y_2(x)$ 是方程(2)的两个解,那么

$$y = C_1 y_1(x) + C_2 y_2(x) \tag{3}$$

也是方程(2)的解,其中 C_1, C_2 为任意常数.

证明 由式(3),得

$$y' = C_1 y_1' + C_2 y_2', \quad y'' = C_1 y_1'' + C_2 y_2''$$

代入方程(2)的左端,得

$$(C_1 y_1'' + C_2 y_2'') + p(C_1 y_1' + C_2 y_2') + q(C_1 y_1 + C_2 y_2)$$
$$= C_1(y_1'' + py_1' + qy_1) + C_2(y_2'' + py_2' + qy_2)$$

由于 y_1, y_2 是方程(2)的解,因而上式右端恒等于零,所以式(3)是方程(2)的解.

叠加起来的解(3)从形式上看含有 C_1 和 C_2 两个任意常数,但它不一定是方程(2)的通解. 例如,设 y_1 是(2)的解,则 $y_2 = 2y_1$ 也是(2)的解,这时式(3)成为 $y = C_1 y_1 + 2C_2 y_1$,可以把它改写成 $y = Cy_1$,其中 $C = C_1 + 2C_2$. 这显然不是方程(2)的通解. 那么,在什么情况下(3)才是方程(2)的通解呢?

如果 $\dfrac{y_2}{y_1} = k$ 是一常数,则式(3)成为

$$y = C_1 y_1 + C_2(ky_1) = (C_1 + C_2 k)y_1$$

这说明,式(3)中的两个任意常数并不独立,故式(3)不是(2)的通解. 如果 $\dfrac{y_2}{y_1} \neq$ 常数,则式(3)中的两个任意常数就相互独立了,式(3)就是(2)的通解. 因此,有如下定理:

定理 2 如果函数 $y_1(x)$、$y_2(x)$ 是方程(2)的两个解,且 $\dfrac{y_2(x)}{y_1(x)}$ 不为常数,则 $y = C_1 y_1(x) + C_2 y_2(x)$(其中 C_1, C_2 为任意常数)是方程(2)的通解.

一般地,对于任意两个函数 $y_1(x)$、$y_2(x)$,若它们的比为常数,则称它们是线性相关的,否则称它们是线性无关的. 于是,定理 2 也可描述为

若 $y_1(x)$、$y_2(x)$ 是方程(2)的两个线性无关的解,则 $y = C_1 y_1(x) + C_2 y_2(x)$ 是方程(2)的通解(其中 C_1, C_2 为任意常数).

例如,方程 $y'' + y = 0$ 是二阶常系数齐次线性方程,容易验证,$y_1 = \sin x$ 与 $y_2 = \cos x$ 是方程的解,且 $\dfrac{y_2(x)}{y_1(x)} = \dfrac{\cos x}{\sin x} = \cot x \neq$ 常数,即它们线性无关,故 $y = C_1 \sin x + C_2 \cos x$ 是方程 $y'' + y = 0$ 的通解.

在 8.2 节中已看到,一阶非齐次线性微分方程的通解由两部分构成:一部分是对应的齐次方程的通解;另一部分是非齐次方程本身的一个特解. 实际上,不仅一阶非齐次线性微分方程的通解具有这样的结构,二阶常系数非齐次线性微分方程的通解也具有同样的结构.

定理 3　设 y^* 是二阶常系数非齐次线性微分方程

$$y'' + py' + qy = f(x) \tag{4}$$

的一个特解,$\overline{y}(x)$ 是与(4)对应的齐次方程(2)的通解,那么

$$y = \overline{y}(x) + y^*(x) \tag{5}$$

是二阶常系数非齐次线性微分方程(4)的通解.

证明　把式(5)代入方程(4)的左端,得

$$(\overline{y}'' + y^{*''}) + p(\overline{y}' + y^{*'}) + q(\overline{y} + y^*)$$
$$= (\overline{y}'' + p\overline{y}' + q\overline{y}) + (y^{*''} + py^{*'} + qy^*)$$

由于 $\overline{y}(x)$ 是方程(2)的解,$y^*(x)$ 是方程(4)的解,可知上式 $= 0 + f(x) = f(x)$. 这样,$y = \overline{y}(x) + y^*(x)$ 使式(4)的两端恒等,即式(5)是方程(4)的解.

由于对应的齐次方程(2)的通解 $\overline{y} = C_1 y_1 + C_2 y_2$ 中含有两个任意常数,故 $y = \overline{y} + y^*$ 中也含有两个任意常数,从而它就是二阶常系数非齐次线性微分方程(4)的通解.

例如,方程 $y'' + y = x^2$ 是二阶常系数非齐次线性微分方程,而且可求得对应的齐次方程 $y'' + y = 0$ 的通解为 $\overline{y} = C_1 \sin x + C_2 \cos x$,又容易验证 $y^* = x^2 - 2$ 是所给非齐次方程的一个特解,因此

$$y = \overline{y} + y^* = C_1 \sin x + C_2 \cos x + x^2 - 2$$

是所给非齐次方程的通解.

定理 4　设二阶常系数非齐次线性微分方程(4)的右端 $f(x)$ 是几个函数之和,如

$$y'' + py' + qy = f_1(x) + f_2(x)$$

而 y_1^* 和 y_2^* 分别是方程 $y'' + py' + qy = f_1(x)$ 与 $y'' + py' + qy = f_2(x)$ 的特解,那么 $y_1^* + y_2^*$ 就是原方程的特解.

证明　将 $y = y_1^* + y_2^*$ 代入所求方程的左端,得

$$(y_1^* + y_2^*)'' + p(y_1^* + y_2^*)' + q(y_1^* + y_2^*)$$
$$= (y_1^{*''} + py_1^{*'} + qy_1^*) + (y_2^{*''} + py_2^{*'} + qy_2^*)$$
$$= f_1(x) + f_2(x)$$

因此,$y_1^* + y_2^*$ 是原方程的一个特解.

这一定理通常称为二阶常系数非齐次线性微分方程的解的叠加原理,定理 1～定理 4 也可推广到二阶线性微分方程,这里不再赘述.

8.5.2　二阶常系数齐次线性微分方程

先讨论二阶常系数齐次线性微分方程

$$y'' + py' + qy = 0 \tag{2}$$

的通解.

根据定理 2,要求方程(2)的通解,归结为如何求出它的两个解 y_1, y_2,且 $\dfrac{y_2}{y_1} \neq$ 常数. 方程(2)的左端是关于 y''、y' 和 y 的线性关系式,且系数都为常数,而当 r 为常数时,指数函数 e^{rx} 的各阶导数仍是指数函数且只差一个常数因子. 由于指数函数有这个特点,我们用 e^{rx} 来尝试,看能否选取适当的常数 r,使 $y = e^{rx}$ 满足方程(2).

将 $y = e^{rx}$ 求导,得

$$y' = re^{rx}, \quad y'' = r^2 e^{rx}$$

把 y, y' 和 y'' 代入方程(2),得

$$(r^2 + pr + q) e^{rx} = 0$$

由于 $e^{rx} \neq 0$,所以

$$r^2 + pr + q = 0 \tag{6}$$

由此可见,只要 r 是代数方程(6)的根,函数 $y = e^{rx}$ 就是方程(2)的解,方程(6)称为常系数齐次线性微分方程(2)的特征方程.

这样一来,求解方程(2)转化为求其特征方程(6). 对比方程(2)和方程(6),容易看出,特征方程(6)是一个一元二次代数方程,其中 r^2, r 的系数及常数项恰好依次是微分方程(2)中 y'', y' 及 y 的系数.

特征方程(6)的两个根 r_1, r_2 可以用公式

$$r_{1,2} = \frac{-p \pm \sqrt{p^2 - 4q}}{2}$$

求出,根据 r_1, r_2 的三种不同情形,微分方程(2)的三种不同的通解形式分别叙述如下:

(i)当 $p^2 - 4q > 0$ 时,特征方程(6)有两个不相等实根 $r_1 \neq r_2$. 这时,我们得到微分方程(2)的两个解为 $y_1 = e^{r_1 x}, y_2 = e^{r_2 x}$,且它们之比为 $\dfrac{y_2}{y_1} = \dfrac{e^{r_2 x}}{e^{r_1 x}} = e^{(r_2 - r_1)x} \neq C$(常数),因此,微分方程(2)的通解为

$$y = C_1 e^{r_1 x} + C_2 e^{r_2 x}$$

其中 C_1 与 C_2 为任意常数.

(ii)当 $p^2 - 4q = 0$ 时,特征方程(6)有两个相等的实根,且 $r_1 = r_2 = -\dfrac{p}{2}$. 这时,只得到微分方程(2)的一个解 $y_1 = e^{r_1 x}$,为了得出微分方程(2)的通解,还需求出另一个解 y_2,且要求 $\dfrac{y_2}{y_1}$ 不是常数.

设 $\dfrac{y_2}{y_1} = u(x)$,$u(x)$ 是 x 的待定函数,于是

$$y_2 = u(x) y_1 = u(x) e^{r_1 x}$$

下面来求 $u(x)$. 对 y_2 求导得

$$y_2' = e^{r_1 x}(u' + r_1 u), \quad y_2'' = e^{r_1 x}(u'' + 2r_1 u' + r_1^2 u)$$

将 y_2, y_2', y_2'' 代入微分方程(2),得

$$e^{r_1 x}\left[(u''+2r_1 u'+r_1^2 u)+p(u'+r_1 u)+qu\right]=0$$

约去 $e^{r_1 x}$,并以 u''、u' 和 u 为准合并同类项,得

$$u''+(2r_1+p)u'+(r_1^2+pr_1+q)u=0$$

由于 r_1 是特征方程(6)的二重根,因此 $r_1^2+pr_1+q=0$,且 $2r_1+p=0$,于是得 $u''=0$.

这说明所设特解 y_2 中的函数 $u(x)$ 不能为常数且要满足 $u''=0$. 显然 $u=x$ 是可选取的函数中最简单的一个函数. 由此得到微分方程(2)的另一个解 $y_2=xe^{r_1 x}$. 从而微分方程(2)的通解为

$$y=C_1 e^{r_1 x}+C_2 xe^{r_1 x}=(C_1+C_2 x)e^{r_1 x}$$

(iii)当 $p^2-4q<0$ 时,特征方程(6)有一对共轭复根

$$r_1=\alpha+i\beta, \quad r_2=\alpha-i\beta \quad (\beta\neq 0)$$

其中,$\alpha=-\dfrac{p}{2}$,$\beta=\dfrac{\sqrt{4q-p^2}}{2}$.

这时,$y_1=e^{(\alpha+i\beta)x}$,$y_2=e^{(\alpha-i\beta)x}$ 是微分方程(2)的两个解,但它们是复值函数形式,为了得到实数形式的解,先利用欧拉公式 $e^{i\theta}=\cos\theta+i\sin\theta$ 把 y_1,y_2 改写成

$$y_1=e^{(\alpha+i\beta)x}=e^{\alpha x}\cdot e^{i\beta x}=e^{\alpha x}(\cos\beta x+i\sin\beta x)$$
$$y_2=e^{(\alpha-i\beta)x}=e^{\alpha x}\cdot e^{-i\beta x}=e^{\alpha x}(\cos\beta x-i\sin\beta x)$$

由于复值函数 y_1 与 y_2 之间成共轭关系,因此,取它们的和除以 2 就得到它们的实部;取它们的差除以 2i 就得到它们的虚部. 由于微分方程(2)的解符合叠加原理,所以实值函数

$$\overline{y_1}=\frac{1}{2}(y_1+y_2)=e^{\alpha x}\cos\beta x$$

$$\overline{y_2}=\frac{1}{2i}(y_1-y_2)=e^{\alpha x}\sin\beta x$$

还是微分方程(2)的解,且 $\dfrac{\overline{y_2}}{\overline{y_1}}=\dfrac{e^{\alpha x}\sin\beta x}{e^{\alpha x}\cos\beta x}=\tan\beta x$ 不是常数,故微分方程(2)的通解为

$$y=e^{\alpha x}(C_1\cos\beta x+C_2\sin\beta x)$$

综上所述,可知求解二阶常系数齐次线性微分方程

$$y''+py'+qy=0 \tag{2}$$

的通解的步骤如下:

第一步　写出微分方程(2)的特征方程 $r^2+pr+q=0$.

第二步　求特征方程的两个根 r_1,r_2.

第三步　根据 r_1,r_2 的三种不同情形,按照下表写出微分方程(2)的通解.

特征方程 $r^2+pr+q=0$ 的两个根 r_1,r_2	微分方程 $y''+py'+qy=0$ 的通解
两个不相等的实根 r_1,r_2	$y=C_1 e^{r_1 x}+C_2 e^{r_2 x}$
两个相等的实根 $r_1=r_2$	$y=(C_1+C_2 x)e^{r_1 x}$
一对共轭复根 $r_{1,2}=\alpha\pm i\beta$	$y=e^{\alpha x}(C_1\cos\beta x+C_2\sin\beta x)$

【例 1】　求微分方程 $y''-2y'-3y=0$ 的通解.

解　所给微分方程的特征方程为

$$r^2 - 2r - 3 = 0$$

其根 $r_1 = -1, r_2 = 3$ 是两个不相等的实根,因此所求微分方程的通解为

$$y = C_1 e^{-x} + C_2 e^{3x}$$

【例2】 求微分方程 $\dfrac{d^2 S}{dt^2} + 2\dfrac{dS}{dt} + S = 0$ 满足初始条件 $S|_{t=0} = 4, S'|_{t=0} = -2$ 的特解.

解 所给微分方程的特征方程为

$$r^2 + 2r + 1 = (r+1)^2 = 0$$

其根 $r_1 = r_2 = -1$ 是两个相等的实根,因此所求微分方程的通解为

$$S = (C_1 + C_2 t) e^{-t}$$

将条件"$S|_{t=0} = 4$"代入通解,得 $C_1 = 4$,从而

$$S = (4 + C_2 t) e^{-t}$$

将上式对 t 求导,得

$$S' = (C_2 - 4 - C_2 t) e^{-t}$$

再将条件"$S'|_{t=0} = -2$"代入上式,得 $C_2 = 2$,于是所求特解为

$$S = (4 + 2t) e^{-t}$$

【例3】 求微分方程 $y'' + 6y' + 25y = 0$ 的通解.

解 所给微分方程的特征方程为

$$r^2 + 6r + 25 = 0$$

其根 $r_{1,2} = \dfrac{-6 \pm \sqrt{36 - 100}}{2} = -3 \pm 4i$ 为一对共轭复根. 因此,所求微分方程的通解为

$$y = e^{-3x}(C_1 \cos 4x + C_2 \sin 4x)$$

8.5.3 二阶常系数非齐次线性微分方程

由定理 3 知,二阶常系数非齐次线性微分方程

$$y'' + py' + qy = f(x) \tag{4}$$

的通解归结为求其对应的齐次方程的通解和非齐次线性微分方程(4)本身的一个特解. 由于齐次方程的通解可用特征方程法求出,因此,要求非齐次方程的特解,关键在于寻找它的任意一个特解.

求非齐次线性微分方程(4)的通解可按如下步骤进行:

(1)利用特征方程法求对应的齐次方程 $y'' + py' + qy = 0$ 的通解 $\bar{y}$;

(2)求非齐次方程 $y'' + py' + qy = f(x)$ 的一个特解 y^*;

(3)所求非齐次方程的通解为 $y = \bar{y} + y^*$.

一般来说,对非齐次方程(4),当 $f(x)$ 给定后,此方程特解的求解是比较繁杂的,对此我们不作一般讨论. 下面仅不加证明地介绍两种常见形式的 $f(x)$,并用待定系数法求其特解 y^*.

结论 1 若 $f(x) = P_m(x) e^{\lambda x}$,其中 $P_m(x)$ 是 x 的 m 次多项式,λ 是常数(显然,若 $\lambda = 0$ 时,$f(x) = P_m(x)$),则二阶常系数非齐次线性微分方程(4)的特解有如下形式:

$$y^* = x^k Q_m(x) e^{\lambda x}, \text{其中 } k = \begin{cases} 0, \text{当 } \lambda \text{ 不是特征方程的根} \\ 1, \text{当 } \lambda \text{ 是特征方程的单根} \\ 2, \text{当 } \lambda \text{ 是特征方程的重根} \end{cases}$$

其中 $Q_m(x)$ 是与 $P_m(x)$ 同次(m 次)的多项式.

【例 4】　求微分方程 $y'' - 2y' - 3y = 2x + 1$ 的通解.

解　所给方程是二阶常系数非齐次线性微分方程,且 $f(x)$ 是 $P_m(x) e^{\lambda x}$ 型(其中 $P_m(x) = 2x + 1, \lambda = 0$).我们通过以下三步求其通解.

(1)求对应的齐次方程 $y'' - 2y' - 3y = 0$ 的通解,其特征方程为

$$r^2 - 2r - 3 = 0$$

其两个实根为 $r_1 = 3, r_2 = -1$.于是齐次方程的通解为

$$\overline{y} = C_1 e^{3x} + C_2 e^{-x}$$

(2)求非齐次线性微分方程的一个特解.由于 $\lambda = 0$ 不是特征方程的根,所以应设原方程的一个特解为

$$y^* = Q_m(x) = b_0 x + b_1$$

相应地 $y^{*\prime} = b_0, y^{*\prime\prime} = 0$,把 $y^*, y^{*\prime}, y^{*\prime\prime}$ 代入原方程,得

$$-2b_0 - 3(b_0 x + b_1) = 2x + 1$$

即
$$-3b_0 x - (2b_0 + 3b_1) = 2x + 1$$

比较上式两端同次幂的系数,得

$$\begin{cases} -3b_0 = 2 \\ -2b_0 - 3b_1 = 1 \end{cases}$$

从而解出 $b_0 = -\dfrac{2}{3}, b_1 = \dfrac{1}{9}$.于是非齐次线性微分方程的一个特解为

$$y^* = -\frac{2}{3}x + \frac{1}{9}$$

(3)所给非齐次线性微分方程的通解为

$$y = C_1 e^{3x} + C_2 e^{-x} - \frac{2}{3}x + \frac{1}{9}$$

【例 5】　求微分方程 $y'' - 5y' + 6y = xe^{2x}$ 的通解.

解　所给方程是二阶常系数非齐次线性微分方程,且 $f(x)$ 是 $P_m(x) e^{\lambda x}$ 型(其中 $P_m(x) = x, \lambda = 2$).所给方程对应的齐次方程为 $y'' - 5y' + 6y = 0$,其特征方程为

$$r^2 - 5r + 6 = 0$$

其两个实根为 $r_1 = 2, r_2 = 3$,于是所给方程对应的齐次方程的通解为

$$\overline{y} = C_1 e^{2x} + C_2 e^{3x}$$

由于 $\lambda = 2$ 是特征方程的单根,所以设所求非齐次线性微分方程的一个特解为

$$y^* = x(b_0 x + b_1) e^{2x}$$

求导并代入所给方程,化简后得

$$-2b_0 x + 2b_0 - b_1 = x$$

比较上式两端同次幂的系数,得

$$\begin{cases} -2b_0 = 1 \\ 2b_0 - b_1 = 0 \end{cases}$$

解得 $b_0 = -\dfrac{1}{2}$, $b_1 = -1$. 因此, 求得非齐次方程的一个特解为

$$y^* = x\left(-\frac{1}{2}x - 1\right)e^{2x}$$

从而所求非齐次线性微分方程的通解为

$$y = C_1 e^{2x} + C_2 e^{3x} - \frac{1}{2}(x^2 + 2x)e^{2x}$$

【例 6】 求微分方程 $y'' - 2y' + y = e^x$ 满足初始条件 $y|_{x=0} = 1$, $y'|_{x=0} = 0$ 的特解.

解 所给方程是二阶常系数非齐次线性微分方程, 且 $f(x)$ 是 $P_m(x)e^{\lambda x}$ 型(其中 $P_m(x) = 1, \lambda = 1$).

下面先求所给非齐次线性微分方程的通解, 再由初始条件确定通解中的两个任意常数, 从而求得满足初始条件的特解.

所给非齐次线性微分方程对应的齐次方程为 $y'' - 2y' + y = 0$, 其特征方程为
$$r^2 - 2r + 1 = 0$$
其两个相等实根为 $r_1 = r_2 = 1$, 于是所给方程对应的齐次方程的通解为
$$\bar{y} = (C_1 + C_2 x)e^x$$

由于 $\lambda = 1$ 是特征方程的二重根, 所以设原方程的一个特解为
$$y^* = x^2 \cdot a \cdot e^x$$

相应地有
$$y^{*\prime} = (ax^2 + 2ax)e^x$$
$$y^{*\prime\prime} = (ax^2 + 4ax + 2a)e^x$$

将 y^*、$y^{*\prime}$、$y^{*\prime\prime}$ 代入原方程, 化简后得
$$2ae^x = e^x$$

故 $a = \dfrac{1}{2}$. 于是

$$y^* = \frac{1}{2}x^2 e^x$$

从而所给非齐次线性微分方程的通解为

$$y = (C_1 + C_2 x)e^x + \frac{1}{2}x^2 e^x = \left(C_1 + C_2 x + \frac{1}{2}x^2\right)e^x$$

下面根据初始条件求出 C_1, C_2. 由条件"$y|_{x=0} = 1$", 得 $C_1 = 1$. 再求通解的导数:

$$y' = \left(C_1 + C_2 + x + C_2 x + \frac{1}{2}x^2\right)e^x$$

由条件"$y'|_{x=0} = 0$", 得 $C_1 + C_2 = 0$, 即 $C_2 = -1$. 于是满足初始条件的非齐次方程的特解为

$$y = \left(1 - x + \frac{1}{2}x^2\right)e^x$$

结论 2 若 $f(x) = e^{\lambda x}[P_l(x)\cos\omega x + P_n(x)\sin\omega x]$, 其中 $P_l(x)$、$P_n(x)$ 分别是 x 的 l

次、n 次多项式，ω 为常数，则二阶常系数非齐次线性微分方程(4)的特解具有如下形式：

$$y^* = x^k e^{\lambda x} \left[R_m^{(1)}(x) \cos\omega x + R_m^{(2)}(x) \sin\omega x \right]$$

其中 $R_m^{(1)}(x)$、$R_m^{(2)}(x)$ 是 m 次多项式，$m = \max\{l, n\}$，其中 k 的取值如下确定：

(1)若 $\lambda + i\omega$(或 $\lambda - i\omega$)不是特征方程的根，取 $k = 0$；

(2)若 $\lambda + i\omega$(或 $\lambda - i\omega$)是特征方程的根，取 $k = 1$.

【例 7】 求微分方程 $y'' - 3y' + 2y = x\cos x$ 满足初始条件 $y(0) = \dfrac{22}{25}$，$y'(0) = \dfrac{19}{25}$ 的特解.

解　所给方程是二阶常系数非齐次线性微分方程，且 $f(x)$ 属于 $e^{\lambda x}[P_l(x)\cos\omega x + P_n(x)\sin\omega x]$ 型(其中 $\lambda = 0, \omega = 1, P_l(x) = x, P_n(x) = 0$).

(1)求所给方程对应的齐次方程的通解. 齐次方程 $y'' - 3y' + 2y = 0$ 的特征方程为

$$r^2 - 3r + 2 = 0$$

其两个实根为 $\lambda_1 = 1, \lambda_2 = 2$，故与所给方程对应的齐次方程的通解为

$$\bar{y} = C_1 e^x + C_2 e^{2x}$$

(2)求所给非齐次线性微分方程的一个特解. 由于 $\lambda + i\omega = i$ 不是特征方程的根，所以设特解为

$$y^* = (ax + b)\cos x + (cx + d)\sin x$$

代入所给方程并整理后得

$$(a - 3b - 3c + 2d)\cos x + (3a - 2b + c - 3d)\sin x + (b - 3d)x\cos x + (3b + d)x\sin x = x\cos x$$

比较两端同类项的系数，得

$$\begin{cases} a - 3b - 3c + 2d = 0 \\ 3a - 2b + c - 3d = 0 \\ b - 3d = 1 \\ 3b + d = 0 \end{cases}$$

由此解得 $a = -\dfrac{3}{25}, b = \dfrac{1}{10}, c = -\dfrac{17}{50}, d = -\dfrac{3}{10}$. 于是非齐次线性微分方程的一个特解为

$$y^* = \left(-\frac{3}{25} + \frac{1}{10} \cdot x \right)\cos x - \left(\frac{17}{50} + \frac{3}{10}x \right)\sin x$$

(3)所给非齐次线性微分方程的通解为

$$y = \bar{y} + y^* = C_1 e^x + C_2 e^{2x} + \left(-\frac{3}{25} + \frac{1}{10}x \right)\cos x - \left(\frac{17}{50} + \frac{3}{10}x \right)\sin x$$

(4)求满足初始条件的特解. 对非齐次线性微分方程的通解表达式求导，得

$$y' = C_1 e^x + 2C_2 e^{2x} - \frac{6}{25}\cos x - \frac{9}{50}\sin x - \frac{3}{10}x\cos x - \frac{1}{10}x\sin x$$

将初始条件代入通解 y 及其导数 y' 的表达式，得

$$\begin{cases} C_1 + C_2 - \dfrac{3}{25} = \dfrac{22}{25} \\ C_1 + 2C_2 - \dfrac{6}{25} = \dfrac{19}{25} \end{cases}$$

由此解得，$C_1=1$，$C_2=0$. 于是所求满足初始条件的特解为

$$y=\mathrm{e}^x+\left(-\frac{3}{25}+\frac{1}{10}x\right)\cos x-\left(\frac{17}{50}+\frac{3}{10}x\right)\sin x$$

通过例7，我们注意到，在求二阶常系数非齐次线性微分方程的一个特解时，即便非齐次项 $f(x)$ 中仅含 $\sin\omega x$ 或 $\cos\omega x$，一般地，所设的特解形式必须既包含 $\sin\omega x$，也包含 $\cos\omega x$. 在例7中，若设特解为 $y^*=(ax+b)\cos x$，则求导后将出现 $\sin x$ 项，当比较同类项系数时可能导致方程的个数多于待定系数的个数，从而使方程无解.

对一些特殊的二阶常系数非齐次线性微分方程，其特解形式在设定时可以简化.

【例8】 求方程 $y''+y=\cos2x$ 的一个特解.

解 所求方程是二阶常系数非齐次线性微分方程，且方程右端 $f(x)$ 呈 $\mathrm{e}^{\lambda x}[P_l(x)\cos\omega x+P_n(x)\sin\omega x]$ 型（其中 $\lambda=0$，$\omega=2$，$P_l(x)=1$，$P_n(x)=0$），其特征方程的解为 $r=\pm\mathrm{i}$.

由于 $\lambda+\mathrm{i}\omega=2\mathrm{i}$ 不是特征方程的根，所以特解设为

$$y^*=A\cos2x+B\sin2x$$

代入所给方程并整理后得

$$-3A\cos2x-3B\sin2x=\cos2x$$

比较两端同类项系数，得

$$\begin{cases}-3A=1\\-3B=0\end{cases}$$

由此，$A=-\frac{1}{3}$，$B=0$. 于是所求非齐次线性微分方程的一个特解为

$$y^*=-\frac{1}{3}\cos2x$$

实际上，由于所求方程不含一阶导数项，且方程右端仅含正弦函数，而正弦函数的二阶导数仍为正弦函数，故还可设特解为 $y^*=A\cos2x$，仍可求得非齐次线性微分方程的一个特解.

习题 8.5

(A)

1. 下列函数组在定义域内哪些是线性无关的？

(1) $x,3x$ (2) x,x^2 (3) $\cos x,\sin x$

2. 验证 $y_1=\mathrm{e}^x$ 及 $y_2=\mathrm{e}^{2x}$ 是方程 $y''-3y'+2y=0$ 的特解，并写出该方程的通解.

3. 求下列微分方程的通解.

(1) $y''+4y'=0$ (2) $y''-4y'+3y=0$

(3) $y''-4y'+4y=0$ (4) $y''+4y=0$

(5) $y''+6y'+13y=0$ (6) $y''+\mu y=0$（其中 μ 为实数）

4. 求下列微分方程满足初始条件的特解.

(1) $y''-4y'+3y=0$，$y\big|_{x=0}=6$，$y'\big|_{x=0}=10$

(2) $4y''+4y'+y=0$，$y\big|_{x=0}=2$，$y'\big|_{x=0}=0$

(3)$y''+4y'+29y=0, y\vert_{x=0}=0, y'\vert_{x=0}=15$

5. 验证：

(1)$y=C_1 e^{\frac{x}{2}}+C_2 e^{-x}+e^x(C_1、C_2$ 是任意常数$)$是方程 $2y''+y'-y=2e^x$ 的通解;

(2)$y=e^x(C_1\cos 2x+C_2\sin 2x)-\dfrac{1}{4}xe^x\cos 2x(C_1、C_2$ 是任意常数$)$是方程 $y''-2y'+5y=e^x\sin 2x$ 的通解.

6. 求下列微分方程的通解.

(1)$y''+9y'=x-4$　　　　　　　　(2)$y''-5y'+6y=xe^{2x}$

(3)$y''-6y'+9y=5(x+1)e^{3x}$　　　　(4)$y''+a^2 y=e^x(a$ 为实常数$)$

(5)$y''+4y=x\cos x$

7. 求下列微分方程满足已给初始条件的特解.

(1)$y''-3y'+2y=5, y\vert_{x=0}=1, y'\vert_{x=0}=2$

(2)$y''-y=4xe^x, y\vert_{x=0}=0, y'\vert_{x=0}=1$

(3)$y''+y+\sin 2x=0, y\vert_{x=\pi}=1, y'\vert_{x=\pi}=1$

(B)

1. 已知函数 $y=e^{2x}+(x+1)e^x$ 是二阶常系数非齐次线性微分方程 $y''+ay'+by=ce^x$ 的一个特解, 试确定常数 a,b,c 及该微分方程的通解.

2. 设 $y_1(x)$ 与 $y_2(x)$ 分别为线性微分方程 $y''+P_1 y'+P_2 y=Q_1(x)$ 与 $y''+P_1 y'+P_2 y=Q_2(x)$ 的解, 证明 $y=a_1 y_1(x)+a_2 y_2(x)$ 是方程

$$y''+P_1 y'+P_2 y=a_1 Q_1(x)+a_2 Q_2(x)$$

的解.

3. 设函数 $\varphi(x)$ 连续, 且满足

$$\varphi(x)=e^x+\int_0^x t\varphi(t)\mathrm{d}t-x\int_0^x \varphi(t)\mathrm{d}t$$

求 $\varphi(x)$.

4. 设 $f(x)$ 为一连续函数, 且满足方程

$$f(x)=\sin x-\int_0^x(x-t)f(t)\mathrm{d}t$$

求 $f(x)$.

8.6　差分方程

在经济与管理领域的实际问题中, 许多变量往往是离散变化的. 前面章节讨论的连续变量的性态是以微分(或微商)为工具, 这一节讨论的差分方程是以差分(或差商)为工具来研究离散变量的性态.

8.6.1　差分的概念

对于以时间 t 为自变量的函数 $y=y(t)$, 若函数 $y(t)$ 连续且可导, 则导数 $\dfrac{\mathrm{d}y}{\mathrm{d}t}=\lim\limits_{t\to 0}\dfrac{y(t+\Delta t)-y(t)}{\Delta t}$ 刻画的是函数 y 对时间 t 的变化速率; 但一些情况下, 时间 t 只能离散

地取值，从而 y 也只能按规定的离散时间而相应离散地变化，则差商 $\dfrac{\Delta y}{\Delta t} =$

$\dfrac{y(t+\Delta t)-y(t)}{\Delta t}$ 刻画 y 的变化速率. 特别地，许多经济变量的数据是按照等间隔时间周期

统计的，如银行存款（或贷款）利息是按年（或月）计算的，若时间间隔 $\Delta t = 1$. 则相应的差商叫做差分.

定义 1 当自变量 x 依次取遍非负整数时，设函数 $y = f(x)$，相应的函数值可排成一个数列

$$f(0), f(1), \cdots, f(x), f(x+1), \cdots$$

将之简记为

$$y_0, y_1, \cdots, y_x, y_{x+1}, \cdots$$

当自变量从 x 变到 $x+1$，函数的改变量 $y_{x+1} - y_x$ 称为函数 y 在点 x 的一阶差分（简称差分），记为 Δy_x，即

$$\Delta y_x = y_{x+1} - y_x = f(x+1) - f(x) \quad (x = 0, 1, 2, \cdots)$$

【例 1】 已知 $y_x = C$（C 为某一常数），求 Δy_x.

解 $$\Delta y_x = y_{x+1} - y_x = C - C = 0$$

所以常数的差分为零.

【例 2】 已知 $y_x = x^2$，求 Δy_x.

解 $$\Delta y_x = y_{x+1} - y_x = (x+1)^2 - x^2 = 2x+1$$

【例 3】 设 $y_x = a^x$（其中 a 为常数，$a > 0$ 且 $a \neq 1$），求 Δy_x.

解 $$\Delta y_x = y_{x+1} - y_x = a^{x+1} - a^x = a^x(a-1)$$

所以指数函数的差分等于指数函数的常数倍.

【例 4】 已知 $y_x = \ln x$，求 Δy_x.

解 $$\Delta y_x = y_{x+1} - y_x = \ln(x+1) - \ln x = \ln \frac{x+1}{x}$$

由一阶差分的定义，容易得差分的四则运算法则：

(1) $\Delta(Cy_x) = C\Delta y_x$（$C$ 为某一常数）；

(2) $\Delta(y_x \pm z_x) = \Delta y_x \pm \Delta z_x$；

(3) $\Delta(y_x \cdot z_x) = y_{x+1} \cdot \Delta z_x + z_x \cdot \Delta y_x = y_x \Delta z_x + z_{x+1} \cdot \Delta y_x$；

(4) $\Delta\left(\dfrac{y_x}{z_x}\right) = \dfrac{z_x \cdot \Delta y_x - y_x \cdot \Delta z_x}{z_x \cdot z_{x+1}} = \dfrac{z_{x+1} \cdot \Delta y_x - y_{x+1} \cdot \Delta z_x}{z_x \cdot z_{x+1}}$.

这里仅简单给出 (3) 的证明.

$$\begin{aligned}
\Delta(y_x \cdot z_x) &= y_{x+1} \cdot z_{x+1} - y_x \cdot z_x \\
&= y_{x+1} \cdot z_{x+1} - y_{x+1} \cdot z_x + y_{x+1} \cdot z_x - y_x \cdot z_x \\
&= y_{x+1}(z_{x+1} - z_x) + z_x(y_{x+1} - y_x) \\
&= y_{x+1} \cdot \Delta z_x + z_x \cdot \Delta y_x
\end{aligned}$$

类似地可证另一等式.

高阶差分的具体定义如下：

定义 2 当自变量从 x 变到 $x+1$ 时，一阶差分的差分

$$\Delta(\Delta y_x)=\Delta(y_{x+1}-y_x)=\Delta y_{x+1}-\Delta y_x$$
$$=(y_{x+2}-y_{x+1})-(y_{x+1}-y_x)$$
$$=y_{x+2}-2y_{x+1}+y_x$$

称为函数 $y=f(x)$ 的二阶差分,记为 $\Delta^2 y_x$,即

$$\Delta^2 y_x=y_{x+2}-2y_{x+1}+y_x$$

同样地,二阶差分的差分称为三阶差分,记为 $\Delta^3 y_x$,即

$$\Delta^3 y_x=y_{x+3}-3y_{x+2}+3y_{x+1}-y_x$$

依次类推,y_x 的 $n-1$ 阶差分的差分称为 n 阶差分,记为 $\Delta^n y_x$,即

$$\Delta^n y_x=\Delta(\Delta^{n-1}y_x)$$

【例 5】　已知 $y_x=a^x$(其中 a 为常数,$a>0$ 且 $a\neq1$),求 $\Delta^2 y_x$.

解
$$\Delta y_x=y_{x+1}-y_x=a^{x+1}-a^x=(a-1)a^x$$
$$\Delta^2 y_x=\Delta(\Delta y_x)=\Delta\big[(a-1)a^x\big]$$
$$=(a-1)\Delta a^x=(a-1)^2 a^x$$

【例 6】　已知 $y_x=x^2+3x+1$,求 $\Delta^2 y_x$,$\Delta^3 y_x$.

解　$\Delta y_x=y_{x+1}-y_x=(x+1)^2+3(x+1)+1-(x^2+3x+1)=2x+4$
$$\Delta^2 y_x=\Delta(\Delta y_x)=\Delta(2x+4)=2\Delta x+\Delta(4)=2$$
$$\Delta^3 y_x=\Delta(\Delta^2 y_x)=\Delta(2)=0$$

由例 6,我们看出二次多项式的一阶差分是线性函数,二阶差分为常数,三阶以上差分均为零.一般地,对于 k 次多项式,它的 k 阶差分为常数,$k+1$ 阶以上的差分均为零.

8.6.2　差分方程的概念

【例 7】(定期储蓄)　某人在银行存款 5(万元),已知银行的年利率为 3%,求 x 年后该人的存款额是多少?($x=0,1,2,\cdots$)

解　设 y_x 为该人在第 x 年后的存款额,依题意可得

$$
\begin{cases}
y_{x+1}=y_x+y_x\times3\% & (x=0,1,2,\cdots) \\
y_0=5
\end{cases}
\tag{1}
\tag{2}
$$

用差分形式可表示为

$$
\begin{cases}
\Delta y_x=y_x\times3\% \\
y_0=5
\end{cases}
\tag{3}
$$

求满足关系式(3)的函数 y_x 的一般方法将在下一节介绍.不难验证

$$y_x=5\,(1+3\%)^x \tag{4}$$

满足方程(1)或(3).

当 $x=0,1,2,\cdots$ 时,y_x 可以写成一个序列

$$5,5(1+3\%),5\,(1+3\%)^2,\cdots \tag{5}$$

它的经济学意义是:一开始存入 5 万元,一年后存款额为 $5(1+3\%)$,两年后存款额为 $5(1+3\%)^2,\cdots$

此例中的方程(3)含有未知函数的差分形式,就是接下来介绍的差分方程.

定义 3 含有未知函数的差分或含有未知函数两个或两个以上的函数值 $y_x, y_{x+1}, \cdots$ 的等式称为差分方程,其一般形式为

$$F(x, y_x, \Delta y_x, \Delta^2 y_x, \cdots, \Delta^n y_x) = 0$$

或

$$G(x, y_x, y_{x+1}, y_{x+2}, \cdots, y_{x+n}) = 0$$

或

$$H(x, y_x, y_{x-1}, y_{x-2}, \cdots, y_{x-n}) = 0$$

由差分的定义和性质可知,上述三种形式的差分方程是可以相互转化的.例如,差分方程

$$y_{x+2} - 2y_{x+1} - 3y_x = e^x \tag{6}$$

可转化为 $y_x - 2y_{x-1} - 3y_{x-2} = e^{x-2}$.若将原方程的左端写成

$$(y_{x+2} - y_{x+1}) - (y_{x+1} - y_x) - 4y_x = \Delta y_{x+1} - \Delta y_x - 4y_x$$
$$= \Delta^2 y_x - 4y_x$$

则原方程还可转化为 $\Delta^2 y_x - 4y_x = e^x$.

差分方程中未知函数差分的最高阶的阶数(或者差分方程中未知函数的最大下标与最小下标之差)称为差分方程的阶.例如方程(3)是一阶的,方程(6)是二阶的,而方程 $\Delta^3 y_x + y_x + 2 = 0$,虽然含有三阶差分 $\Delta^3 y_x$,但它并不是三阶差分方程.这是由于该方程可以化为 $y_{x+3} - 3y_{x+2} + 3y_{x+1} + 2 = 0$,因此它是二阶差分方程.事实上,作代换 $t = x+1$,原方程还可写成 $y_{t+2} - 3y_{t+1} + 3y_t + 2 = 0$.

由前面的例 7 可以看到,在研究某个离散变量的实际问题时,首先建立差分方程,然后找到满足差分方程的函数.如果一个函数代入差分方程使方程成为恒等式,则称此函数为差分方程的解.若在差分方程的解中含有相互独立的任意常数的个数与差分方程的阶数相同,则称为差分方程的通解.

例如,容易验证 $y_x = x^2$ 是差分方程 $y_{x+1} - y_x = 2x+1$ 的解,而 $y_x = x^2 + C$(C 为任意常数)为其通解.

任意常数取确定的值的解称为特解,确定特解的条件称为初始条件.例如,函数(4)是差分方程(1)满足初始条件(2)的特解.

8.6.3 常系数线性差分方程解的结构

差分方程和微分方程在解的结构上有相似之处,这里将给出常系数线性差分方程解的结构定理.下面出现的差分方程均以含有未知函数值的形式表示.

如果方程中的未知函数值都是一次的,且未知函数值的系数都为常数,则称该方程为常系数线性差分方程.n 阶常系数线性差分方程的一般形式为

$$y_{x+n} + a_1 y_{x+n-1} + \cdots + a_{n-1} y_{x+1} + a_n y_x = f(x) \tag{7}$$

其中 $a_i (i = 1, 2, \cdots, n)$ 为常数,且 $a_n \neq 0$,$f(x)$ 为已知函数.当 $f(x) = 0$ 时,差分方程(7)称为齐次的;当 $f(x) \neq 0$ 时,差分方程(7)称为非齐次的.

先讨论 n 阶常系数齐次线性差分方程

$$y_{x+n} + a_1 y_{x+n-1} + \cdots + a_{n-1} y_{x+1} + a_n y_x = 0 \tag{8}$$

与线性微分方程类似,我们有如下定理.

定理 1　若函数 $y_1(x), y_2(x), \cdots, y_k(x)$ 都是常系数齐次线性差分方程 (8) 的解, 则它们的线性组合

$$y(x) = C_1 y_1(x) + C_2 y_2(x) + \cdots + C_k y_k(x)$$

也是齐次方程 (8) 的解, 其中 $C_1, C_2, \cdots, C_k$ 为常数.

下面将两个函数的线性相关和线性无关的定义推广到 n 个函数的情形.

定义 4　设有 n 个函数 $y_1(x), y_2(x), \cdots, y_n(x)$ 都在某一区间 I 上有定义. 若存在一组不全为零的数 $k_1, k_2, \cdots, k_n$, 使得对一切 $x \in I$, 都有

$$k_1 y_1(x) + k_2 y_2(x) + \cdots + k_n y_n(x) = 0$$

则称函数 $y_1(x), y_2(x), \cdots, y_n(x)$ 在区间 I 上线性相关. 否则, 称为线性无关.

定理 2　若函数 $y_1(x), y_2(x), \cdots, y_n(x)$ 是 n 阶常系数齐次线性差分方程 (8) 的 n 个线性无关的解, 则

$$\bar{y}_x = C_1 y_1(x) + C_2 y_2(x) + \cdots + C_n y_n(x)$$

就是齐次方程 (8) 的通解 (其中 $C_1, C_2, \cdots, C_n$ 为任意常数).

特别地, 对于二阶常系数齐次线性差分方程, 若 $y_1(x), y_2(x)$ 是解, 且 $\dfrac{y_2(x)}{y_1(x)} \neq$ 常数, 则可推出 $y_1(x), y_2(x)$ 线性无关, 故该方程的通解为 $\bar{y} = C_1 y_1(x) + C_2 y_2(x)$.

定理 3　若 y_x^* 是 n 阶常系数非齐次线性差分方程 (7) 的一个特解, $\bar{y}_x$ 是它对应的齐次方程 (8) 的通解, 则非齐次方程 (7) 的通解为

$$y_x = \bar{y}_x + y_x^*$$

习题 8.6

(A)

1. 求下列函数的一阶与二阶差分.

(1) $y_x = e^{2x}$

(2) $y_x = 2x^3 - x^2$

(3) $y_x = \log_a x \, (a > 0, a \neq 1)$

(4) $y_x = x^3$

2. 确定下列差分方程的阶.

(1) $y_{x+4} - 2x y_{x+2} - x^2 y_x = 1$

(2) $2\Delta y_x = y_x + 2x$

3. 设 a, b 为常数, 证明一阶差分具有如下线性性质:

$$\Delta(a y_x \pm b z_x) = a \Delta y_x \pm b \Delta z_x$$

4. 设 y_1^*, y_2^* 分别是非齐次差分方程

$$y_{x+1} + a y_x = f_1(x) \text{ 与 } y_{x+1} + a y_x = f_2(x)$$

的解, 其中 a 为常数. 求证: $y^* = y_1^* + y_2^*$ 是方程

$$y_{x+1} + a y_x = f_1(x) + f_2(x)$$

的解.

5. 已知 $y_x = e^x$ 是差分方程 $y_{x+2} + a y_x = 2e^{x+1}$ 的一个解, 求满足条件的常数 a 的值.

6. 给定一阶差分方程 $y_{x+1} + P y_x = Q a^x$, 验证:

(1) 当 $P + a \neq 0$ 时, $y_x = \dfrac{Q}{P+a} a^x$ 是方程的解;

(2) 当 $P + a = 0$ 时, $y_x = Q x a^{x-1}$ 是方程的解.

(B)

1. 某高校的扇形教室的座位是这样安排的:每一排比前一排多两个座位.已知第一排有 28 个座位.

(1)若用 y_x 表示第 x 排的座位数,试写出用 y_x 表示 y_{x+1} 的公式;

(2)第 10 排的座位个数是多少?

(3)若扇形教室共有 20 排,那么这个教室一共有多少座位?

2. 某人年初在年利率为 4% 的银行内存入 1000 元,计划每年年终再连续加存 100 元,设 y_x 为第 x 年终的存款余额,试列出差分方程.

8.7 一阶常系数线性差分方程

形如

$$y_{x+1} - a y_x = f(x) \tag{1}$$

的方程称为一阶常系数线性差分方程,其中 $x = 0, 1, 2, \cdots$;a 为非零常数,$f(x)$ 为已知函数.

若 $f(x) \not\equiv 0$,则称方程(1)为一阶常系数非齐次线性差分方程;若 $f(x) \equiv 0$,即

$$y_{x+1} - a y_x = 0 \tag{2}$$

则称方程(2)为一阶常系数齐次线性差分方程.

下面分别介绍它们的解法.

8.7.1 一阶常系数齐次线性差分方程

对于一阶常系数齐次线性差分方程(2),结构简单,一般有如下两种解法.

1. 迭代法求解

方程(2)可变形为 $\quad\quad\quad y_{x+1} = a y_x$

若 y_0 已知,由上式依次可得

$$y_1 = a y_0$$
$$y_2 = a y_1 = a^2 y_0$$
$$y_3 = a y_2 = a^3 y_0$$
$$\vdots$$

于是 $y_x = a^x y_0 (x = 0, 1, 2, \cdots)$. 易验证 $y_x = a^x y_0$ 是齐次差分方程(2)的解,$y_x = C a^x$(其中 C 为任意常数)为齐次差分方程(2)的通解,此法称为迭代法. 8.6.2 节例 7 中,可得 $y_{x+1} = (1 + 3\%) y_x$,即可求出解.

2. 利用特征方程求解

齐次差分方程(2)可变形为 $\Delta y_x + (1-a) y_x = 0$,注意到,指数函数的差分还是指数函数,于是,设 $y_x = r^x (r \neq 0$,为待定常数)是方程(2)的解,代入方程(2),得

$$r^{x+1} - a r^x = 0$$

即

$$r - a = 0 \tag{3}$$

解得 $r = a$. 式(3)称为齐次差分方程(2)的特征方程. 于是 $y^x = a^x (x = 0, 1, 2, \cdots)$ 是齐次差分方程(2)的解,于是方程(2)的通解为

$$y_x = Ca^x \quad (C \text{ 为任意常数})$$

【例 1】 求差分方程 $y_{x+1} - 5y_x = 0$ 满足初始条件 $y_0 = 2$ 的解.

解 将所求差分方程改写为

$$y_{x+1} = 5y_x$$

将 $y_0 = 2$ 代入迭代公式得 $y_1 = 5 \times y_0 = 5 \times 2$，$y_2 = 5 \times y_1 = 5^2 \times 2$，… 所以所求差分方程满足初始条件的特解为

$$y_x = 5^x \times 2$$

【例 2】 求差分方程 $3y_x - 2y_{x-1} = 0$ 的通解.

解 原方程可改写为

$$3y_{x+1} - 2y_x = 0$$

特征方程为

$$3r - 2 = 0$$

解得 $r = \dfrac{2}{3}$，于是所求差分方程的通解为

$$y_x = C\left(\frac{2}{3}\right)^x \quad (C \text{ 为任意常数})$$

8.7.2　一阶常系数非齐次线性差分方程

由上节定理 3 可知，一阶常系数非齐次线性差分方程(1)的通解由对应的齐次方程 (2)的通解 $\overline{y}_x$ 和非齐次方程(1)本身的一个特解 y_x^* 之和构成. 上一小节介绍了齐次方程 (2)的通解的求法，这里介绍非齐次方程(1)的特解的求法. 我们只考虑方程(1)右端 $f(x)$ 取两种特殊形式时，可用待定系数法求特解 y_x^*. 这里，只简单给出相应结论.

结论 1 设 $f(x) = \mu^x P_n(x)$，其中 $P_n(x)$ 为 x 的 n 次多项式，μ 为不等于零的常数，则一阶常系数非齐次线性差分方程(1)具有形如

$$y_x^* = x^k \mu^x Q_n(x)$$

的特解，其中 $Q_n(x)$ 是 x 的 n 次多项式，而 k 的取值如下确定：

(1)若 μ 不是特征方程的根，则 $k = 0$；

(2)若 μ 是特征方程的根，则 $k = 1$.

【例 3】 求非齐次差分方程 $y_{x+1} - 3y_x = -2$ 的通解.

解 (1)先求对应的齐次差分方程 $y_{x+1} - 3y_x = 0$ 的通解 $\overline{y}_x$.

由特征方程 $r - 3 = 0$，得 $r = 3$. 故对应的齐次差分方程的通解为

$$\overline{y}_x = C \cdot 3^x \quad (C \text{ 为任意常数})$$

(2)再求非齐次差分方程的一个特解 y_x^*.

非齐次项 $f(x) = -2$ 呈 $\mu^x P_n(x)$ 型，其中 $\mu = 1$，$P_n(x) = -2$. 而 $\mu = 1$ 不是特征方程的根，故非齐次差分方程的特解 y_x^* 的形式为

$$y_x^* = q$$

代入所求方程得 $q - 3q = -2$，故 $q = 1$，从而 $y_x^* = 1$.

(3)所求非齐次差分方程的通解为
$$y_x = \overline{y}_x + y_x^* = C \cdot 3^x + 1 \quad (C \text{ 为任意常数})$$

【例4】 求非齐次差分方程 $y_{x+1} - 2y_x = 2x^2$ 的通解.

解 (1)先求对应的齐次差分方程 $y_{x+1} - 2y_x = 0$ 的通解 $\overline{y}_x$.

由特征方程 $r - 2 = 0$,解得 $r = 2$.于是对应的齐次差分方程的通解为
$$\overline{y}_x = C \cdot 2^x \quad (C \text{ 为任意常数})$$

(2)再求非齐次差分方程的一个特解 y_x^*.

非齐次项 $f(x) = 2x^2$ 呈 $\mu^x P_n(x)$ 型,其中 $\mu = 1, P_n(x) = 2x^2$.而 $\mu = 1$ 不是特征方程的根,故非齐次差分方程的特解 y_x^* 的形式为
$$y_x^* = q_0 x^2 + q_1 x + q_2$$

代入所求方程,得
$$q_0 (x+1)^2 + q_1 (x+1) + q_2 - 2(q_0 x^2 + q_1 x + q_2) = 2x^2$$

比较等式两端同次幂的系数,得
$$\begin{cases} -q_0 = 2 \\ 2q_0 - q_1 = 0 \\ q_0 + q_1 - q_2 = 0 \end{cases}$$

解得
$$q_0 = -2, \quad q_1 = -4, \quad q_2 = -6$$

于是
$$y_x^* = -2x^2 - 4x - 6$$

(3)所求非齐次差分方程的通解为
$$y_x = C \cdot 2^x - (2x^2 + 4x + 6) \quad (C \text{ 为任意常数})$$

【例5】 求非齐次差分方程 $y_{x+1} - 3y_x = x \cdot 3^x$ 在给定初始条件 $y_0 = 1$ 时的特解.

解 (1)所求方程对应齐次差分方程 $y_{x+1} - 3y_x = 0$ 的特征方程为 $r - 3 = 0$,解得 $r = 3$.故对应的齐次差分方程的通解为
$$\overline{y}_x = C \cdot 3^x \quad (C \text{ 为任意常数})$$

(2)再求非齐次差分方程的一个特解 y_x^*.

非齐次项 $f(x) = x \cdot 3^x$ 呈 $\mu^x P_n(x)$ 型,其中 $\mu = 3, P_n(x) = x$.而 $\mu = 3$ 是特征方程的根,故非齐次差分方程的特解 y_x^* 的形式为
$$y_x^* = x \cdot 3^x \cdot (q_0 x + q_1)$$

代入原方程并比较等式两端同次幂的系数,得
$$q_0 = \frac{1}{6}, \quad q_1 = -\frac{1}{6}$$

故
$$y_x^* = x \cdot 3^x \left(\frac{1}{6} x - \frac{1}{6} \right)$$

(3)所求的非齐次差分方程的通解为
$$y_x = \overline{y}_x + y_x^* = C \cdot 3^x + \frac{x(x-1)}{6} 3^x \quad (C \text{ 为任意常数})$$

(4)将初始条件 $y_0=1$ 代入上式,得 $C=1$,故满足初始条件的特解为

$$y_x=3^x+\frac{x(x-1)}{6}\cdot 3^x$$

结论 2　设 $f(x)=A\cos\beta x+B\sin\beta x$,其中 A、B、β 为常数,$\beta\in(0,2\pi)$ 且 $\beta\neq\pi$,则一阶常系数非齐次线性差分方程(1)具有形如

$$y_x^*=a\cos\beta x+b\sin\beta x$$

的特解,其中 a、b 为待定系数.

【例 6】　求非齐次差分方程 $2y_{x+1}+y_x=5\sin\dfrac{\pi x}{2}$ 的通解.

解　(1)先求对应的齐次差分方程 $2y_{x+1}+y_x=0$ 的通解 $\overline{y}_x$.

由特征方程 $2r+1=0$,得 $r=-\dfrac{1}{2}$,故 $\overline{y}_x=C\left(-\dfrac{1}{2}\right)^x$,其中 C 为任意常数.

(2)再求非齐次差分方程的一个特解 y_x^*.由于非齐次项 $f(x)=5\sin\dfrac{\pi x}{2}$ 呈 $A\cos\beta x+B\sin\beta x$ 型,其中 $A=0$,$B=5$,$\beta=\dfrac{\pi}{2}$,故设非齐次差分方程的一个特解为

$$y_x^*=a\cos\frac{\pi x}{2}+b\sin\frac{\pi x}{2}$$

代入原方程,得

$$2a\cdot\cos\frac{\pi(x+1)}{2}+2b\sin\frac{\pi(x+1)}{2}+a\cos\frac{\pi x}{2}+b\sin\frac{\pi x}{2}=5\sin\frac{\pi x}{2}$$

而 $\cos\dfrac{\pi(x+1)}{2}=-\sin\dfrac{\pi x}{2}$,$\sin\dfrac{\pi(x+1)}{2}=\cos\dfrac{\pi x}{2}$,可得

$$\begin{cases}-2a+b=5\\a+2b=0\end{cases}$$

解得 $a=-2$,$b=1$,于是

$$y_x^*=-2\cos\frac{\pi x}{2}+\sin\frac{\pi x}{2}$$

(3)所求非齐次差分方程的通解为

$$y_x=\overline{y}_x+y_x^*=C\left(-\frac{1}{2}\right)^x-2\cos\frac{\pi x}{2}+\sin\frac{\pi x}{2}\quad(C\text{ 为任意常数})$$

习题 8.7

(A)

1.求下列一阶常系数齐次线性差分方程的通解.

(1)$2y_{x+1}+3y_x=0$ 　　　　　　　　(2)$y_{x+1}-y_x=0$

(3)$y_x+y_{x-1}=0$

2.求下列一阶常系数非齐次线性差分方程的通解.

(1)$\Delta y_x-4y_x=3$ 　　　　　　　　(2)$y_{x+1}-y_x=40+6x^2$

(3)$y_{x+1}-5y_x=3^x$ 　　　　　　　　(4)$y_{x+1}-y_x=x\cdot 2^x$

(5) $2y_{x+1} + 10y_x - 5x = 0$ (6) $y_{t+1} - y_t = \sin \dfrac{\pi t}{2}$

3. 求下列一阶常系数线性差分方程在给定初始条件下的特解.

(1) $\Delta y_x = 0, y_0 = 3$ (2) $y_{x+1} - 5y_x = 3, y_0 = \dfrac{7}{3}$

(3) $y_{x+1} + y_x = 2^x, y_0 = 2$

(B)

1. 某人从银行借款 P_0 元,年利率为 P,这笔借款按月等额偿还,假设每月偿还 a 元,并设第 x 个月应付的利息为 $y_x (x = 1, 2, \cdots)$

(1) 试写出用 y_x 表示 y_{x+1} 的公式;

(2) 若这笔借款在 m 年内按月等额偿还,试求每月偿还额 a 的值.

2. 设某产品在时期 n 的价格、总供给与总需求分别为 P_n、S_n 和 D_n,并设对于 $n = 0, 1, 2, \cdots$,有

$$S_n = 2P_n + 1, \quad D_n = -4P_{n-1} + 5, \quad S_n = D_n$$

(1) 求证:由以上三式可推出差分方程 $P_{n+1} + 2P_n = 2$;

(2) 已知 P_0 时,求上述方程的解.

第 9 章　MATLAB 在微积分中的应用

美国 The MathWorks 公司推出的 MATLAB 语言是影响最广泛的数学语言之一. 它将计算、可视化和编程功能集中在一个开发环境中,将一个软件的易用性与科学技术应用进行了有机结合.

MATLAB 是 MATrix LABoratory 的缩写,意为矩阵实验室,是由美国新墨西哥州大学的 Clever Moler 博士于 1980 年开发的. 设计者和他的同事共同开发了 LINPACK 和 EISPACK 的 FORTRAN 子程序库,后来又编写了接口程序,取名为 MATLAB.

MATLAB 语言规则简单,适合科技人员的思维和书写习惯;MATLAB 是一个交互式开发系统,编写程序和运行同步,人际交互更加简洁;MATLAB 提供了丰富的运算处理功能,允许变量不赋值而参与运算,可用于求解微积分、微分方程等等. 此外,MATLAB 还具有强大的绘图功能、可视化计算结果和丰富的 MATLAB 工具箱(SIMULINK 仿真工具箱、控制系统工具箱、信号处理工具箱、进化算法工具箱等). 由于可与 C 语言、FORTRAN 语言跨平台兼容,MATLAB 还兼备了一定的兼容功能,已广泛应用于数值分析、控制理论、经济学等领域中的教学与研究.

9.1　MATLAB 的基本操作

1. MATLAB 的启动与退出

以 Windows 操作系统为例,安装完 MATLAB 软件后,点击 Windows 窗口的"开始",选择"所有程序",点击"MATLAB",便可进入 MATLAB 工作界面. 如果安装时选择在桌面生成快捷方式,也可以直接点击快捷方式直接启动.

退出 MATLAB 工作环境一般选择点击 MATLAB 窗口右上角处的关闭按钮,或点击"File"菜单下的"Exit MATLAB".

2. MATLAB 的工作环境

MATLAB 的界面有以下几部分.

（1）主窗口

该窗口中显示"File"，"Edit"，"Debug"等主菜单项。从"File"菜单中选择"New"下的"M-file"命令，即可进入程序编辑器（MATLAB Editor）。

程序编辑器窗口包含菜单栏和工具栏，可以方便地进行编辑和调试程序。如果程序是多行命令，不方便逐行执行，一般地建立以".m"为扩展名的 M 文件，这时可以在程序编辑器中方便地编辑和运行，并可以反复调用。

（2）命令窗口（Command Window）

命令窗口的空白区域为命令编辑区，窗口中的"≫"为命令输入提示符，在提示符后直接输入命令行，按回车键执行命令，并输出计算结果或绘图，但这种方式在处理复杂的问题和大量数据时比较困难，一般选择建立 M 文件。特别注意，用"clc"命令可以清除命令窗口的内容；命令行后的分号";"省略时显示运行结果，否则不显示运行结果；"％"代表注释符，其后的文字、命令不执行。

（3）工作空间窗口（Work Space）

该窗口中显示当前 MATLAB 内存中所有的变量信息，包括变量名、字节数和变量类型等。

（4）命令历史窗口（Comnand History）

该窗口记录 MATLAB 启动后执行过的所有命令，命令历史窗口中直接双击某个命令即可重复利用原来输入的命令行，减少重新输入的麻烦。

（5）当前目录窗口（Current Directory）

该窗口显示当前工作目录下所有文件的文件名、文件类型和最后修改时间。单击鼠标左键，再单击右键，会弹出菜单，包含"Open"（打开该文件）、"Run"（运行该文件）等命令。

3. 常量和变量

（1）常量

MATLAB 的常量采用十进制，可以用带小数点的形式，或用科学计数法表示。MATLAB 采用字符 e 指明 10 的幂次，虚数单位用 i 或 j 表示。下面是合法的常量表示，例如

$$-2.75、3.3e-32（表示 3.3\times10^{-32}）、-2+5i$$

（2）变量

变量是数值计算的基本单位。MATLAB 的变量与其他语言不同，变量使用时无需事先定义。变量名命名必须以字母开头，后接任意字母、数字或下划线，但不能含有空格和标点符号（如％等），且不能超过 63 个字符。变量名区分大小写，如 myfile 和 Myfile 是两个不同的变量。关键字（如 if、while 等）不能作为变量名。

（3）特殊变量

MATLAB 中有一些系统默认的特殊变量，见表 9-1。

表 9-1　　　　　　　　　　　　**常用的特殊变量**

特殊变量名	取值	特殊变量名	取值
ans	对于未赋值的运算结果,自动赋给 ans 变量	i,j	$i,j=\sqrt{-1}$,虚数单位
eps	机器零阈值	nargin	函数输入变量数目
pi	圆周率π	nargout	函数输出变量数目
inf 或 Inf	表示正无穷大,定义为 1/0	realmin	最小的可用正实数
Nan 或 NaN	不定值,它产生于 $0\times\infty,0/0,\infty/\infty$ 等运算	realmax	最大的可用正实数

（4）变量的查询

命令 who 与 whos 的作用都是列出在 MATLAB 工作空间中已经驻留的变量名清单,不同的是 whos 在给出驻留变量的同时,还给出它们的维数、字节及类型等性质.

（5）变量的删除

在命令窗口中运用 clear 指令可以删除内存中指定的变量,命令的具体格式为

clear 变量名　　％若不写变量名,缺省变量全部被删除

4. 常用数学函数

MATLAB 提供了大量的函数,我们将常用函数列出,见表 9-2：

表 9-2　　　　　　　　　　　**常用数学函数表**

函　数	名　称	函　数	名　称
$\sin(x)$	正弦函数	$\min(x)$	最小值
$\cos(x)$	余弦函数	$\text{sqrt}(x)$	开平方
$\tan(x)$	正切函数	$\exp(x)$	以 e 为底的指数
$\cot(x)$	余切函数	$\log(x)$	以 e 为底的对数
$\sec(x)$	正割函数	$\log10(x)$	以 10 为底的对数
$\csc(x)$	余割函数	$\text{abs}(x)$	绝对值,复数取模
$\text{asin}(x)$	反正弦函数	$\text{round}(x)$	四舍五入取整
$\text{acos}(x)$	反余弦函数	$\text{floor}(x)$	向负无穷取整
$\text{atan}(x)$	反正切函数	$\text{ceil}(x)$	向正无穷取整
$\text{acot}(x)$	反余切函数	$\text{fix}(x)$	向 0 方向取整
$\max(x)$	最大值		

注：用 help、lookfor 两个帮助指令可以查询 MATLAB 的函数和指令详细信息.

9.2 MATLAB 在一元微积分中的应用

9.2.1 曲线绘图

1.描点绘图

命令 1:plot(x,y)　%描绘以 (x_i,y_i) 为节点的平面曲线,其中 x、y 为维数相同的向量

命令 2:plot(x1,y1,x2,y2,…)　%描绘多组数据

注:在 plot 绘图命令中可以添加图形的线型和颜色等参数(表 9-3、表 9-4).如 plot(x,y,$'r+'$) 就是用红色的+线型绘图;hold on/off 命令控制保持原有图形还是刷新原有图形.

表 9-3	plot 命令中的颜色参数表		
符　号	颜　色	符　号	颜　色
y	黄色	k	黑色
g	绿色	w	白色
r	红色	c	青色
b	蓝色	m	紫色

表 9-4	plot 命令中的线型参数表		
符　号	线　型	符　号	线　型
.	点	s	方块
o	圆圈	—	实线
×	×标记	:	点线
+	加号	-.	点划线
*	星号	--	虚线
d	菱形		

【**例 1**】　在同一坐标系内画出以下平面曲线图:$y=x^2-2,x\in[-2,2]$(红色 * 线型绘图)及 $Y=\sin(X),X\in[-\pi,\pi]$(蓝色实线型绘图,默认).

解　≫x=−2:0.1:2;

y=x.^2−2;

plot(x,y,plot(x,y,$'r*'$)

hold on　%利用 hold on 命令保持图形

X=−pi:0.01:pi;

Y=sin(X);

plot(X,Y)

运行结果如图 9-1 所示.

2. 命令绘图

可以通过"fplot""ezplot"或"polar"函数作显函数、隐函数和参数方程、极坐标确定的函数的图形,命令如下:

fplot('f', [a,b])　%绘制显函数 $f = f(x)$ 在区间 $[a, b]$ 上的图形

ezplot('f', [a,b])　%绘制显函数 $f = f(x)$ 在区间 $[a, b]$ 上的图形,默认区间
　　　　　　　　%是 $[-2*pi, 2*pi]$

ezplot('f(x,y)', [a,b,c,d])　%在区域 $a < x < b, c < y < d$ 上,绘制隐函数
　　　　　　　　%$f(x, y) = 0$ 的函数图,默认区间是 $[-2*pi, 2*pi]$
　　　　　　　　%$\times [-2*pi, 2*pi]$

ezplot('x', 'y', [tmin,tmax])　%在区间 tmin $< t <$ tmax 绘制参数方程 $x = x(t)$,
　　　　　　　　%$y = y(t)$ 的函数图

polar(theta,r)　%绘制极坐标图形,其中极角 theta 和极径 r 为同维向量

ezpolar('fun', [a,b])　%绘制 fun 表示的函数在区间 $[a, b]$ 上的极坐标图,默认区
　　　　　　　　%间是 $[0, 2*pi]$

注:极坐标作图时,theta 必须用弧度表示.

【**例2**】　在 $[-3\pi, 3\pi]$ 上画显函数 $y = \sin(x)$ 的图形.

解　命令窗口输入

≫ fplot('sin(x)', $[-3*pi, 3*pi]$) 或 ezplot('sin(x)', $[-3*pi, 3*pi]$)

运行结果如图 9-2 所示.

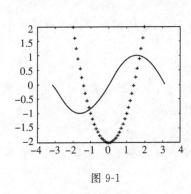

图 9-1

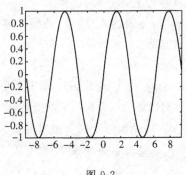

图 9-2

【**例3**】　画参数方程 $x = \cos^3 t, y = \sin^3 t$,其中 $t \in [-\pi, \pi]$ 表示的星形线.

解　命令窗口输入

≫ezplot('cos(t).^3', 'sin(t).^3', $[-pi, pi]$)

运行结果如图 9-3 所示.

【**例4**】　画隐函数 $e^{x+y} - \cos(xy) = 0$,其中 $x, y \in [-10, 10]$ 表示的图形.

解　命令窗口输入

≫ezplot('exp(x+y)-cos(x*y)', $[-10, 10, -10, 10]$)

运行结果如图 9-4 所示.

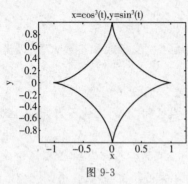

图 9-3

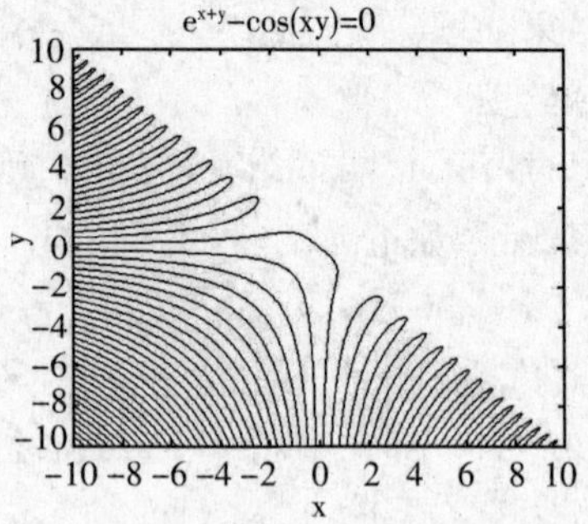

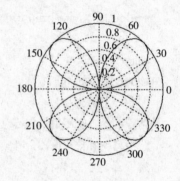

图 9-4

【例5】 画四叶玫瑰线 $r = \sin 2\theta$.

解 命令窗口输入

≫theta＝0:pi/60:2 * pi;

r＝sin(2 * theta);

polar(theta,r);

或用命令

≫ezpolar('sin(2 * theta)')

运行结果如图 9-5 所示.

9.2.2 函数和极限

1. 函数

(1) 函数(符号表达式)的创建

创建函数(符号表达式)之前,必须先建立符号变量,此后用户可以在表达式中使用该变量进行各种运算.

命令1　sym var　　　　　　%定义单个符号变量 var

命令2　syms var1 var2 …　　%定义多个符号变量,不同的变量名之间用空格隔开

【例6】 创建函数 $y = 2x$,并求函数在 $x = 1$ 处的值.

解 在 MATLAB 命令窗口里直接输入以下命令:

≫sym x;　%建立符号变量 x,此后用户可以在表达式中使用变量 x 进行各种运算

y＝2 * x;　　　%创建函数 $y = 2x$

x＝1;　　y

运行后返回

y ＝

　　2

如果键入:

≫x＝[0,1,2,3,4];y＝2 * x

运行后返回

图 9-5

y =

　　　0　　2　　4　　6　　8

MATLAB 允许对数组中的多个数值进行并行运算.这里,对于 x 有更简洁的输入方法:$x=0:1:4$,此命令表示 x 从 0 开始,以 1 为步长,变到 4 为止.

(2)函数的四则运算

【例 7】　计算函数 $f=6x-1$ 与 $g=3x^2+2x+1$ 的四则运算.

解　≫syms x;

f=6*x−1;g=3*x^2+2*x+1;

h1=f+g,　h2=f−g,　　h3=f*g,　h4=f/g

运行后返回

h1 =

　　3 * x^2 + 8 * x

h2 =

　　4 * x − 3 * x^2−2

h3 =

　　(6 * x − 1) * (3 * x^2 + 2 * x + 1)

h4 =

　　(6 * x − 1)/(3 * x^2 + 2 * x + 1)

为了使结果显示起来更简单或直观,MATLAB 提供 simple 和 pretty 命令.simple 返回代数化简式,pretty 返回符号表达式.比如,

simple(h3)　　％命令 simple 返回 $h3$ 的代数化简式

ans =

　　18 * x^3 + 9 * x^2 + 4 * x − 1

pretty(h3)　　　　％命令 pretty 返回 $h3$ 的符号表达式

ans =

　　　　　　　　2
　(6 x − 1)(3 x　+ 2 x + 1)

(3)复合运算

MATLAB 提供 compose 命令对函数进行复合,具体命令如下:

compose(f,g)　　　　％返回复合函数 $f(g(x))$

【例 8】　求函数 $y=\sin(u),u=x^2$ 的复合函数.

解　≫syms u x, f=sin(u); g=x^2;

h1=compose(f,g), h2=compose(g,f)

运行后返回

h1 =

　　sin(x^2)

h2 =

　　sin(u)^2

(4)反函数运算

MATLAB 提供 finverse 命令对函数求反函数,具体命令如下:

finverse(f)　　　　% 返回 f 的反函数

【例 9】　求函数 $y=2x+3$ 的反函数.

解　≫syms x, f=2 * x+3; f1=finverse(f)

运行后返回

f1 =

　　x/2 - 3/2

2. 极限

MATLAB 使用 limit 命令计算极限,最基本的使用方法就是输入要计算的表达式、独立变量和独立变量趋于何值.下面给出和极限有关的几个命令:

limit (f,x,a)　　% 求极限 $\lim\limits_{x \to a} f(x)$

limit (f,a)　　%求极限 $\lim\limits_{x \to a} f(x)$,默认变量 x

limit (f)　　%求极限 $\lim\limits_{x \to 0} f(x)$,默认变量 x,且 $a=0$

limit (f,x,a,'right')　　% 求右极限 $\lim\limits_{x \to a^+} f(x)$

limit (f,x,a,'left')　　% 求左极限 $\lim\limits_{x \to a^-} f(x)$

【例 10】　观察数列 $\left\{ \left(1+\dfrac{1}{n}\right)^n \right\}$ 当 $n \to \infty$ 时的变化趋势.

解　≫ n=1:100;xn=((1+1./n).^n);　　%取出数列的前 100 项

plot(n,xn)

从数列前 100 项以及图 9-6 可以看出(数值略,读者可以在运行结果中查看),随着 n 的增大,数列 $\left\{ \left(1+\dfrac{1}{n}\right)^n \right\}$ 越来越接近某个固定的数值,这个固定数值就是重要的无理数 e,接下来用命令求得这个值:

≫syms n; limit((1+1/n)^n,n,+inf)

运行后返回

ans=

　　exp(1)

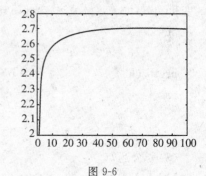

图 9-6

【例 11】　计算极限 $\lim\limits_{x \to 0} e^x$、$\lim\limits_{x \to \infty} \left(\dfrac{x+1}{x-1}\right)^x$ 和 $\lim\limits_{x \to 0} \dfrac{|x|}{x}$ 的值.

解　≫syms x;

limit(exp(x))　　　　　　　　　　　% 计算 $\lim\limits_{x \to 0} e^x$ 的值

limit(((x+1)/(x-1))^x, 'x',inf)　　　%计算 $\lim\limits_{x \to \infty} \left(\dfrac{x+1}{x-1}\right)^x$ 的值

limit(abs(x)/x,'x',0)　　　　　　　%计算 $\lim\limits_{x \to 0} \dfrac{|x|}{x}$ 的值

运行后返回

```
ans =
     1
ans =
     exp(2)
ans =
     NaN
```

"NaN"说明极限不存在. 下面我们用 MATLAB 编程看一下为何极限不存在. 先计算左、右极限: 运行 limit(f, x, 0, ′left′) 和 limit(f, x, 0, ′right′) 得到 −1 和 1. 由于这两个结果不相等, 这就说明了 $\lim\limits_{x\to0}\dfrac{|x|}{x}$ 的极限不存在, 0 是其跳跃间断点. 以下是作图程序, 更直观地描绘了跳跃间断点.

```
≫ezplot(′abs(x)/x′, [−3, 3])
hold on
grid on
axis([−3, 3, −2, 2])
plot(0, 1, ′o′)
plot(0, −1, ′o′)
hold off
```

运行后返回图形如图 9-7 所示.

【例 12】　求极限 $\lim\limits_{x\to0}\dfrac{\sin x}{x}$、$\lim\limits_{x\to0}x\sin\dfrac{1}{x}$ 和 $\lim\limits_{x\to0}\sin\dfrac{1}{x}$ 的值, 并分析这三个函数当 $x\to0$ 时的变化趋势.

解　≫syms x; f1＝sin(x)/x; f2＝x＊sin(1/x); f3＝sin(1/x);

```
limit(f1),     limit(f2),     limit(f3)
x = −2:0.01:2;
subplot(3, 1, 1), fplot(′sin(x)/x′, [−2, 2], ′＊′)     ％subplot 将图形窗口分割为
                                                        ％3×1 个区域
subplot(3, 1, 2), fplot(′x＊sin(1/x)′, [−2, 2])
subplot(3, 1, 3), fplot(′sin(1/x)′, [−2, 2])
```

运行后返回

```
ans =
     1
ans =
     0
ans =
     limit(sin(1/x), x = 0)
```

运行后返回图形如图 9-8 所示, 可以看出, $x＝0$ 是函数 $\dfrac{\sin x}{x}$ 和 $x\sin\dfrac{1}{x}$ 的连续点, 是 $\sin\dfrac{1}{x}$ 的第二类间断点.

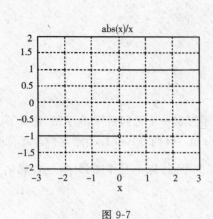

图 9-7

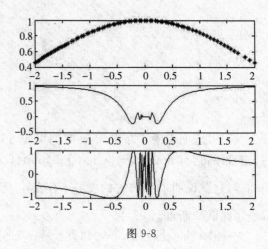

图 9-8

3. 求渐近线

求函数图形的水平渐近线,需要求 x 趋于无穷时 f 的极限,即

limit(f,inf)　　　　%求自变量趋于正无穷时函数的极限

limit(f,－inf)　　　　%求自变量趋于负无穷时函数的极限

求 f 的垂直渐近线,使分母等于 0,用下面的命令进行求解.

roots＝solve(g)　　　%返回分母的零点

【例 13】 求函数 $y=\dfrac{4(x+1)}{x^2}-2$ 的渐近线.

解　≫syms x,f＝4 * (x+1)/x^2－2; g＝x^2;

a＝limit(f,inf)　　%求水平渐近线的值,返回 a＝－2

roots＝solve(g)　　　%求垂直渐近线的值,返回 $roots＝0$

ezplot(f)　　%绘制函数图像

hold on

plot([－10 10],[a a],'－－')　　%绘制水平渐近线:$x＝0$

plot(double(roots(1)) * [1 1],[－5 15],':')　　% 绘制垂直渐近线:$y＝－2$

运行后返回图形如图 9-9 所示.

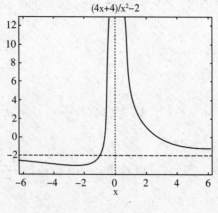

图 9-9

9.2.3　导数和微分

MATLAB 由函数 diff 实现求导运算,该命令的调用格式如下所示:

diff(F,x)　　　　　%表示表达式 F 对符号变量 x 求一阶导数

diff(F)　　　　　　%若 x 缺省,则表示对由命令 syms 定义的变量求一阶导数

diff(F,x,n)　　　　%表示表达式 F 对符号变量 x 求 n 阶导数

1. 求 $y=f(x)$ 的导数

【例 14】　求 $y=\dfrac{\sqrt{x}+2}{\sin x}\ln x$ 的导数 y' 和 $y^{(3)}$.

解　≫syms x;

diff((x^(1/2)+2)/(sin(x)*log(x))　　%MATLAB 用 $\log(x)$ 表示 $\ln x$,

　　　　　　　　　　　　　　　　　%用 $\log 10(x)$ 表示 $\lg x$

diff((x^(1/2)+2)/(sin(x)*log(x)),3)

运行后返回

ans =

　　log(x)/(2 * x^(1/2) * sin(x)) + (x^(1/2) + 2)/(x * sin(x)) − (cos(x) * log(x) * (x^(1/2) + 2))/sin(x)^2

ans =

　　(3 * log(x))/(2 * x^(1/2) * sin(x)) − (3 * cos(x))/(x^(3/2) * sin(x)^2) − 9/(4 * x^(5/2) * sin(x)) + (3 * log(x))/(8 * x^(5/2) * sin(x)) + (3 * (x^(1/2) + 2))/(x * sin(x)) + (2 * (x^(1/2) + 2))/(x^3 * sin(x)) − (6 * cos(x)^3 * log(x) * (x^(1/2) + 2))/sin(x)^4 + (3 * cos(x) * log(x))/(4 * x^(3/2) * sin(x)^2) + (3 * cos(x) * (x^(1/2) + 2))/(x^2 * sin(x)^2) − (5 * cos(x) * log(x) * (x^(1/2) + 2))/sin(x)^2 + (3 * cos(x)^2 * log(x))/(x^(1/2) * sin(x)^3) + (6 * cos(x)^2 * (x^(1/2) + 2))/(x * sin(x)^3)

【例 15】　求 $y=x^x$ 的微分.

解　≫syms x dx;

dy_dx=diff(x^x)　　%这里用 dy_dx 表示一阶导数

dy= dy_dx * dx　　%求微分形式

运行后返回

dy_dx =

　　x * x^(x − 1) + x^x * log(x)

dy =

　　dx * (x * x^(x − 1) + x^x * log(x))

2. 求参数方程所确定的函数的导数

设参数方程 $\begin{cases} x=x(t) \\ y=y(t) \end{cases}$ 确定函数 $y=f(x)$,则 y 的导数 $\dfrac{\mathrm{d}y}{\mathrm{d}x}=\dfrac{y'(t)}{x'(t)}$.

【例 16】 设 $\begin{cases} x=a(t-\sin t) \\ y=a(1-\cos t) \end{cases}$，求 $\dfrac{\mathrm{d}y}{\mathrm{d}x}$.

解 ≫syms t a;

dx_dt=diff(a*(t−sin(t)));dy_dt=diff(a*(1−cos(t))); dy_dx=dy_dt/dx_dt

运行后返回

dy_dx =

    −sin(t)/(cos(t) − 1)

3. 求隐函数的导数

设方程 $F(x,y)=0$ 确定隐函数 $y=f(x)$，则 y 的导数 $\dfrac{\mathrm{d}y}{\mathrm{d}x}=-\dfrac{F_x}{F_y}$.

【例 17】 求隐函数 $F(x,y)=x-5y+\dfrac{1}{2}\sin(x+y)=0$ 所确定的隐函数的导数 $\dfrac{\mathrm{d}y}{\mathrm{d}x}$.

解 ≫syms x y;

fx=diff('x−5*y+1/2*sin(x+y)','x');

fy=diff('x−5*y+1/2*sin(x+y)','y');

dd=−fx/fy,simplify(dd)   %求隐函数的导数并化简

运行后返回：

dd =

    −(cos(x + y)/2 + 1)/(cos(x + y)/2 − 5)

ans =

    −12/(cos(x + y) − 10)−1

9.2.4　导数的应用

1. 求极值与最值

MATLAB 提供了求一元函数极值问题的命令：

[x,f]=fminbnd(F,a,b)   %x 返回函数 $F(x)$ 在区间 $[a,b]$ 上的极小值点，f 返回极小值

[x,f]=fminsearch(F,x0) %x 返回函数 $F(x)$ 在 x_0 附近的极小值点，f 返回极小值

【例 18】 求函数 $f(x)=x^3-3x^2-9x+5$ 的极值，并作图.

解 ≫syms x; f=x^3−3*x^2−9*x+5;

ezplot(f,[−4 4]) %画图，初步判断

grid on   %加网格

[xmin,fmin]=fminbnd('x^3−3*x^2−9*x+5',−4,4) %求极小值点及极小值

[xmax,fmax]=fminbnd('−x^3+3*x^2+9*x−5',−4,4);

xmax,fmax=−fmax

运行后返回

xmin =

    3.0000

fmin =

$$-22.0000$$

xmax =

$$-1.0000$$

fmax =

$$10.0000$$

运行后返回图形如图 9-10 所示.

【例 19】　求函数 $f(x)=2x^3+3x^2$ 在区间 $[-2,1]$ 上的最大值与最小值.

解　≫syms x;

f＝2＊x^3＋3＊x^2;df＝diff(f);s＝solve(df)　％利用 solve 求得一阶导数的零点

　　　　　　　　　　　　　　　　　　　　　％为 -1、0

fplot($'$2＊x^3＋3＊x^2$'$,$[-2,1]$)　％画图

grid on

从图 9-11 看,$f(x)$ 的最值在区间端点取得,最大值 $f(1)=5$,最小值 $f(-2)=-4$.

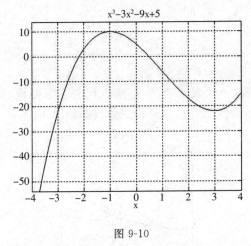

图 9-10

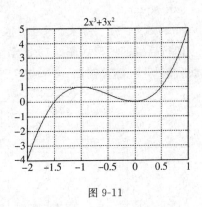

图 9-11

【例 20】　求函数 $f(x)=x^3-6x^2+9x+3$ 的单调区间与极值、凹凸区间与拐点.

解　求可导函数的单调区间与极值,就是求导函数的零点. 利用 MATLAB,先求出导函数的零点,再画出函数图象,根据图象可以直观看出函数的单调区间与极值.同理,凹凸区间与拐点可通过求二阶导函数的零点得到.

输入命令

≫syms x;

f＝x^3－6＊x^2＋9＊x＋3;df＝diff(f);s＝solve(df)　％返回导函数的零点为 1、3

ddf＝diff(df);s＝solve(ddf)　％返回二阶导函数的零点为 2

ezplot(f,$[0,4]$)　％画出函数图象

grid on

运行后返回图形如图 9-12 所示.可以看出,$f(x)$ 的单调递增区间为 $(-\infty,1]$、$[3,+\infty)$,单调递减区间是 $[1,3]$,极大值 $f(1)=7$,极小值 $f(3)=3$.凸区间为 $(-\infty,2]$,凹区间为 $[2,+\infty)$,拐点为 $(2,5)$.

2. 求切线方程

【例 21】 画出 $f(x)=e^x$ 在点 $P(0,1)$ 处的切线及若干条割线,观察割线的变化趋势.

解 在曲线 $y=e^x$ 上另取一点 $M(h,e^h)$,则割线 PM 的方程是:

$$\frac{y-1}{x-0}=\frac{e^h-1}{h-0}$$

即

$$y=\frac{e^h-1}{h}x+1$$

取 $h=3,2,1$,分别作出三条割线.

```
≫h＝[3,2,1];a＝(exp(h)−1)./h;x＝−1:0.01:3;
plot(x,exp(x));hold on    ％描绘原曲线
for i＝1:3;
plot(h(i),exp(h(i)),′＊′)    ％原曲线上取三个割点
plot(x,a(i)＊x+1,′:′)    ％描绘三条割线
end
axis square
plot(x,x+1)    ％描绘原曲线在(0,1)处的切线 y＝x+1
```

运行后返回图形如图 9-13 所示.从图上看,＊代表三个割点,虚线代表三条割线,直实线代表切线.随着割点 M 与点 P 越来越近,割线 PM 越来越接近曲线的切线.

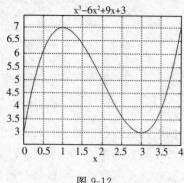

图 9-12

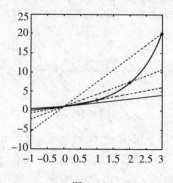

图 9-13

9.2.5 不定积分、定积分及定积分的应用

1. 不定积分与定积分

计算函数不定积分、定积分的 MATLAB 命令都是 int,具体描述如下:

int(f)　　　　％求函数 f 关于 syms 定义的符号变量的不定积分

int(f,x)　　　％求函数 f 关于变量 x 的不定积分

int(f,a,b)　　％求函数 f 关于 syms 定义的符号变量从 a 到 b 的定积分

int(f,x,a,b)　％求函数 f 关于变量 x 从 a 到 b 的定积分

注:MATLAB 在不定积分结果中不自行添加积分常数 C.

【例 22】　求不定积分 $\int x^n \mathrm{d}x$、定积分 $\int_0^1 x^9 \mathrm{d}x$ 和 $\int_0^3 |x-2| \mathrm{d}x$.

解　≫　syms x n;

f＝x^n; F＝int(f,x)　　　　%求不定积分

f＝x^9;

A＝int(f,x,0,1)　　　　　%求定积分

B＝int(abs(x－2),0,3)　　%求定积分

运行后返回

F ＝

piecewise([n＝－1,log(x)],[n<>－1,x^(n+1)/(n+1)])

A ＝

1/10

B ＝

5/2

【例 23】　求变限函数的导数：$\dfrac{\mathrm{d}}{\mathrm{d}x} \int_{x^2}^{\sin x} \dfrac{\cos t}{\mathrm{e}^t} \mathrm{d}t$.

解　≫ syms t x;

y＝cos(t)/exp(t);

diff(int(y,t,x^2,sin(x)),x)

运行后返回

ans ＝

(cos(sin(x)) * cos(x))/exp(sin(x)) － (2 * x * cos(x^2))/exp(x^2)

【例 24】　求含变限积分的不定式的极限：$\lim\limits_{x \to 0} \dfrac{1}{x} \int_0^x \sin t \mathrm{d}t$.

解　≫syms x t;

f＝sin(t);　　int(f,t,0,x);

f1＝diff(int(f,t,0,x),x) ;

f2＝f1/1;

limit(f2)

运行后返回

ans ＝

0

【例 25】　求 $\int_0^1 \sqrt{1-x^2} \mathrm{d}x$ 满足定积分中值定理的点 ξ, 使得 $\int_0^1 \sqrt{1-x^2} \mathrm{d}x = \sqrt{1-\xi^2}$.

解　≫ syms x;;

y ＝ sqrt(1－x^2);　　left ＝ int(y,0,1)　　% 求得 $\int_0^1 \sqrt{1-x^2} \mathrm{d}x = \dfrac{\pi}{4}$

newfun ＝ char(y－left)

fzero(newfun,0.5)　　% 求满足 $\int_0^1 \sqrt{1-x^2} \mathrm{d}x = \sqrt{1-\xi^2}$ 的 ξ

运行后返回

left =

    pi/4

newfun =

    $(1 - x^2)^{(1/2)} - pi/4$

ans =

    0.6190

【例26】 判别广义积分 $\int_1^{+\infty} \frac{1}{x} dx$、$\int_{-\infty}^{+\infty} \frac{1}{\sqrt{2\pi}} e^{-\frac{x^2}{2}} dx$ 与 $\int_0^3 \frac{1}{(x-2)^2} dx$ 的敛散性,收敛时计算积分值.

解 ≫ syms x;

int(1/x,x,1,inf)

int(1/(2 * pi)^(1/2) * exp(− x^2/2), − inf,inf)

int(1/(x − 2)^2,0,3)

运行后返回

ans =

    Inf

ans =

    (7186705221432913 * 2^(1/2) * pi^(1/2))/18014398509481984

ans =

    Inf

由此可见只有 $\int_{-\infty}^{+\infty} \frac{1}{\sqrt{2\pi}} e^{-\frac{x^2}{2}} dx$ 可积,其他两个广义积分发散.

2. 定积分的应用

【例27】 计算由两条抛物线 $x = 2y^2$, $x = 1 + y^2$ 所围成的图形的面积 A.

解 ≫ y = − 1.5:0.01:1.5;

x1 = 2 * y.^2;x2 = 1 + y.^2;

plot(x1,y,x2,y)　　% 画出积分区域的图形

syms y

[x0,y0] = solve('x = 2 * y^2','x = 1 + y^2')

% 求得两曲线交点(2,1)、(2,−1)

f = (1 + y^2) − 2 * y^2;

A = int(f,y, − 1,1) % 求围成的图形的面积 A

运行后返回

A =

    4/3

图形如图 9-14 所示.

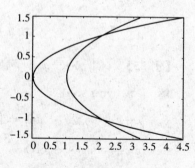

图 9-14

【例 28】　计算由椭圆 $\dfrac{x^2}{a^2} + \dfrac{y^2}{b^2} = 1$ 所围成的图形绕 x 轴旋转而成的旋转体的体积.

解　易得旋转体体积表达式为 $V = \displaystyle\int_{-a}^{a} \dfrac{\pi b^2}{a^2}(a^2 - x^2)\,\mathrm{d}x$.

≫ syms a b x;

f = pi * b * b * (a * a − x * x)/(a^2);

V = int(f,x, − a,a)

运行后返回

V =

　(4 * pi * a * b^2)/3

9.2.6　常微分方程的求解

求解常微分方程在 MATLAB 中的命令为 dsolve,具体命令如下

dsolve('equation')　　　　　% 求常微分方程的解,默认自变量为 t

dsolve('equation','var')　　　% 求常微分方程的解,自变量为 var

dsolve('equation','cond1, cond2,…','var')　　% 求常微分方程的解,cond$i$ 为初始条件

需要注意的是,在输入微分方程时,必须用符号 D 表示对变量的求导,Dny 表示对变量求 n 阶导数,其中字母 D 后面所跟的数字 n 代表几阶导数. 如 D3y 代表 y''',而对变量 y 求一阶导数简写为 Dy. 注意,在符号变量中不能再出现字母 D. 初始条件可用这样的形式给出:$y(a) = b$ 或 D$y(a) = b$,其中 a 和 b 是常量.

【例 29】　求解微分方程 $y'' + y = 1 + 2x$.

解　≫　dsolve('D2y + y = 1 + 2 * x', 'x')

运行后返回

ans =

　2 * x + C2 * cos(x) + C3 * sin(x) + 1

【例 30】　求微分方程 $xy' + y - \mathrm{e}^x = 0$ 在初始条件 $y\,|_{x=1} = 2\mathrm{e}$ 下的特解.

解　≫ dsolve('x * Dy + y − exp(x) = 0','y(1) = 2 * exp(1)','x')

运行后返回

ans =

　(exp(1) + exp(x))/x

9.3　MATLAB 在二元微积分中的应用

9.3.1　空间曲线、曲面绘图

MATLAB 绘制空间曲线的命令为 plot3,调用格式与绘制平面曲线的命令 plot 类似.

【例 1】　画出螺旋线 $x = \sin t, y = \cos t, z = t, 0 \leqslant t \leqslant 10\pi$ 的图形.

解 ≫ t = 0:pi/50:10 * pi;

x = sin(t);　　y = cos(t);　　　z = t;

plot3(x,y,z)

运行后返回图形如图 9-15 所示.

MATLAB 绘制空间曲面的命令为 mesh,mesh 绘制网格形状的曲面.

【例2】 画出旋转抛物面 $z = x^2 + y^2$.

解 输入命令

≫x= -2:0.2:2;

y=x;

[X,Y]=meshgrid(x,y);

z=X.^2+Y.^2;

mesh(X,Y,z)

运行后返回图形如图 9-16 所示.

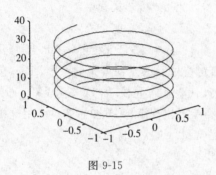

图 9-15　　　　　　　　　　　　图 9-16

9.3.2　二元函数的极限、偏导数

1.二元函数的极限

对于函数有多个变量的情况,在 MATLAB 中仍然使用 limit 函数求多元函数的极限,求极限时需要指定函数对哪个变量进行求取.

【例3】 求极限 $\lim\limits_{y\to 0}\dfrac{\sin(x+y)-\sin(x)}{y}$.

解 ≫syms x y;

f=(sin(x+y)-sin(x))/y;

limit(f,y,0)　　　　　　　%指明对 y 趋于 0 时取极限

运行后返回

ans =

　　cos(x)

【例4】 求极限 $\lim\limits_{\substack{x\to 0 \\ y\to 0}}\dfrac{xy}{\sqrt{xy+4}-2}$.

解≫syms x y;

limit(limit(x * y/(sqrt(x * y+4)−2),x,0),y,0)　　%求两次极限

运行后返回

ans =

　　4

2. 二元函数的偏导数

(1) 对 $z=f(x,y)$ 型的二元函数求偏导

MATLAB 求偏导也用命令 diff，求偏导时需要指定函数对哪个变量进行求取，具体格式为：

diff(函数 f(x,y)，变量名 x)　　　　%求 $f(x,y)$ 对 x 的偏导数 $\dfrac{\partial f}{\partial x}$

diff(函数 f(x,y)，变量名 x,n)　　　%求 $f(x,y)$ 对 x 的 n 阶偏导数 $\dfrac{\partial^n f}{\partial x^n}$

同理可求对 y 的偏导数和混合偏导数.

【例 5】 设 $u=\sqrt{x^2+y^2}$，求 u 的偏导数 $\dfrac{\partial u}{\partial x},\dfrac{\partial^2 u}{\partial y^2},\dfrac{\partial^2 u}{\partial x \partial y}$.

解 ≫syms x y;

ux=diff((x^2+y^2)^(1/2), x),

uyy=diff((x^2+y^2)^(1/2), y,2),

uxy=diff(ux,y)

运行后返回

ux =

　　x/(x^2 + y^2)^(1/2)

uyy =

　　1/(x^2 + y^2)^(1/2) − y^2/(x^2 + y^2)^(3/2)

uxy =

　　−(x * y)/(x^2 + y^2)^(3/2)

(2) 求二元隐函数的导数

设方程 $F(x,y,z)=0$ 确定隐函数 $z=f(x,y)$，则 z 的偏导数为

$$\frac{\partial z}{\partial x}=-\frac{F_x}{F_z},\qquad \frac{\partial z}{\partial y}=-\frac{F_y}{F_z}.$$

【例 6】 求由方程 $x^2+2y^2+3z^2-4z=0$ 确定的隐函数的偏导数 $\dfrac{\partial z}{\partial x},\dfrac{\partial z}{\partial y}$.

解 ≫syms x y z;

F=x * x+2 * y * y+3 * z * z−4 * z;Fx=diff(F,x); Fy=diff(F,y);Fz=diff(F,z);

zx=simplify(−Fx/Fz)　　　　%求隐函数的偏导数并化简

zy=simplify(−Fy/Fz)　　　　%求隐函数的偏导数并化简

运行后返回

zx =

　　−(2 * x)/(6 * z − 4)

$zy =$

$\quad -(2 * y)/(3 * z - 2)$

9.3.3 二元函数的极值

根据二元函数极值的充分条件,首先求二元函数的驻点,即一阶偏导数均为 0 的点,再根据二阶偏导数的正负判别是否取得极值.

【例 7】 求函数 $f(x,y)=x^3-y^3+3x^2+3y^2-9x$ 的极值.

解 ≫ syms x y;

f＝x^3－y^3＋3 * x^2＋3 * y^2－9 * x;

fx＝diff(f,$'$x$'$);fy＝diff(f,$'$y$'$);

[x0 y0]＝solve(fx,fy) ％运行后求得驻点(1,0),(−3,0),(1,2),(−3,2)

fxx＝diff(diff(f,$'$x$'$),$'$x$'$)

fxy＝diff(diff(f,$'$x$'$),$'$y$'$);

fyy＝diff(diff(f,$'$y$'$),$'$y$'$);

delta＝inline(fxx * fyy －fxy^2);

delta(x0,y0)

运行后返回

fxx ＝

$\quad$ 6 * x ＋ 6

ans ＝

$\quad$ 72

$\quad$ −72

$\quad$ −72

$\quad$ 72

在驻点(−3,0)、(1,2)处 delta<0,故不是极值,在驻点(1,0)、(−3,2)处 delta>0,故取得极值.

≫x＝1;y＝0; ％驻点(1,0)处,$f_{xx}=6x+6=12>0$,故取得极小值

≫fmin＝subs(f)

≫x＝−3;y＝2; ％驻点(−3,2)处,$f_{xx}=6x+6=−12<0$,故取得极大值

≫fmax＝subs(f)

运行后返回

fmin1 ＝

$\quad$ −5

fmax ＝

$\quad$ 31

【例 8】 一长方体侧面积为常数 $6c^2$($c>0$,是常数),求长、宽、高为何值时,该长方体的体积最大.

解 这是个条件极值问题.设长方体的长、宽、高分别为 x,y,z,体积为 V. 要求目标

函数 $V=xyz$ 在约束条件 $2(xy+yz+zx)=6c^2$ 下的最大值. 这里用拉格朗日乘数法.

$\gg$syms x y z lamda c;

L$=$x$*$y$*$z$+$lamda$*(2*$y$*$z$+2*$z$*$x$+2*$x$*$y$-6*$c$^2);$

Lx$=$diff(L,$'$x$'$);Ly$=$diff(L,$'$y$'$);Lz$=$diff(L,$'$z$'$);

Llamda$=$diff(L,$'$lamda$'$);

[lamda x y z]$=$solve(Lx,Ly,Lz,Llamda)

V$=$x.$*$y.$*$z

运行后返回

x $=$

　　c

　　$-$c

y $=$

　　c

　　$-$c

z $=$

　　c

　　$-$c

V $=$

　　c^3

　　$-$c^3

这是一个实际问题,负值舍去. 故当 $x=y=z=c$ 时,长方体的体积取得最大值 c^3.

9.3.4　二重积分及其应用

MATLAB 求二重积分的命令仍是 int,不过要结合积分或结合函数图形的观察,完成对二重积分的计算.

【例 9】　求二重积分 $\int_1^2 dy \int_0^1 (x^2+y^3) dx$.

解　$\gg$syms x y;

　　int(int(x^2+y^3,x,0,1),y,1,2)　　%积分限为常数,进行两次积分即可

运行后返回

ans$=$

　　49/12

【例 10】　求二重积分 $\int_1^2 dx \int_1^x xy\, dy$.

解　$\gg$syms x y;

　　int(int(x$*$y,y,1,x),x,1,2)　　%注意累次积分的积分顺序和积分变量

运行后返回

ans$=$

9/8

【**例 11**】 计算 $\iint\limits_{D}(x^2+y)\mathrm{d}x\mathrm{d}y$,其中 D 为直线 $y=2x,y=\dfrac{x}{2},y=12-x$ 围成的区域.

解 ≫syms x y;

fplot($'2*x'$,[$-1,9$])

hold on

fplot($'x/2'$,[$-1,9$])

fplot($'12-x'$,[$-1,9$])　　%三条直线相交所围区域即为积分区域

axis([$-1\ 9\ -1\ 10$])

xa$=$fzero($'2*x-x/2'$,0)　　%利用命令 fzero

　　　　　　　　　　　　　%求函数的零点

xb$=$fzero($'2*x-12+x'$,4)

xc$=$fzero($'12-x-x/2'$,8)

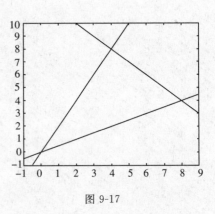

图 9-17

运行后得到三个交点的横坐标分别为 xa $=0$, xb $=4$,xc $=8$,图形如图 9-17 所示.接下来求二重积分.

≫int(int(x^2+y,y, x/2,2*x),x,0,4)+int(int(x^2+y,y, x/2, 12-x),x,4,8)

运行后返回

ans $=$

　　544

9.4　MATLAB 在级数中的应用

1. 数项级数

设 s 为待求和的级数的通项表达式,级数求和命令 symsum 的调用格式为

symsum(s,a,b)　　%求出级数 s 关于 s 中的默认求和变量由 a 到 b 的和

symsum(s,v,a,b)　　%求出级数 s 关于求和变量 v 由 a 到 b 的和

其中 b 可以取有限数,也可以取无穷.此命令既可以求级数的部分和 $\sum\limits_{v=a}^{b}s_v$,也可以用于判别级数 $\sum\limits_{v=a}^{\infty}s_v$ 的收敛性.当然若求无穷级数,也可以先求级数的部分和,再用命令 limit 求极限.

【**例 1**】 求级数 $\sum\limits_{n=0}^{10}n$、$\sum\limits_{n=0}^{\infty}\dfrac{1}{2^n}$ 和 $\sum\limits_{n=1}^{\infty}\dfrac{1}{n(n+1)}$.

解 ≫syms n;

s1$=$symsum(n,0,10)

s2$=$symsum(1/2^n,0,inf)

s3＝symsum(1/(n＊(n＋1)),1,inf)

或 s3＝limit(symsum(1/(n＊(n＋1)),1,n),n,Inf)

运行后返回

s1 ＝

　　55

s2 ＝

　　2

s3 ＝

　　1

MATLAB 还可以通过编程,利用无穷级数收敛的必要条件、比值审敛法等判别标准来判断级数的敛散性.

【例 2】　判断级数 $\sum\limits_{n=1}^{\infty}\left(\dfrac{n}{2n+1}\right)^2$ 的敛散性.

解　≫syms n,limit((n/(2＊n＋1))^2,n,inf)

运行后返回

ans ＝

　　1/4

即 $\lim\limits_{n\to\infty}u_n \neq 0$,故由无穷级数收敛的必要条件知该级数发散.

【例 3】　判别级数 $\sum\limits_{n=1}^{\infty}n\left(\dfrac{3}{4}\right)^n$ 的敛散性.

解　用比值审敛法,输入命令

≫ syms n, limit((n＋1)＊(3/4)^(n＋1)/(n＊(3/4)^n),n,inf)

运行后返回

ans ＝

　　3/4

极限值小于 1,由比值判别法知级数收敛.还可以直接输入求和命令

≫ symsum(n＊(3/4)^n,n,1,inf)

运行后返回

ans ＝

　　12

【例 4】　判别级数 $\sum\limits_{n=1}^{\infty}\dfrac{1}{n\sqrt[n]{n}}$ 的敛散性.

解　由比较审敛法的极限形式,输入命令

≫syms n; p＝limit((1/(n＊(n^(1/n))))/(1/n),n,inf)

运行后返回

$$p = $$
$$1$$

故原级数和级数 $\sum\limits_{n=1}^{\infty} \dfrac{1}{n}$ 具有相同的敛散性,从而原级数发散.

2. 泰勒级数

MATLAB 利用 taylor 命令可以求出函数在任意点处的任意阶泰勒展开式,具体命令如下

```
taylor(f)            %函数 f 在 x=0 点作 5 阶泰勒展开
taylor(f, n ,x0)     %函数 f 在 x=x₀ 点的 n-1 阶泰勒展开,n 缺省值为 6,x₀ 缺省
                     %值为 0
```

【例 5】 将函数 $y=\sin x$ 在 $x=\pi/2$ 处展开到第 5 项.

解 ≫ syms x;

```
y2=taylor(sin(x),pi/2,5)    %函数 y=sinx 在 x=π/2 处作泰勒展开到第 5 项
```

运行后返回

```
y2 =
    (pi/2 − x)^4/24 − (pi/2 − x)^2/2 + 1
```

MATLAB 返回了展开式的前五项. 事实上 MATLAB 返回的是:$\sum\limits_{n=0}^{4} \dfrac{f^{(n)}(\pi/2)}{n!}$ $(x-\pi/2)^n$ MATLAB 返回的是非零项. 下面具体比较一下两条曲线,在命令窗口继续输入

≫x=−2:0.01:2;

y1=sin(x);

y2=1/24*(x−1/2*pi).^4−1/2*(x−1/2*pi).^2+1;

plot(x,y1,':',x,y2), grid on

%画出两条曲线以作对比

从图 9-18 中可以看出,泰勒展开表达式局部区域内比较精确,不过在大范围的定义区间内来看,还是偏离较大,这点需要特别注意.

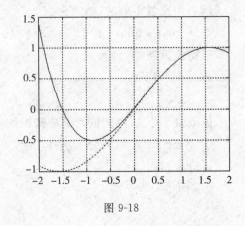

图 9-18

3. 幂级数

幂级数是一类特殊的函数项级数,其通项记为 $\sum\limits_{n=0}^{\infty} a_n x^n$. 收敛半径是幂级数中重点考虑的问题,需要通过求相邻两项系数的比值的极限求得.

【例 6】 求幂级数 $\sum\limits_{n=1}^{\infty} \dfrac{x^n}{n}$ 的收敛半径.

解 ≫syms n;

p=limit('(1/ (n+1))/(1/n)',n,inf);

r＝1/p

运行后返回

r =

　　1

即 $p=\lim\limits_{n\to\infty}\dfrac{a_{n+1}}{a_n}=1$，故收敛半径 $r=\dfrac{1}{p}=1$.

【例 7】　求幂级数 $\sum\limits_{n=1}^{\infty}\dfrac{(-1)^n(n+1)x^n}{n!}$ 的收敛域.

解　注意到这是一个交错级数，故相邻两项的系数比值需要加绝对值，然后求极限.

≫syms n;

p＝limit('abs(((n＋2)/factorial(n＋1))/((n＋1)/factorial(n)))',n,inf);

r＝1/p

运行后返回

r =

　　Inf

即收敛域为 **R.**

习题 9

1. 用 MATLAB 完成以下绘图：

(1) 在同一图形中绘制 $\sin x$，$\sin\left(x+\dfrac{\pi}{2}\right)$ 和 $\sin\left(x-\dfrac{\pi}{2}\right)$ 在区间 $[0,2\pi]$ 的图形；

(2) 绘制参数方程 $e^{x+y}+x+y-e=0$ 的图形；

(3) 用极坐标绘制心形线 $r=2(1-\cos\theta)$.

2. 用 MATLAB 求解以下函数的极限值.

(1) $\lim\limits_{x\to+\infty}\dfrac{1}{\sqrt{x}}$　　(2) $\lim\limits_{x\to4^+}\dfrac{\sqrt{x}-2}{x-4}$　　(3) $\lim\limits_{x\to2}\dfrac{\sin xy}{y}$　　(4) $\lim\limits_{(x,y)\to(0,0)}\dfrac{x^2y}{x^2+y^2}$

3. 用 MATLAB 计算以下一元函数的导数或偏导数.

(1) 设函数 $y=e^x(\sin x-2\cos x)$，求 y'；

(2) 设函数 $y=f(x)$ 是由方程 $x+y-e^{2x}+e^y=0$ 所确定，求 $\dfrac{\mathrm{d}y}{\mathrm{d}x}$；

(3) 求由参数方程 $\begin{cases}x=a\cos t\\y=b\sin t\end{cases}$ 所确定的函数 $y=y(x)$ 的导数 $\dfrac{\mathrm{d}y}{\mathrm{d}x}$.

4. 用 MATLAB 计算以下二元函数的偏导数.

(1) 设函数 $z=\ln(xy)$，求 $\dfrac{\partial z}{\partial x}$ 与 $\dfrac{\partial z}{\partial y}$；

(2) 设方程 $x+y+z=e^z$ 确定了函数 $z=z(x,y)$，求 $\dfrac{\partial z}{\partial x}$ 与 $\dfrac{\partial z}{\partial y}$.

5. 用 MATLAB 计算以下积分：

317

(1) $\displaystyle\int_{-1}^{1}\frac{x^{11}}{x^8+x^{10}}\mathrm{d}x$ (2) $\displaystyle\int_{0}^{+\infty}\frac{1}{1+x^2}\mathrm{d}x$

6. 用 MATLAB 计算:

(1) $\displaystyle\iint\limits_{D}xy\mathrm{d}x\mathrm{d}y$,其中 $D:0\leqslant x\leqslant 1,0\leqslant y\leqslant 1$.

(2) $\displaystyle\iint\limits_{D}(x^2+y^2-x)\mathrm{d}x\mathrm{d}y$,其中 D 是由直线 $y=2,y=x$ 及 $y=2x$ 所围成的闭区域.

7. 用 MATLAB 计算以下微分方程的解:

(1)求微分方程 $y''-4y'+3y=0$ 的通解;

(2)求微分方程 $y'=e^{2x-y}$ 满足初始条件 $y\big|_{x=0}=0$ 的特解.

8. 用 MATLAB 计算以下级数:

(1) $\displaystyle\sum_{k=0}^{n-1}k$ (2) $\displaystyle\sum_{k=1}^{\infty}\frac{1}{k^2}$

9. 用 MATLAB 计算函数 $f(x)=\dfrac{1}{5+4\cos x}$ 的泰勒级数展开,取前三项.

附　录

附录 I　部分常用数学公式

1. 二项式公式

$$(a+b)^n = \sum_{k=0}^{n} C_n^k a^{n-k} b^k$$

$$= a^n b + n a^{n-1} b + \frac{n(n-1)}{2!} a^{n-2} b^2 + \cdots + \frac{n(n-1)\cdots(n-k+1)}{k!} a^{n-k} b^k + \cdots + ab^n$$

2. 常用的三角函数公式

(1) 加法公式

$$\sin(\alpha \pm \beta) = \sin\alpha\cos\beta \pm \cos\alpha\sin\beta$$

$$\cos(\alpha \pm \beta) = \cos\alpha\cos\beta \mp \sin\alpha\sin\beta$$

$$\tan(\alpha \pm \beta) = \frac{\tan\alpha \pm \tan\beta}{1 \mp \tan\alpha\tan\beta}$$

(2) 倍角公式

$$\sin 2\alpha = 2\sin\alpha\cos\alpha$$

$$\cos 2\alpha = \cos^2\alpha - \sin^2\alpha = 2\cos^2\alpha - 1 = 1 - 2\sin^2\alpha$$

$$\tan 2\alpha = \frac{2\tan\alpha}{1 - \tan^2\alpha}$$

(3) 半角公式

$$\sin\frac{\alpha}{2} = \pm\sqrt{\frac{1-\cos\alpha}{2}}, \quad \cos\frac{\alpha}{2} = \pm\sqrt{\frac{1+\cos\alpha}{2}}$$

$$\tan\frac{\alpha}{2} = \pm\sqrt{\frac{1-\cos\alpha}{1+\cos\alpha}} = \frac{1-\cos\alpha}{\sin\alpha} = \frac{\sin\alpha}{1+\cos\alpha}$$

$$\cot\frac{\alpha}{2} = \pm\sqrt{\frac{1+\cos\alpha}{1-\cos\alpha}} = \frac{1+\cos\alpha}{\sin\alpha} = \frac{\sin\alpha}{1-\cos\alpha}$$

(4) 和差化积公式

$$\sin\alpha + \sin\beta = 2\sin\frac{\alpha+\beta}{2}\cos\frac{\alpha-\beta}{2}$$

$$\sin\alpha - \sin\beta = 2\cos\frac{\alpha+\beta}{2}\sin\frac{\alpha-\beta}{2}$$

$$\cos\alpha + \cos\beta = 2\cos\frac{\alpha+\beta}{2}\cos\frac{\alpha-\beta}{2}$$

$$\cos\alpha - \cos\beta = -2\sin\frac{\alpha+\beta}{2}\sin\frac{\alpha-\beta}{2}$$

(5)积化和差公式

$$\sin\alpha\sin\beta = -\frac{1}{2}\left[\cos(\alpha+\beta) - \cos(\alpha-\beta)\right]$$

$$\cos\alpha\cos\beta = \frac{1}{2}\left[\cos(\alpha+\beta) + \cos(\alpha-\beta)\right]$$

$$\sin\alpha\cos\beta = \frac{1}{2}\left[\sin(\alpha+\beta) + \sin(\alpha-\beta)\right]$$

$$\cos\alpha\sin\beta = \frac{1}{2}\left[\sin(\alpha+\beta) - \sin(\alpha-\beta)\right]$$

(6)万能公式

$$\sin\alpha = \frac{2\tan\frac{\alpha}{2}}{1+\tan^2\frac{\alpha}{2}}, \quad \cos\alpha = \frac{1-\tan^2\frac{\alpha}{2}}{1+\tan^2\frac{\alpha}{2}}, \quad \tan\alpha = \frac{2\tan\frac{\alpha}{2}}{1-\tan^2\frac{\alpha}{2}}$$

附录Ⅱ 二阶行列式简介

我们从解线性方程组引进二阶行列式. 含有两个未知量、两个方程的线性方程组的一般形式为

$$\begin{cases} a_{11}x_1 + a_{12}x_2 = b_1 \\ a_{21}x_1 + a_{22}x_2 = b_2 \end{cases} \tag{1}$$

用消元法,分别消去方程组(1)的 x_2, x_1, 得

$$\begin{cases} (a_{11}a_{22} - a_{12}a_{21})x_1 = b_1a_{22} - a_{12}b_2 \\ (a_{11}a_{22} - a_{12}a_{21})x_2 = a_{11}b_2 - b_1a_{21} \end{cases} \tag{2}$$

当 $a_{11}a_{22} - a_{12}a_{21} \neq 0$ 时,得到方程组(1)的解为

$$\begin{cases} x_1 = \dfrac{b_1a_{22} - a_{12}b_2}{a_{11}a_{22} - a_{12}a_{21}} \\ x_2 = \dfrac{a_{11}b_2 - b_1a_{21}}{a_{11}a_{22} - a_{12}a_{21}} \end{cases} \tag{3}$$

式(3)中的分子、分母都是四个数分两对相乘再相减而得,用记号 $\begin{vmatrix} a_{11} & a_{12} \\ a_{21} & a_{22} \end{vmatrix}$ 表示代

数和 $a_{11}a_{22} - a_{12}a_{21}$, 称为二阶行列式,即

$$\begin{vmatrix} a_{11} & a_{12} \\ a_{21} & a_{22} \end{vmatrix} = a_{11}a_{22} - a_{12}a_{21} \tag{4}$$

数 $a_{ij}(i,j=1,2)$ 称为行列式(4)的元素,横排叫做行,竖排叫做列.元素 a_{ij} 的第一个下标 i 称为行标,表明该元素位于第 i 行;第二个下标 j 称为列标,表明该元素位于第 j 列.例如,a_{21} 在行列式(4)中位于第二行、第一列.

根据二阶行列式的定义,式(3)中的两个分子可分别写成

$$b_1 a_{22} - b_2 a_{12} = \begin{vmatrix} b_1 & a_{12} \\ b_2 & a_{22} \end{vmatrix}, \quad a_{11} b_2 - a_{21} b_1 = \begin{vmatrix} a_{11} & b_1 \\ a_{21} & b_2 \end{vmatrix}$$

记 $D = \begin{vmatrix} a_{11} & a_{12} \\ a_{21} & a_{22} \end{vmatrix}$, $D_1 = \begin{vmatrix} a_{11} & b_1 \\ a_{21} & b_2 \end{vmatrix}$, $D_2 = \begin{vmatrix} b_1 & a_{21} \\ b_2 & a_{22} \end{vmatrix}$,则方程组(1)的解可写成

$$x_1 = \frac{D_1}{D}, \quad x_2 = \frac{D_2}{D}$$

注意到,D 就是方程组(1)中 x_1,x_2 的系数构成的行列式,因此称为系数行列式,而 D_1 和 D_2 分别是用方程组(1)右端的常数项 b_1,b_2 替代 D 的第一列和第二列而成的.

【例1】 求解二阶方程组

$$\begin{cases} 2x + 4y = 1 \\ x + 3y = 2 \end{cases}$$

解 $D = \begin{vmatrix} 2 & 4 \\ 1 & 3 \end{vmatrix} = 6 - 4 = 2$, $D_1 = \begin{vmatrix} 1 & 4 \\ 2 & 3 \end{vmatrix} = 3 - 8 = -5$, $D_2 = \begin{vmatrix} 2 & 1 \\ 1 & 2 \end{vmatrix} = 4 - 1 = 3$

由于 $D \neq 0$,故

$$x_1 = \frac{D_1}{D} = -\frac{5}{2}, \quad x_2 = \frac{D_2}{D} = \frac{3}{2}$$

附录Ⅲ 极坐标系

在平面上取一个定点 O,引一条射线 Ox,再选一个长度单位和角度的正方向(通常取逆时针方向),这样就建立了一个极坐标系.O 点称为极点,射线 Ox 称为极轴.对于平面上的任意一点 M,用 r 表示线段 OM 的长度,θ 表示从 Ox 到 OM 的角(依逆时针方向转动所成的角规定为正,顺时针方向为负),那么 r 叫做 M 点的极径,θ 叫做 M 点的极角,有序数对 (r,θ) 叫做 M 点的极坐标(附图1).

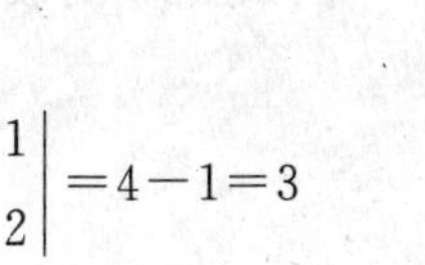

当 $r=0$ 时,不论 θ 取何值,$(0,\theta)$ 都表示极点;当 $\theta=0$ 时,不论 r 取何正值,点 $(r,0)$ 都在极轴上.

当 $r \geqslant 0, 0 \leqslant \theta < 2\pi$ 时,对于平面上任意一点 M(除极点外),都可以找到唯一的一对实数 (r,θ) 与之对应;反过来,对于任意一对

附图1

实数 (r,θ),也总可以在平面上找到唯一的一点 M 与之对应.也就是说,当 r 和 θ 在上述范围内取值时,平面上的点(除极点外)与实数对 (r,θ) 之间具有一一对应的关系.

1. 极坐标和直角坐标的互化

极坐标和直角坐标系是两种不同的坐标系.同一个点可以用极坐标表示,也可以用直角坐标表示.为了研究问题方便,有时需要把它们进行互化(附图 2).

将极坐标的极点 O 作为直角坐标系的原点,将极坐标的极轴作为直角坐标系 x 轴的正半轴.如果点 P 在直角坐标系下的坐标为 (x,y),在极坐标系下的坐标为 (r,θ),则有下列关系成立(附图 2):

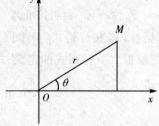

附图 2

$$\begin{cases} x = r \cdot \cos\theta \\ y = r \cdot \sin\theta \end{cases}$$

另外也有下式成立(为了使点 M(除极点外)的极坐标唯一确定,一般取 $r>0, 0 \leqslant \theta < 2\pi$)

$$\begin{cases} r^2 = x^2 + y^2 \\ \tan\theta = \dfrac{y}{x} \end{cases} \quad (x \neq 0)$$

例如点 M 的极坐标为 $\left(5, \dfrac{\pi}{3}\right)$,则通过关系式可得

$$x = 5 \cdot \cos\frac{\pi}{3} = \frac{5}{2}, \quad y = 5 \cdot \sin\frac{\pi}{3} = \frac{5\sqrt{3}}{2}$$

即它的直角坐标为 $\left(\dfrac{5}{2}, \dfrac{5}{2}\sqrt{3}\right)$.

我们也可以把点 $M(1,-1)$ 的直角坐标转化为极坐标,通过关系式可得 $r = \sqrt{1^2 + (-1)^2} = \sqrt{2}$,$\tan\theta = \dfrac{-1}{1} = -1$,注意到点 M 在第 Ⅳ 象限,所以 $\theta = \dfrac{7}{4}\pi$,于是可得点 M 的极坐标为 $\left(\sqrt{2}, \dfrac{7}{4}\pi\right)$.

2. 曲线的极坐标方程

在平面上的一条曲线,在直角坐标系中可以用含有 x 和 y 的方程来表示.同样地,在极坐标系中,曲线也可以用含有 r 和 θ 的方程来表示.下表给出常见的几种曲线的直角坐标方程和极坐标方程.

直角坐标方程	极坐标坐标方程
$y = x \ (x>0)$	$\theta = \dfrac{\pi}{4}$
$y = 2x \ (x>0)$	$\theta = \arctan 2$
$x^2 + y^2 = a^2 \ (a>0)$	$r = a$
$(x-a)^2 + y^2 = a^2$	$r = 2a\cos\theta$
$x^2 + (y-a)^2 = a^2$	$r = 2a\sin\theta$

习题参考答案与提示

习题 1.1

(A)

1. (1) $[-3,3]$ (2) $(-\infty,-1)\bigcup(-1,1)\bigcup(1,+\infty)$ (3) $[-1,0)\bigcup(0,1]$ (4) $[-1,3]$
(5) $(-\infty,0)\bigcup(0,+\infty)$ (6) $(-\infty,0)\bigcup(0,3]$ (7) $(-\infty,-1)\bigcup(1,3)$ (8) $[0,+\infty)$

2. (1)、(2)、(4)不相同,(3)相同

3. $(-2,2)$

4. (1)无界 (2)有界 (3)无界 (4)有界

5. (1)单调增加 (2)单调增加 (3)单调增加

6. (1)偶函数 (2)非奇非偶函数 (3)奇函数 (4)偶函数 (5)非奇非偶函数 (6)奇函数

7. (1)是,周期是 $\dfrac{2}{3}\pi$ (2)不是 (3)是,周期为 π (4)是,周期是 2π (5)不是

8. (1) $y=\sqrt[3]{x-2}$ (2) $y=\dfrac{2(x+1)}{x-1}$ (3) $y=\lg(x-2)$ (4) $y=\mathrm{e}^{x-1}-2$

9. (1) $y=\sin^2 x, y_1=\dfrac{1}{2}, y_2=1$ (2) $y=\sin 2x, y_1=\dfrac{\sqrt{3}}{2}, y_2=0$

(3) $y=\sqrt{1+x^2}, y_1=\sqrt{2}, y_2=1$ (4) $y=\mathrm{e}^{x^2}, y_1=\mathrm{e}, y_2=\mathrm{e}$

(5) $y=\mathrm{e}^{2x}, y_1=\mathrm{e}^4, y_2=\mathrm{e}^6$

10. (1) $y=\mathrm{e}^u, u=\dfrac{1}{x}$ (2) $y=2^u, u=v^3, v=\sin x$

(3) $y=\arctan u, u=5^v, v=\sin x$ (4) $y=u^2, u=1+\sqrt{v}, v=x^2+2$

11. (1) $[-1,1]$

(2) $[2k\pi,(2k+1)\pi], k$ 为整数

(3) $a>1$ 时, $[0,+\infty)$, $0<a<1$ 时, $(-\infty,0)$

(4) $a>1$ 时, $[1,a]$, $0<a<1$ 时, $[a,1]$

12. (1) $2\sin^2 x$ (2) x^2-2

13. (1),(2)是初等函数 (3),(4)不是初等函数.

14. (1) $p=\begin{cases} 90, & 0 \leqslant x \leqslant 100 \\ 90-(x-100)\cdot 0.01, & 100<x<1600 \\ 75, & x \geqslant 1600 \end{cases}$

$$(2)L=(p-60)x=\begin{cases}30x, & 0\leqslant x\leqslant100\\31x-0.01x^2, & 100<x<1600\\15x, & x\geqslant1600\end{cases}$$

　　(3)$L=21000$(元)

(B)

1. 提示:利用函数单调增加的定义证明.

2. 提示:利用奇函数、偶函数的定义证明.

3. $f[f(x)]=f(x),g[g(x)]=0,f[g(x)]=0,g[f(x)]=g(x)$

4. $f^{-1}(x)=\begin{cases}\dfrac{1}{2}(x+1), & -1\leqslant x\leqslant1\\2-\sqrt{2-x}, & 1<x\leqslant2\end{cases}$

习题 1.2

(A)

1. (1)不存在　(2)0　(3)不存在　(4)1　(5)0　(6)不存在　(7)3　(8)不存在

2. (1)$N=9$　(2)$N=99$　(3)$N=999$

3. 只有(4)正确,其余都不正确

4. (1)对　(2)不对　(3)对　(4)不对

(B)

1. 提示:利用数列极限的定义及不等式 $||A|-|B||\leqslant|A-B|$　$x_n=(-1)^{n-1}$

2. 提示:利用数列极限的定义证明.

3. 提示:利用数列极限的定义证明.

习题 1.3

(A)

3. 1

4. 不存在

6. $\lim\limits_{x\to0^-}f(x)=\lim\limits_{x\to0^+}f(x)=1,\lim\limits_{x\to0}f(x)=1$　$\lim\limits_{x\to0^-}\varphi(x)=-1,\lim\limits_{x\to0^+}\varphi(x)=1,\lim\limits_{x\to0}\varphi(x)$不存在

习题 1.4

(A)

2. (1)、(2)、(3)为无穷小　(4)、(5)、(6)为无穷大

3. (1)0　(2)0

4. (1)4　(2)1

5. (1)×　(2)√　(3)√　(4)×　(5)√　(6)×　(7)√　(8)√　(9)√　(10)√　(11)×　(12)×

(B)

1. $y=x\cos x$ 在$(-\infty,+\infty)$上无界,但当 $x\to+\infty$ 时,此函数不是无穷大.

习题 1.5

(A)

1. (1)-4　(2)0　(3)6　(4)∞　(5)$2x$　(6)2　(7)0　(8)∞　(9)∞　(10)6　(11)$\dfrac{2}{3}$　(12)-1

(13)2　(14)0　(15)0　(16)$\dfrac{2}{3}$

2.(1)$\dfrac{2}{3}$　(2)3　(3)$\dfrac{1}{2}$　(4)$\dfrac{1}{3}$　(5)$\dfrac{4}{3}$　(6)1　(7)$\dfrac{1}{2}$

(B)

1. $a=1,b=-1$

习题 1.6

(A)

1.(1)$\dfrac{3}{7}$　(2)2　(3)$\dfrac{1}{3}$　(4)2　(5)$\sqrt{2}$　(6)-1　(7)π　(8)$\dfrac{2}{\pi}$.

2.(1)e^2　(2)e^3　(3)1　(4)e^9　(5)e^2　(6)e^3　(7)$e^{-\frac{1}{2}}$　(8)e^{-8}

3. 522.05(元)

(B)

2. 提示:证明数列$\{x_n\}$单调递增有上界.

3. $\lim\limits_{n\to\infty}x_n=1$.提示:证明数列$\{x_n\}$单调递减有下界,然后在$x_{n+1}=\dfrac{1}{2}\left(x_n+\dfrac{1}{x_n}\right)$两端同时取极限.

习题 1.7

(A)

1.(1)同阶　(2)等价　(3)高阶　(4)高阶　(5)同阶　(6)等价

2.(1)同阶,不等价　(2)等价无穷小

3. $a=2$

5.(1)$\dfrac{1}{2}$　(2)$-\dfrac{1}{6}$　(3)$\dfrac{3}{2}$　(4)$\dfrac{3}{2}$　(5)6　(6)-3

(B)

3. $a=4,b=-5$.

习题 1.8

(A)

1.(1)$f(x)$在$(-\infty,0)$与$(0,+\infty)$内连续,$x=0$为无穷间断点

(2)$f(x)$在$(-\infty,-1)$与$(-1,+\infty)$内连续,$x=-1$为跳跃间断点.

2. $a=2,b=-\dfrac{3}{2}$.

3.(1)$x=-1$为可去间断点,应补充定义$y(-1)=\dfrac{2}{5}$　$x=4$为无穷间断点

(2)$x=0$为可去间断点,应补充定义$y(0)=1$　$x=k\pi(k\neq0)$为无穷间断点

(3)$x=0$为振荡间断点

(4)$x=1$为跳跃间断点

4.(1)连续区间:$(-\infty,-3),(-3,2),(2,+\infty)$.$\lim\limits_{x\to0}f(x)=\dfrac{1}{2},\lim\limits_{x\to2}f(x)=\infty$

(2)连续区间:$(0,1]$,$\lim\limits_{x\to\frac{1}{2}}f(x)=\ln\dfrac{\pi}{6}$.

5.(1)$\sqrt{3}$　(2)1　(3)1　(4)0

(B)

1. (1)$x=0$ 是跳跃间断点　$x=1$ 是无穷间断点

2. $x=1$ 是跳跃间断点. 提示：$f(x)=\begin{cases}1+x, & -1<x<1 \\ 1, & x=1 \\ 0, & x\leqslant-1\ \text{或}\ x>1\end{cases}$.

3. 提示：利用函数连续的"ε-δ"定义证明.

习题 1.9

(B)

1. 提示：$\lim\limits_{x\to-\infty}p_n(x)=-\infty$，$\lim\limits_{x\to+\infty}p_n(x)=+\infty$. 根据无穷大的定义及零点定理即可证明.

2. 提示：利用有界性定理及极限定义即可证明.

3. 提示：利用介值定理的推论.

习题 2.1

(A)

1. (1)$-f'(x_0)$　(2)$3f'(x_0)$　(3)$-f'(x_0)$

2. (1)$6x^5$　(2)$-\dfrac{1}{2}x^{-\frac{3}{2}}$　(3)$-\dfrac{3}{x^4}$　(4)$\dfrac{3}{5}x^{-\frac{2}{5}}$　(5)$\dfrac{11}{3}x^{\frac{8}{3}}$　(6)$\dfrac{1}{6}x^{-\frac{5}{6}}$　(7)$\dfrac{3}{4}x^{-\frac{1}{4}}$

(8)$\left(\dfrac{3}{4}\right)^x\ln\dfrac{3}{4}$　(9)$\dfrac{1}{2x\ln5}$

5. $y=x-1$

6. $y-e^2=e^2(x-2)$，$y-e^2=-\dfrac{1}{e^2}(x-2)$

7. $3x-y-4=0$

8. (1)连续但不可导　(2)连续且可导　(3)连续但不可导

9. $f'(x)=\begin{cases}3x^2, & x<0 \\ 2x, & x\geqslant0\end{cases}$

10. $f'_-(0)=-1,f'_+(0)=0,f'(0)$不存在.

11. $a=1,b=1$

(B)

2. $f'(1)=2$.

3. $f'(x_0)=g(x_0)$

习题 2.2

(A)

1. (1)$-5\sin x$　(2)$7x^6+\dfrac{1}{\sqrt{x}}-3^x\ln3$　(3)$2x\sin x+x^2\cos x$　(4)$-2x^{-\frac{3}{2}}+\dfrac{x(2-x)}{(1-x)^2}$

(5)$2x\sin^2x-2x\sin x+\cos x-x^2\cos x-\sin2x+x^2\sin2x$

(6)$-\dfrac{2x+3x^2}{(2+x^2+x^3)^2}$　(7)$\dfrac{1}{(e^x+x^2)^2}\left[\dfrac{e^x+x^2}{\sqrt{1-x^2}}-(e^x+2x)\arcsin x\right]$

(8)$2x\cdot\ln x\cdot\cos x+x\cos x-x^2\ln x\cdot\sin x$　(9)$-\csc^2x-\dfrac{2}{x\ln2}+\dfrac{3}{2}\sqrt{x}$　(10)$10e^x\cos x$

2. (1)$y'|_{x=\frac{\pi}{6}}=\sqrt{3}+\dfrac{5}{2}$，$y'|_{x=\frac{\pi}{3}}=1+\dfrac{5\sqrt{3}}{2}$　(2)$f'(0)=2,f'(3)=-1$　(3)$\dfrac{\sqrt{2}}{4}\left(1+\dfrac{\pi}{2}\right)$

3. $x+y+3=0$

4. (1) $18(3x+8)^5$ (2) $-5\cos(2-5x)$ (3) $-15x^2 e^{-5x^3}$ (4) $\dfrac{3x^2}{1+x^6}$ (5) $\dfrac{|x|}{x^2\sqrt{x^2-1}}$

(6) $\dfrac{4x^3}{2+x^4}$ (7) $3x^2\sec^2(x^3)$ (8) $\dfrac{x}{\sqrt{x^2+a^2}}$ (9) $\dfrac{4(\arcsin x)^3}{\sqrt{1-x^2}}$ (10) $\dfrac{2x}{(x^2+1)\ln 3}$

5. (1) $-\dfrac{1}{\sqrt{x-x^2}}$ (2) $-\dfrac{x}{\sqrt{(a^2+x^2)^3}}$ (3) $3e^{-\frac{x}{2}}\cos 3x - \dfrac{1}{2}e^{-\frac{x}{2}}\sin 3x$

(4) $-\dfrac{1}{1+x^2}$ (5) $\dfrac{2}{x(1-\ln x)^2}$ (6) $\dfrac{3x\cos 3x - \sin 3x}{x^2}$

(7) $\dfrac{-1}{2\sqrt{x-x^2}}$ (8) $\dfrac{e^x}{\sqrt{1+e^{2x}}}$ (9) $\sec x$ (10) $\csc x$

6. (1) $\dfrac{4\arctan\frac{x}{2}}{4+x^2}$ (2) $\dfrac{\ln 5}{2}5^{\sin\frac{x}{2}}\cos\dfrac{x}{2}$ (3) $\dfrac{\ln x}{x\sqrt{2+\ln^2 x}}$

(4) $-\dfrac{7}{8}x^{-\frac{15}{8}}$ (5) $\dfrac{-e^{\text{arccot}\sqrt{x}}}{2\sqrt{x}(1+x)}$ (6) $n\sin^{n-1}x\cos(n+1)x$

(7) $-\dfrac{1}{(1+x)\sqrt{2x(1-x)}}$ (8) $\dfrac{1}{(1-x^2)^{\frac{3}{2}}}$ (9) $\dfrac{1}{x\ln x\cdot\ln(\ln x)}$

(10) $\dfrac{1}{(\sqrt{1+x^2})\cdot\ln 5}$

7. (1) $f'(\sqrt{x})\cdot\dfrac{1}{2\sqrt{x}}$ (2) $\left[f'(\sin^2 x)-f'(\cos^2 x)\right]\sin 2x$

8. $\dfrac{f(x)f'(x)+g(x)g'(x)}{\sqrt{f^2(x)+g^2(x)}}$

9. (1) $3e^{3x}\sin(5x+6)+5e^{3x}\cos(5x+6)$ (2) $3^{\frac{x}{\ln x}}\cdot\ln 3\cdot\dfrac{\ln x-1}{(\ln x)^2}$

(3) $-\dfrac{1}{x^2}\left(\cos\dfrac{1}{x}\cdot e^{\tan\frac{1}{x}}+e^{\tan\frac{1}{x}}\cdot\sin\dfrac{1}{x}\cdot\sec^2\dfrac{1}{x}\right)$

(4) $\dfrac{1}{2\sqrt{x+\sqrt{x+\sqrt{x}}}}\left[1+\dfrac{1}{2\sqrt{x+\sqrt{x}}}\left(1+\dfrac{1}{2\sqrt{x}}\right)\right]$

(5) $\dfrac{1}{x^2}\sin\dfrac{2}{x}\cdot e^{-\sin^2\frac{1}{x}}$ (6) $\dfrac{1}{\sqrt{1-x^2}+1-x^2}$ (7) $2^{x\cdot\tan 5x}\ln 2\cdot(\tan 5x+5x\sec^2 5x)$

(8) $\arccos\dfrac{x}{2}-\dfrac{2x}{\sqrt{4-x^2}}$ (9) $y'=\begin{cases}\dfrac{2}{1+t^2}, & t^2<1 \\[2mm] -\dfrac{2}{1+t^2}, & t^2>1\end{cases}$ (10) $\dfrac{x^2}{1-x^4}$

(B)

2. $a=\pm\sqrt{2}, b=1, f'(x)=\begin{cases}\dfrac{\sqrt{2}\,x\sin\sqrt{2}\,x-1+\cos\sqrt{2}\,x}{x^2}, & x<0 \\[2mm] 1, & x=0 \\[2mm] \dfrac{2x^2-(1+x^2)\ln(1+x^2)}{x^2(1+x^2)}, & x>0\end{cases}$

3. $f'(x)=\begin{cases}2x\sin\dfrac{1}{x}-\cos\dfrac{1}{x}, & x\neq 0 \\[2mm] 0, & x=0\end{cases}$

$f'(x)$ 在 $x=0$ 点不连续,且 $x=0$ 是 $f'(x)$ 的第二类间断点.

习题 2.3

(A)

1. (1)$6+\dfrac{2}{x^2}-\dfrac{2\ln x}{x^2}$ (2)$4e^{2x-1}$ (3)$\dfrac{-(1+x^2)}{(1-x^2)^2}$ (4)$-2e^{-x}\cos x$ (5)$\dfrac{6\ln x-5}{x^4}$ (6)$2\csc^2 x\cdot\cot x$

(7)$2\left[\ln(2+x^2)+\dfrac{2x^2}{2+x^2}+1\right]$ (8)$-\dfrac{x}{(1+x^2)^{\frac{3}{2}}}$ (9)$-\dfrac{1}{(1-x^2)^{\frac{3}{2}}}\arcsin x-\dfrac{x}{1-x^2}$

(10)$-\dfrac{2x}{(1+x^2)^2}$

2. (1)0   (2)10e   (3)720,720

3. (1)$2f'(x^2)+4x^2f''(x^2)$ (2)$e^{-f(x)}\cdot\left[(f'(x))^2-f''(x)\right]$

7. (1)$a^x(\ln a)^n$ (2)$2^{n-1}\cos\left(2x+\dfrac{n\pi}{2}\right)$ (3)$(-1)^n\dfrac{(n-2)!}{x^{n-1}}(n\geqslant 2)$

(4)$y^{(n)}=\begin{cases}\dfrac{m!}{(m-n)!}(1+x)m-n,n\leqslant m\\[2mm] 0,\qquad\qquad\qquad n>m\end{cases}$ (5)$e^x(x+n)$ (6)$n!$

(B)

1. $n!\ [f(x)]^{n+1}$ **2.** $n=2$ **4.** $2^{20}e^{2x}(x^2+20x+95)$

习题 2.4

(A)

1. (1)$-\dfrac{y}{x+e^y}$ (2)$\dfrac{21x^6+1}{5y^4}$ (3)$\dfrac{x+y}{x-y}$ (4)$-\dfrac{y+\sin(x+y^2)}{2xy+e^y+2y\sin(x+y^2)}$ (5)$\dfrac{2\sin x}{\cos y-2}$

(6)$\dfrac{\sin y}{1-x\cos y}$

2. $\dfrac{1}{2}$

3. 切线方程为 $x+y-\dfrac{\sqrt{2}}{2}a=0$ 法线方程为 $x-y=0$.

4. (1)$\dfrac{-4\sin y}{(2-\cos y)^3}$ (2)$-2\csc^2(x+y)\cot^3(x+y)$ (3)$\dfrac{e^y(e^y+1)}{(2-y)^2}$

(4)$\dfrac{2x^2y[3(y^2+1)^2+2x^4(1-y^2)]}{(y^2+1)^3}$

5. (1)$(3x-1)^{\frac{5}{3}}\cdot\sqrt{\dfrac{x-1}{x-2}}\cdot\left[\dfrac{5}{3x-1}+\dfrac{1}{2(x-1)}-\dfrac{1}{2(x-2)}\right]$

(2)$\dfrac{1}{5}\sqrt[5]{\dfrac{x-5}{\sqrt[5]{x^2+2}}}\left[\dfrac{1}{x-5}-\dfrac{2x}{3(x^2+2)}\right]$

(3)$\left(\dfrac{x}{1+x^2}\right)^x\cdot\left[\ln x-\ln(1+x^2)-\dfrac{2x^2}{1+x^2}+1\right]$

(4)$\sin x^{\cos x}\cdot\left(\dfrac{\cos^2 x}{\sin x}-\sin x\cdot\ln\sin x\right)$

6. (1)$1-\dfrac{1}{3t^2}$ (2)$\dfrac{\cos t-t\sin t}{1-\sin t-t\cos t}$ (3)$\dfrac{\cos\theta-\sin\theta}{\sin\theta+\cos\theta}$ (4)$\dfrac{t}{2}$

7. (1)切线方程为:$2\sqrt{2}x+y-2=0$,法线方程为:$\sqrt{2}x-4y-1=0$.

(2)切线方程为：$x+2y-4=0$，法线方程为：$2x-y-3=0$

(B)

1. $\dfrac{x}{y} \cdot \dfrac{x-y\ln x}{y-x\ln y}$.

2. (1)$x^x \cdot x^{x^x}\left(\dfrac{1}{x}+\ln x+\ln^2 x\right)$　(2)$(\sin x)^{1+\cos x}(\cot^2 x-\ln\sin x)-(\cos x)^{1+\sin x} \cdot (\tan^2 x-\ln\cos x)$

3. (1)$\dfrac{1}{3}\sec^4 t \cdot \csc t$　(2)$\dfrac{1}{f''(t)}$

习题 2.5

(A)

1. (1)$\dfrac{1}{4}x^4+c$　(2)$\dfrac{1}{5}\sin 5x+c$　(3)$\dfrac{1}{4}\ln|4x+3|+c$　(4)$\dfrac{3^{x^2}}{2\ln 3}+c$　(5)$\arctan x+c$

(6)$\arcsin \dfrac{x}{a}+c$

(7)$\dfrac{1}{3}e^{3x+4}+c$　(8)$\ln(\ln x)+c$　(9)$2\sqrt{x}+c$　(10)$\dfrac{1}{2}\tan 2x+c$

2. (1)$\Delta y=-1.141, dy=-1.2, \Delta y-dy=0.059$

(2)$\Delta y=0.1206, dy=0.12, \Delta y-dy=0.0006$

3. (1)$e^{3x}(1+3x)dx$　(2)$\left(\dfrac{1}{\sqrt{1-x^2}}-\dfrac{2}{x^3}\right)dx$　(3)$\dfrac{dx}{(1-x)^2}$　(4)$\dfrac{1}{2}\cot\dfrac{x}{2}dx$

(5)$2\ln 3 \cdot 3^{\ln\tan x} \cdot \dfrac{1}{\sin 2x}dx$　(6)$-\dfrac{1}{2\sqrt{x}}\sin\sqrt{x}dx$

(7)$8x\tan(1+2x^2) \cdot \sec^2(1+2x^2)dx$　(8)$8 \cdot [x^x(1+\ln x)-12e^{2x}]dx$

4. (1)$\dfrac{-e^y}{1+xe^y}dx$　(2)$-\dfrac{2x+y}{x+2y}dx$　(3)$-\dfrac{(x-y)^2}{(x-y)^2+2}dx$　(4)$\dfrac{2xy^2-ye^{xy}}{xe^{xy}-2x^2y+2y\cos y^2}dx$

(B)

1. (1)0.7194　(2)60°2′　(3)1.0067　(4)0.0392

2. $2\pi(\text{cm}^2), 2.01\pi(\text{cm}^2)$

习题 3.1

(A)

1. 略.

2. 利用罗尔定理.

3. 利用 $f'(x)=0, f(x)=c$.

4. 利用拉格朗日中值定理.

5. 利用拉格朗日中值定理.

(B)

1. 两次使用罗尔定理.

2. 设辅助函数 $F(x)=f(x)-x$，利用零点定理证明存在性，利用罗尔定理证明唯一性.

3. 设辅助函数 $F(x)=e^x f(x)$.

4. $F(x)=\dfrac{f(x)}{e^x}$，利用 $F'(x)=0, F(x)=c$ 证明.

5. 设 $f(x)=\dfrac{e^x}{x}, g(x)=\dfrac{1}{x}$，利用柯西中值定理.

6. 利用介值定理与罗尔定理.

习题 3.2

（A）

1. (1) $\dfrac{1}{6}$ (2) $\ln\dfrac{2}{3}$ (3) 2 (4) $-\dfrac{1}{8}$ (5) 1 (6) ∞ (7) 3 (8) $\dfrac{3}{2}$ (9) $\dfrac{2}{\pi}$ (10) $\dfrac{1}{2}$

(11) e^{-1} (12) 1 (13) 1 (14) 1 (15) 2 (16) 1

2. (1) 存在, 不能用 (2) 存在, 不能用

3. $\dfrac{1}{2}$, 1

（B）

1. (1) $-\dfrac{e}{2}$ (2) $-\dfrac{1}{2}$ (3) 1

2. $f''(x)$

3. 连续

习题 3.3

（A）

1. (1) $(-\infty,-1]$ 为单调增加区间 $[-1,3]$ 为单调减少区间 $[3,+\infty)$ 为单调增加区间

(2) $(-\infty,+\infty)$ 为单调减少区间

(3) $(-\infty,+\infty)$ 为单调增加区间

(4) $(0,2]$ 为单调减少区间 $[2,+\infty)$ 为单调增加区间

(5) $(-\infty,0]$ 为单调增加区间 $[0,1]$ 为单调减少区间 $[1,+\infty)$ 为单调增加区间

(6) $\left(0,\dfrac{1}{2}\right)$ 为单调减少区间 $\left[\dfrac{1}{2},+\infty\right)$ 为单调增加区间

2. 单调增加

4. 利用单调性

（B）

2. 在 $\left[\dfrac{k\pi}{2},\dfrac{k\pi}{2}+\dfrac{\pi}{3}\right]$ 上单调增加 在 $\left[\dfrac{k\pi}{2}+\dfrac{\pi}{3},\dfrac{k\pi}{2}+\dfrac{\pi}{2}\right]$ 上单调减少 $(k=0,\pm1,\pm2\cdots\cdots)$

3. 利用 $f(x)=\dfrac{\ln x}{x}$ 的单调性.

习题 3.4

（A）

1. (1) $f_{极小}\left(\dfrac{3}{2}\right)=\dfrac{7}{4}$ (2) $f_{极大}(0)=4,f_{极小}(4)=-28$ (3) $f_{极大}(1)=e^{-1}$ (4) $f_{极大}\left(\dfrac{31}{16}\right)=\dfrac{33}{8}$

(5) $f_{极小}(-1)=-1,f_{极大}(1)=1$ (6) $f_{极小}(\ln 2)=4$ (7) 无极值 (8) 无极值

2. A

3. (1) $y_{最小}(1)=4,y_{最大}(4)=82$ (2) $y_{最小}(-3)=-1,y_{最大}\left(\dfrac{3}{4}\right)=\dfrac{5}{4}$

(3) $y_{最小}(0)=0,y_{最大}(1)=\dfrac{1}{2}$

4. $y_{最小}(0)=1$ **5.** $y_{最大}(1)=-1$ **6.** 底宽为 $\sqrt{\dfrac{40}{4+\pi}}$ m **7.** 长为 6 m, 宽为 3 m, 高为 4 m 时用料最省.

(B)

1. $a=2$, 极大值, $f_{极大}\left(\dfrac{\pi}{3}\right)=\sqrt{3}$　**2.** 用最值证明不等式　**3.** 用最值证明不等式　**4.** C

习题 3.5

(A)

1. (1) 在 $(-\infty,+\infty)$ 上为凸弧　(2) 在 $(-\infty,0)$ 上为凹弧

2. (1) 在 $\left(-\infty,\dfrac{1}{3}\right]$ 上为凸弧, 在 $\left[\dfrac{1}{3},+\infty\right)$ 上为凹弧, 拐点 $\left(\dfrac{1}{3},-\dfrac{11}{27}\right)$

(2) 在 $(-\infty,0]$ 上为凸弧, 在 $[0,+\infty)$ 上为凹弧, 拐点 $(0,2)$

(3) 在 $(-\infty,-1]$ 上为凸弧, 在 $[-1,1]$ 上为凹弧, $[1,+\infty)$ 上为凸弧, 拐点 $(-1,\ln 2)$, $(1,\ln 2)$

(4) 在 $(-\infty,0]$ 上为凸弧, 在 $[0,+\infty)$ 上为凹弧, 拐点 $(0,0)$

(5) 在 $(-\infty,0]$ 上为凹弧, 在 $[0,+\infty)$ 上为凸弧, 拐点 $(0,0)$

(6) 在 $(-\infty,1)$ 上为凸弧, 在 $(1,+\infty)$ 上为凹弧, 无拐点

3. $a=-\dfrac{3}{2}$, $b=\dfrac{9}{2}$　**4.** $a=1$, $b=-3$, $c=-24$, $d=16$　**5.** A

(B)

1. 在 $(-\infty,0]$ 上为凹弧, $[0,1]$ 上为凸弧, $[1,+\infty)$ 上为凹弧, 拐点 $(0,1)$ $(1,0)$

习题 3.6

(A)

1. (1) $x=-1$ 为铅直渐近线, $y=x-1$ 为斜渐近线

(2) $y=1$ 为水平渐近线

(3) $y=0$ 为水平渐近线, $x=0$ 为铅直渐近线

习题 3.7

(A)

1. 成本函数 $C(x)=5000+100x$ $(0\leqslant x\leqslant 2000)$

收益函数 $R(x)=\begin{cases}150x,0\leqslant x<500\\135x,500\leqslant x\leqslant 1500\\120x,1500<x\leqslant 2000\end{cases}$　利润函数 $L(x)=\begin{cases}50x-5000,0\leqslant x<500\\35x-5000,500\leqslant x\leqslant 1500\\20x-5000,1500<x\leqslant 2000\end{cases}$

2. 均衡价格 $p=30$, 均衡需求量为 25　**3.** $450000+\dfrac{1500000}{x}+5x$ (每批进 x 件)

4. (1) 44　(2) $24\dfrac{1}{5}$　**5.** (1) $R(q)=200q-0.4q^2-q^3$, $R'(q)=200-0.8q-3q^2$

(2) $L(q)=200q-q^2-q^3-5000$, $L'(q)=200-2q-3q^2$　(3) $q=\dfrac{-1+\sqrt{601}}{3}$

6. $x-2$

7. (1) $\dfrac{p}{p-50}$　(2) 小于 -1: $25<p<50$, 大于 -1: $0<p<25$, 等于 -1: $p=25$

(3) 总收益增加, 增加 1.5%

8. (1) 4 万元　(2) $q=10$ 吨, $p=6$ 万元

9. 2500　**10.** 500, 102　**11.** 需订 50 次货, 每次批量是 200 件

12. 9.5 元, 购进 140 件, 最大利润 490 元

(B)

1. (1)当 $q=\dfrac{d-p}{2(a+e)}$ 时有最大利润,最大利润为 $\dfrac{(d-b)^2}{4(a+e)}-C$

(2) $1-\dfrac{d}{eq}$

习题 4.1

(A)

1. (1) $\dfrac{4}{3}x^3+C$

(2) $\dfrac{2}{5}x^{\frac{5}{2}}+C$

(3) $-2x^{-\frac{1}{2}}+C$

(4) $x+\dfrac{4}{3}x^{\frac{3}{2}}+\dfrac{1}{2}x^2+C$

(5) $\dfrac{1}{2}x^2+2\ln|x|+\left(-\dfrac{1}{2}\right)x^{-2}+C$

(6) $x+\arctan x+C$

(7) $x^3+5\arctan x+C$

(8) $e^x-\ln|x|+C$

(9) $(1+\ln3)3^xe^x+C$

(10) $3x+5(\ln3-\ln2)\dfrac{3^x}{2^x}+C$

(11) e^x+x+C

(12) $\tan x-x+C$

(13) $\dfrac{1}{2}x+\dfrac{1}{2}\sin x+C$

(14) $\sin x+\cos x+C$

2. $C(x)=2x+0.01x^2+2000$

3. $y=1+\ln x$

(B)

1. (1) $\dfrac{8}{15}x^{\frac{15}{8}}+C$

(2) $\dfrac{m}{m+n}x^{\frac{m+n}{m}}+C$

(3) $\dfrac{6}{11}x^{\frac{11}{6}}+\dfrac{2}{3}x^{\frac{3}{2}}+\dfrac{3}{4}x^{\frac{4}{3}}+x+C$

(4) $2x-\tan x+C$

(5) $\dfrac{3}{2}\arcsin x+C$

(6) $e^x+2\sqrt{x}+C$

(7) $\dfrac{1}{2}\tan x+C$

(8) $-\cot x-x+C$

(9) $\dfrac{1}{2}\tan x+\dfrac{1}{2}x+C$

(10) $\dfrac{1}{3}x^3-x+\arctan x+C$

2. $y=x^3$

3. (1) $C(x)=-\dfrac{1}{2}x^2+2x+100$　(2) $R(x)=20x-2x^2$　(3) $L'(x)=-3x+18$　$x=6$

习题 4.2

(A)

1. (1) $-\dfrac{1}{8}(3-2x)^4+C$

(2) $-\dfrac{1}{2}(2-3x)^{\frac{2}{3}}+C$

(3) $-2\cos\sqrt{t}+C$

(4) $\ln|\ln\ln x|+C$

(5) $\ln|\tan x|+C$

(6) $\arctan e^x+C$

(7) $\dfrac{1}{2}\sin(x^2)+C$

(8) $-\dfrac{3}{4}\ln|1-x^4|+C$

(9) $\dfrac{1}{2\cos^2 x}+C$

(10) $\dfrac{1}{2}\arcsin\dfrac{2x}{3}+\dfrac{1}{4}\sqrt{9-4x^2}+C$

(11) $\dfrac{1}{2\sqrt{2}}\ln\left|\dfrac{\sqrt{2}\,x-1}{\sqrt{2}\,x+1}\right|+C$

(12) $\sin x-\dfrac{\sin^3 x}{3}+C$

(13) $\dfrac{1}{3}\sec^3 x-\sec x+C$

(14) $\dfrac{1}{2}x^2-\dfrac{9}{2}\ln(9+x^2)+C$

(15) $-\dfrac{10^{2\arccos x}}{2\ln 10}+C$

(16) $(\arctan\sqrt{x})^2+C$

2. (1) $\ln|\csc t-\cot t|+C$

(2) $2\sqrt{x+1}+\ln\left|\dfrac{\sqrt{x+1}-1}{\sqrt{x+1}+1}\right|+C$

(3) $2\left(\tan\dfrac{\sqrt{x^2-4}}{2}-\arccos\dfrac{2}{x}\right)+C$

(4) $\dfrac{a^2}{2}\left(\arcsin\dfrac{x}{a}-\dfrac{x}{a^2}\sqrt{a^2-x^2}\right)+C$

(5) $\dfrac{x}{\sqrt{1+x^2}}+C$

(6) $\sqrt{2x}-\ln(1+\sqrt{2x})+C$

(7) $\dfrac{1}{2}(\arcsin x+\ln|x+\sqrt{1-x^2}|)+C$

(8) $\arcsin x-\dfrac{x}{1+\sqrt{1-x^2}}+C$

(9) $2\sqrt{x}-4\sqrt[4]{x}+4\ln(\sqrt[4]{x}+1)+C$

(B)

1. (1) $\dfrac{1}{2}\arcsin\dfrac{2}{3}x+\dfrac{1}{4}\sqrt{9-4x^2}+C$

(2) $\dfrac{1}{2}\ln|\cos x|+C$

(3) $-\dfrac{1}{x\ln x}+C$

(4) $\dfrac{1}{22}(x+2)^{22}-\dfrac{1}{7}(x+2)^{21}+C$

(5) $\sqrt{x^2-9}+3\arcsin\dfrac{3}{x}+C$

(6) $\dfrac{x}{a^2\cdot\sqrt{x^2+a^2}}+C$

(7) $\dfrac{1}{4}x^4+\dfrac{3}{4}\ln|x^4-1|-\dfrac{3}{4(x^4-1)}-\dfrac{1}{8(x^4-1)^2}+C$（提示：令 $t=x^4-1$）

(8) $-\dfrac{1}{n}\ln|1+x^{-n}|+C$（提示：原式 $=\displaystyle\int\dfrac{1}{x^{n+1}(1+x^{-n})}\mathrm{d}x$）

2. $f(x)=-\ln|1-x|-x^2+C$（提示：令 $t=\sin^2 x$，得 $f'(t)=\dfrac{1}{1-t}-2t$）

3. $I_1=\dfrac{1}{2}(x+\ln|\sin x+\cos x|)+C$　　$I_2=\dfrac{1}{2}(x-\ln|\sin x+\cos x|)+C$

（提示：先分别求 I_1+I_2 和 I_1-I_2 的值）

习题 4.3

（A）

1. (1) $-x\cos x+\sin x+C$

(2) $x\arcsin x+\sqrt{1-x^2}+C$

(3) $x\ln x-x+C$

(4) $-\dfrac{2}{17}e^{-2x}\left(\cos\dfrac{x}{2}+4\sin\dfrac{x}{2}\right)+C$

(5) $\dfrac{1}{3}x^3\arctan x-\dfrac{1}{6}x^2+\dfrac{1}{6}\ln(1+x^2)+C$

(6) $x^2\sin x+2x\cos x-2\sin x+C$

(7) $x\ln^2 x-2x\ln x+2x+C$

(8) $\dfrac{1}{6}x^3+\dfrac{1}{2}x^2\sin x+x\cos x-\sin x+C$

(9) $-2\sqrt{x}\cos\sqrt{x}+2\sin\sqrt{x}+C$

(10) $x\tan x-\dfrac{1}{2}x^2+\ln|\cos x|+C$

2. $I_n=\displaystyle\int\tan^{n-2}x(\sec^2 x-1)\mathrm{d}x=\int\tan^{n-2}x\,\mathrm{d}\tan x-I_{n-2}=\dfrac{1}{n-1}\tan^{n-1}x-I_{n-2}$

其中 $I_0 = x + C, I_1 = -\ln|\cos x| + C$

(B)

1. (1) $\dfrac{1}{2}(x^2-1)\ln(x-1) - \dfrac{1}{4}x^2 - \dfrac{1}{2}x + C$

(2) $-x\cot x + \ln|\sin x| + C$

(3) $\dfrac{1}{4}(x^2 + x\sin 2x) + \dfrac{1}{8}\cos 2x + C$

(4) $-2\sqrt{1-x}\arcsin x + 4\sqrt{1+x} + C$

(5) $-\dfrac{\ln^3 x + 3\ln^2 x + 6\ln x + 6}{x} + C$

(6) $\dfrac{1}{2}x[\cos(\ln x) + \sin(\ln x)] + C$ (提示：令 $t = \ln x$)

2. $\displaystyle\int f(x)\mathrm{d}x = -\ln(\mathrm{e}^{-x} + 1) - \dfrac{\ln(1+\mathrm{e}^x)}{\mathrm{e}^x} + C$ (提示：令 $t = \ln x$)

习题 4.4

(A)

(1) $-5\ln|x-2| + 6\ln|x-3| + C$　(2) $\ln|x| - \ln|x-1| - \dfrac{1}{x-1} + C$

(3) $\dfrac{2}{5}\ln|1+2x| - \dfrac{1}{5}\ln(1+x^2) + \dfrac{1}{5}\arctan x + C$　(4) $\dfrac{1}{2}x^2 - x - 2\ln|x-2| - \ln|x-3| + C$

(5) $\dfrac{1}{2}\ln\left|\dfrac{(x-1)(x-3)}{(x-2)^2}\right| + C$　(6) $\dfrac{1}{2}\ln(1+x^2) - \dfrac{1}{x} + C$

(B)

(1) $2\ln|x+1| - \ln|x^2-x+1| + 2\sqrt{3}\arctan\dfrac{2x-1}{\sqrt{3}} + C$

(2) $\dfrac{1}{x+1} + \dfrac{1}{2}\ln|x^2-1| + C$

(3) $\dfrac{1}{4}\ln\left|\dfrac{x-1}{x+1}\right| - \dfrac{1}{2}\arctan x + C$

习题 5.1

(A)

1. (1) $\dfrac{3}{2}$　(2) e^{-1}

3. (1) $6 \leqslant \displaystyle\int_1^4 (x^2+1)\mathrm{d}x \leqslant 51$　(2) $\pi \leqslant \displaystyle\int_{\frac{\pi}{4}}^{\frac{5}{4}\pi} (1+\sin^2 x)\mathrm{d}x \leqslant 2\pi$　(3) $\dfrac{\pi}{9} \leqslant \displaystyle\int_{\frac{1}{\sqrt{3}}}^{\sqrt{3}} \arctan x\,\mathrm{d}x \leqslant \dfrac{2}{3}\pi$

(4) $1 \leqslant \displaystyle\int_0^1 \mathrm{e}^{x^2}\mathrm{d}x \leqslant \mathrm{e}$　(5) $\dfrac{\pi}{9} \leqslant \displaystyle\int_0^\pi \dfrac{1}{8+\sin^3 x}\mathrm{d}x \leqslant \dfrac{\pi}{8}$

4. (1) $I_1 > I_2$　(2) $I_1 < I_2$　(3) $I_1 > I_2$　(4) $I_1 > I_2$　(5) $I_1 < I_2$　(6) $I_1 < I_2$

(B)

1. (1) $\displaystyle\int_0^1 \dfrac{\mathrm{d}x}{1+x^2}$　(2) $\displaystyle\int_0^1 \sqrt{1+x}\,\mathrm{d}x$

2. a　提示：利用积分中值定理

3. (1) 提示：反证法，假设在 $[a,b]$ 上存在一点 x_0，$f(x_0) > 0$，利用函数连续性及积分区间的可加

性,证出 $\int_a^b f(x)\mathrm{d}x > 0$;

(2) 可利用(1) 的结论;

(3) 据 $g(x) - f(x) \geqslant 0$ 以及(1) 的结论,可证.

习题 5.2

(A)

1.(1) $\dfrac{3}{2}$ (2) $\dfrac{7}{12}\pi$ (3) $45\dfrac{1}{6}$ (4) $\dfrac{29}{6}$ (5) $\dfrac{\pi}{6}$ (6) $\dfrac{\pi}{3}$ (7) $\dfrac{\pi}{6}$ (8) $\dfrac{\pi}{2}+1$ (9) -1

(10) $1-\dfrac{\pi}{4}$ (11) 1 (12) $\dfrac{17}{6}$

2.(1) $2x\sqrt{1+x^4}$ (2) $-\cos x e^{-\sin^2 x}$ (3) $\dfrac{3x^2}{\sqrt{1+x^6}}-\dfrac{2x}{\sqrt{1+x^4}}$

3.(1) 1 (2) $\dfrac{\pi^2}{4}$

4. $0,\dfrac{\sqrt{2}}{2}$ 5. $-\dfrac{2x\cos x^2}{e^y}$ 6. $[0,e^2]$ 单调增加,$[e^2,+\infty)$ 单调减少

(B)

1.(1) $af(a)$ (2) 1

2. $f(x)$ 提示:先将原积分分成两个定积分之差,然后再求导.

3. 提示:利用积分中值定理以及 $f(x)$ 的单调性.

4. $A=-1,f(x)=3x^2-2$ 提示:设 $\int_0^1 f(t)\mathrm{d}t=A$,在所给关系式中对 $f(x)$ 从 0 到 1 作定积分,即可得出一个关于 A 的方程,由此可求出 A 及 $f(x)$.

5. $y=x$ 提示:切线斜率 $y'(0)=f(0)$

6. $\Phi(x)=\begin{cases}\dfrac{x^3}{3}, & x\in[0,1)\\[2mm] 2x-\dfrac{1}{2}x^2-\dfrac{7}{6}, & x\in[1,2]\end{cases}$ $\Phi(x)$ 在 $(0,2)$ 内连续 提示:对 $\Phi(x)$ 分段讨论.

7.(1) 提示:设 $F(x)=\int_a^x f(t)\mathrm{d}t\cdot\int_a^x\dfrac{1}{f(t)}\mathrm{d}t-(x-a)^2$,求证 $F'(x)\geqslant 0$,进而 $F(b)\geqslant F(a)$;

(2) 提示:令 $\varphi(x)=\int_0^x f(t)(x-t)\mathrm{d}t-\int_0^x\left(\int_0^t f(u)\mathrm{d}u\right)\mathrm{d}t$,求得 $\varphi'(x)=0$;

(3) 提示:① $F'(x)=\left[\sqrt{f(x)}-\dfrac{1}{\sqrt{f(x)}}\right]^2+2\geqslant 2.$

② 利用零点定理及 $F(a)\cdot F(b)<0,F'(x)>0$

8. 提示:利用积分中值定理及 $F'(x)>0$

习题 5.3

(A)

1.(1) $\dfrac{51}{512}$ (2) $\dfrac{2}{3}\sqrt{2}$ (3) $\pi-\dfrac{4}{3}$ (4) $\dfrac{\pi}{6}-\dfrac{\sqrt{3}}{8}$ (5) $\dfrac{\pi}{16}$ (6) $1-e^{-\frac{1}{2}}$ (7) $2(\sqrt{3}-1)$

(8) $\dfrac{\pi}{2}$ (9) 1 (10) $2+2\ln\dfrac{2}{3}$ (11) $2\left(\dfrac{16}{3}-3\sqrt{3}\right)$ (12) $\dfrac{2}{3}$ (13) $\dfrac{4}{3}$ (14) $2\sqrt{2}$

2.(1) 0 (2) $\dfrac{\pi^3}{324}$ (3) 0

6. (1)$2-\dfrac{5}{e}$ (2)$\dfrac{1}{2}$ (3)$\ln2-\dfrac{3}{8}$ (4)$\dfrac{\pi}{12}+\dfrac{\sqrt{3}}{2}-1$ (5)$4(2\ln2-1)$ (6)$\dfrac{\pi}{4}-\dfrac{1}{2}$

(7)$\dfrac{1}{5}(e^{\pi}-2)$ (8)$\dfrac{1}{2}(e\sin1-e\cos1+1)$ (9)$2\left(1-\dfrac{1}{e}\right)$

(B)

1. (1)$\dfrac{\pi}{2}$ 提示:$\dfrac{x}{1+\cos x}=\dfrac{x}{2\cos^2\dfrac{x}{2}}$

(2)$\dfrac{\pi}{2}-1$ 提示:设 $x=2\sin t$

(3)$\ln(2+\sqrt{3})-\dfrac{\sqrt{3}}{2}$ 提示:$e^{-x}=\sin u$

(4)$\dfrac{\pi}{2\sqrt{2}}$ 提示:$1+\sin^2 x=\sin^2 x(2+\cot^2 x)$

2. 0 提示:分部积分两次.

3. $1+\ln(1+e^{-1})$ 提示:设 $x-1=t$,分段积分

4. $\dfrac{3}{4}$ 已知等式中作代换 $u=2x-t$ 后,两端对 x 求导,得到 $\int_x^{2x}f(u)\mathrm{d}u$ 的表达式,再令 $x=1$.

5. (1)提示:令 $x=\dfrac{\pi}{2}-t$ (2)提示:设 $x=\pi-t$,$\int_0^{\pi}\dfrac{x\sin x}{1+\cos^2 x}\mathrm{d}x=\dfrac{\pi^2}{4}$

习题 5.4

(A)

1. (1)$\dfrac{1}{6}$ (2)$\dfrac{1}{3}$ (3)$\dfrac{32}{3}$ (4)1 (5)$2\pi+\dfrac{4}{3}$,$6\pi-\dfrac{4}{3}$ (6)$\dfrac{3}{2}-\ln2$ (7)$b-a$ (8)$\dfrac{2}{3}$

2. (1)32π (2)$\dfrac{28}{15}\pi$ (3)$\dfrac{3}{10}\pi$ (4)$\dfrac{128}{7}\pi$,$\dfrac{64}{5}\pi$

3. (1)$\dfrac{\pi R^2 H}{2}$ (2)$\pi H^2\left(R-\dfrac{H}{3}\right)$ **4.** $c(x)=0.2x^2+2x+20$ **5.** $R(x)=ax-\dfrac{b}{2}x^2$

6. 10000 **7.** $x=3$ 时最大利润为 6

8. (1)$b=\dfrac{3}{5(1-e^{-0.6})}$

(2)$25\mu=6(1-e^{-10\mu})$

(3)8.05 万元

(B)

1. (1)$\dfrac{16}{3}$ 提示:先求法线方程 $y-1=-\left(x-\dfrac{1}{2}\right)$

(2)$4\pi^2$ 提示:平行截面面积 $A(x)=\pi\left[x_2^2(y)-x_1^2(y)\right]$,其中 $x_2(y)=2+\sqrt{1-y^2}$,

$x_1(y)=2-\sqrt{1-y^2}$ (3)$a=0,b=1$ (4)$a=-\dfrac{5}{3},b=2,c=0$

2. (1)$11.6\rho=1-e^{-20\rho}$ (2)①9920 ②248.5,245.5

习题 5.5

（A）

1. (1) $\frac{1}{2}$ (2) 发散 (3) $\frac{1}{2}$ (4) $\frac{1}{2}$ (5) π (6) 发散 (7) 1 (8) $\frac{1}{8}\pi^2$ (9) $\frac{8}{3}$ (10) $\frac{\pi}{2}$

2. 当 $k>1$ 时收敛于 $\frac{1}{(k-1)(\ln 2)^{k-1}}$，当 $k\leqslant 1$ 时发散，当 $k=1-\frac{1}{\ln\ln 2}$ 时取得最小值.

（B）

1. (1) $\frac{\pi}{4e}$ 提示：作代换 $e^x=t$ (2) $\frac{\pi}{2}$ 提示：作代换 $t=\frac{1}{x}$

(3) $\frac{\pi}{4}$ 提示：作代换 $x=\sin t$

习题 6.1

（A）

1. A 在 Ⅳ 卦限 B 在 Ⅵ 卦限 C 在 Ⅴ 卦限 D 在 Ⅱ 卦限

2. A xOz 面, B x 轴, C xOy 面

3. 关于 xOy、yOz 及 zOx 面的对称点分别为 $(-4,3,-5),(4,3,5),(4,-3,5)$

关于 x、y、z 轴的对称点分别为 $(-4,-3,-5),(4,3,-5),(4,-3,5)$

4. $\left(0,0,\frac{14}{9}\right)$ **5.** $(0,1,-2)$

6. $\frac{x^2}{a^2}-\frac{y^2+z^2}{c^2}=1$（绕 x 轴） $\frac{x^2+y^2}{a^2}-\frac{z^2}{c^2}=1$（绕 z 轴）

7. (1) 母线平行于 x 轴, 准线为 yOz 面上椭圆 $\frac{y^2}{a^2}+\frac{z^2}{c^2}=1$

(2) 母线平行于 z 轴, 准线为 xOy 面上双曲线 $\frac{x^2}{a^2}-\frac{y^2}{b^2}=1$

8. 球心在 $(1,-2,0)$, 半径为 $\sqrt{5}$ 的球面

习题 6.2

（A）

1. (1) $\{(x,y)\mid -1\leqslant x\leqslant 1, y^2\geqslant 1\}$ (2) $\{(x,y)\mid x^2+y^2<1\}$

(3) $\{(x,y)\mid y<x<-y\}$ (4) $\{(x,y)\mid |y-x^2|\leqslant 1\}$

(5) $\{(x,y)\mid 4x-y^2\geqslant 0$ 且 $x^2+y^2>4, x^2+y^2\neq 5\}$

(6) $\{(x,y)\mid x>y^2$ 且 $2\leqslant x^2+y^2\leqslant 4\}$

2. $-\frac{12}{13}, \frac{2xy}{x^2+y^2}$ **3.** $2x^2-3y$

4. (1) 0 (2) 2 (3) $\ln 2$ (4) 1 (5) 0 (6) e **5.** $\{(x,y)\mid y^2=x\}$ **6.** 连续

（B）

1. $\varphi(x)=x^2-x$ $f(x,y)=(x-y)^2+2y$

2. (1) 0（利用无穷小等价代换） (2) 0（利用两边夹法则）

3. 不连续   **4.** 提示：取特殊路径 $y^2=kx$

337

习题 6.3

(A)

1. $(1) z_x = 2x e^{x^2+y^2}, z_y = 2y e^{x^2+y^2}$

$(2) z_x = \cos(x+y) - \sin(x-y), z_y = \cos(x+y) + \sin(x-y)$

$(3) z_x = \dfrac{1}{2x\sqrt{\ln(xy)}}, z_y = \dfrac{1}{2y\sqrt{\ln(xy)}}$

$(4) z_x = y^2 (1+xy)^{y-1}, z_y = (1+xy)^y \left[\dfrac{xy}{1+xy} + \ln(1+xy) \right]$

$(5) z_x = \dfrac{2}{y} \csc \dfrac{2x}{y}, z_y = -\dfrac{2x}{y^2} \csc \dfrac{2x}{y}$

$(6) z_x = e^{x+y}\left[\sin xy + y\cos xy\right], z_y = e^{x+y}\left[\sin xy + x\cos xy\right]$

$(7) u_x = \dfrac{y}{z} x^{\frac{y}{z}-1}, u_y = \dfrac{1}{z} x^{\frac{y}{z}} \ln x, u_z = -\dfrac{y}{z^2} x^{\frac{y}{z}} \ln x$

$(8) u_x = -2x\sin(x^2 - y^2 - e^z), u_y = 2y\sin(x^2 - y^2 - e^z), u_z = e^z \sin(x^2 - y^2 - e^z)$

2. $\dfrac{\pi}{4}$ 3. 0

4. $(1) \dfrac{\partial^2 z}{\partial x^2} = 6x - 6y, \dfrac{\partial^2 z}{\partial x \partial y} = -6x - 6y, \dfrac{\partial^2 z}{\partial y^2} = 6y - 6x$

$(2) \dfrac{\partial^2 z}{\partial x^2} = \dfrac{2xy}{x^2+y^2}, \dfrac{\partial^2 z}{\partial x \partial y} = -\dfrac{x^2-y^2}{x^2+y^2}, \dfrac{\partial^2 z}{\partial y^2} = -\dfrac{2xy}{x^2+y^2}$

$(3) \dfrac{\partial^2 z}{\partial x^2} = \dfrac{1}{x}, \dfrac{\partial^2 z}{\partial x \partial y} = \dfrac{1}{y}, \dfrac{\partial^2 z}{\partial y^2} = -\dfrac{x}{y^2}$

$(4) \dfrac{\partial^2 z}{\partial x^2} = \ln^2 y \cdot y^x, \dfrac{\partial^2 z}{\partial x \partial y} = (x\ln y + 1) y^{x-1}, \dfrac{\partial^2 z}{\partial y^2} = x(x-1) y^{x-2}$

(B)

1. $f_x(0,0) = 1, f_x(1,1) = 0, f_{xx}(0,0) = 0$ 2. $\dfrac{1}{2}\sqrt{\dfrac{y}{x}} e^{-xy}, \dfrac{1}{2}\sqrt{\dfrac{x}{y}} e^{-xy}$

3. $1 + x^2 y + y^2 - 2x^4$ 4. $f(x,y)$ 在 $(0,0)$ 点连续 $f_x(0,0) = 0, f_y(0,0)$ 不存在   5. 0.625

习题 6.4

(A)

1. $(1) y e^{xy} dx + x e^{xy} dy$ $(2) \dfrac{y^2}{(x^2+y^2)^{\frac{3}{2}}} dx - \dfrac{xy}{(x^2+y^2)^{\frac{3}{2}}} dy$

$(3) \left[2x + y^2 \cos(xy^2)\right] dx + \left[2xy\cos(xy^2) - 2y\sin(y^2+3)\right] dy$ $(4) (1+y)x^y dx + x^{1+y}\ln x dy$

$(5) \dfrac{x dx + y dy + z dz}{\sqrt{x^2+y^2+z^2}}$ $(6) \left(\dfrac{x}{y}\right)^{z-1} \left[\dfrac{z}{y} dx - \dfrac{xz}{y^2} dy + \dfrac{x}{y}\ln\dfrac{x}{y} dz\right]$

2. $\dfrac{2}{3} dx + \dfrac{1}{3} dy$ 3. 0.04079 0.04

(B)

1. $(1) 1.08$ $(2) 2.95$ 2. 减少了 $30\pi (\text{cm}^3)$ 3. 55.3 cm^3

习题 6.5

（A）

1. (1) $\mathrm{e}^{\tan t + \cot t}(\sec^2 t - \csc^2 t)$ (2) $\dfrac{1-2t}{t^4 - 2t^3 + t^2 + 1}$ (3) $5\mathrm{e}^{2x}\cos x$

2. (1) $\dfrac{\partial z}{\partial x} = 2(x+y)\ln xy + \dfrac{(x+y)^2}{x}, \dfrac{\partial z}{\partial y} = 2(x+y)\ln xy + \dfrac{(x+y)^2}{y}$

(2) $\dfrac{\partial z}{\partial x} = 6x^2 + 6xy - 11y^2, \dfrac{\partial z}{\partial y} = 3x^2 - 22xy - 18y^2$

(3) $\dfrac{\partial z}{\partial x} = \mathrm{e}^{x^2+y^2}\left(2x\sin\dfrac{y}{x} - \dfrac{y}{x^2}\cos\dfrac{y}{x}\right), \dfrac{\partial z}{\partial y} = \mathrm{e}^{x^2+y^2}\left(2y\sin\dfrac{y}{x} - \dfrac{1}{x}\cos\dfrac{y}{x}\right)$

(4) $\dfrac{\partial u}{\partial x} = \mathrm{e}^{x^2+y^2+z^2}(2x + 4x^3\sin^2 y), \dfrac{\partial u}{\partial y} = \mathrm{e}^{x^2+y^2+z^2}(2y + x^4\sin 2y)$

4. (1) $\dfrac{\partial z}{\partial x} = f_2', \dfrac{\partial z}{\partial y} = f_1' + f_2'$

(2) $\dfrac{\partial z}{\partial x} = 2xf_1' + y\mathrm{e}^{xy}f_2', \dfrac{\partial z}{\partial y} = 2yf_1' + x\mathrm{e}^{xy}f_2'$

6. $\dfrac{\partial^2 z}{\partial x^2} = 2f' + 4x^2 f'', \dfrac{\partial^2 z}{\partial x \partial y} = 4xy f'', \dfrac{\partial^2 z}{\partial y^2} = 2f' + 4y^2 f''$

（B）

1. $\dfrac{\partial z}{\partial x} = \mathrm{e}^{-\arctan\frac{y}{x}}(2x+y), \dfrac{\partial z}{\partial y} = \mathrm{e}^{-\arctan\frac{y}{x}}(2y-x), \dfrac{\partial^2 z}{\partial x \partial y} = \mathrm{e}^{-\arctan\frac{y}{x}}\left(\dfrac{-x^2 - xy + y^2}{x^2 + y^2}\right)$

2. $\dfrac{\partial u}{\partial x} = f'\left(\dfrac{x}{y}\right) + g\left(\dfrac{y}{x}\right) - \dfrac{y}{x}g'\left(\dfrac{y}{x}\right), \dfrac{\partial u}{\partial y} = f\left(\dfrac{x}{y}\right) - \dfrac{x}{y}f'\left(\dfrac{x}{y}\right) + g'\left(\dfrac{y}{x}\right)$

4. (1) $\dfrac{\partial^2 z}{\partial x^2} = \dfrac{1}{y^2}f_{22}'', \dfrac{\partial^2 z}{\partial x \partial y} = \dfrac{2}{y}f_{12}' - \dfrac{1}{y^2}f_2' - \dfrac{x}{y^3}f_{22}'', \dfrac{\partial^2 z}{\partial y^2} = -\dfrac{2x}{y^3}f_2' + 4f_{11}'' - \dfrac{4x}{y^2}f_{12}'' + \dfrac{x^2}{y^4}f_{22}''$

(2) $\dfrac{\partial^2 z}{\partial x^2} = f_{11}'' + 2f_{22}'' + f_{22}'', \dfrac{\partial^2 z}{\partial y^2} = f_{22}'', \dfrac{\partial^2 z}{\partial x \partial y} = f_{12}'' + f_{22}''$

5. 8

习题 6.6

（A）

1. $\dfrac{-2xy\mathrm{e}^{-x^2 y} - 1}{1 + x^2\mathrm{e}^{-x^2 y}} = \dfrac{-2xy(x+y) - 1}{1 + x^2(x+y)}$ **2.** $\dfrac{y\cos xy + \mathrm{e}^{x+y}}{2y - x\cos xy - \mathrm{e}^{x+y}}$

3. $\dfrac{\partial z}{\partial x} = 1, \dfrac{\partial z}{\partial y} = \dfrac{2 + \mathrm{e}^{x-y-z}}{1 - \mathrm{e}^{x-y-z}}$ **4.** $\dfrac{\partial z}{\partial x} = \dfrac{z}{x+z}, \dfrac{\partial z}{\partial y} = \dfrac{z^2}{y(x+z)}$

6. $\dfrac{2xyzf'(x^2 - z^2) - z + yf(x^2 - z^2)}{1 + 2yzf'(x^2 - z^2)}$ **7.** $\mathrm{d}z = \mathrm{d}x - \sqrt{2}\,\mathrm{d}y$

（B）

1. $\dfrac{\mathrm{d}y}{\mathrm{d}x} = \dfrac{x+y}{x-y}$ **2.** $\dfrac{\partial^2 z}{\partial x^2} = -\dfrac{z^2 - 2xz}{(x-z)^3}, \dfrac{\partial^2 z}{\partial y^2} = \dfrac{1}{4}\dfrac{1}{(x-z)^3}$

3. $\dfrac{\partial^2 z}{\partial x \partial y} = -\dfrac{z}{xy(z-1)^3}$ **4.** $\dfrac{\partial u}{\partial x}\bigg|_{(1,1,1)} = \dfrac{5}{2}, \dfrac{\partial u}{\partial y}\bigg|_{(1,1,1)} = \dfrac{7}{2}$

5. $\dfrac{\partial z}{\partial x} = f'(u) \cdot \dfrac{\varphi(u)}{1 - x\varphi'(u)}, \dfrac{\partial z}{\partial y} = f'(u)\dfrac{1}{1 - x\varphi'(u)}$ **7.** $\dfrac{\mathrm{d}x}{\mathrm{d}z} = \dfrac{z-y}{y-x}, \dfrac{\mathrm{d}y}{\mathrm{d}z} = \dfrac{z-x}{x-y}$

339

习题 6.7

(A)

1. A

2. 极大值 $f(-3,2)=31$,极小值 $f(1,0)=-5$

3. 极小值 $f\left(\dfrac{1}{2},-1\right)=-\dfrac{e}{2}$　　**4.** 极小值 $z(2,2)=4$

5. 长为 6,宽为 3 时体积最大　　**6.** $Q_1=8,Q_2=2,P_1=36,P_2=16$ 时最大利润为 196

7. (1)$x=8,y=7$　　(2)$x=y=5$

8. (1)$L=\dfrac{80\times\left(\frac{3}{2}\right)^{\frac{8}{3}}}{4\times\left(\frac{3}{2}\right)^{\frac{8}{3}}+3},K=\dfrac{80}{4\times\left(\frac{3}{2}\right)^{\frac{8}{3}}+3}$

(2)$L=6\times\left[\dfrac{3}{4}+\dfrac{1}{4}\cdot\left(\dfrac{3}{2}\right)^{\frac{2}{5}}\right]^4,K=6\times\left[\dfrac{3}{4}\times\left(\dfrac{3}{2}\right)^{-\frac{1}{5}}+\dfrac{1}{4}\right]^4$

(B)

1. B

2. 极大值 $f(3,2)=36$

4. 极小值 $z(9,3)=3$,极大值 $z(-9,-3)=-3$

5. 最大值 $f(2,1)=4$,最小值 $f(4,2)=-64$

6. 当长、宽、高都为 $\dfrac{2a}{\sqrt{3}}$ 时,可得最大体积

7. (1)$Q_1=4,Q_2=5,P_1=10,P_2=7$ 时,最大利润 $L=52$

(2)$P_1=P_2=8,Q_1=5,Q_2=4$ 时,最大利润 $L=49$

显然,实行价格差别策略时,总利润要大些

8. $P=\dfrac{C_o+k\ln M+\dfrac{1}{a}-K}{1-aK}$ 时,工厂获利最大

习题 6.8

(A)

1. (1) $\dfrac{8}{3}\pi$　(2) $\dfrac{1}{6}$　**2.** (1)0　(2)600　**3.** (1)$I_1>I_2$　(2)$I_1<I_2$

4. (1) $\dfrac{8}{3\ln 2}\leqslant I\leqslant\dfrac{8}{\ln 2}$　(2)$1.96\leqslant I\leqslant 2$　(3)$4\pi(10-2\sqrt{2})\leqslant I\leqslant 4\pi(10+2\sqrt{2})$

5. (1)0　(2) $\dfrac{1}{4}(e^{b^2}-e^{a^2})(e^{d^2}-e^{c^2})$　(3) $\dfrac{20}{3}$　(4) $\dfrac{1}{2}$

6. (1) $\dfrac{6}{55}$　(2) $\dfrac{19}{6}$　(3) $\dfrac{1}{4}+\dfrac{1}{4}e^2$　(4)18

7. (1) $\displaystyle\int_0^2 dx\int_{-\sqrt{4-x^2}}^{\sqrt{4-x^2}}f(x,y)dy$ 或 $\displaystyle\int_{-2}^2 dy\int_0^{\sqrt{4-y^2}}f(x,y)dx$

(2) $\displaystyle\int_{-1}^3 dx\int_{x^2}^{2x+3}f(x,y)dy$ 或 $\displaystyle\int_0^1 dy\int_{-\sqrt{y}}^{\sqrt{y}}f(x,y)dx+\int_1^9 dy\int_{\frac{y-3}{2}}^{\sqrt{y}}f(x,y)dx$

(3) $\displaystyle\int_0^1 dx\int_{e^x}^e f(x,y)dy$ 或 $\displaystyle\int_1^e dy\int_0^{\ln y}f(x,y)dx$

8. (1) $\int_0^1 dx \int_{x^2}^x f(x,y)dy$ (2) $\int_{-1}^1 dx \int_x^1 f(x,y)dy$ (3) $\int_0^1 dx \int_0^x f(x,y)dy + \int_1^{\sqrt{2}} dx \int_0^{\sqrt{2-x^2}} f(x,y)dy$

(4) $\int_{\frac{1}{2}}^1 dy \int_{\frac{1}{y}}^2 f(x,y)dx + \int_1^2 dy \int_y^2 f(x,y)dx$ (5) $\int_0^4 dy \int_{\sqrt{4-y}}^{\frac{y+4}{2}} f(x,y)dx$ (6) $\int_0^1 dy \int_{1+\sqrt{1-y^2}}^{2-y} f(x,y)dx$

9. (1) 4 (2) $\frac{1}{4}[1-e^{-1}]$ **10.** (1) $\frac{\pi}{4}[1-e^{R^2}]$ (2) 21π (3) $\frac{3}{64}\pi^2$ (4) $\pi(2\ln2-1)$

(B)

1. B **2.** 1 **4.** $\frac{1}{8}$ **5.** (1) $\frac{11}{15}$ (2) 5π (3) $\frac{1}{3}R^3\left(\pi-\frac{4}{3}\right)$ (4) $\ln2$ (5) $-\frac{2}{5}$

6. (1) $2\ln2-1$ (2) $\frac{\pi^2}{32}$ **7.** (1) $\int_0^{\frac{\pi}{2}} d\theta \int_{2\sin\theta}^{4\sin\theta} f(r\cos\theta, r\sin\theta)rdr$ (2) $\int_{\frac{\pi}{4}}^{\frac{\pi}{3}} d\theta \int_0^{\frac{1}{\cos\theta}} f(r\cos\theta, r\sin\theta)rdr$

(3) $\int_0^{\frac{\pi}{4}} d\theta \int_{\frac{\sin\theta}{\cos^2\theta}}^{\frac{1}{\cos\theta}} f(r\cos\theta, r\sin\theta)rd$，即内层积分的下限为 $\frac{\sin\theta}{\cos^2\theta}$

8. 4

习题 7.1

(A)

1. (1) $(-1)^{n-1}\frac{1}{2n-1}$ (2) $n\sin\frac{1}{2^n}$ (3) $\frac{2^n+1}{2^n}$ (4) $\frac{a^{\frac{n}{2}}}{n^2+1}$

2. (1) 发散 (2) 收敛，和为 $\frac{1}{2}$ (3) 收敛，和为 3

3. (1) $u_n = \frac{2}{n(n+1)}, \sum_{n=1}^{\infty} u_n = 2$

(2) $u_n = \frac{1}{4n^2-1}, \sum_{n=1}^{\infty} u_n = \frac{1}{2}$

4. (1) 收敛 (2) 发散 (3) 收敛 (4) 收敛 (5) 发散 (6) 发散

(B)

1. (1) D (2) B (3) D

2. (1) 收敛 (2) 收敛 (3) 发散 (4) 发散

4. 和为 22

5. (1) 63 万元 (2) 61.5 万元

习题 7.2

(A)

1. (1) 收敛 (2) 收敛 (3) 收敛 (4) 收敛 (5) 收敛 (6) 发散

2. (1) 收敛 (2) 发散 (3) 收敛 (4) 收敛 (5) 收敛 (6) 收敛

3. (1) 收敛 (2) 发散 (3) 收敛 (4) 收敛 (5) 收敛 (6) 收敛

(B)

1. (1) 发散 (2) 发散 (3) 发散 (4) 发散 (5) 收敛 (6) 收敛 (7) 收敛 (8) $x < e$ 时收敛，$x \geqslant e$ 时发散

2. 提示：利用级数 $\sum_{n=1}^{\infty} \frac{2^n n!}{n^n}$ 收敛

习题 7.3

(A)

1.(1)C (2)D

2.(1)发散 (2)条件收敛 (3)绝对收敛 (4)绝对收敛 (5)条件收敛 (6)绝对收敛

(B)

1.(1)C (2)B

2.(1)绝对收敛 (2)条件收敛 (3)绝对收敛 (4)条件收敛 (5)条件收敛

习题 7.4

(A)

1.(1)$[0,2)$ (2)3

2.(1)B (2)D

3.(1)$R=1,(-1,1]$ (2)$R=1,(-1,1)$ (3)$R=3,[-3,3)$ (4)$R=\dfrac{1}{5},\left[-\dfrac{1}{5},\dfrac{1}{5}\right)$

(5)$R=1,[-1,1]$ (6)$R=\sqrt{2},(-\sqrt{2},\sqrt{2})$ (7)$R=\sqrt{3},(-\sqrt{3},\sqrt{3})$ (8)$R=\dfrac{1}{2},\left[-\dfrac{3}{2},-\dfrac{1}{2}\right)$

4.(1)$-\ln(1+x)$ $(-1<x\leqslant 1)$ (2)$\dfrac{x}{(1-x)^2}$ $(-1<x<1)$

(B)

1.(1)$(-1,3)$ (2)$\sin x$

2.(1)B (2)B

3.(1)$R=\dfrac{1}{3},\left[-\dfrac{1}{3},\dfrac{1}{3}\right]$ (2)$R=\dfrac{1}{5},\left[-\dfrac{1}{5},\dfrac{1}{5}\right)$ (3)$R=2,(0,4)$ (4)$R=\dfrac{\sqrt{2}}{2},\left(-\dfrac{\sqrt{2}}{2},\dfrac{\sqrt{2}}{2}\right)$

4.(1)$(1+x)\ln(1+x)-x$ $(-1<x\leqslant 1)$

(2)$\dfrac{1+x}{(1-x)^2}$ $(-1<x<1)$

5.(1)$S(x)=\dfrac{2+x^2}{(2-x^2)^2}$ $x\in(-\sqrt{2},\sqrt{2})$,$\displaystyle\sum_{n=1}^{\infty}\dfrac{2n-1}{2^n}=S(1)=3$

(2)$S(x)=\arctan x$ $x\in[-1,1]$

习题 7.5

(A)

1.(1)$\displaystyle\sum_{n=1}^{\infty}(-1)^{n-1}x^{2n-1}(-1<x<1)$ (2)$\displaystyle\sum_{n=0}^{\infty}\dfrac{(-1)^n}{(2n+1)!}(2x)^{2n+1}(-\infty<x<+\infty)$

(3)$\displaystyle\sum_{n=1}^{\infty}\dfrac{(-1)^{n-1}}{3^n}x^{n-1}$ $(-1<x<1)$ (4)$\displaystyle\sum_{n=1}^{\infty}(-1)^{n-1}\dfrac{x^{2n-1}}{2n-1}$ $(-1\leqslant x\leqslant 1)$

(5)$x+\displaystyle\sum_{n=2}^{\infty}\dfrac{(-1)^n x^n}{n(n-1)}$ $(-1<x\leqslant 1)$ (6)$\displaystyle\sum_{n=0}^{\infty}\dfrac{(-1)^n}{n!}x^{n+1}$ $(-\infty<x<+\infty)$

2.(1)$\dfrac{1}{x}=\dfrac{1}{3}\displaystyle\sum_{n=0}^{\infty}(-1)^n\dfrac{(x-3)^n}{3^n}$ $(0<x<6)$

(2)$\ln x=\ln 3+\displaystyle\sum_{n=1}^{\infty}\dfrac{(-1)^{n-1}}{n}\cdot\dfrac{(x-3)^n}{3^n}$ $(0<x\leqslant 6)$

3. $\dfrac{1}{x^2+3x+2}=\sum\limits_{n=0}^{\infty}\left(\dfrac{1}{2^{n+1}}-\dfrac{1}{3^{n+1}}\right)(x+4)^n \quad (-6<x<-2)$

(B)

1. (1) $\dfrac{x}{2+x-x^2}=\dfrac{1}{3}\left[\sum\limits_{n=1}^{\infty}\left(\dfrac{x}{2}\right)^{n-1}-\sum\limits_{n=1}^{\infty}(-1)^n x^{n-1}\right] \quad (-1<x<1)$

(2) $\ln(1-x-2x^2)=\sum\limits_{n=1}^{\infty}\left[\dfrac{(-1)^n}{n}x^n-\dfrac{2^n}{n}x^n\right] \quad \left(-\dfrac{1}{2}\leqslant x<\dfrac{1}{2}\right)$

(3) $\displaystyle\int_0^x\dfrac{\arctan t}{t}\mathrm{d}t=\sum\limits_{n=1}^{\infty}(-1)^{n-1}\dfrac{x^{2n-1}}{(2n-1)^2} \quad (-1\leqslant x\leqslant 1)$

2. $f(x)=\sum\limits_{n=1}^{\infty}(-1)^n\dfrac{x^{2n+1}}{2n+1}+\dfrac{\pi}{4} \quad (-1\leqslant x<1)$

$\sum\limits_{n=1}^{\infty}(-1)^n\dfrac{1}{2n+1}=\dfrac{\pi}{4}$

3. (1)3.0049 (2)1.0986 (3)0.9994 **4.** (1)0.9461 (2)0.4940

习题 8.1

(A)

1. (1) 三阶 (2) 四阶 (3) 一阶 (4) 二阶

2. (1) 是通解 (2) 是解

5. $\dfrac{\mathrm{d}y}{\mathrm{d}x}=3y$ **6.** (1)$C=-25$ (2)$C_1=0,C_2=1$

(B)

2. 提示:点 $P(x,y)$ 处的法线斜率为 $-\dfrac{1}{y'}$, $yy'+2x=0$.

习题 8.2

(A)

1. (1) $y=-\dfrac{2}{x^2+C},y=0$ (2)$y=\ln\dfrac{e^{2x}+C}{2}$ (3)$y=Cx$ (4)$y=\sin\left(\dfrac{x^2}{2}+C\right)$ (5)$2^x+2^{-y}=C$

(6) $\ln^2 x+\ln^2 y=C$ (7)$1+y^2=C(1-x^2)$ (8)$\sin x\cdot\sin y=C$ (9)$e^y=\dfrac{1}{2}(e^{2x}+1)$

(10)$\cos x-\sqrt{2}\cos y=0$

2. (1) $(x^2+y^2)^3=Cx^2$ (2)$x^3-2y^3=Cx$ (3)$y+\sqrt{y^2-x^2}=Cx^2$ (4)$\ln\dfrac{y}{x}=Cx+1$

(5)$y^3=y^2-x^2$ (6)$y^2=2x^2(\ln x+2)$ (7)$x+2ye^{\frac{x}{y}}=C$

3. (1)$y=1+Ce^{-x}$ (2)$y=e^{-x}(x+C)$ (3)$y=\dfrac{1}{2}+Ce^{-x^2}$ (4)$y=Ce^{2x}-\dfrac{x}{2}-\dfrac{5}{4}$

(5)$y=e^{-x^2}(x^2+C)$ (6)$y=\dfrac{\sin x+C}{x^2-1}$ (7)$3\rho=2+Ce^{-3\theta}$ (8) 提示:原方程不是关于 y,y' 的线

性方程,变形为 $\dfrac{\mathrm{d}x}{\mathrm{d}y}-\dfrac{3}{y}x=-\dfrac{y}{2}$,则是关于 x,x' 的线性方程,解得通解为 $x=y^3\left(C+\dfrac{1}{2y}\right)$.

(9)$y=\dfrac{x}{\cos x}$ (10)$y=\dfrac{1}{2}-\dfrac{1}{x}+\dfrac{1}{2x^2}$

4. (1)$y^{-1}=Ce^{-x}-x^2+2x-2$ (2)$y^{-5}=Cx^5+\dfrac{5}{2}x^3$

343

5. $y = 2(e^x - x - 1)$

（B）

1. $y(x) = 2e^x - 1$

2. 提示：将原方程两端同乘以 x，得 $x\int_0^1 f(ux)\mathrm{d}u = \frac{1}{2}xf(x) + x$，左端作变量代换 $ux = t$，则 $\int_0^x f(t)\mathrm{d}t = \frac{1}{2}xf(x) + x$，两端求导并简化得：$f'(x) - \frac{1}{x}f(x) = -\frac{2}{x}$，求解得 $f(x) = Cx + 2$

3. $y = 2x^2$ 或 $y^2 = 32x$

习题 8.3

1. (1) $\dfrac{\mathrm{d}x}{\mathrm{d}t} = kx(N - x)$

(2) 通解为 $x(t) = \dfrac{N}{1 + Ce^{-kNt}}$，代入初始条件，解得 $B = \dfrac{N}{x_0} - 1$

2. $P(t) = 20 - 12e^{-2t}$

3. $S = 10e^{-\frac{t}{3}}$，$y = \dfrac{3}{10}e^{\frac{t}{3}} + 5t - \dfrac{3}{10}$

习题 8.4

（A）

1. (1) $y = e^x + C_1 x + C_2$　(2) $y = (x - 2)e^x + C_1 x + C_2$　(3) $y = x\arctan x - \dfrac{1}{2}\ln(1 + x^2) + C_1 x + C_2$

(4) $y = C_1 e^x + C_2 - \dfrac{x^2}{2} + x$　(5) $y = -\ln\cos(x + C_1) + C_2$　(6) $y = C_1\ln|x| + C_2$

(7) $y = \arcsin(C_2 e^x) + C_1$

2. (1) $y = -\dfrac{1}{a}\ln(ax + 1)$　(2) $e^y = \sec x$　(3) $y = \ln x + \dfrac{1}{2}\ln^2 x$

3. $y = \dfrac{x^3}{6} + \dfrac{x}{2} + 1$

（B）

1. 初值问题 $\begin{cases} xy'' = y' + x^2 \\ y\big|_{x=1} = 0,\ y'\big|_{x=1} = -\dfrac{1}{3} \end{cases}$，$y = \dfrac{1}{3}x^3 - \dfrac{2}{3}x^2 + \dfrac{1}{3}$

2. 提示：依题意，$\dfrac{1}{x}\int_0^x y(t)\mathrm{d}t = y - xy'$，求导并化简，得 $xy'' + y' = 0$，解得 $y = C_1\ln x + C_2$

习题 8.5

（A）

1. (1) 不是线性无关　(2) 是线性无关的　(3) 是线性无关的

3. (1) $y = C_1 + C_2 e^{-4x}$　(2) $y = C_1 e^x + C_2 e^{3x}$　(3) $y = (C_1 + C_2 x)e^{2x}$　(4) $y = C_1\cos 2x + C_2\sin 2x$

(5) $y = e^{-3x}(C_1\cos 2x + C_2\sin 2x)$

(6) 当 $\mu > 0$ 时，$y = C_1\cos\sqrt{\mu}x + C_2\sin\sqrt{\mu}x$；当 $\mu = 0$ 时，$y = C_1 + C_2 x$；当 $\mu < 0$ 时，$y = C_1 e^{\sqrt{-\mu}x} + C_2 e^{-\sqrt{-\mu}x}$

4. (1) $y = 4e^x + 2e^{3x}$　(2) $y = (2 + x)e^{-\frac{x}{2}}$　(3) $3e^{-2x}\sin 5x$

6. (1) $y = C_1 + C_2 e^{-9x} + x\left(\dfrac{1}{18}x - \dfrac{37}{81}\right)$ (2) $y = C_1 e^{2x} + C_2 e^{3x} - x\left(\dfrac{1}{2}x + 1\right)e^{2x}$

(3) $y = e^{3x}\left(C_1 + C_2 x + \dfrac{5}{2}x^2 + \dfrac{5}{6}x^3\right)$ (4) $y = C_1 \cos ax + C_2 \sin ax + \dfrac{e^x}{1 + a^2}$

(5) $y = C_1 \cos 2x + C_2 \sin 2x + \dfrac{1}{3}x\cos x + \dfrac{2}{9}\sin x$

7. (1) $y = -5e^x + \dfrac{7}{2}e^{2x} + \dfrac{5}{2}$ (2) $y = e^x - e^{-x} + e^x(x^2 - x)$ (3) $y = -\cos x - \dfrac{1}{3}\sin x + \dfrac{1}{3}\sin 2x$

(B)

1. $a = -3, b = 2, c = -1$,方程的通解为 $y = C_1 e^x + C_2 e^{2x} + xe^x$

2. 提示:验证方程左、右两端相等即可

3. $\varphi(x) = \dfrac{1}{2}(\cos x + \sin x + e^x)$,提示:依题意,在方程两端对 x 连续求二次导数,可得 $\varphi''(x) + \varphi(x) = e^x$,且满足初始条件 $\varphi\big|_{x=0} = 1, \varphi'\big|_{x=0} = 1$.

4. $f(x) = \dfrac{1}{2}(\sin x + x\cos x)$. 提示:化简所求积分方程,得 $f(x) = \sin x - x\displaystyle\int_0^x f(t)\,\mathrm{d}t + \int_0^x tf(t)\,\mathrm{d}t$,在方程两端对 x 连续求二次导数,得 $f''(x) + f(x) = -\sin x$,且满足初始条件 $f(0) = 0, f'(0) = 1$.

习题 8.6

(A)

1. (1) $\Delta y_x = e^{2x}(e^2 - 1), \Delta^2 y_x = e^{2x}(e^2 - 1)^2$

(2) $\Delta y_x = 6x^2 + 4x + 1, \Delta^2 y_x = 12x + 10$

(3) $\Delta y_x = \log_a\left(1 + \dfrac{1}{x}\right), \Delta^2 y_x = \log_a\left(\dfrac{x(x+2)}{(x+1)^2}\right)$

(4) $\Delta y_x = 3x^2 + 3x + 1, \Delta^2 y_x = 6(x+1)$

2. (1) 4 阶 (2) 1 阶 **4.** 提示:将 y^* 代入方程两端,验证等式两端成立即可 **5.** $2e - e^2$

(B)

1. (1) $y_{x+1} = y_x + 2$ (2) 46 个 (3) 940 个 **2.** $y_{x+1} = y_x(1 + 4\%) + 200$

习题 8.7

(A)

1. (1) $y_x = C\left(-\dfrac{x}{2}\right)^x$ (2) $y_x = C$ (3) $y_x = C(-1)^x$

2. (1) $y_x = C \cdot 5^x - \dfrac{3}{4}$ (2) $y_x = C + x(2x^2 - 3x + 41)$ (3) $y_x = C \cdot 5^x - \dfrac{1}{2} \cdot 3^x$

(4) $y_x = C + (x - 2)2^x$ (5) $y_x = C(-5)^x + \dfrac{5}{12}x - \dfrac{5}{72}$

(6) $y_t = C \cdot 3^t - 0.1\cos\left(\dfrac{\pi}{2}t\right) - 0.3\sin\left(\dfrac{\pi}{2}t\right)$

3. (1) $y_x^* = 3$ (2) $y_x^* = -\dfrac{3}{4} + \dfrac{37}{12} \cdot 5^x$ (3) $y_x^* = \dfrac{1}{3} \cdot 2^x + \dfrac{5}{3}(-1)^x$

(B)

1. (1) 提示:第一个月应付利息 $y_1 = P_0 \cdot \dfrac{P}{12}$ 第二个月应付利息 $y_2 = (P_0 - a + y_1)\dfrac{P}{12} =$

$\left(1+\dfrac{P}{12}\right)y_1-\dfrac{P}{12}a$,依此类推,第$(x+1)$个月应付利息 $y_{x+1}=\left(1+\dfrac{P}{12}\right)y_x-\dfrac{P}{12}a$

(2)(1)式推导的差分方程通解为 $y_x=C\left(1+\dfrac{P}{12}\right)^x+a$,将 $y_1=P_0\cdot\dfrac{P}{12}$ 代入,求得 $C=\dfrac{\dfrac{P}{12}P_0-a}{1+\dfrac{P}{12}}$,

故特解为 $y_x^*=\left(\dfrac{P}{12}P_0-a\right)\left(1+\dfrac{P}{12}\right)^{x-1}+a$. 又由 m 年的利息之和 $I=y_1+y_2+\cdots+y_{12m}=12ma-$

P_0,解得 $a=\dfrac{\dfrac{P}{12}P_0\left(1+\dfrac{P}{12}\right)^{12m}}{\left(1+\dfrac{P}{12}\right)^{12m}-1}$

2.(1) 证明略　(2)$P_n=\left(P_0-\dfrac{2}{3}\right)(-2)^n+\dfrac{2}{3}$

习题 9

2.(1)0　(2)$\dfrac{1}{4}$　(3)$\dfrac{\sin 2y}{y}$　(4)0

3.(1)$y'=\mathrm{e}^x(3\sin x-\cos x)$　(2)$\dfrac{\mathrm{d}y}{\mathrm{d}x}=\dfrac{2\mathrm{e}^{2x}-1}{1+\mathrm{e}^y}$　(3)$\dfrac{\mathrm{d}y}{\mathrm{d}x}=-\dfrac{b\cos t}{a\sin t}$

4.(1)$\dfrac{\partial z}{\partial x}=\dfrac{1}{x},\dfrac{\partial z}{\partial y}=\dfrac{1}{y}$　(2)$\dfrac{\partial z}{\partial x}=-\dfrac{F_x}{F_z}=\dfrac{1}{x+y+z-1},\dfrac{\partial z}{\partial y}=-\dfrac{F_y}{F_z}=\dfrac{1}{x+y+z-1}$.

5.(1)0　(2)$\dfrac{\pi}{2}$　6.(1)$\dfrac{1}{4}$　(2)$\dfrac{13}{6}$

7.(1)$y=C_1\mathrm{e}^{3x}+C_2\mathrm{e}^x$　(2)$\mathrm{e}^y=\dfrac{1}{2}(\mathrm{e}^{2x}+1)$　8.(1)$\dfrac{n^2-n}{2}$　(2)$\dfrac{\pi^2}{2}$　9.$\dfrac{1}{9}+\dfrac{2x^2}{81}$

参考文献

［1］同济大学应用数学系.高等数学(5 版).北京:高等教育出版社,2003

［2］吴传生.微积分(2 版).北京:高等教育出版社,2010

［3］徐建豪,刘克宁.微积分.北京:高等教育出版社,2003

［4］曹定华,李建平,毛志强.微积分(第 3 版).上海:复旦大学出版社,2009

［5］马知恩,王绵森.高等数学简明教程.北京:高等教育出版社,2009

［6］孟广武,张晓兰.高等数学.上海:同济大学出版社,2010

［7］王正盛.MATLAB 与科学计算.北京:国防工业出版社,2011

［8］李佐锋,王淑琴.文科高等数学.北京:高等教育出版社,2007

［9］李文林.数学史教程.北京:高等教育出版社,1998

［10］范培华,章学诚,刘西恒.微积分.北京:中国商业出版社,2006